《交通与数据科学丛书》编委会

交通与数据科学丛书 2

时间序列混合智能辨识、建模与预测

刘 辉 著

科学出版社

北 京

内 容 简 介

本书提出了时间序列混合智能辨识、建模与预测的理论和方法。内容分四篇共 16 章。第一篇阐述了时间序列分析的重要性,从文献计量学的角度对时间序列的最新国际研究进展进行了归纳总结,系统阐述了当前国内外主流时间序列辨识、建模与预测的计算策略和经典算法体系;第二篇介绍了铁路沿线风速混合智能辨识、建模与预测理论方法,包括基于特征提取的 GMDH 神经网络、长短期记忆深度网络、卷积门限循环单元网络、Boosting 集成预测和 Stacking 集成预测模型;第三篇提供了智慧城市大气污染物浓度的特征分析方法及浓度时间序列建模与预测模型,包括点预测、区间预测、聚类混合预测和时空混合预测等理论;第四篇对金融股票价格时间序列进行特征提取与混合预测,包括贝叶斯统计预测模型、BP/Elman/RBF 等神经网络预测模型、CNN/LSTM/BiLSTM 等深度网络预测模型。本书提供了各类模型的预测实例。

本书可供从事人工智能、数据科学、时间序列分析、智能铁路、智慧城市、空气质量和经济计量等相关领域的研究学者、博士研究生、硕士研究生、高年级本科生和相关部门的管理人员参考使用。

图书在版编目(CIP)数据

时间序列混合智能辨识、建模与预测/刘辉著. —北京:科学出版社,2020.3

(交通与数据科学丛书; 2)

ISBN 978-7-03-064598-2

Ⅰ.①时… Ⅱ.①刘… Ⅲ.①非线性-时间序列分析 Ⅳ.①O211.61

中国版本图书馆 CIP 数据核字(2020) 第 037196 号

责任编辑: 赵敬伟 / 责任校对: 彭珍珍
责任印制: 吴兆东 / 封面设计: 黄华斌

科学出版社 出版
北京东黄城根北街 16 号
邮政编码: 100717
http://www.sciencep.com

北京建宏印刷有限公司 印刷
科学出版社发行 各地新华书店经销

*

2020 年 3 月第 一 版 开本: 720 × 1000 B5
2022 年 1 月第三次印刷 印张: 25 3/4
字数: 522 000
定价:198.00 元
(如有印装质量问题, 我社负责调换)

丛 书 序

交通科学在近 70 年来发展突飞猛进,不断拓展其外延并丰富其内涵;尤其是近 20 年来,智能交通、车联网、车路协同、自动驾驶等概念成为学者研究的热点问题的同时,也已成为媒体关注的热点;应用领域的专家及实践者则更加关注交通规划、土地利用、出行行为、交通控制和管理、交通政策和交通流仿真等问题的最近研究进展及对实践的潜在推动力。信息科学和大数据技术的飞速发展更以磅礴之势推动着交通科学和工程实践的发展。可以预见在不远的将来,车路协同、车联网和自动驾驶等技术的应用将根本改变人类的出行方式和对交通概念的认知。

多方式交通及支撑其运行的设施及运行管理构成了城市交通巨系统,并与时空分布极广的出行者之间形成了极其复杂的供需网络/链条。城市间的公路、航空、铁路和地铁等日益网络化、智能化,让出行日益快捷。有关城市或城市群的规划则呈现 “住” 从属于 “行” 的趋势。如此庞杂的交通系统激发了人们的想象力,使交通问题涉及面极广,吸引了来自不同学科和应用领域的学者和工程技术专家。

因此,为顺应学科发展需求,由科学出版社推出的这套《交通与数据科学丛书》将首先是 “兼收并蓄” 的,以反映交通科学的强交叉性及其各分支和方向的强相关性。其次,“‘数’‘理’ 结合”,我们推动将数据科学与传统针对交通机理性的研究有机结合。此外,该丛书更是 “面向未来” 的,将与日新月异的科学和技术同步发展。“兼收并蓄”“‘数’‘理’ 结合” 和 “面向未来”,将使该丛书顺应当代交通科学的发展趋势,促进立足于实际需求和工程应用的实际问题开展科研攻关与创新,进而持续推动交通科学研究成果的 “顶天立地”。

该丛书内容将首先是对交通科学理论和工程实践的经典总结,同时强调经典理论和实践与大数据和现代信息技术的结合,更期待据此提出的新理论、新模型和新方法;研究对象可为道路交通、行人流、轨道交通和水运交通等,可涵盖车车和车路联网技术、自动驾驶技术、交通视频技术、交通物联网和交通规划及管理等。书稿形式可为专著、编著、译著和专题等,中英文不限。该丛书主要面向从事交通科学研究和工程应用的学者、技术专家和在读研究生等。

该丛书编委会聚集了我国一批优秀的交通科学学者和工程应用专家,基于他们的治学态度和敬业精神,相信能够实现丛书的目标并保证书稿质量。最后,上海麓通信息科技有限公司长期以来为丛书的策划和宣传做了大量工作，在此表示由衷的感谢！

张 鹏

2019 年 3 月

前　　言

时间序列分析是工程领域智能信号处理的卡脖子技术之一。预测是时间序列分析的核心应用功能，例如，智能铁路的沿线大风抗风预警、智慧城市的大气污染防控和智慧金融的动态股票预测。实现上述智能应用领域的时间序列共性高精度预测涉及人工智能、大数据、交通运输工程、环境科学等多学科领域，属于国际公认的交叉研究热点。

本书是中南大学研究团队总结数十年成果撰写完成的，主要创新思路是将上述跨领域的时间序列共性难题进行提炼并与人工智能理论的前沿算法相结合，形成面向跨领域共性时间序列动态数据的混合智能辨识、建模与预测理论方法。

全书四篇，共 16 章。内容介绍如下：

第一篇：时间序列重要性分析

通过文献计量学的形式概述当前阶段时间序列分析领域的最新研究进展并详细分析了相关研究的必要性。系统介绍了统计学方法、机器学习方法和深度学习方法等时间序列分析方法体系，以及包括分解算法、多步预测策略和预测精度评价指标在内的经典算法。随着深度学习和增强学习等智能学习算法的快速发展，采用智能算法替代传统统计学算法对时间序列进行高精度分析和预测成为该领域的研究热点，取得了一系列显著性成果。融合人工智能算法及大数据理论的下一代时间序列分析方法将会成为智能铁路、智慧城市和智慧金融等国家智能建设战略的卡脖子核心技术。

第二篇：铁路沿线风速混合智能辨识、建模与预测

铁路沿线风速预测对保障极端恶劣大风环境下的行车安全至关重要，能够给铁路调度指挥部门提供大风环境行车决策辅助，降低大风对列车造成的经济损失和安全隐患。同时，所提出的预测技术能够延伸至相关领域，如风电场风速预测、台风预测、桥梁抗风预测等。自然界中的风速时间序列往往具有较强的间歇性、随机性和非平稳性，采用时间序列分析理论的相关方法对其进行分析预测需要解决预测时延、极值点偏离、多步预测误差累积等一系列关键问题。本篇以铁路沿线大风作为对象，深入研究了风速时间序列特性及其特征的辨识方法，并在传统预测算法的基础上提出了融合深度学习、集成算法等新型框架的铁路沿线大风风速短时高精度预测方法。

第三篇：大气污染物浓度混合智能辨识、建模与预测

随着环境保护的深入人心，大气污染物研究作为近年来新兴的研究热点逐渐得到广泛关注。当前该领域的研究热点包括大气污染物时空分布、排放控制和吸收净化等。采用时间序列分析理论对大气污染物浓度序列进行分析作为探究其时空分布、辅助决策者排放控制的重要手段，现今仍处于起步阶段。本篇以大气污染物浓度作为研究对象，对不同种类污染物的重要特性进行了综合对比分析，研究了分解、聚类等算法对其确定性预测模型的影响，以及多种不确定性区间预测模型的综合对比分析，并对空间分布的大气污染物浓度进行建模预测，提出了智慧城市构架下的大气污染物浓度预测方法。

第四篇：金融股票时间序列混合智能辨识、建模与预测

金融行业作为现代经济的支柱性行业，是一个国家经济发展的重要推力和国家竞争力的重要组成部分。金融行业每天都有海量大数据产生，从海量数据中提取有效信息对于掌握市场变化规律、相关部门建立健全市场调控机制起着至关重要的作用。各类金融时间序列的波动情况不仅由内部客观经济规律决定，还受到政策法规、突发事件等外部不确定性因素的影响，具有较强的非线性、不稳定性和随机性。本篇描述了我国常见股票指数和相关技术分析指标，采用多种特征辨识方法对金融股票时间序列进行特征分析，采用统计学算法及神经网络算法构建金融股票时间序列趋势预测和确定性点预测模型，并进行了实验仿真建模分析。基于上述工作，提出了智慧金融动态股票预测方法。

本书的出版得到了国家自然科学基金、国家重点研发计划课题、中南大学创新驱动青年团队等项目的资助，以及来自澳大利亚蒙纳士大学、德国罗斯托克大学、中国工程院、北京航空航天大学、北京交通大学、西南交通大学、东北财经大学等同行专家的大力指导与帮助，在此表示衷心的感谢。

在本书的撰写过程中，团队成员施惠鹏、刘泽宇、龙治豪和尹恒鑫做了大量的数据采集、模型验证等工作，在此表示由衷的感谢。

由于作者的水平有限，书中难免存在缺点和不足之处，恳请各位专家和读者批评指正。

作者

于长沙

2019 年 6 月 6 日

目　　录

第一篇　时间序列重要性分析

第二篇　铁路沿线风速混合智能辨识、建模与预测

第三篇　大气污染物浓度混合智能辨识、建模与预测

第四篇　金融股票时间序列混合智能辨识、建模与预测

第一篇
时间序列重要性分析

本篇介绍了时间序列辨识、建模与预测领域的相关研究进展和重要理论方法。时间序列是指根据时间顺序的标签同一统计值的排列集合，对其进行分析的主要目的是利用时间序列的历史数据对未来值进行预测，这对于不同领域具有相应的工程意义。

第 1 章阐述了时间序列分析的必要性，通过文献计量学的方式全面分析了目前国内外时间序列辨识、建模与预测领域的研究现状和进展，并对其中的模型方法进行体系化分类介绍，包括统计学方法、机器学习方法和深度学习方法等。介绍了小波分解、经验小波变换等七种时间序列分析常用的分解算法，提供了两种经典的时间序列多步预测结构策略，介绍了面向点预测以及区间预测的多种时间序列预测算法精度评价指标。

本篇结合了国内外参考文献提供的时间序列分析的基本概况以及典型算法理论，可以为时间序列的后续研究指引方向，是本书后续理论算法研究的基础。

第1章 绪　　论

1.1　概述及研究必要性

时间序列是一系列统一指标的数值按照时间先后顺序排列而成的数列。其存在于我们实际生活的方方面面，比如经济领域、工程领域和环境领域等，对人类生产活动有着深远的影响。在实际应用中，时间序列预测分析的目的在于对历史数据序列进行深度信息挖掘，获取相关领域数据的潜在规律，以达到某种应用目的。按照时间序列预测分析的时间尺度不同，时间序列预测分析方法可分为短期预测、中长期预测和长期预测等。

时间序列分析预测对经济分析、工程应用和大数据处理等具有重大意义，是当前各领域学者研究的热点。其主要研究方法是根据一系列历史时间序列数据提取隐含数据信息，获取前后历史数据间的相关规律，建立合适模型以预测未来数据的走向。其中，模型建立部分是时间序列预测分析的重点内容，也是目前研究的主要方向。时间序列的种类繁多，按其领域可分为金融时间序列数据、大气污染物时间序列数据、风速时间序列数据、交通流量时间序列数据等。

时间序列与人类生活联系紧密，对其进行预测分析可以帮助各行业进行科学决策。例如，在交通领域，对交通流量的历史时间序列进行建模分析，精确预测未来交通流量，有助于安全高效的交通管理，解决城市拥堵问题。在金融领域，对金融股票历史时间序列数据进行信息挖掘，预测股市未来走向，有助于预警股市极端情况，保障股市的安全性和稳定性。在环境领域，对大气污染物浓度进行预测，有助于了解污染物浓度的变化规律，以减小重度污染下对人类生活出行的负面影响。

同时，时间序列预测分析对于建设智慧城市也具有较大意义。"自动化"是智慧城市的"智慧"所在，而实现自动化离不开时间序列预测分析。无论是智慧交通的交通流量预测分析，还是智能电力的电负荷历史数据识别，以及智慧金融的股票时间序列未来趋势的预测，时间序列预测方法都在其中发挥了重要作用。

1.2　时间序列研究进展

1.2.1　时间序列辨识、建模与预测领域研究情况综述

时间序列一直以来都是热点研究话题，在国际上也一直被视为高端前沿科学

技术。下面从文献计量学的角度分析时间序列在辨识、建模与预测方面以及本书涉及的几种典型时间序列的研究现状。

在 Web of Science 平台上，以 "TS=(times series) AND TS=(identification OR modeling OR prediction OR forecasting)" 为检索式作主题检索，截止到 2019 年 6 月能够检索到 180176 篇文献。在此基础上，将 ESI 高水平论文作为精炼依据可得到 1094 篇文献，引文报告如图 1-1 所示，文献关系图如图 1-2 所示。若是以 "TI=(times series) AND TI=(identification OR modeling OR prediction OR forecasting)" 为检索式作标题检索，能够检索到 8525 篇文献。同样将 ESI 高水平论文作为精炼依据可得到 39 篇文献，引文报告如图 1-3 所示。从图中可以看出，近年来时间序列辨识、建模与预测的相关研究发展情况较为稳定，总体呈上升趋势。

主题检索的 ESI 高水平论文关系图谱是以关键词为目标进行聚类分簇的，每一种颜色代表不同的研究方向，其中蓝色簇代表 ENGINEERING 方向，绿色簇代表 ENVIRONMENTAL SCIENCES ECOLOGY 方向，红色簇代表 MATHEMATICS 方向，黄色簇代表 SOCIOLOGY 方向，紫色簇代表 MATHEMATICAL COMPU-TATIONAL BIOLOGY 方向。球的大小表示文献被引次数，两篇文献之间的距离大致表示了文献之间在共被引链接方面的关联性。一般来说，两篇文献的位置越接近，它们之间的关联性就越强。

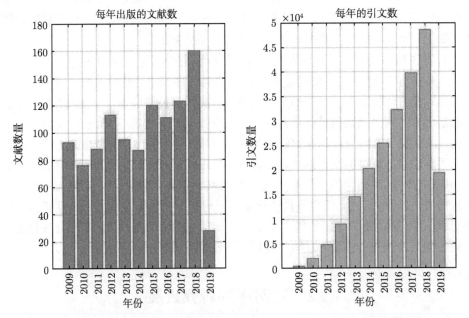

图 1-1　"TS=(times series) AND TS=(identification OR modeling OR prediction OR forecasting)" 主题检索 ESI 高水平引文报告

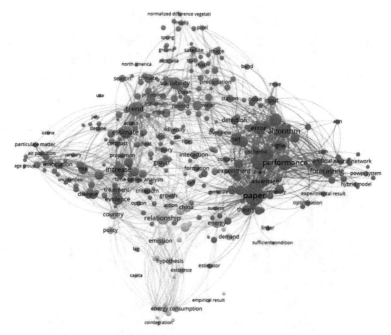

图 1-2 "TS=(times series) AND TS=(identification OR modeling OR prediction OR forecasting)" 主题检索 ESI 高水平论文关系图 (彩图见封底二维码)

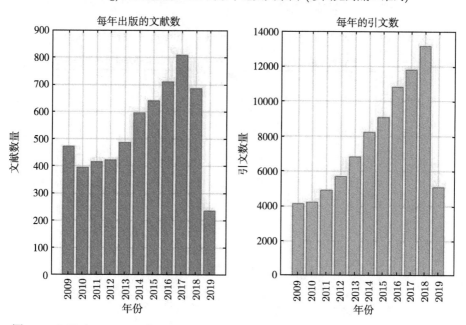

图 1-3 "TI=(times series) AND TI=(identification OR modeling OR prediction OR forecasting)" 标题检索引文报告

　　在 CNKI 中国引文数据库平台上，以 "SU=′时间序列′*('辨识'+'建模'+'预测')" 为检索式作主题检索，截止到 2019 年 6 月能够检索到 23795 篇文献，包括期刊、硕士学位论文、博士学位论文、国内学术会议、国际学术会议、图书、报纸、专利和其他类型文献，其中核心期刊包含 7474 篇文献，引文报告如图 1-4 所示，图 1-5 表示主题检索的文献类型数量和基金项目支持情况。若是以 "TI=′时间序列′*

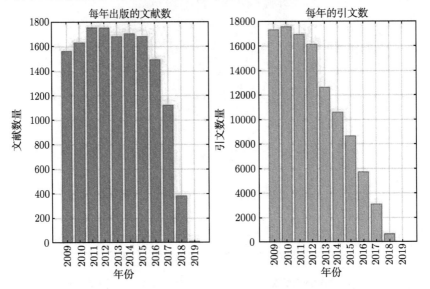

图 1-4　 "SU=′时间序列′*('辨识'+'建模'+'预测')" 主题检索引文报告

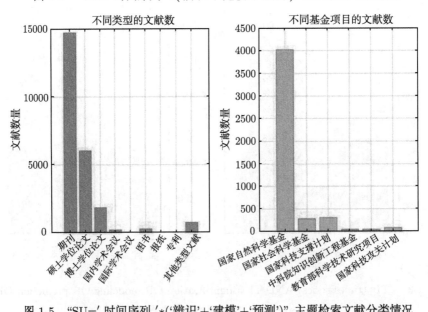

图 1-5　 "SU=′时间序列′*('辨识'+'建模'+'预测')" 主题检索文献分类情况

('辨识'+'建模'+'预测')" 为检索式作标题检索，能够检索到 3429 篇文献，其中核心期刊包含 1132 篇文献，引文报告如图 1-6 所示。从图中可以看出，目前中文期刊上有关时间序列辨识、建模与预测的研究成果逐年减少。

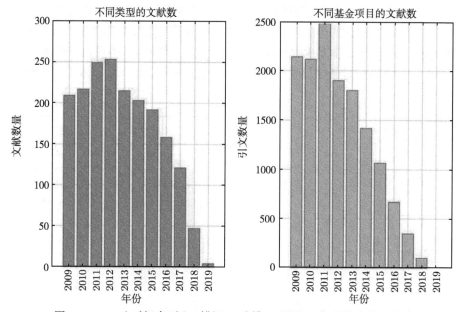

图 1-6   "TI='时间序列'*('辨识'+'建模'+'预测')" 标题检索引文报告

对图 1-1~图 1-6 进行分析可以得知，目前国内外对于时间序列辨识、建模与预测的相关研究状态与成果数量呈稳步上升的趋势，并且成果质量逐年上升，SCI期刊乃至 ESI 高水平论文相关产出量逐渐增加，中文核心期刊论文相关产出量逐渐下降。时间序列的研究主要集中在环境科学、应用数学、工程学等学科领域，例如，大气污染物浓度时间序列、风速时间序列、机械振动时间序列、股票价格时间序列等，这也是本书重点研究的几个时间序列对象之一。

1.2.2   铁路沿线大风风速序列分析研究情况综述

在 Web of Science 平台上以 "TS=(wind speed) AND TS=(identification OR modeling OR prediction OR forecasting)" 为检索式作有关 "风速" 主题的检索，截止到 2019 年 6 月能够检索到 40778 篇文献，其中包括 ARTICLE 32666 篇、UNSPECI-FIED 100 篇、LETTER 17 篇、CASE REPORT 5 篇、MEETING 11092 篇、EDITO-RIAL 53 篇、RETRACTED PUBLICATION 13 篇、NEWS 2 篇、OTHER 1461篇、BOOK 50 篇、CORRECTION 12 篇、PATENT 1 篇、REVIEW 629 篇、CLINI-CAL TRIAL 29 篇、EARLY ACCESS 9 篇、RETRACTION 1 篇、ABSTRACT169 篇、DATA PAPER 18 篇。而以 "TI=(wind speed) AND TI=(identification OR modeling OR prediction OR forecasting)" 为检索式作 TS 主题检索时，可检索到 1560 篇文献。主要类型文献每年的出版量情况如图 1-7 所示。

从图 1-7 中可以看出，风速时间序列的研究在 20 世纪 90 年代前后才开始起步，在 2010 年左右开始大幅度增长，这与铁路提速等铁路发展战略的制定密切相关。有关风速时间序列的国际会议召开次数及会议论文数量总体上呈上升趋势，近三年来开始逐渐下降。其他类型的文献数，综述类文章最多，有关风速序列的研究趋于成熟，已经形成包括统计学方法、智能算法、深度学习方法等体系化理论研究方法[1]。

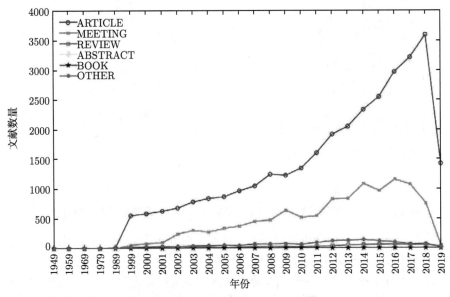

图 1-7 "TS=(wind speed) AND TS=(identification OR modeling OR prediction OR forecasting)" 主题检索各类型文献年出版量 (彩图见封底二维码)

1.2.3 大气污染物浓度序列分析研究情况综述

在 Web of Science 平台上以 "TS=(air pollutant concentrations) AND TS= (identification OR modeling OR prediction OR forecasting)" 为检索式作有关 "大气污染物浓度" 主题的检索，截止到 2019 年 6 月能够检索到 49621 篇文献，其中包括 ARTICLE 48135 篇、UNSPECIFIED 655 篇、DATA PAPER 20 篇、REFERENCE MATERIAL 3 篇、OTHER 19892 篇、BOOK 190 篇、CASE REPORT 12 篇、BIOGRAPHY 1 篇、MEETING 3927 篇、EDITORIAL 70 篇、CORRECTION 9 篇、EARLY ACCESS 1 篇、REVIEW 1300 篇、CLINICAL TRIAL 66 篇、RETRACTED PUBLICATION 9 篇、STANDARD 1 篇、ABSTRACT 843 篇、LETTER 39 篇、REPORT 5 篇。而以 "TI=(air pollutant concentrations) AND TI=(identification OR modeling

OR prediction OR forecasting)" 为检索式作标题检索时, 可检索到文献 68 篇。主要类型文献每年的出版量情况如图 1-8 所示。

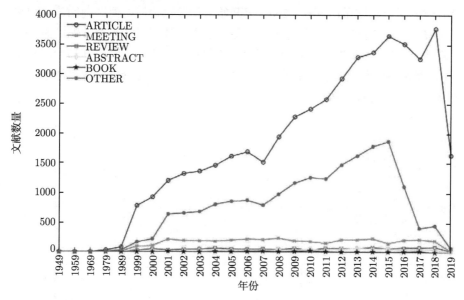

图 1-8 "TS=(air pollutant concentrations) AND TS=(identification OR modeling OR prediction OR forecasting)" 主题检索各类型文献年出版量 (彩图见封底二维码)

从图 1-8 中可以看出, 有关大气污染物浓度的研究一直以来都是热门的话题。从 20 世纪 80 年代就已经形成相关研究成果, 并呈快速发展态势, 2007 年开始出现爆发式增长, 主要原因是大气污染这一逐渐严重的环保问题开始被大众广泛关注。有关大气污染物浓度研究的学术会议和综述性文章较多, 同样形成了与风速时间序列研究理论体系相似的研究方法 [2]。

1.2.4 股票价格序列分析研究情况综述

在 Web of Science 平台上以 "TS=(stock price) AND TS=(identification OR modeling OR prediction OR forecasting)" 为检索式作有关 "股票价格" 主题的检索, 截止到 2019 年 6 月能够检索到 19450 篇文献, 其中包括 ARTICLE 17118 篇、EDITORIAL 50 篇、RETRACTED PUBLICATION 7 篇、DATA PAPER 4 篇、MEETING 3118 篇、BOOK 40 篇、UNSPECIFIED 7 篇、CASE REPORT 2 篇、REVIEW 179 篇、EARLY ACCESS 16 篇、LETTER 6 篇、BIOGRAPHY 1 篇、OTHER 171 篇、ABSTRACT 7 篇、CORRECTION 4 篇、CLINICAL TRIAL 1 篇。而以 "TI=(stock price) AND TI=(identification OR modeling OR prediction OR forecasting)" 为检索式作标题检索时, 可检索到文献 761 篇。主要类型文献每

年的出版量情况如图 1-9 所示。

从图 1-9 中可以看出,对于股票价格的研究起步同样较早,20 世纪 90 年代以前已经有学者对该领域做出探索。2007 年开始关于股票价格时间序列的论文成果增长速率较大,与此同时有关股票价格的会议论文数量则保持平稳波动的态势且略呈下降趋势。其他类型的文献较少,相关成果仍主要集中在期刊论文和会议论文上。对于股票价格的研究方法目前的主流仍是统计学方法,智能算法等机器学习方法也逐渐在该领域进行尝试。

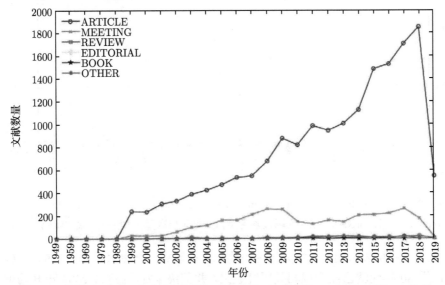

图 1-9 "TS=(stock price) AND TS=(identification OR modeling OR prediction OR forecasting)" 主题检索各类型文献年出版量 (彩图见封底二维码)

1.3 时间序列分析方法体系

目前,时间序列预测种类很多,根据预测时间长度的不同可以分为三类,分别为短期预测、中期预测和长期预测。根据所使用的预测算法模型的不同可以分为三类,分别为传统预测方法、智能预测方法和智能混合预测方法。本节根据预测算法模型的不同对这三个方面进行介绍。

传统预测方法是基于数学统计学方法对时间序列进行分析预测的方法,其主要思想是把时间序列历史数据作为观测值,利用数学统计学方法研究历史数据走势规律并建立回归模型来拟合未来数据,从而达到预测的目的。常用的传统预测方法有随机森林 (RF) 模型、自回归 (AR) 模型、自回归移动平均 (ARMA) 模型、自回归整合移动平均 (ARIMA) 模型、隐马尔可夫模型 (HMM)、贝叶斯模型 (BM) 等。

智能预测方法又称为智能学习预测方法，建立在以机器学习和优化算法为基础的预测方面。机器学习是近年来的热门研究领域，通过模仿神经元之间的信息传递过程来实现数据的非线性拟合。常见的机器学习算法有反向传播 (BP) 神经网络、Elman 神经网络、长短期记忆 (LSTM) 神经网络、卷积神经网络 (CNN)、支持向量机 (SVM)、极限学习机 (ELM) 等。优化算法又称为进化算法，在参数寻优中能有很好的作用，可以避免机器学习算法陷入过拟合、欠拟合或局部最优等影响模型性能的状态。常见的优化算法有粒子群优化算法 (PSO)、遗传算法 (GA)、灰狼优化算法 (GWO) 等。智能预测方法的主要思想是使用机器学习算法建立预测模型，并可以使用优化算法优化模型参数，从而达到预测的目的。

智能混合预测方法的主要思路是通过多种算法、方法和模型相互组合优化，充分利用各算法的优点，进一步促进模型的预测性能。在建立基础预测模型之前可以对数据进行前处理，如小波分解 (WD)、小波包分解 (WPD)、经验模态分解 (EMD)、主成分分析 (PCA)、因子分析 (FA) 等，利用前处理方法可以达到降低数据噪声、降低数据复杂度或充分提取数据特征的作用。在建立基于机器学习算法的预测模型的过程中可以使用优化算法对模型参数进行优化，如模型的学习率、隐含层个数等参数，寻找到更好的模型参数以提高模型的泛化能力和预测精度。在预测模型完成预测之后，可以对预测结果进行优化处理，比如使用误差分析方法对误差进行分析以实现修正预测误差的作用，或者利用加权算法对多个预测模型的预测结果进行加权计算等。智能混合模型由于具有很好的预测性能，被广泛应用于时间序列预测领域。

表 1-1 为时间序列分析常用传统预测方法统计，表 1-2 为时间序列分析常用智能预测方法统计，表 1-3 为时间序列分析常用智能混合预测方法统计。

表 1-1 时间序列分析常用传统预测方法统计

方法	文献	网络模型	模型参数优化	前处理方法	预测结果优化
传统预测方法	[3]	RF, GBDT			
	[4]	NARX			
	[5]	GBM			
	[6]	ARMA	GARCH		
	[7]	ARIMA		EMD	
	[8]	ARIMA			
	[9]	GPM			
	[10]	VAR			
	[11]	HMM			
	[12]	HBM			
	[13]	RBLR, ESN			

续表

方法	文献	网络模型	模型参数优化	前处理方法	预测结果优化
传统预测方法	[14]	NBM			
	[15]	BM	AR		
	[16]	MLR		WT	
	[17]	RARIMA		EMD	

表 1-2　时间序列分析常用智能预测方法统计

方法	文献	网络模型	模型参数优化	前处理方法	预测结果优化
智能预测方法	[18]	ARIMAX/MLP			
	[19]	ANFIS/BP/SVM			
	[20]	ANFIS, AEM			
	[21,22]	LSTM			
	[23]	RBF			
	[24]	BP/Stack GRU/ EncDec			
	[25]	MLP			
	[26]	BP	GA		
	[27]	SVR	PSO		
	[28]	LSM	GA		
	[29]	Elman			
	[30]	Elman	GA		
	[31]	RNN/ RNN-BPTT/LSTM			
	[32]	CNN			

表 1-3　时间序列分析常用智能混合预测方法统计

方法	文献	网络模型	模型参数优化	前处理方法	预测结果优化
智能混合预测方法	[33]	SVR		HPF	
	[34]	CNN		VMD	
	[35]	LSTM		PCC, MIC, GCT	
	[36]	CNN/SVW		SSA, EMD	
	[37]	ELM		WPD, EMD	
	[38]	CNN, CNNLSTM		WPD	
	[39]	Elman		WPD, FEEMD	
	[40]	CNN, GRU, SVR		SSA	
	[41]	LSTM, Elman		EWT	
	[42]	ELM		WD, WPD, EMD, FEEMD	
	[1]	LSTM, ELM		VMD, SSA	
	[43]	ESN		WT, SC	
	[44]	ARIMA/BP/SVM		WT	
	[45]	BP		WD	
	[46]	ARIMA, BP		WT	

续表

方法	文献	网络模型	模型参数优化	前处理方法	预测结果优化
智能混合预测方法	[47]	LSSVM		EEMD, PSR	
	[48]	ARIMA, BP, ESM			EWM
	[49]	WLS-SVR			EGRACH
	[50]	Elman		WPD	WPF
	[51]	LSTM	MOGWO	EWT	IEWT, RELM
	[52]	RELM	GWO	EWT	
	[53]	ARMA, ELM		WDD, WPD, EMD	OCM
	[54]	SVR	GA	FA	
	[55]	SVR	GWO	CEEMD	
	[56]	BP		PCA	NFS
	[57]	SVM	PSO	LPP	

其中，表 1-1~表 1-3 中所有的英文全称及中文含义详见附录。

1.4 时间序列分析理论基础

1.4.1 多步预测策略

在实际工程运用中，单步预测往往无法满足实际需求，需要根据历史数据实现更高时间尺度的超前多步预测，实现未来更为长远的时间点预测。因此，多步预测的重要性与实用性往往超过单步预测[58]。在时间序列预测领域，一般使用递归策略和多输入多输出 (Multi-Input Multi-Output, MIMO) 策略实现超前多步预测。

递归策略亦被称为直接多步预测策略，是最为常见的超前多步预测策略。递归策略使用长度为 M 的历史数据点作为预测模型输入，模型输出为单输出，进行超前一步预测。然后将预测结果作为历史数据，输入模型得到超前两步预测结果，以此类推得到超前 n 步预测结果。由于递归策略存在误差累积的问题，会将前一步预测误差传递给下一步，所以预测精度容易随预测步数提升而逐渐降低。递归策略预测过程的示意图如图 1-10 所示。

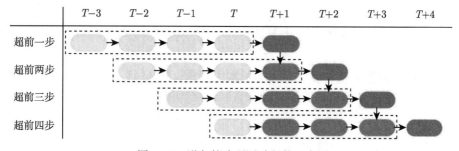

图 1-10　递归策略预测过程的示意图

多输入多输出策略的预测模型，输入长度为 M 的历史数据点后，将一次性输出所有 n 个超前预测结果。由于输出元素较多，随着预测步骤的增加，预测模型的复杂程度不断增加，所需要的运算空间也不断增加。但该策略不存在误差累积的问题，所以适用于部分预测步数较低的场合。该策略的示意图如图 1-11 所示。

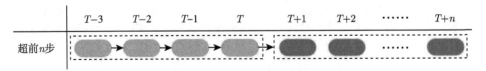

图 1-11   多输入多输出预测策略示意图

1.4.2   时间序列预测精度评价指标

1) 确定性预测精度评价指标

对于预测模型的最终预测结果，我们需要引入相应的评价指标用以评价预测结果与真实值之间的拟合程度，从而评价预测模型的预测精度与性能。确定性预测的常用精度评价指标包括平均绝对误差 (Mean Absolute Error，MAE)、平均绝对百分比误差 (Mean Absolute Percentage Error，MAPE)、均方根误差 (Root Mean Square Error，RMSE)、误差标准差 (Standard Deviation of Error，SDE) 和皮尔逊相关系数 (Pearson Correlation Coefficient)P 等。

MAE 通过计算预测值与真实值之间的平均绝对偏离程度，能够最为直观地反映预测精度，计算公式如下：

$$\mathrm{MAE} = \left(\sum_{t=1}^{N} \left| \hat{f}(t) - f(t) \right| \right) / N \tag{1.1}$$

其中，$f(t)$ 表示测试集序列的真实值，而 $\hat{f}(t)$ 表示模型输入测试集后输出的预测值，N 表示测试集样本点数。

MAPE 通过计算预测偏差与真实值比值求取平均，反映了预测偏差与真实值之间的相对关系，是一个无量纲的相对误差评价指标。计算公式如下：

$$\mathrm{MAPE} = \left(\sum_{t=1}^{N} \left| (\hat{f}(t) - f(t)) / f(t) \right| \right) / N \tag{1.2}$$

RMSE 计算预测值与真实值偏差的均方根值，与 MAE 相比对于偏差序列中的离群点较为敏锐，能够更为精密地衡量时间序列预测精度，计算公式如下：

$$\mathrm{RMSE} = \sqrt{\left(\sum_{t=1}^{N} \left[\hat{f}(t) - f(t) \right]^2 \right) / N} \tag{1.3}$$

SDE 计算预测偏差序列的标准差, 用于衡量预测偏差的分布离散程度, SDE 越大表明预测偏差的分布越离散, SDE 越小表明分布越紧密, 故 SDE 能够在一定程度上衡量时间序列预测模型的稳定性, 计算公式如下:

$$\text{SDE} = \sqrt{\left(\sum_{t=1}^{N}\left[\hat{f}(t) - f(t) - \sum_{t=1}^{N}(\hat{f}(t) - f(t))/N\right]^2\right)/N} \tag{1.4}$$

皮尔逊相关系数 P 用以衡量测试集时间序列的预测值与真实值之间的相关性, 使用过程中若 P 的值越接近 1, 表明预测值与真实值的相关性越高, 预测值能够更好地拟合真实值的波动情况, 计算公式如下:

$$P = \frac{\displaystyle\sum_{t=1}^{N}\left(f(t) - f_{\text{mean}}\right)\left(\hat{f}(t) - \hat{f}_{\text{mean}}\right)}{\sqrt{\displaystyle\sum_{t=1}^{N}\left(f(t) - f_{\text{mean}}\right)^2 \times \sum_{t=1}^{N}\left(\hat{f}(t) - \hat{f}_{\text{mean}}\right)^2}} \tag{1.5}$$

在针对不同的模型之间的预测性能进行对比时, 需要引入以上评价指标的对比评价指标, 由于以上指标均为值越大模型预测性能越优, 所以为了保证性能更好的模型指标提升比例为正, 五类对比评价指标计算公式表示如下, 其中各指标值大于 0 表示下标为 1 的待测模型性能优于下标为 2 的对比模型:

$$P_{\text{MAE}} = \frac{\text{MAE}_2 - \text{MAE}_1}{\text{MAE}_2} \times 100\% \tag{1.6}$$

$$P_{\text{MAPE}} = \frac{\text{MAPE}_2 - \text{MAPE}_1}{\text{MAPE}_2} \times 100\% \tag{1.7}$$

$$P_{\text{RMSE}} = \frac{\text{RMSE}_2 - \text{RMSE}_1}{\text{RMSE}_2} \times 100\% \tag{1.8}$$

$$P_{\text{SDE}} = \frac{\text{SDE}_2 - \text{SDE}_1}{\text{SDE}_2} \times 100\% \tag{1.9}$$

$$P_{\text{P}} = \frac{P_2 - P_1}{P_2} \times 100\% \tag{1.10}$$

2) 区间预测的精度评价指标

区间预测精度评价指标主要分为预测区间覆盖比例 (Prediction Interval Coverage Probability, PICP), 预测区间标准化平均宽度 (Prediction Interval Normalized Average Width, PINAW), 以及覆盖宽度综合评价指标 (Combinational Coverage Width-based Criterion, CWC) 三种。

PICP 通过计算时间序列真实值包含在预测区间内的样本点与总样本点的比值，直观反映区间预测模型预测区域的合理性，计算公式为

$$\text{PICP} = \frac{1}{n} \sum_{t=1}^{n} c_t \tag{1.11}$$

其中，c 为 0 或 1 的逻辑值，若 t 时刻真实值包含在预测区间内，则 $c_t = 1$，反之，$c_t = 0$。若 PICP 指标小于拟定的显著性水平 $1 - \alpha$，则表明预测区间缺乏合理性，模型无效。

PINAW 计算预测区间的归一化宽度，用以衡量预测区间的有效程度，计算公式为

$$\text{PINAW} = \frac{1}{nR} \sum_{t=1}^{n} (U_t - D_t) \tag{1.12}$$

其中，U_t 和 D_t 分别表示 t 时刻预测区间的上界和下界，R 为测试集预测值的极差，用以对平均宽度进行归一化。在保证 PICP 指标大于拟定显著性水平的前提下，PINAW 指标越小表明预测区间宽度越小，模型预测性能越好。

PINAW 指标与 PICP 指标具有较高的相关性，当 PINAW 指标较高时，预测区间较宽，PICP 指标也容易满足预设条件，所以单独比较两类指标难以给出观测者有效信息。CWC 综合了 PICP 和 PINAW 两类指标的特性，对于区间预测模型，综合预测性能给出了客观全面的评价，计算公式为

$$\text{CWC} = \text{PINAW}(1 + \rho(\text{PICP})e^{-\mu(\text{PICP}-\lambda)}) \tag{1.13}$$

$$\rho(\text{PICP}) = \begin{cases} 0, & \text{若PICP} \geqslant \lambda \\ 1, & \text{若PICP} < \lambda \end{cases} \tag{1.14}$$

其中，μ 表示惩罚因子，一般取较大的值如 50，λ 为预设的置信水平 $1 - \alpha$，CWC 指标同样是越小越好。

对不同模型区间预测精度进行对比时，由于 PICP 指标越大越好，PINAW 以及 CWC 指标越小越好，为了保证待测模型性能优于对比模型性能时相应对比指标为正，所以需针对不同评价指标采用不同的计算公式。三类对比评价指标计算公式如下：

$$P_{\text{PICP}} = \frac{\text{PICP}_1 - \text{PICP}_2}{\text{PICP}_2} \times 100\% \tag{1.15}$$

$$P_{\text{PINAW}} = \frac{\text{PINAW}_2 - \text{PINAW}_1}{\text{PINAW}_2} \times 100\% \tag{1.16}$$

$$P_{\text{CWC}} = \frac{\text{CWC}_2 - \text{CWC}_1}{\text{CWC}_2} \times 100\% \tag{1.17}$$

第二篇
铁路沿线风速混合智能辨识、建模与预测

铁路沿线大风是造成铁路行车事故的主要自然灾害之一[59]。高速列车速度快，运动时产生的升力大，在强风作用下气动流场恶化，影响列车车体的倾覆稳定性[60]。尤其在峡谷、垭口、特大桥、高路堤和大弯道等危险路段，大风容易产生狭管效应或增速效应，使得车体发生剧烈颤动，列车脱轨概率陡增，造成翻车等重大行车事故[61]。

研究表明，铁路沿线风速预测对保障大风下的行车安全至关重要[62]。如能实现铁路沿线风速的预测，当某位置的预测风速超过安全阈值时，就可以对即将途经该地的运行列车发出停运或是限速的预警指令。这样就能避免可能发生的翻车事故。对铁路沿线风速实现短期预测也是提高运输效率、减少列车不必要的降速和停轮时间的一种有效途径[63]。

本篇以铁路沿线大风风速作为对象，研究了风速时间序列特性及其特征的辨识方法，并在传统预测算法的基础上深入研究了深度学习、集成算法框架下的高精度铁路沿线大风风速预测模型的预测性能。本篇的研究工作为后续铁路强风风速的高精度预警提供了重要理论依据。

第 2 章　铁路风速数据处理组合算法预测模型

2.1　引　　言

数据处理组合算法 (Group Method of Data Handling，GMDH) 网络是一种特殊的神经网络模型，它能根据输入数据自动构建网络结构。与传统神经网络相比，可以更好地避免局部最优，同时所需确定的参数也更少。GMDH 网络是乌克兰科学院院士 Ivaknenko 于 1967 年提出的一种运用多层神经网络原理和生物控制论中的自组织原理，用于复杂非线性系统的数据分组处理方法。其核心原理就是生物的进化 — 遗传 — 变异 — 选择原理。从一个简单的初始结构开始，根据设定的演变规则，产生一系列具有进化特征的模型，选择优良模型 (选择) 并将其传递到下一层 (遗传)，在局部模型作用下产生下一代 (变异)，实现这样的一个过程，这就是一个进化过程。然后，再通过选择、传递等不断循环，直到产生最优复杂度模型[64]。

基于 GMDH 网络及其变种的风速风力预测研究在国内外已经有了一定进展，吴栋梁等[65] 利用改进 GMDH 网络对风电场短期风速进行预测，在进行网络训练时，采用指数型能量函数作为目标误差函数，提高了网络收敛速度。李牡丹等[66] 提出了基于灰色系统理论与 GMDH 网络结合的风速预测混合模型。

除了通过信号预处理算法改进预测精度以外，特征选择技术同样作为改善混合模型性能的潜在途径受到广泛关注。特征选择技术主要分成两类：① 滤波方法 (Filter Approach)，使用评价准则来增强特征与类的相关性，削减特征之间的相关性，以学习器之间的相互独立为最优化准则；② 包装方法，以学习器的性能作为特征集的评价准则来进行特征选择。

常见的特征选择方式包括自回归整合移动平均 (Autoregressive Integrated Moving Average，ARIMA)[67]，相空间重构 (Phase Space Reconstruction，PSR)[68]，奇异谱分析 (Singular Spectrum Analysis，SSA)[69]，梯度增强决策树 (Gradient Boosting Decision Tree，GBDT)[70] 等。Liu 等[71] 分别将 ARIMA 模型与人工神经网络 (Artificial Neural Network，ANN) 和卡尔曼滤波器 (Kalman Filter，KF) 相结合，提出了两种特征选择混合模型。在混合模型中，Liu 等[71] 首先构建出 ARIMA 模型，然后根据 ARIMA 模型的结构确定 ANN 和 KF 的输入参数。Yu 等[72] 提出了基于 WD、SSA、GBDT 算法与 Elman 神经网络 (Elman Neural Network，ENN)

相结合的混合风速预测模型。在混合模型中，GBDT 算法用于评估输入特征的重要性，并且利用累积重要性来确定输入矩阵的维数。

　　本章我们先通过实验方法分析单个 GMDH 网络模型的预测精度，然后详细探讨几种特征选择算法 (PCA、GA、ICA) 以及两种分解算法 (VMD、WD) 对于模型性能的优化程度，以此分析不同方法对模型精度的影响。

2.2　原始风速数据

　　本节采用的风速数据来自我国某强风路段，每个风速时间序列对应大约两周的风速数据，其中的单个样本点对应每 20min 的平均风速。如图 2-1 和图 2-2 所示，每个风速时间序列有 1000 个样本。将其中的第 1~900 个样本作为预测模型的

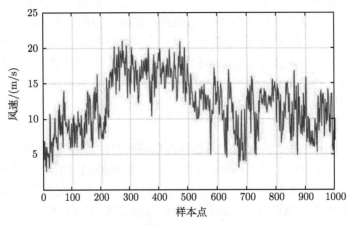

图 2-1　原始风速时间序列 $\{X_{1t}\}$

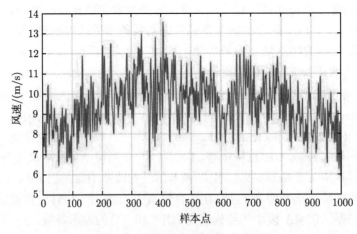

图 2-2　原始风速时间序列 $\{X_{2t}\}$

训练集 D_1，将第 901~1000 个样本作为预测模型的验证集 D_2。然而当选择 GA 算法作为模型的特征选择算法时，需要将训练集中的后 100 个样本作为 GA 算法优化时的交叉验证集，用以计算 GA 算法每次迭代时每个个体的适应度值。

2.3　数据处理组合算法模型

2.3.1　模型框架

单一的 GMDH 风速预测模型由训练后的 GMDH 网络单独构成，实现风速的单步预测及多步预测。模型的具体实现框架如下：

(1) 将风速时间序列划分为 D_1 训练集和 D_2 验证集，提取训练集数据，进行归一化处理，构成模型训练矩阵。

(2) 提取验证集数据，对数据进行归一化处理，构成模型验证矩阵。

(3) 利用 D_1 数据训练 GMDH 网络，拟合出超前一步预测的最优模型，并利用 D_2 验证集对拟合出的模型进行验证，运用上文提到的评价指标评估模型超前一步预测的性能。

(4) 在单步预测的基础上，采用递归的方式，使用预测结果作为模型输入，实现超前多步预测。使用 D_2 验证集对模型进行验证，评估模型超前多步预测的性能。

由于在超前多步预测过程中前一步预测的残差会被代入后续预测结果中，故理论上每一步的预测精度将会逐步递减。单一 GMDH 模型的构建流程如图 2-3 所示。

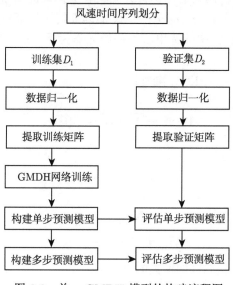

图 2-3　单一 GMDH 模型的构建流程图

2.3.2   理论基础

GMDH 网络中输入与输出变量之间的连接遵循多项式逼近原理，需要按照设计精度的要求建立有限项数的多项式，最终目标是寻找最优的函数表达式收敛于真实未知的映射。一般选取 Kolmogorov-Gabor 多项式作为参考函数 [64,73]：

$$\hat{y} = a_0 + \sum_{i=1}^{m} a_i x_i + \sum_{i=1}^{m}\sum_{j=1}^{m} a_{ij} x_i x_j + \sum_{i=1}^{m}\sum_{j=1}^{m}\sum_{k=1}^{m} a_{ijk} x_i x_j x_k + \cdots \tag{2.1}$$

其中，$\{x_n\}$ $(n = i, j, k, \cdots)$ 表示网络的输入变量，$\{a_n\}$ $(n = 0, 1, 2, \cdots)$ 表示权重，$\hat{y}$ 表示网络的输出变量。Kolmogorov-Gabor 多项式的建立是通过逐层传递输入变量来实现的。GMDH 网络中的任一神经元接收上一层的输入变量，如 x_{ni} 和 x_{nj}，并利用形如参考函数的局部函数 (以二次为例) 产生输出变量：

$$\hat{y}_n = a_0 + a_1 x_{ni} + a_2 x_{nj} + a_3 x_{ni}^2 + a_4 x_{nj}^2 + a_5 x_{ni} x_{nj} \tag{2.2}$$

其中，对于第一层神经元，x_{ni} 和 x_{nj} 表示网络的输入变量。权重 a_0, a_1, a_2, a_3, a_4 和 a_5 的计算通过最小化实际输出与神经元估计输出之间的均方差来实现 [73]：

$$E = \frac{\sum_{n=1}^{N} (\hat{y}_n - y_n)^2}{N} \to \min \tag{2.3}$$

其中，训练集的样本容量记为 N(需特别注意的是，GMDH 网络的训练数据分为训练集和验证集)。GMDH 网络的每个神经均具有选择最优传递函数的功能，通过最小化均方差得到权重 a_0, a_1, a_2, a_3, a_4 和 a_5 后即获得了该节点的最优传递函数。再从已产生的新一代神经元中筛选出若干神经元作为下一层神经元的输入，筛选准则一般采用以下几种：

(1) 预测误差平方和 (PESS) 准则：

$$\text{PESS} = \sum_{t=1}^{N} (\hat{y}(t) - y(t))^2 \tag{2.4}$$

(2) AIC 准则：

$$\text{AIC} = N \ln S_k^2 + 2k + C \tag{2.5}$$

$$S_k^2 = \frac{\sum_{n=1}^{N} (\hat{y}_n - y_n)^2}{N} \tag{2.6}$$

其中，C 是常数；k 是独立可调参数的个数。

(3) 预测域的加权误差平方准则：

$$\text{MWSS} = \sum_{t=1}^{N} \sum_{\lambda=1}^{L} W(\lambda) e^2(\lambda) \tag{2.7}$$

其中，$W(\lambda)$ 是对超前 λ 步的加权函数；$e^2(\lambda)$ 表示时刻 t 超前 λ 步的预测误差。

重复这样一个优势遗传、竞争生存和进化的过程，直至某一层的最小误差达到终止条件或层数达到网络的大小限制，从而得到最优模型。终止条件可由上述预测域的加权误差平方准则确定。方法如下：

$$\text{MWSS}(k) = \min_{j} \text{MWSS}(k, j) \tag{2.8}$$

$\text{MWSS}(k, j)$ 表示在第 k 层对第 j 个神经元多项式计算出的 MWSS 值，当某个 $\widehat{k}$ 满足

$$\frac{\overline{\text{MWSS}}(\widehat{k}) - \overline{\text{MWSS}}(\widehat{k} - 1)}{\overline{\text{MWSS}}(\widehat{k})} \leqslant \varepsilon \tag{2.9}$$

时，筛选过程停止，ε 由经验确定。

GMDH 网络的结构在训练过程中是变化的，图 2-4 是训练后的一个比较典型的网络。

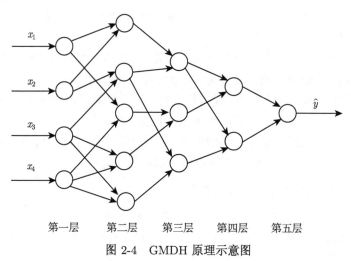

第一层　　　第二层　　　第三层　　　第四层　　　第五层

图 2-4　GMDH 原理示意图

2.3.3　建模步骤

1) 风速时间序列划分及数据归一化

以图 2-1 和图 2-2 所示风速时间序列 $\{X_{1t}\}$ 和 $\{X_{2t}\}$ 为例，按照前文所提比例对序列进行划分，分别将两时间序列划分为训练集 $\{X_{1t}\}_{D1}$，$\{X_{2t}\}_{D1}$ 和验证集

$\{X_{1t}\}_{D2}$, $\{X_{2t}\}_{D2}$。对划分好的训练集和验证集中的数据进行归一化处理,归一化的公式为

$$\hat{X}^{(i)} = \frac{X^{(i)} - X_{\min}}{X_{\max} - X_{\min}} \tag{2.10}$$

此处需要注意的是,$X_{\max}$ 和 $X_{\min}$ 分别表示训练集数据最大值和最小值,对验证集数据进行归一化处理及未来的反归一化处理均使用这两个值。归一化处理的目的是通过变换处理将 GMDH 网络的输入、输出数据限制在一定范围内,加快求取最优解的速度,同时防止输入数据之间的量纲相差过大从而影响精度。

2) 构建训练矩阵和验证矩阵

由于 MATLAB 等科学计算软件对于矩阵操作进行了大量的优化,其效率要远高于循环语句,所以提取训练集和验证集数据构建模型的训练矩阵和验证矩阵来进行操作将极大地提升工作效率及模型的预测性能。

构建训练矩阵首先需确定网络的输入变量个数,记为 n,需自主选取。n 值过小会影响预测精度,过大会降低模型效率。此处选定 $n=10$,则构建的训练矩阵每一行向量表示为

$$X^i = [x_1^i, \, x_2^i, \, x_3^i, \cdots, \, x_{10}^i, \, x_{11}^i] \tag{2.11}$$

其中,i 表示行数,$x_1^i, \, x_2^i, \, x_3^i, \cdots, \, x_{10}^i$ 作为模型的输入变量,x_{11}^i 作为模型的实际输出,即 y_n。输入变量的提取采用递归策略,最大预测步数设置为 5。

3) 构造及评估预测模型

为了限制网络大小并保证计算效率,需要对 GMDH 网络层数和每层最大神经元数加以限制,此处限制最大层数为 5,最大神经元数为 25。初始化 GMDH 网络各神经元权重值,输入训练矩阵,根据最小化均方差法和预测误差平方和准则寻求最优传递函数,从而得到风速超前一步预测模型。在超前一步预测的基础上,采用递归的方式,使用预测结果作为模型输入,实现超前多步预测。向预测模型中输入验证矩阵,获取估计输出,运用评价指标评估模型性能。

2.3.4　数据处理组合算法风速预测结果

以上文所示原始风速时间序列 $\{X_{1t}\}$ 和 $\{X_{2t}\}$ 作为输入分别对 GMDH 网络进行训练及验证,所得到的超前预测精度评价指标预测结果如表 2-1 所示。

图 2-5 和图 2-6 分别为 $\{X_{1t}\}$ 和 $\{X_{2t}\}$ 时间序列超前预测一步及多步的预测结果。通过纵向对比分析相同评价指标不同超前预测步数的计算结果可以看出,随着超前预测步数的提升,MAE、MAPE、RMSE 和 SDE 均显著提升,而 P 则显著降低。以风速时间序列 $\{X_{1t}\}$ 为例,超前一步预测时 MAE、MAPE、RMSE、SDE 分别为 1.4091m/s、16.6645%、1.8239m/s、1.7913m/s,相对较低,P 则为 0.7056,表明超前一步预测的实测数据与预测数据间具有一定的线性相关性。而当超前预测步数

达到 3 时，前四项评估指标则显著提升，分别为 1.9415m/s、23.3721%、2.4727m/s、2.3476m/s，P 大幅降至 0.3751，表明此时实测数据与预测数据之间的线性相关性已经极低，无法满足实际需求。

表 2-1　单一 GMDH 模型超前预测精度评价指标预测结果

风速时间序列	预测步数	MAE/(m/s)	MAPE/%	RMSE/(m/s)	SDE/(m/s)	P
	1	1.4091	16.6645	1.8239	1.7913	0.7056
	2	1.8999	22.4874	2.3584	2.2721	0.4552
$\{X_{1t}\}$	3	1.9415	23.3721	2.4727	2.3476	0.3751
	4	2.0759	25.4165	2.6047	2.4501	0.2808
	5	2.1201	26.0901	2.6202	2.4343	0.2806
	1	0.5502	6.8140	0.6845	0.6282	0.7875
	2	0.9520	12.1021	1.1724	1.0277	0.3247
$\{X_{2t}\}$	3	1.0973	14.2436	1.3654	1.1027	0.0595
	4	1.1487	14.9795	1.4042	1.0098	0.1854
	5	1.2115	15.7200	1.4513	0.9714	0.2779

随后通过直观分析图 2-5 的预测结果，可以看出，预测数据与实际数据之间的相位偏移明显，且幅值波动较大，随着预测步数增加，其偏移及波动更为严重。可以明显看出，超前预测步数为 5 时，预测数据已经完全无法拟合实测数据，只能在总体趋势上保持一致。

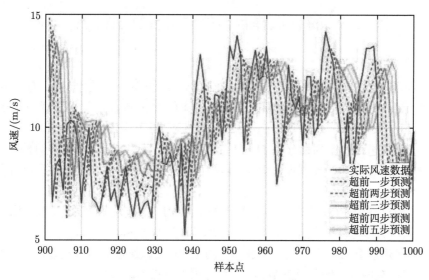

图 2-5　单一 GMDH 网络模型风速时间序列 $\{X_{1t}\}$ 预测结果 (彩图见封底二维码)

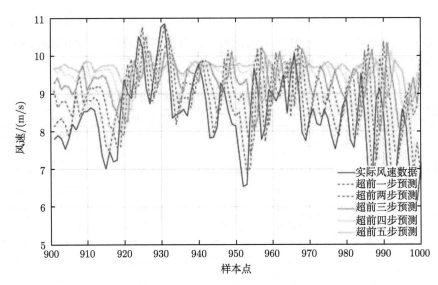

图 2-6　单一 GMDH 网络模型风速时间序列 $\{X_{2t}\}$ 预测结果 (彩图见封底二维码)

　　综合分析, 单一 GMDH 风速预测模型预测性能不尽如人意, 当超前预测步数为 1 时还能勉强满足要求, 实测数据与预测数据之间具有较高线性相关性。当超前预测步数达到 2 时, 其线性相关性大幅度降低, 各项误差显著提升, 错位及波动明显。所以总体来说, 单一 GMDH 风速预测模型不能很好地达到使用要求。

2.4　特征选择数据处理组合算法模型

2.4.1　模型框架

　　本节将分别采用三种特征选择算法对预测器的输入特征进行选择, 使用各项评估指标对比分析三种算法对预测器预测结果的优化能力。总体模型构建流程如下:

　　(1) 将风速时间序列划分为 D_1 训练集和 D_2 验证集, 提取训练集数据, 进行归一化处理, 构成初始模型训练矩阵; 提取验证集数据归一化处理, 构成初始模型验证矩阵。

　　(2) 构建基于 PCA 算法实现特征选择的 GMDH 风速预测混合模型, 将验证矩阵代入混合模型获取预测风速数据, 计算各项评价指标。

　　(3) 构建基于 GA 算法实现特征选择的 GMDH 风速预测混合模型, 将验证矩阵代入混合模型获取预测风速数据, 计算各项评价指标。

　　(4) 构建基于 ICA 算法实现特征选择的 GMDH 风速预测混合模型, 将验证矩阵代入混合模型获取预测风速数据, 计算各项评价指标。

(5) 对比分析基于不同特征选择算法的混合模型的预测结果及评价指标, 并对比单一 GMDH 模型计算结果, 分析各特征选择算法对模型的优化能力。

2.4.2 理论基础

1) 主成分分析算法

主成分分析 (Principal Component Analysis, PCA) 算法是一种常用的数据分析方法, 其根本目的是实现数据降维。借助于一个正交变换, 将其分量相关的原随机向量转化成其分量不相关的新随机向量, 然后对多维变量系统进行降维处理, 使之能以一个较高的精度转换成低维变量系统 [74]。

对含有 n 个样本的矩阵 $X = [x_1, x_2, \cdots, x_n]$ 求取所有样本平均值, 可以得

$$\overline{X} = \frac{1}{n} \sum_{i=1}^{n} x_i \tag{2.12}$$

利用下式定义 X 的协方差矩阵 S_t:

$$S_t = \frac{1}{n}(X - \overline{X})(X - \overline{X})^{\mathrm{T}} \tag{2.13}$$

设 S_t 的秩为 k, 特征值为 $\lambda_1, \lambda_2, \cdots, \lambda_k(\lambda_1 \geqslant \lambda_2 \geqslant \cdots \geqslant \lambda_k)$, 其对应的特征向量为 $\omega_1, \omega_2, \cdots, \omega_k$, 则

$$S_t \omega_i = \lambda_i \omega_i, \quad i = 1, 2, \cdots, k \tag{2.14}$$

将 ω_i 称为样本的主成分, 将矩阵 $W = [\omega_1, \omega_2, \cdots, \omega_k]$ 称为样本的主成分矩阵。对一个 n 维随机变量 x, 经过下式的变换:

$$y = W^{\mathrm{T}}(x - m) \tag{2.15}$$

便实现了对其降维, 获得了一个新的 n 维变量 y 作为经 PCA 变换后的结果。

2) 遗传算法

Holland 提出的遗传算法 (GA)[75] 作为广泛使用的优化搜索算法, 是一种模拟自然遗传机制和生物进化理论, 达到搜索最优解的启发式优化方法。其主要特点是直接对结构对象进行操作, 不存在求导和函数连续性的限定, 同时, 由于其采用概率化的寻优方法, 能够自动获取和指导优化的搜索空间, 自适应地调整搜索方向, 所以相比于其他算法具有更好的全局寻优能力 [76]。其中, 每个染色体的优劣程度根据已拟定好的适应度函数来评价。遗传算法有以下几个主要步骤:

(1) 生成初始种群。初始种群由一组随机生成的字符串组成, 该字符串获得方式即基因编码。

(2) 确定目标函数,计算每个个体的适应度值,通过复制、交叉 (单点交叉)、变异生成下一代。

复制: 按复制概率选择部分较优的父代复制并遗传至下一代。

交叉: 按交叉概率交叉重组两个父代的部分基因,获得新的下一代。

变异: 按变异概率选择父代中的部分基因进行更改。

(3) 判断算法是否满足停止条件。

(4) 输出种群中适应度值最优的染色体作为最优解。

GA 基本原理图如图 2-7 所示。

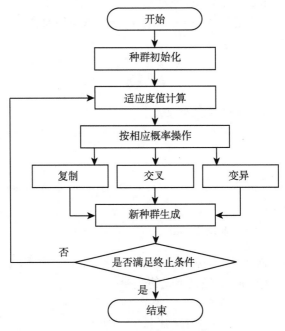

图 2-7　GA 基本原理图

3) 独立分量分析算法

独立分量分析 (Independent Component Analysis,ICA) 是一种从多维统计数据中寻找内在因子或成分的方法 [77]。其核心原则就是极大非高斯性原则。根据中心极限定理,非高斯随机变量之和比原变量更接近高斯变量。其数学模型表达如下:

假设 t 时刻的源信号为一个 n 维的未知列向量,表达如下:

$$s(t) = [s_1(t), s_2(t), \cdots, s_n(t)]^{\mathrm{T}}, \quad t = 1, 2, \cdots, T \tag{2.16}$$

t 时刻的观测信号 $x(t)$ 则是由源信号在位置环境下通过线性组合得到的 m 维列

向量:

$$x(t) = As(t) + e(t) \tag{2.17}$$

$$x(t) = [x_1(t), x_2(t), \cdots, x_m(t)]^{\mathrm{T}} \tag{2.18}$$

其中, $A \in R^{m \times n}$ 为未知的混合矩阵, $e(t)$ 为 m 维的零均值高斯噪声向量。当忽略噪声影响时,上式可以简化为如下矩阵形式:

$$X = AS \tag{2.19}$$

其中, $X \in R^{m \times T}$, $S \in R^{n \times T}$。当源信号满足以下三项假设时:

(1) $s(t) = [s_1(t), s_2(t), \cdots, s_n(t)]^{\mathrm{T}}$ 相互独立;

(2) n 个源信号中最多一个信号服从高斯分布,其余均为非高斯分布;

(3) $m \leqslant n$ 且 $R(A) = n$。

就能从观测信号中采用以下公式分离出源信号:

$$y(t) = Wx(t) \tag{2.20}$$

其中, n 维列向量 $y(t)$ 为源噪声信号,是 $s(t)$ 的一个最大近似估计; $W \in R^{n \times m}$ 为 A^{-1} 的估计矩阵。ICA 算法的基本流程如图 2-8 所示。

图 2-8　ICA 算法的基本流程图

通过最大化负熵来求取分离矩阵 W 是解决 ICA 问题的常用途径,负熵可以用于度量变量的非高斯性。负熵的概念来源于微分熵,一个密度为 $p_x(\eta)$ 的随机变量,其微分熵定义如下 [78]:

$$H(x) = -\int p_x(\eta) \log_{10} p_x(\eta) \, \mathrm{d}\eta \tag{2.21}$$

一定程度上来说,负熵就是微分熵的标注化版本,其定义如下:

$$J(y) = H(y_{\mathrm{Gauss}}) - H(y) \tag{2.22}$$

其中, y_{Gauss} 是与 y 具有相同相关矩阵的高斯随机向量。如果向量中某个分量服从高斯分布,则其负熵为零,否则负熵为正。常用的对负熵的估计方法是高阶矩估计,使用对照函数 G 来近似,公式如下:

$$J(y_i) = J(E(w_i^{\mathrm{T}} x)) \approx E\{G(w_i^{\mathrm{T}} x)\} - E\{G(y_{\mathrm{Gauss}})\}^2 \tag{2.23}$$

其中, w_i 表示分离矩阵 W 的第 i 行向量。

2.4.3　建模步骤

1) 构建 PCA-GMDH 风速预测模型

同样以图 2-1 和图 2-2 所示风速时间序列 $\{X_{1t}\}$ 和 $\{X_{2t}\}$ 为例, 划分时间序列, 对划分好的训练集和验证集中的数据进行归一化处理。特征选择过程就是将经过预处理的训练集矩阵代入 PCA 算法中进行降维的过程。首先需要根据前 N 个特征值的方差贡献率选择 PCA 降维后的矩阵行数 d, 即每个训练样本由 d 个风速数据构成。表 2-2 为计算后的前 N 个特征值的累计方差贡献率, 该值可以反映出前 N 个主成分对原空间的表达能力。可以看出, 当 $N = 10$ 时, 前 10 个主成分即可表达超过 96% 的原空间, 所以选取 $d = N = 10$。

表 2-2　前 N 个特征值的累计方差贡献率

N	累计方差贡献率/%	
	$\{X_{1t}\}$	$\{X_{2t}\}$
1	74.25	43.30
2	81.66	53.74
3	85.41	62.15
4	88.04	69.37
5	90.09	75.77
6	91.78	81.5
7	93.42	86.84
8	94.77	91.60
9	95.64	94.69
10	96.35	96.72
11	97.00	98.06
12	97.58	98.84

由于训练集样本容量为 $s = 900$, 根据递归策略, 训练矩阵的列数为 $n = s - d$, 即预测器训练样本数。本节拟定 $d = 20, n = 880$, 则 PCA 的输入矩阵 $X \in R^{20 \times 880}$。通过 PCA 对输入矩阵进行处理, 产生 X 的主成分矩阵 $W \in R^{n \times k}$ 和均值向量 m, 并对 X 进行降维。在使用 PCA 过程中需要拟定 k 值, 本节采用 $k = 10$。利用公式 (2.18), 对 X 进行降维后重新结合实测输出构成新的训练矩阵, 代入 GMDH 网络进行训练, 从而完成构建 PCA-GMDH 风速预测模型。对于模型的分析验证同样需要将验证矩阵代入公式 (2.18) 进行降维, 才能输入模型并产生正确的预测结果。

2) 构建 GA-GMDH 风速预测模型

GA 中有几种编码方式, 本节采用的是二进制编码遗传算法 BGA。BGA 中染色体定义为

$$X = [x_1, x_1, \cdots, x_L]^{\mathrm{T}} \tag{2.24}$$

2.4 特征选择数据处理组合算法模型 · 31 ·

其中，$x_i \in \{0, 1\}$ 表示单个基因，L 表示每条染色体中的基因数量。每个基因 x_i 对应时域特征 i。当 $x_i = 0$ 时，特征 i 被丢弃；当 $x_i = 1$ 时，特征 i 被保留。将训练集的每组样本作为染色体输入 BGA 算法进行特征选择，得以保留的特征值作为预测器的训练样本。BGA 算法特征选择的适应性函数由验证集获得，定义为

$$f = \frac{1}{n} \sum_{t=1}^{n} \left| \frac{\hat{y}(t) - y(t)}{\hat{y}(t)} \right| \tag{2.25}$$

其中，$y(t)$ 是交叉验证集中的实测风速值，$\hat{y}(t)$ 是混合模型输入交叉验证集得到的预测风速值，n 为验证集样本数。除了设定适应度函数，还需要对 GA 算法中的各项参数进行设定。本节将每条染色体中的基因数量定为 20，种群数量定为 20，最大迭代次数定为 20，交叉概率和突变概率分别设为 0.7 和 0.3。表 2-3 显示的是风速时间序列 $\{X_{1t}\}$ 和 $\{X_{2t}\}$ 分别经过特征选择后的结果。

表 2-3 风速时间序列 $\{X_{1t}\}$ 和 $\{X_{2t}\}$ 的 GA 特征选择结果

	1	2	3	4	5	6	7	8	9	10	11	12	13	14	15	16	17	18	19	20
$\{X_{1t}\}$	1	1	1	1	0	1	1	0	0	0	0	0	0	1	1	1	0	0	1	1
$\{X_{2t}\}$	1	1	1	1	1	0	1	0	0	1	0	0	1	1	1	1	1	1	1	0

图 2-9 和图 2-10 展示了 GA 迭代过程中每一代种群的平均适应度和最大适应度的变化过程，可以明显看出平均适应度随着迭代的进行逐渐降低到一个较低值并逐渐趋于平稳，表明迭代过程使得种群收敛于最优解，GA 算法产生了作用。

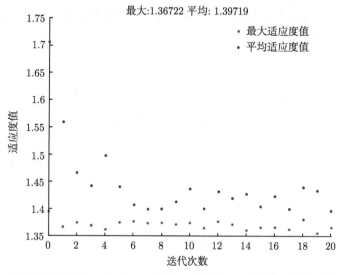

图 2-9 风速时间序列 $\{X_{1t}\}$ 的 GA 迭代过程适应度下降图 (彩图见封底二维码)

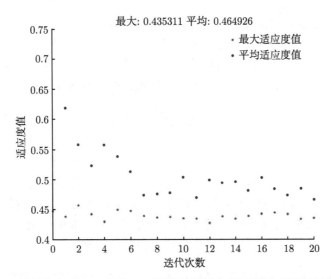

图 2-10　风速时间序列 $\{X_{2t}\}$ 的 GA 迭代过程适应度下降图 (彩图见封底二维码)

3) 构建 ICA-GMDH 风速预测模型

ICA-GMDH 风速预测模型的计算步骤如下 [79,80]：

(1) 对由训练集数据构成的观测信号进行去均值 (Centering Mean) 和白化 (Whitening) 预处理。去均值是通过将原始观测信号减去其均值成为零均值信号，使观测信号满足零均值假设，提升算法效率；白化则是用于保证各变量间的独立性，增强算法的稳健性和可靠性。

(2) 随机初始化分离矩阵第一行向量 w_1，使用最大化负熵的方法更新 w_1，本节选取的对照函数公式如下：

$$G(y) = -\mathrm{e}^{-\frac{y^2}{2}} \tag{2.26}$$

(3) 标准正交化 w_1，并判断是否收敛，若不收敛则需返回第一步重新计算。

(4) 迭代计算每一行向量 w_i，最终得到分离矩阵。

ICA 在实际应用中需要判断算法是否收敛，如果算法发散即发生混沌行为会导致算法崩溃 [81]。所以使用过程中需要采取一定方法判断算法是否混沌，本节引入李雅普诺夫指数 (Lyapunov Exponent) 法进行判断，公式如下：

$$\lambda = \frac{1}{k} \lim_{k \to +\infty} \sum_{i=1}^{k} \left| \frac{\mathrm{d}G}{\mathrm{d}w(i)} \right| \tag{2.27}$$

当李雅普诺夫指数为正值时，判断算法出现混沌，可以通过调节学习参数使算法收敛。

在获得分离矩阵后输入训练矩阵进行 ICA 特征选择, 然后将处理后的数据输入 GMDH 进行训练, 获得预测器模型, 通过与学习后的 ICA 模型结合构成 ICA-GMDH 混合风速预测模型。

2.4.4 不同特征选择算法对数据处理组合算法模型精度的影响

1) 风速预测结果

(1) PCA-GMDH 混合风速预测模型对风速时间序列 $\{X_{1t}\}$ 和 $\{X_{2t}\}$ 的预测结果如图 2-11 和图 2-12 所示, 通过直观分析图 2-11 和图 2-12 可以看出, 模型的相位偏移和幅值波动均较为严重, 变化趋势跟随和突变点预测都表现不佳, 模型整体

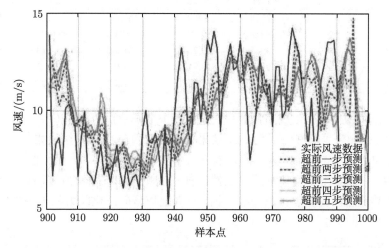

图 2-11 PCA-GMDH 网络模型风速时间序列 $\{X_{1t}\}$ 预测结果 (彩图见封底二维码)

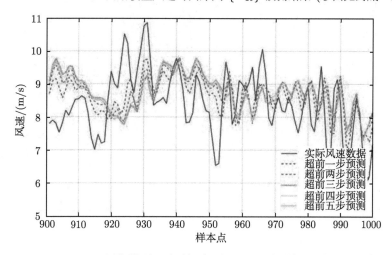

图 2-12 PCA-GMDH 网络模型风速时间序列 $\{X_{2t}\}$ 预测结果 (彩图见封底二维码)

泛化能力较差，预测结果不能很好地拟合实测数据。

对预测结果的各项评价指标计算结果如表 2-4 所示。可以看出，各项指标的计算结果基本上随超前预测步数的提升而提升，但 P 随步数的提升反而降低。

表 2-4   PCA-GMDH 模型超前预测精度评价指标计算结果

风速时间序列	预测步数	MAE/(m/s)	MAPE/%	RMSE/(m/s)	SDE/(m/s)	P
	1	1.5761	15.9475	2.0195	1.8466	0.6432
	2	1.8677	18.6114	2.3500	2.2741	0.4210
$\{X_{1t}\}$	3	1.9952	19.5736	2.5069	2.4545	0.3211
	4	2.0727	20.2314	2.5755	2.5541	0.2548
	5	2.1080	20.5845	2.5821	2.6241	0.2373
	1	0.7524	8.8487	0.8957	0.7321	0.7131
	2	0.8819	10.2775	1.0506	0.8254	0.4242
$\{X_{2t}\}$	3	0.9271	10.7613	1.1103	1.1244	0.3950
	4	0.9388	10.9170	1.1214	0.9231	0.3465
	5	0.9367	10.9150	1.1201	0.9362	0.3519

(2) GA-GMDH 混合风速预测模型对风速时间序列 $\{X_{1t}\}$ 和 $\{X_{2t}\}$ 的预测结果如图 2-13 和图 2-14 所示，对预测结果的各项评价指标计算结果如表 2-5 所示。通过表格可以看出，各项指标的提升趋势与 PCA-GMDH 基本一致。但直观分析预测结果图，可以看出模型预测结果虽然同样存在相位偏移和幅值波动较大的问题，但变化趋势跟随和突变点预测表现不错，直观上模型的泛化能力强于 PCA-GMDH 模型。

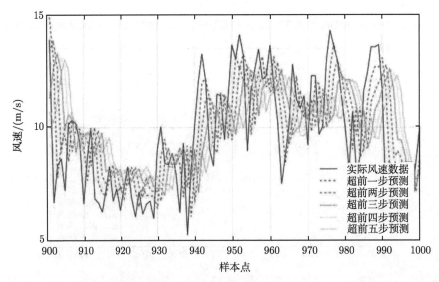

图 2-13   GA-GMDH 网络模型风速时间序列 $\{X_{1t}\}$ 预测结果 (彩图见封底二维码)

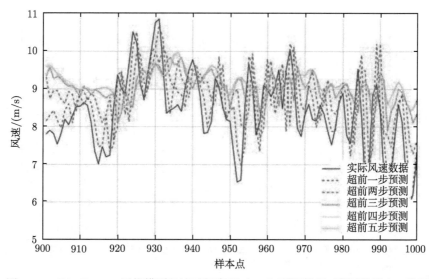

图 2-14 GA-GMDH 网络模型风速时间序列 $\{X_{2t}\}$ 预测结果 (彩图见封底二维码)

表 2-5 GA-GMDH 模型超前预测精度评价指标计算结果

风速时间序列	预测步数	MAE/(m/s)	MAPE/%	RMSE/(m/s)	SDE/(m/s)	P
$\{X_{1t}\}$	1	1.3867	14.4606	1.7759	1.8362	0.6899
	2	1.7535	17.6832	2.2356	2.2956	0.4468
	3	1.8614	18.5093	2.4034	2.3689	0.3679
	4	2.0062	19.8402	2.5090	2.4866	0.2708
	5	2.0332	20.2046	2.4907	2.5021	0.2488
$\{X_{2t}\}$	1	0.4469	5.4748	0.5714	0.5449	0.8444
	2	0.8381	10.5312	1.0057	0.9249	0.4561
	3	0.9531	12.2436	1.1675	1.0194	0.1938
	4	0.9423	12.1824	1.1628	0.9661	0.2999
	5	0.9481	12.2565	1.1622	0.9434	0.3591

(3) ICA-GMDH 混合风速预测模型对风速时间序列 $\{X_{1t}\}$ 和 $\{X_{2t}\}$ 的预测结果如图 2-15 和图 2-16 所示,对预测结果的各项评价指标计算结果如表 2-6 所示。通过表格可以看出,各项指标的提升趋势与 PCA-GMDH 基本一致,且精度指标的值也较为接近。直观分析预测结果图,可以看出模型同样存在预测结果无法较好地拟合实测结果的问题,且无论是在预测步数较低时还是较高时均存在这一现象,表明该模型难以直接投入实际应用中。

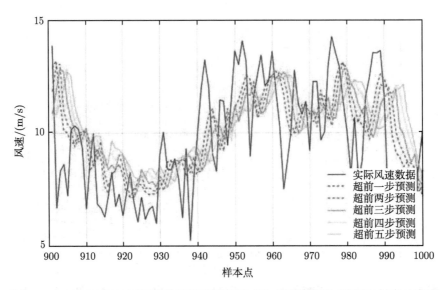

图 2-15　ICA-GMDH 网络模型风速时间序列 $\{X_{1t}\}$ 预测结果 (彩图见封底二维码)

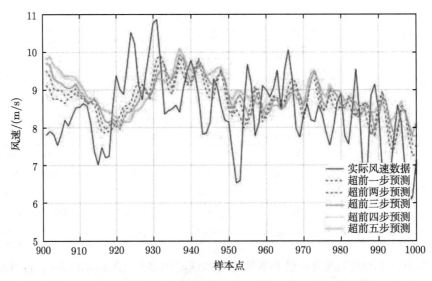

图 2-16　ICA-GMDH 网络模型风速时间序列 $\{X_{2t}\}$ 预测结果 (彩图见封底二维码)

2) 预测精度对比

图 2-17 展示了单一 GMDH、PCA-GMDH、GA-GMDH 和 ICA-GMDH 四种预测模型对风速时间序列 $\{X_{1t}\}$ 和 $\{X_{2t}\}$ 的预测精度。通过对比,可以看出:

综合比较 PCA-GMDH、GA-GMDH 和 ICA-GMDH 三种模型的超前一步和超前多步预测精度,可以看出 PCA-GMDH 和 ICA-GMDH 模型的预测精度基本保持

表 2-6 ICA-GMDH 模型超前预测精度评价指标计算结果

风速时间序列	预测步数	MAE/(m/s)	MAPE/%	RMSE/(m/s)	SDE/(m/s)	P
{X_{1t}}	1	1.5876	16.5047	1.9512	1.8932	0.6873
	2	1.8354	18.9043	2.2515	2.2475	0.5010
	3	1.9258	19.6074	2.3633	2.3548	0.3520
	4	2.0291	20.5048	2.4231	2.4765	0.3249
	5	2.0464	20.7458	2.4310	2.4919	0.3064
{X_{2t}}	1	0.7857	9.1540	0.9366	0.7747	0.7356
	2	0.8873	10.2329	1.0593	0.8353	0.5561
	3	0.9231	10.5813	1.0980	0.8745	0.4938
	4	0.9488	10.8191	1.1257	0.8811	0.4200
	5	0.9495	10.8443	1.1274	0.8934	0.3891

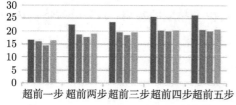

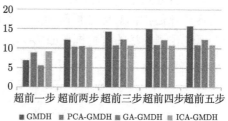

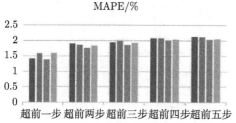

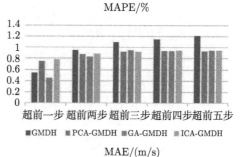

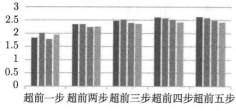

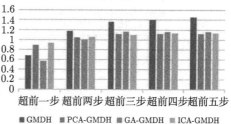

图 2-17 风速时间序列 {X_{1t}} 和 {X_{2t}} 四种模型预测精度对比 (彩图见封底二维码)

一致, 说明 PCA 和 ICA 作为特征选择算法对 GMDH 模型的优化能力基本保持一致, 体现在超前预测步数较低时优化表现较差, 步数较高时表现优秀。GA 算法则在任何步数时对于 GMDH 模型都有一定的优化能力, 且在超前预测步数较低时优化性能明显优于 PCA 和 ICA 算法。同时通过对比三种混合模型的预测结果图, 可以看出相比于 PCA-GMDH、ICA-GMDH 模型, GA-GMDH 拥有更好的泛化能力, 在相位偏移、幅值波动、变化趋势和突变点预测等方面都表现得更好。

2.5　分解特征选择数据处理组合算法模型

2.5.1　模型框架

本节将分别采用 WD 和 VMD 两种分解算法对原始风速时间序列进行分解, 使用各项评估指标对比分析两种分解算法对模型精度的影响。六种分解特征选择混合风速预测模型的构建框架如图 2-18 所示。

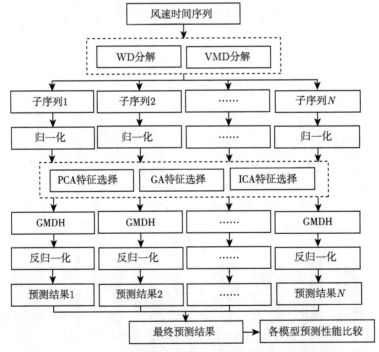

图 2-18　分解特征选择混合风速预测模型的构建框架

总体模型构建流程如下:

(1) 分别运用 VMD、WD 两种分解算法将风速时间序列分解为多个子序列, 对每个子序列进行归一化处理, 提取训练集数据和验证集。

(2) 分别构建基于 VMD 分解算法和 PCA、GA、ICA 特征选择算法的 GMDH 风速预测混合模型, 对分解后的每个子序列进行特征选择后再进行预测, 叠加各子系列预测结果得到最终预测结果, 计算各模型各项评价指标。

(3) 分别构建基于 WD 分解算法和 PCA、GA、ICA 特征选择算法的 GMDH 风速预测混合模型, 对分解后的每个子序列进行特征选择后再进行预测, 叠加各子系列预测结果得到最终预测结果, 计算各模型各项评价指标。

(4) 对比分析六种基于不同分解算法及特征选择算法的混合模型的预测结果及评价指标, 并对比单一 GMDH 模型预测结果及三种特征选择预测模型预测结果, 分析各分解算法对模型的优化能力。

2.5.2　建模步骤

1) 小波分解算法

小波分解 (Wavelet Decomposition, WD) 是以傅里叶变换为数学基础的信号预处理方法, 能很好地平衡时间分辨率和频率分辨率之间的矛盾。WD 窗函数可变, 在信号的高频处, 窗长较小, 时域分辨率较高, 低频处, 窗长较大, 频率分辨率较高。WD 是处理各类非平稳信号的常用方法 [82]。

本节采用 db3 小波作为 WD 的基函数, 拟定分解层数为 8, 将原始风速时间序列分为 8 个子序列。图 2-19 和图 2-20 展示了风速时间序列 $\{X_{1t}\}$ 和 $\{X_{2t}\}$ 训练集的分解结果。S1~S8 按照频率从低到高依次排列。其中, S1 幅值最大, 占有原始序列大部分能量。由于 db$N$ 小波的正则性较好, 所以信号重构的结果具有较好的平滑性和相关性。

通过 WD 将原始风速序列分解为 8 个子序列后, 进行归一化, 并分别构建每个子序列的训练矩阵和验证矩阵, 采用 PCA 算法对每个子序列进行特征选择, 表 2-7 展示了 PCA 算法前 N 个特征值的累计方差贡献率, 反映出前 N 个主成分对原空间的表达能力。可以看出, 能量最高的 S1 层只需要选取极少的主成分便能表达原空间绝大部分信息, 而 S8 层则需要选取相对较多的主成分。

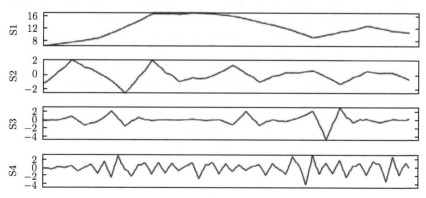

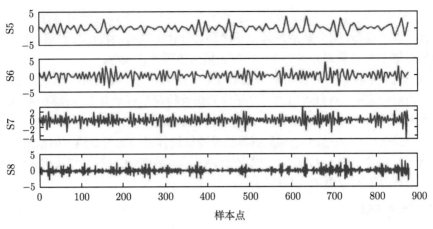

图 2-19　风速时间序列 $\{X_{1t}\}$WD 分解结果

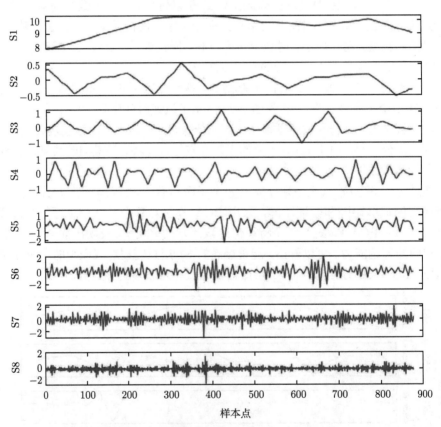

图 2-20　风速时间序列 $\{X_{2t}\}$WD 分解结果

表 2-7 基于 WD 分解的 PCA 算法前 N 个特征值的累计方差贡献率

风速序列	N	累计方差贡献率/%							
		S1	S2	S3	S4	S5	S6	S7	S8
$\{X_{1t}\}$	1	87.53	28.28	23.20	25.90	35.82	31.71	23.76	23.30
	2	95.76	54.83	46.15	51.69	67.33	60.43	47.51	46.03
	3	98.71	70.70	60.67	66.01	89.01	72.85	63.69	62.28
	4	99.63	83.80	74.28	79.68	97.17	83.36	78.83	77.46
	5	99.86	89.70	83.19	85.01	98.71	89.34	87.11	82.96
	6	99.90	95.57	91.17	89.67	99.16	95.12	93.75	88.17
	7	99.94	97.32	95.14	92.24	99.51	97.17	96.52	91.28
	8	99.96	98.17	97.73	94.63	99.67	98.19	98.33	94.30
	9	99.98	98.61	98.50	96.07	99.76	98.62	98.92	95.91
	10	99.98	99.02	99.09	97.49	99.83	99.05	99.29	97.46
	11	99.99	99.35	99.45	98.54	99.89	99.39	99.54	98.52
	12	99.99	99.60	99.78	99.20	99.95	99.61	99.77	99.17
$\{X_{2t}\}$	1	99.72	94.65	86.12	51.42	45.10	26.52	19.08	16.56
	2	100.00	99.79	99.16	94.17	79.63	52.24	37.86	32.83
	3	100.00	99.95	99.77	98.20	89.15	69.91	51.58	46.03
	4	100.00	99.98	99.92	99.09	97.17	84.78	64.11	58.76
	5	100.00	99.99	99.97	99.62	98.56	90.53	71.96	67.55
	6	100.00	100.00	99.98	99.76	99.03	95.61	78.67	75.34
	7	100.00	100.00	99.99	99.86	99.40	97.33	82.85	80.88
	8	100.00	100.00	99.99	99.94	99.61	98.20	86.89	85.53
	9	100.00	100.00	100.00	99.95	99.72	98.63	90.60	88.77
	10	100.00	100.00	100.00	99.97	99.79	99.03	94.28	91.24
	11	100.00	100.00	100.00	99.97	99.87	99.35	96.57	93.53
	12	100.00	100.00	100.00	99.98	99.94	99.61	98.18	95.57

表 2-8 展示了风速时间序列 $\{X_{1t}\}$ 经过 WD 分解后每一子序列 GA 特征选择的结果,而图 2-21 和图 2-22 展示了 S1 和 S2 子序列 GA 迭代过程中的适应度下降情况,通过以上图表可以看出:

表 2-8 基于 WD 分解的风速时间序列 $\{X_{1t}\}$GA 特征选择的结果

子序列	1	2	3	4	5	6	7	8	9	10	11	12	13	14	15	16	17	18	19	20
S1	1	0	1	1	0	1	0	0	0	0	0	0	0	0	0	0	0	0	0	0
S2	1	1	1	0	1	0	0	0	0	1	1	0	0	1	0	1	1	1	1	1
S3	0	1	0	0	1	1	0	0	0	0	1	0	0	0	0	0	0	0	0	0
S4	0	0	0	1	1	0	1	1	1	0	0	1	0	1	1	0	1	0	0	0
S5	0	0	1	0	0	0	0	0	0	1	0	1	0	0	0	0	1	0	1	0
S6	1	1	0	0	1	0	1	0	1	1	0	1	1	1	0	0	0	0	0	0
S7	1	1	0	1	0	1	1	0	0	1	1	0	1	0	1	0	1	0	0	0
S8	0	1	1	0	0	0	0	1	1	1	0	0	1	1	1	0	1	1	0	0

(1) 相比于图 2-9 和图 2-10，将原始序列分解后各子序列适应度幅值和整体下降情况均不理想，S1 子序列由于保留了原始序列中的绝大部分信息，各时序变量间相关性较大，表现还算良好。

(2) 但是 S2 子序列各时序变量之间的相关性明显减弱，适应度幅值明显，较高迭代后难以降至合理的范围，且后续子序列均存在这一现象。所以整体的 GA 特征选择过程效果不好。

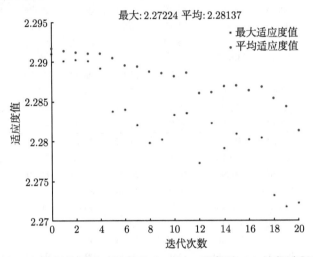

图 2-21　基于 WD 分解的风速时间序列 $\{X_{1t}\}$S1 子序列 GA 迭代过程适应度下降图
(彩图见封底二维码)

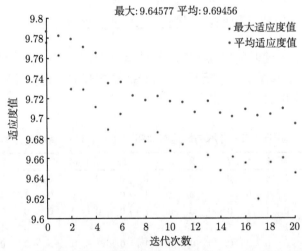

图 2-22　基于 WD 分解的风速时间序列 $\{X_{1t}\}$S2 子序列 GA 迭代过程适应度下降图
(彩图见封底二维码)

2) 变分模态分解算法

为了对比分析不同分解算法对模型预测结果的影响, 采用变分模态分解 (Variational Mode Decomposition, VMD) 将原始风速时间序列同样分解为 8 个子序列。WD 分解的缺点在于不能够对信号的高频细节部分进行细分, 容易造成信号中高频信息的丢失, 而 VMD 能够对高频信号做进一步分解, 比小波变换更加灵活 [82]。

同样采用 db3 小波作为 VMD 的小波基函数。图 2-23 和图 2-24 分别展示的是风速时间序列 $\{X_{1t}\}$ 和 $\{X_{2t}\}$VMD 分解结果, 其中, S1~S8 为风速时间序列分解后的子序列。按照频率从低到高依次为 S1、S2、S4、S3、S7、S8、S6 与 S5。其中, S1 幅值最大, 占有原始序列大部分能量。可以看出, 相比于 WD 分解, VMD 的中高频分解更加细致, 时频分辨率更高, 包含更多的信息。

通过 VMD 将原始风速序列分解为 8 个子序列后, 进行归一化, 并分别构建每个子序列的训练矩阵和验证矩阵, 采用 PCA 算法对每个子序列进行特征选择,

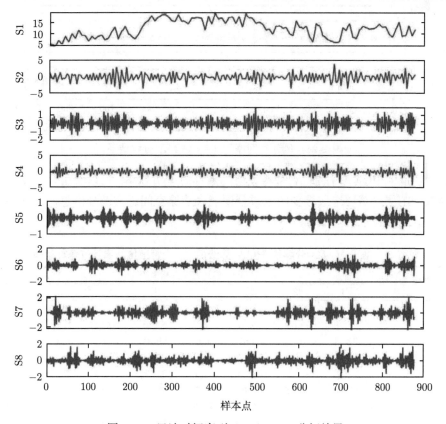

图 2-23　风速时间序列 $\{X_{1t}\}$VMD 分解结果

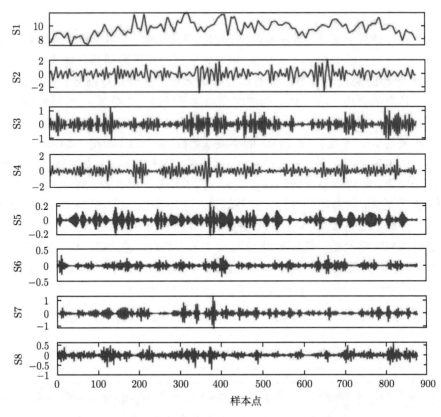

图 2-24　风速时间序列 $\{X_{2t}\}$VMD 分解结果

表 2-9 展示了 PCA 算法前 N 个特征值的累计方差贡献率。可以看出，与 WD 分解类似，S1 层只需要选取极少的主成分便能表达原空间绝大部分信息，而 S8 层则需要选取相对较多的主成分。

表 2-9　基于 VMD 分解的 PCA 算法前 N 个特征值的累计方差贡献率

风速序列	N	累计方差贡献率/%							
		S1	S2	S3	S4	S5	S6	S7	S8
	1	87.53	28.28	23.20	25.90	35.82	31.71	23.76	23.30
	2	95.76	54.83	46.15	51.69	67.33	60.43	47.51	46.03
	3	98.71	70.70	60.67	66.01	89.01	72.85	63.69	62.28
$\{X_{1t}\}$	4	99.63	83.80	74.28	79.68	97.17	83.36	78.83	77.46
	5	99.86	89.70	83.19	85.01	98.71	89.34	87.11	82.96
	6	99.90	95.57	91.17	89.67	99.16	95.12	93.75	88.17
	7	99.94	97.32	95.14	92.24	99.51	97.17	96.52	91.28
	8	99.96	98.17	97.73	94.63	99.67	98.19	98.33	94.30

续表

风速序列	N	累计方差贡献率/%							
		S1	S2	S3	S4	S5	S6	S7	S8
$\{X_{1t}\}$	9	99.98	98.61	98.50	96.07	99.76	98.62	98.92	95.91
	10	99.98	99.02	99.09	97.49	99.83	99.05	99.29	97.46
	11	99.99	99.35	99.45	98.54	99.89	99.39	99.54	98.52
	12	99.99	99.60	99.78	99.20	99.95	99.61	99.77	99.17
$\{X_{2t}\}$	1	87.53	28.28	23.20	25.90	35.82	31.71	23.76	23.30
	2	95.76	54.83	46.15	51.69	67.33	60.43	47.51	46.03
	3	98.71	70.70	60.67	66.01	89.01	72.85	63.69	62.28
	4	99.63	83.80	74.28	79.68	97.17	83.36	78.83	77.46
	5	99.86	89.70	83.19	85.01	98.71	89.34	87.11	82.96
	6	99.90	95.57	91.17	89.67	99.16	95.12	93.75	88.17
	7	99.94	97.32	95.14	92.24	99.51	97.17	96.52	91.28
	8	99.96	98.17	97.73	94.63	99.67	98.19	98.33	94.30
	9	99.98	98.61	98.50	96.07	99.76	98.62	98.92	95.91
	10	99.98	99.02	99.09	97.49	99.83	99.05	99.29	97.46
	11	99.99	99.35	99.45	98.54	99.89	99.39	99.54	98.52
	12	99.99	99.60	99.78	99.20	99.95	99.61	99.77	99.17

表 2-10 展示了风速时间序列 $\{X_{1t}\}$ 经过 VMD 分解后每一子序列 GA 特征选择的结果，而图 2-25 和图 2-26 分别展示了 S1 和 S2 子序列 GA 迭代过程中的适应度下降情况。可以看出，与 WD 分解相似，其适应度幅值和整体下降情况同样不理想，S2 及后续子序列各时序变量之间的相关性减弱，适应度难以降至合理的范围，GA 特征选择过程效果不好。但相比于 WD 分解情况有所改善，适应度幅值相对较小。

表 2-10　基于 VMD 分解的风速时间序列 $\{X_{1t}\}$GA 特征选择的结果

子序列	S1	S2	S3	S4	S5	S6	S7	S8
1	1	1	1	1	1	0	1	1
2	1	1	0	0	0	1	1	1
3	1	0	0	1	1	0	0	1
4	1	0	1	0	1	0	1	0
5	1	1	1	1	0	1	1	1
6	0	0	0	1	1	0	0	0
7	1	1	1	1	1	0	1	1
8	0	0	0	0	1	0	1	0
9	1	1	1	1	0	1	1	0
10	0	1	0	0	0	1	1	0
11	1	0	0	1	0	0	1	1
12	0	1	1	0	0	0	1	0
13	1	1	1	0	0	1	0	1
14	0	1	0	1	0	0	0	1

续表

子序列	S1	S2	S3	S4	S5	S6	S7	S8
15	1	0	0	1	0	1	0	0
16	0	0	1	0	1	0	0	0
17	1	0	1	0	1	1	1	0
18	0	0	1	1	1	0	1	0
19	1	0	0	1	0	1	0	1
20	1	0	1	0	1	0	0	1

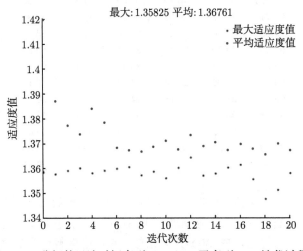

图 2-25　基于 VMD 分解的风速时间序列 $\{X_{1t}\}$S1 子序列 GA 迭代过程适应度下降图
(彩图见封底二维码)

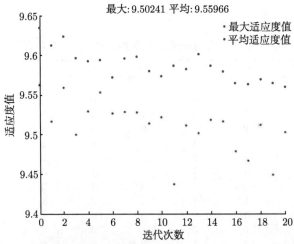

图 2-26　基于 VMD 分解的风速时间序列 $\{X_{1t}\}$S2 子序列 GA 迭代过程适应度下降图
(彩图见封底二维码)

2.5.3　不同特征选择算法对分解模型精度的影响

表 2-11 展示了六种混合风速预测模型 WD-PCA-GMDH、WD-GA-GMDH、WD-ICA-GMDH、VMD-PCA-GMDH、VMD-GA-GMDH 和 VMD-ICA-GMDH 超前预测精度评价指标计算结果, 图 2-27~图 2-38 展示了六种混合模型对风速时间序列 $\{X_{1t}\}$ 和 $\{X_{2t}\}$ 的预测结果。通过总体对比分析前文所列计算结果, 可以看出两

表 2-11　六种混合模型超前预测精度评价指标计算结果

预测模型	预测步数	风速时间序列					
		$\{X_{1t}\}$			$\{X_{2t}\}$		
		MAE /(m/s)	MAPE /%	RMSE /(m/s)	MAE /(m/s)	MAPE /%	RMSE /(m/s)
WD-PCA-GMDH	1	1.0469	11.3781	1.3288	0.4395	5.2003	0.5498
	2	1.2139	13.1649	1.4997	0.5323	6.2915	0.6497
	3	1.2535	13.4798	1.5596	0.6023	7.1147	0.7311
	4	1.3011	13.6029	1.6588	0.6866	8.0929	0.8378
	5	1.4343	14.7160	1.8351	0.7626	8.9385	0.9342
WD-GA-GMDH	1	1.4087	14.5753	1.7834	0.4435	5.3653	0.5634
	2	1.4002	14.3874	1.7752	0.4694	5.6393	0.5959
	3	1.3999	14.4163	1.7717	0.6310	7.4202	0.7992
	4	1.4579	14.9781	1.8272	0.7192	8.4086	0.9023
	5	1.5127	15.3575	1.8709	0.7882	9.1426	0.9628
WD-ICA-GMDH	1	1.0773	11.2676	1.3693	0.4395	5.2349	0.5619
	2	1.1733	12.2063	1.5047	0.5588	6.5758	0.6973
	3	1.3400	13.7598	1.6626	0.6262	7.3157	0.7835
	4	1.3931	14.4868	1.7221	0.7083	8.1857	0.8548
	5	1.4914	15.2223	1.8199	0.7633	8.6909	0.9113
VMD-PCA-GMDH	1	0.8641	9.3697	1.0679	0.3456	4.1349	0.4355
	2	1.0629	11.4133	1.3524	0.4518	5.4081	0.5538
	3	1.3050	13.9823	1.6328	0.5450	6.5044	0.6501
	4	1.5090	15.9715	1.8949	0.6355	7.5936	0.7535
	5	1.8447	19.4947	2.3343	0.7623	9.0856	0.9041
VMD-GA-GMDH	1	1.1360	11.6848	1.4424	0.4298	5.1642	0.5418
	2	1.2247	12.5010	1.5540	0.4612	5.5129	0.5773
	3	1.2973	13.1692	1.6976	0.6083	7.1587	0.7675
	4	1.5152	14.8464	2.0250	0.6889	8.1134	0.8762
	5	1.5533	14.8477	2.2098	0.7682	8.9059	0.9509
VMD-ICA-GMDH	1	0.7166	7.8824	0.8918	0.3687	4.4549	0.4628
	2	0.8896	9.6490	1.1405	0.4821	5.7840	0.6189
	3	1.0635	11.6640	1.3345	0.5733	6.8154	0.7210
	4	1.2421	13.2505	1.5441	0.6895	8.0109	0.8503
	5	1.5610	16.1092	1.9631	0.7985	9.1167	0.9745

种分解算法对模型预测精度和泛化能力的提升具有明显的效果，且提升程度根据特征选择算法的不同存在一定差异。

(1) 基于 WD 分解的三种混合模型：WD-PCA-GMDH、WD-GA-GMDH 和 WD-ICA-GMDH 混合模型的预测结果如图 2-27~图 2-32 所示，对比图 2-11~图 2-16，可以直观看出 WD-PCA-GMDH、WD-ICA-GMDH 混合模型相比于无分解

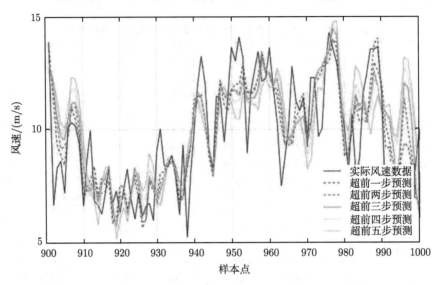

图 2-27　WD-PCA-GMDH 模型风速时间序列 $\{X_{1t}\}$ 预测结果 (彩图见封底二维码)

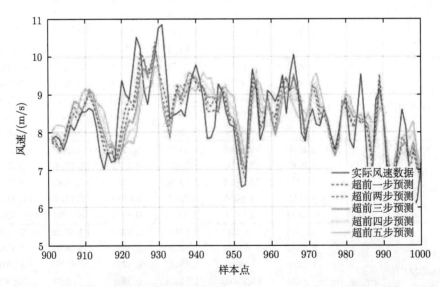

图 2-28　WD-PCA-GMDH 模型风速时间序列 $\{X_{2t}\}$ 预测结果 (彩图见封底二维码)

模型, 相位偏移和幅值波动均有较大改善, 变化趋势跟随和突变点预测都表现得更好, 模型整体泛化能力显著提升。而 WD-GA-GMDH 由于 GA 算法迭代过程没有能够将各子序列适应度值收敛至合适范围内, 特征选择未能寻得全局最优解, 所以预测结果相比于其他两种模型偏差较大, 与 GA-GMDH 模型相比表现一般, 相位偏移、幅值波动、变化趋势跟随和突变点预测均未能改善, 且预测结果存在一些偏离较大的异常值。

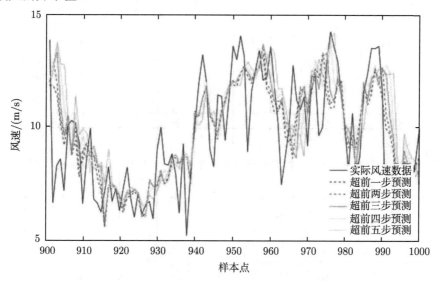

图 2-29 WD-GA-GMDH 模型风速时间序列 $\{X_{1t}\}$ 预测结果 (彩图见封底二维码)

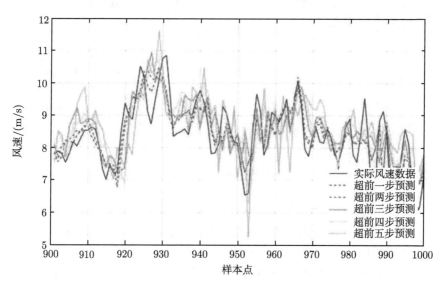

图 2-30 WD-GA-GMDH 模型风速时间序列 $\{X_{2t}\}$ 预测结果 (彩图见封底二维码)

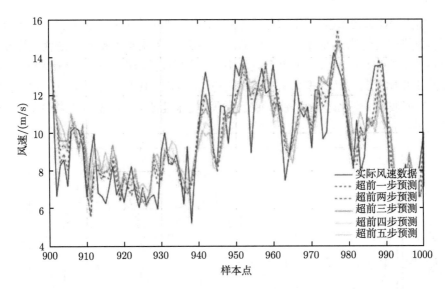

图 2-31　WD-ICA-GMDH 模型风速时间序列 $\{X_{1t}\}$ 预测结果 (彩图见封底二维码)

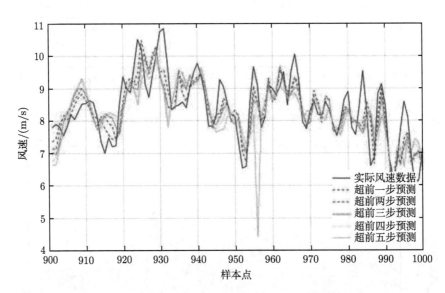

图 2-32　WD-ICA-GMDH 模型风速时间序列 $\{X_{2t}\}$ 预测结果 (彩图见封底二维码)

(2) 基于 VMD 分解的三种混合模型: VMD-PCA-GMDH、VMD-GA-GMDH 和 VMD-ICA-GMDH 混合模型的预测结果如图 2-33~图 2-38 所示,对比图 2-11 和图 2-16,可以看出 VMD-PCA-GMDH、VMD-ICA-GMDH 混合模型相比于无分解模型在各方面同样有显著提升,模型整体泛化增强。同时,横向对比两种分解模型的分解结果图,可以看出基于 VMD 分解的模型泛化能力明显强于基于 WD 分解的模型, 预测结果能更好地拟合实测结果。同样 VMD-GA-GMDH 由于 GA 算法特征选择未能寻得全局最优解, 模型表现明显弱于其他两种混合模型, 未能提升 GA-GMDH 模型的泛化能力, 且同样存在一些异常值。

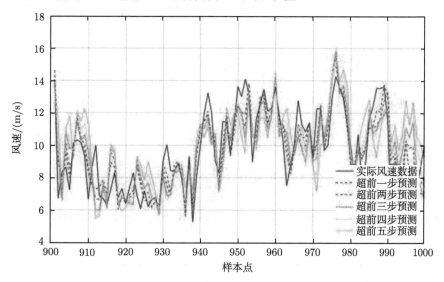

图 2-33　VMD-PCA-GMDH 模型风速时间序列 $\{X_{1t}\}$ 预测结果 (彩图见封底二维码)

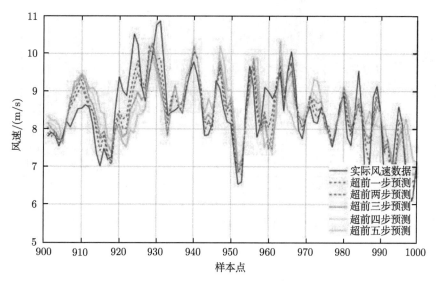

图 2-34　VMD-PCA-GMDH 模型风速时间序列 $\{X_{2t}\}$ 预测结果 (彩图见封底二维码)

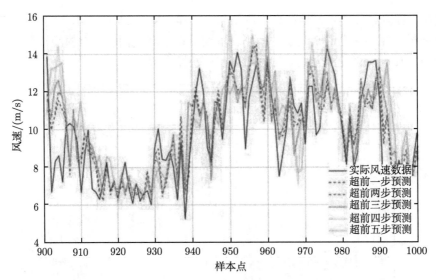

图 2-35　VMD-GA-GMDH 模型风速时间序列 $\{X_{1t}\}$ 预测结果 (彩图见封底二维码)

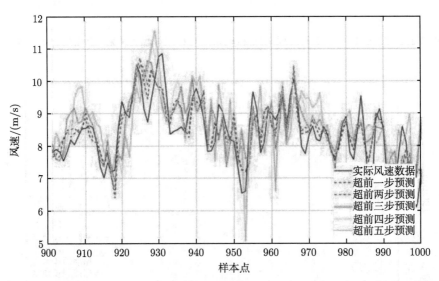

图 2-36　VMD-GA-GMDH 模型风速时间序列 $\{X_{2t}\}$ 预测结果 (彩图见封底二维码)

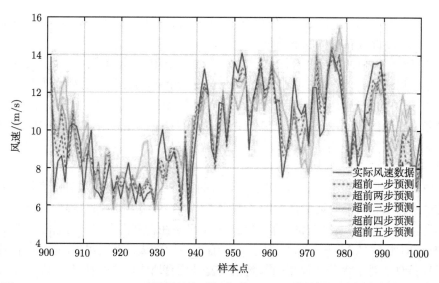

图 2-37 VMD-ICA-GMDH 模型风速时间序列 $\{X_{1t}\}$ 预测结果 (彩图见封底二维码)

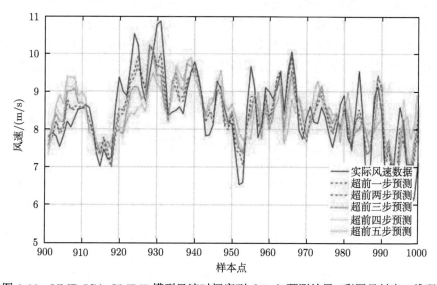

图 2-38 VMD-ICA-GMDH 模型风速时间序列 $\{X_{2t}\}$ 预测结果 (彩图见封底二维码)

2.5.4 预测精度对比

为了便于对比分析基于相同分解算法的不同特征选择模型的预测精度, 本节构造了基于 WD 和 VMD 分解的两种无特征选择预测模型 ——WD-GMDH 和 VMD-GMDH, 并计算了其精度评价指标, 如表 2-12 所示。分别计算两种无特征选择模型与六种分解特征选择混合模型之间的 MAE 的促进百分比 (P_{MAE}), MAPE 的促

进百分比 (P_{MAPE}) 和 RMSE 的促进百分比 (P_{RMSE})，计算结果如表 2-13 和表 2-14 所示。深入分析可以得出以下结论：

(1) PCA 作为特征选择算法对于含分解的 GMDH 预测模型预测精度具有一定的促进作用，且 PCA 算法对于 WD-GMDH 模型的精度提升幅度要强于对 VMD-GMDH 模型的提升幅度。对于平稳性较高的时间序列 $\{X_{2t}\}$，促进作用明显。但对于平稳性较差的时间序列 $\{X_{1t}\}$，VMD-PCA-GMDH 模型和 VMD-GMDH 模型的精度对比数据大部分为负值，可以看出，此时 PCA 与 VMD-GMDH 模型结合预测效果不佳。

(2) ICA 作为特征选择算法对于含分解的 GMDH 预测模型预测精度起到了明显的改进作用，且无论是结合 WD 分解还是 VMD 分解均对原分解预测模型有一定提升。对比 2.4 节中的结论，可以看出 ICA 算法在精度提升方面有着较高的稳定性。横向对比 PCA 算法和 ICA 算法，可以看出两种算法各有其优劣，总体而言两种特征选择算法对于含分解模型的预测精度提升均有所帮助，而且对于 WD-GMDH 模型的精度提升更为明显。

(3) GA 算法结合分解算法后在精度提升方面表现出了较高的不稳定性，未能表现出算法的优势。对于无分解预测模型，加入 GA 特征选择算法可以对单一 GMDH 预测模型预测精度起到显著的提升作用。而对于有分解预测模型，GA 算法未能在子序列特征选择过程中将种群适应度值降至合理范围内，极大地影响了预测器的预测精度。

表 2-12　两种无特征选择模型超前预测精度评价指标计算结果

预测模型	预测步数	风速时间序列					
		$\{X_{1t}\}$			$\{X_{2t}\}$		
		MAE/(m/s)	MAPE/%	RMSE/(m/s)	MAE/(m/s)	MAPE/%	RMSE/(m/s)
WD-GMDH	1	1.2705	12.1415	1.5309	0.5151	5.3921	0.5861
	2	1.3322	14.2634	1.5343	0.5741	6.5443	0.6582
	3	1.4610	14.6543	1.7367	0.6396	7.3869	0.7949
	4	1.5137	14.8929	1.8628	0.8612	8.7958	0.8252
	5	1.5190	15.3011	1.9352	0.9366	9.5988	0.9855
VMD-GMDH	1	1.0243	9.5925	1.0447	0.4372	4.8997	0.4795
	2	1.1668	11.1665	1.2304	0.5552	5.5545	0.5758
	3	1.2583	12.3314	1.4016	0.5702	6.8672	0.6919
	4	1.2967	15.7312	1.6115	0.7109	7.8545	0.7722
	5	1.6431	17.1052	1.9035	0.8243	9.2768	0.9329

表 2-13 无特征选择模型与 WD 分解特征选择模型精度对比

对比 模型	预测 步数	风速时间序列					
		$\{X_{1t}\}$			$\{X_{2t}\}$		
		$P_{MAE}/\%$	$P_{MAPE}/\%$	$P_{RMSE}/\%$	$P_{MAE}/\%$	$P_{MAPE}/\%$	$P_{RMSE}/\%$
WD-PCA-GMDH 与 WD- GMDH	1	17.5994	6.2875	13.2014	14.6768	3.5571	6.1935
	2	8.8800	7.7015	2.2551	7.2810	3.8629	1.2914
	3	14.2026	8.0147	10.1975	5.8318	3.6849	8.0262
	4	14.0451	8.6618	10.9513	20.2740	7.9913	−1.5269
	5	5.5760	3.8239	5.1726	18.5778	6.8790	5.2055
WD-GA-GMDH 与 WD-GMDH	1	−10.8776	−20.0453	−16.4936	13.9002	0.4970	3.8731
	2	−5.1043	−0.8694	−15.7010	18.2372	13.8288	9.4652
	3	4.1821	1.6241	−2.0153	1.3446	−0.4508	−0.5409
	4	3.6863	−0.5721	1.9111	16.4886	4.4021	−9.3432
	5	0.4147	−0.3686	3.3227	15.8445	4.7527	2.3034
WD-ICA-GMDH 与 WD-GMDH	1	15.2066	7.1976	10.5559	14.6768	2.9154	4.1290
	2	11.9276	14.4222	1.9292	2.6650	−0.4813	−5.9404
	3	8.2820	6.1040	4.2667	2.0951	0.9639	1.4341
	4	7.9672	2.7268	7.5531	17.7543	6.9363	−3.5870
	5	1.8170	0.5150	5.9580	18.5031	9.4585	7.5292

表 2-14 无特征选择模型与 VMD 分解特征选择模型精度对比

对比 模型	预测 步数	风速时间序列					
		$\{X_{1t}\}$			$\{X_{2t}\}$		
		$P_{MAE}/\%$	$P_{MAPE}/\%$	$P_{RMSE}/\%$	$P_{MAE}/\%$	$P_{MAPE}/\%$	$P_{RMSE}/\%$
VMD-PCA-GMDH 与 VMD-GMDH	1	15.6399	2.3226	−2.2207	20.9515	15.6091	9.1762
	2	8.9047	−2.2102	−9.9155	18.6239	2.6357	3.8208
	3	−3.7114	−13.3878	−16.4954	4.4195	5.2831	6.0413
	4	−16.3723	−1.5275	−17.5861	10.6063	3.3217	2.4217
	5	−12.2695	−13.9694	−22.6320	7.5215	2.0611	3.0871
VMD-GA-GMDH 与 VMD-GMDH	1	−10.9050	−21.8118	−38.0683	1.6926	−5.3983	−12.9927
	2	−4.9623	−11.9509	−26.3004	16.9308	0.7489	−0.2605
	3	−3.0994	−6.7940	−21.1187	−6.6819	−4.2448	−10.9264
	4	−16.8505	5.6245	−25.6593	3.0947	−3.2962	−13.4680
	5	5.4653	13.1977	−16.0914	6.8058	3.9981	−1.9295
VMD-ICA-GMDH 与 VMD-GMDH	1	30.0400	17.8275	14.6358	15.6679	9.0781	3.4828
	2	23.7573	13.5898	7.3066	13.1664	−4.1318	−7.4852
	3	15.4812	5.4122	4.7874	−0.5437	0.7543	−4.2058
	4	4.2107	15.7693	4.1824	3.0103	−1.9912	−10.1140
	5	4.9967	5.8228	−3.1311	3.1299	1.7258	−4.4592

2.6　模型预测精度综合对比分析

2.6.1　模型预测结果分析

1) 特征选择算法对数据处理组合算法预测结果分析

通过对比图 2-5 和图 2-6 中单个 GMDH 模型的预测曲线与图 2-11~ 图 2-16 中加入三种特征选择方法后的预测结果曲线图，可以分析得知：

(1) 当预测步数为超前一步时，加入不同特征选择算法对单个数据处理组合算法的优化效果不明显，预测曲线对原始风速序列曲线的拟合程度相差无几，特别是 PCA 和 ICA 算法加入后，模型精度甚至出现轻微下降的趋势。这说明当超前预测步数为 1 时，特征选择算法的加入对原模型意义不大。

(2) 随着超前预测步数的增加，特征选择算法对单个 GMDH 模型的优化效果越来越明显。从图中对比可以看出三种特征选择算法的超前多步预测曲线相比于无特征选择算法的预测曲线分布得更加紧密，模型精度随预测步数的增加变化更小，加入特征选择算法后模型稳定性更强。

2) 分解算法对特征选择数据处理组合算法预测结果分析

通过对比图 2-27~图 2-38 和图 2-11~图 2-16 中的预测结果曲线图，可以看出：

(1) 加入分解算法后，特征选择 GMDH 模型的预测曲线得到了明显改善，无论是对原始风速序列曲线的拟合程度还是对突变点的预测效果都有较大提升。这说明本章涉及的 WD 和 VMD 算法都可以有效改善特征选择数据处理组合模型的预测结果曲线。

(2) 分解算法可以进一步增强特征选择 GMDH 模型的稳定性。从图中可以看出无论是 WD 还是 VMD，它们的预测曲线随预测步数的变化幅度都很小，可见加入分解算法后的特征选择数据处理模型对不同超前预测步数都具有较好的预测效果。

2.6.2　预测精度对比分析

1) 特征选择算法对数据处理组合算法预测精度对比分析

从误差对比图 2-17 可以更加直观地看出：

(1) 相比于单一 GMDH 模型，PCA-GMDH 和 ICA-GMDH 混合模型在超前一步预测的精度上表现一般，添加特征选择算法没有能够明显地提升模型超前一步预测的性能。甚至在一定程度上，由于两种特征选择算法抛弃了部分原始数据信息，所以其超前一步预测的 MAE、MAPE、RMSE 还要大于单一 GMDH 模型。而 GA-GMDH 模型相比于单一 GMDH 模型，在超前一步预测精度上有着良好的表现。特别是对于风速时间序列 $\{X_{2t}\}$，由于其相比于 $\{X_{1t}\}$ 平稳性更好，所以 GA 算法对于 GMDH 的优化效果更为明显。

(2) 对于风速时间序列的超前多步预测, 单一 GMDH 模型预测精度较低, 表现较差, 随着预测步数的提升, 误差上升明显。而 PCA-GMDH 和 ICA-GMDH 混合模型在预测步数提升时预测精度保持能力较强, 导致在超前多步预测时 PCA-GMDH 和 ICA-GMDH 混合模型表现更为出色。PCA 和 ICA 算法在超前多步预测时对于模型的优化能力较强。而 GA-GMDH 模型对于超前多步预测时同样具有良好的预测能力。

2) 分解算法对特征选择数据处理组合算法预测精度对比分析

表 2-15~表 2-17 给出了加入分解算法前后, 特征选择数据处理组合模型各项误差评估指标的优化百分比, 通过分析表中数据可知:

模型的预测精度在加入两种分解算法后都有了显著提升, 且提升幅度基本在 20% 以上。对于平稳性更好的风速时间序列 $\{X_{2t}\}$, 分解算法对于精度的提升要明显高于平稳性较差的 $\{X_{1t}\}$。同时, 随着超前预测步数的提升, 分解算法对于模型精度的提升幅度也逐渐降低。

进一步对比不同分解算法对于模型精度提升的差异可以看出, 在超前预测步数较低的情况下, VMD 算法对于模型精度的提升能力要明显强于 WD 算法。风速序列 $\{X_{1t}\}$ 超前一步预测时, VMD-PCA-GMDH 和 WD-PCA-GMDH 模型对比 PCA-GMDH 模型的 P_{MAE}、P_{MAPE} 和 P_{RMSE} 分别为 45.1748%、41.2466%、47.1206% 和 33.5765%、28.6528%、34.2015%。当超前预测步数较高时, 两者之间的预测精度差距不大, 且 WD 分解算法部分情况表现优于 VMD 算法, 例如, 风速序列 $\{X_{1t}\}$ 超前五步预测时, VMD-PCA-GMDH 和 WD-PCA-GMDH 模型对比 PCA-GMDH 模型的 P_{MAE}、P_{MAPE} 和 P_{RMSE} 分别为 12.4905%、5.2943%、9.5968% 和 31.9592%, 28.5093%, 28.9299%。

表 2-15　PCA-GMDH 模型与含分解 PCA-GMDH 模型精度对比

对比模型	预测步数	风速时间序列					
		$\{X_{1t}\}$			$\{X_{2t}\}$		
		P_{MAE}/%	P_{MAPE}/%	P_{RMSE}/%	P_{MAE}/%	P_{MAPE}/%	P_{RMSE}/%
WD-PCA-GMDH 与 PCA-GMDH	1	33.5765	28.6528	34.2015	41.5869	41.2309	38.6178
	2	35.0056	29.2643	36.1830	39.6417	38.7838	38.1591
	3	37.1742	31.1328	37.7877	35.0340	33.8862	34.1529
	4	37.2268	32.7634	35.5931	26.8641	25.8688	25.2898
	5	31.9592	28.5093	28.9299	18.5865	18.1081	16.5967
VMD-PCA-GMDH 与 PCA-GMDH	1	45.1748	41.2466	47.1206	54.0670	53.2711	51.3788
	2	43.0904	38.6758	42.4511	48.7697	47.3792	47.2873
	3	34.5930	28.5655	34.8678	41.2145	39.5575	41.4483
	4	27.1964	21.0559	26.4259	32.3072	30.4424	32.8072
	5	12.4905	5.2943	9.5968	18.6186	16.7604	19.2840

表 2-16　GA-GMDH 模型与含分解 GA-GMDH 模型精度对比

对比模型	预测步数	风速时间序列					
		$\{X_{1t}\}$			$\{X_{2t}\}$		
		$P_{\mathrm{MAE}}/\%$	$P_{\mathrm{MAPE}}/\%$	$P_{\mathrm{RMSE}}/\%$	$P_{\mathrm{MAE}}/\%$	$P_{\mathrm{MAPE}}/\%$	$P_{\mathrm{RMSE}}/\%$
WD-GA-GMDH 与 GA-GMDH	1	−1.5865	−0.7932	−0.4223	0.7608	2.0001	1.4001
	2	20.1483	18.6380	20.5940	43.9924	46.4515	40.7477
	3	24.7932	22.1132	26.2836	33.7950	39.3953	31.5460
	4	27.3303	24.5063	27.1742	23.6761	30.9775	22.4028
	5	25.6000	23.9901	24.8846	16.8653	25.4061	17.1571
VMD-GA-GMDH 与 GA-GMDH	1	18.0789	19.1956	18.7792	3.8264	5.6733	5.1803
	2	30.1568	29.3058	30.4885	44.9708	47.6517	42.5972
	3	30.3051	28.8509	29.3667	36.1767	41.5311	34.2612
	4	24.4741	25.1701	19.2906	26.8916	33.4006	24.6474
	5	23.6032	26.5133	11.2780	18.9748	27.3373	18.1810

表 2-17　ICA-GMDH 模型与含分解 ICA-GMDH 模型精度对比

对比模型	预测步数	风速时间序列					
		$\{X_{1t}\}$			$\{X_{2t}\}$		
		$P_{\mathrm{MAE}}/\%$	$P_{\mathrm{MAPE}}/\%$	$P_{\mathrm{RMSE}}/\%$	$P_{\mathrm{MAE}}/\%$	$P_{\mathrm{MAPE}}/\%$	$P_{\mathrm{RMSE}}/\%$
WD-ICA-GMDH 与 ICA-GMDH	1	32.1429	31.7310	29.8227	44.0626	42.8130	40.0064
	2	36.0739	35.4311	33.1690	37.0224	35.7386	34.1735
	3	30.4185	29.8234	29.6492	32.1634	30.8620	28.6430
	4	31.3439	29.3492	28.9299	25.3478	24.3403	24.0650
	5	27.1208	26.6247	25.1378	19.6103	19.8574	19.1680
VMD-ICA-GMDH 与 ICA-GMDH	1	54.8627	52.2415	54.2948	53.0737	51.3338	50.5872
	2	51.5310	48.9587	49.3449	45.6666	43.4764	41.5746
	3	44.7762	40.5123	43.5323	37.8941	35.5901	34.3352
	4	38.7857	35.3785	36.2758	27.3293	25.9559	24.4648
	5	23.7197	22.3496	19.2472	15.9031	15.9309	13.5622

2.7　本 章 小 结

本章基于 GMDH 神经网络预测器，深入对比了三种常用特征提取算法和两种常用分解算法对预测模型的性能影响。通过综合对比添加各种算法后的混合模型预测结果，得出以下结论：

(1) 单一 GMDH 风速预测模型预测性能不佳，当超前预测步数较高时，预测结果对比实测结果相位偏移严重，幅值波动较大。预测精度较低，不能很好地达到使用要求。

(2) PCA、GA 和 ICA 三种特征选择算法对于预测模型的预测精度均存在一定的提升作用，其中以 GA 算法优化下的混合风速预测模型预测精度最高，效果最好。然而，基于三种特征选择算法的预测模型预测结果依然存在相位偏移、幅值波动、变化趋势跟随和突变点预测表现不佳等问题。

(3) 在三种特征选择算法的基础上加入 WD、VMD 两种分解算法后均能明显改善模型的预测精度，且加入分解算法后模型预测结果的相位偏移、幅值波动、变化趋势跟随和突变点预测均表现更为优秀，能够较好地满足使用需求。通过横向对比 WD、VMD 两种算法，可以看出 VMD 算法对于模型精度的提升更为明显。

(4) 通过与不含特征选择的分解预测模型进行对比可以得出，PCA 和 ICA 两种特征选择算法能够改善分解预测模型的精度，而 GA 算法由于无法在子序列迭代过程中实现收敛，所以无法较好地提升分解预测模型精度。

第 3 章　铁路风速长短期记忆网络预测模型

3.1　引　　言

长短期记忆 (Long Short Term Memory，LSTM) 网络 [83] 算法作为深度学习方法的一种，最早由 Hochreiter 和 Schmidhuber 提出，是循环神经网络 (Recurrent Neural Network，RNN)[84] 的特殊版本。它与循环神经网络最大的区别就是增加了门限结构。

传统的循环神经网络在处理时间间隔比较长的数据序列时效果较差，这是因为当涉及长距离神经单元训练时，会出现雅可比矩阵累积相乘，这时往往会出现训练权重梯度消失或者梯度膨胀的问题。为了解决该问题，人们提出了许多解决办法，例如，回声状态网络 (Echo State Network，ESN)[85]，增加渗漏单元等。其中，门限循环神经网络是所有改进方法中使用最广泛的一种。长短期记忆网络就是门限循环网络的一种变体，通过设置三种门限结构 —— 输入门、输出门和遗忘门，自动更新网络训练过程中的权重，使其不断变化。这样可以在模型参数不变时，自动改变每个时刻的积分尺度，从而消除了梯度消失或者梯度膨胀的问题。

分解算法是风速预测前处理常用方法之一，将复杂的原始风速序列分解为多个平稳子序列进行预测，可大幅度提高模型精度。Yu 等 [72] 提出一种小波变化、奇异谱分析和 Elman 神经网络的混合模型，将原始风速序列分解为不同频率的子序列，奇异谱分析进一步处理高频子序列。实验数值表明，分解结果显著提高了单个模型的预测精度。Naik 等 [86] 结合经验模态分解和核回归提出的混合模型，利用经验模态分解将原始序列进行分解，可消除不同组分之间的相互作用，而经验模态分解的改进算法，如集合经验模态分解 [87]、快速集合经验模态分解 [88] 和自适应噪声的完备集合经验模态分解 [89] 也被广泛用于风速预测领域。

经验小波变换 [90] 集成了小波分解和经验模态分解的优点：具有小波分解的数学理论基础，同时适用于经验模态分解的信号类型，具有经验模态分解的自适应性。Hu 等 [91] 提出了一种短期风速预测混合模型，其中利用经验小波变换降低原始风速序列的不确定性和随机性。参考这些学者的工作，本章讨论的分解算法为经验模态分解、经验小波变换和集合经验模态分解。

误差建模作为风速预测常用后处理方法，通过对预测模型结果的误差进行再预测，建立误差预测模型，与原模型预测结果叠加从而起到误差修正的效果。Liang

等[92]提出一种组合结果,在支持向量机预测的基础上,利用支持向量机和极限学习机预测其误差,实验结果表明该结构可显著提高模型预测精度。还有利用邻近的数据点检测并校正异常数据[53],或者将预测子序列和原始子序列结合[93],利用小波分解过滤异常数据。实验结果表明,误差校正有利于提高模型预测精度。

本章在对长短期记忆网络算法建模的研究基础上,针对单个长短期记忆网络预测器预测精度的不足,采用不同分解算法以及误差建模的方法[51],对单个长短期记忆网络模型进行改进,并分析了各种改进算法对长短期记忆网络模型的影响。

3.2 原始风速数据

3.2.1 建模风速序列

本章数据来源于我国某强风路段的原始风速时间序列,原始风速数据的采样间隔为 3s,考虑到工程实际中的超前预测需求,参照国际上通用的风速数据处理方法,对原始风速进行尺度为 3min 的均值滤波处理。图 3-1 为所得风速时间序列 $\{X_{1t}\}$,时间序列包含 1000 个样本点,所有样本点的值都在 2~22m/s 波动,体现出了很强的非随机平稳性。

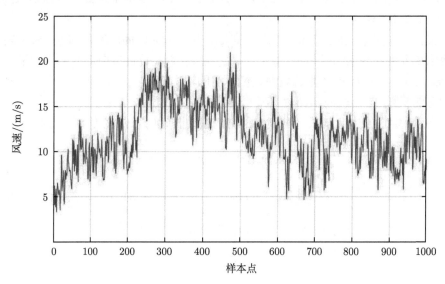

图 3-1 风速时间序列 $\{X_{1t}\}$

3.2.2 样本划分

为实现模型的构建和模型性能的评价,需要对用于仿真的风速时间序列进行分组处理。本章的风速时间序列组包含 1000 个样本点,将数据划分为训练数据集和测试数据集。其中样本点 1~900 为训练样本，来对长短期记忆网络进行训练，样本点 901~1000 为测试样本，用于在模型训练完成后，测试所得模型，得到模型预测输出，计算模型的预测误差。

3.3   长短期记忆网络预测模型

3.3.1   理论基础

长短期记忆网络由 Hochreiter 和 Schmidhuber[94] 提出，是循环神经网络的特殊版本，它与循环神经网络最大的区别就是增加了门限结构，门限结构将长短期记忆网络和传统的神经网络模型区分开来。长短期记忆网络中有三种门限结构 [95]：输入门、输出门和遗忘门。这些门限结构更新深度网络训练权值的步骤如下：

(1) 输入数据乘以输入门的激活函数，以确定可以累积到当前神经单元的新信息；

(2) 将长短期基于网络的输出数据乘以输出门的激活函数，以计算可以传播到网络的信息；

(3) 将前一次的神经单元状态乘以遗忘门的激活，以确定是否应该忘记该神经单元最后的状态。

根据参考文献 [83]，定义 M 维矢量 x^t，其中 t 为时间的输入向量；长短期记忆网络单元的数量设置为 N；$\omega_z, \omega_i, \omega_f, \omega_o \in R^{N \times M}$ 是长短期记忆网络的输入权重；$r_z, r_i, r_f, r_o \in R^{N \times M}$ 是长短期记忆网络的输出权重；$p_i, p_f, p_o \in R^N$ 是神经单元状态的权重 [96]；$b_z, b_i, b_f, b_o \in R^N$ 是偏置。

在了解门限结构后，长短期记忆网络的正向传递可以定义为如下过程 [83]：

$$z^t = g\left(\omega_z x^t + r_z y^{t-1} + b_z\right) \tag{3.1}$$

$$i^t = h\left(\omega_i x^t + r_i y^{t-1} + p_i \cdot c^{t-1} + b_i\right) \tag{3.2}$$

$$f^t = \sigma\left(\omega_f x^t + r_f y^{t-1} + p_f \cdot c^{t-1} + b_f\right) \tag{3.3}$$

$$c^t = z^t \cdot i^t + c^{t-1} \cdot f^t \tag{3.4}$$

$$o^t = \sigma\left(\omega_o x^t + r_o y^{t-1} + p_o \cdot c^t + b_o\right) \tag{3.5}$$

$$y^t = h\left(c^t\right) \cdot o^t \tag{3.6}$$

其中，z^t 是输入门限的激励；i^t 是输出门限的激励；f^t 是遗忘门限的激励；c^t 是单元状态；o^t 是输出门限；y^t 是当前单元的输出。$g(x)$，$h(x)$ 和 $\sigma(x)$ 分别是输入门

的激励函数以及输出门、遗忘门的激励函数。通常以 sigmoid 函数用作门激励函数，
表达式如下：

$$\sigma\left(x\right)=\frac{1}{1+\mathrm{e}^{-x}} \tag{3.7}$$

以双曲正切函数用作输入和输出门的激励函数，表达式如下：

$$g\left(x\right)=h\left(x\right)=\tanh\left(x\right) \tag{3.8}$$

3.3.2 建模步骤

长短期记忆网络的训练过程采用的是误差反向 (Back-Propagation，BP) 传播
算法 [97]。不过由于长短期记忆网络的训练数据为时间序列数据，故而传回来的误
差包含所有时间序列上的误差。从图 3-2 中可以看出，前一时刻神经元的状态信息
会影响到当前时刻神经元的状态，这体现了长短期记忆网络算法的循环特性。同时
在误差反向传播计算时，可以发现 $H\left(t\right)$ 的组成误差不止包含当前时刻的误差，也
包含了之后任一时刻的误差，这就是误差的反向传播过程。通过这个方法，每个时
刻的误差都可以由 $H\left(t\right)$ 和 $C\left(t+1\right)$ 迭代计算。

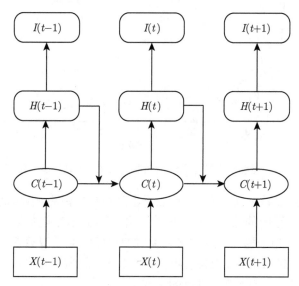

图 3-2　长短期记忆网络算法结构

在反向误差传播计算过程中，$C\left(t-1\right)$ 由 $C\left(t\right)$ 进行计算，而 $C\left(t\right)$ 的误差组
成包括两部分：一是 $H(t)$，二是 $C\left(t+1\right)$。因此在计算 $C\left(t\right)$ 的反向传播误差时，
需要计算 $H(t)$ 和 $C\left(t+1\right)$，而 $H(t)$ 由 $H(t+1)$ 进行更新计算。通过这样的过程，
可以利用当前时刻的梯度计算之后任一时刻的梯度，从而完成权重系数的更新，这
样的过程也叫作梯度下降过程。

相比于传统的循环神经网络，长短期记忆网络可以有效解决模型训练过程中的梯度消失和梯度膨胀问题，优化了传统循环神经网络的训练过程，提升了预测模型精度。

以风速时间序列 $\{X_{1t}\}$ 对长短期记忆网络进行超前多步预测[98] 训练，训练过程中的训练损耗曲线如图 3-3 所示。从图中可以看出，在利用原始时间序列对长短期网络模型进行训练的过程中，训练损耗值不是光滑单一的下降曲线，而是粗糙的波动曲线，这是因为模型的权重变化采用了随机梯度下降法，每一次计算梯度均使用不同批的数据。训练损耗值整体呈波动下降趋势，随着迭代次数的增加，模型精度逐渐增加，训练损耗的下降程度越来越小，最后训练损耗值逐步稳定在某一值附近，该过程符合深度网络模型的训练损耗变化特性。

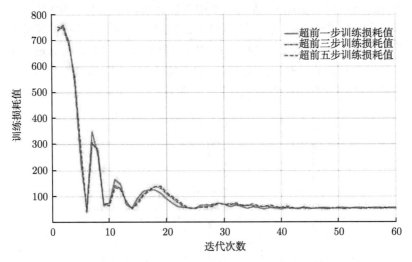

图 3-3   超前多步预测训练损耗曲线图 (彩图见封底二维码)

根据不同预测步数之间的比较，可以看出随着超前预测步数的增加，长短期记忆网络模型训练过程中的损耗值有小幅度上升，训练损耗值曲线的波动时间变长，且训练损耗值最终趋于稳定。总的来说长短期记忆网络模型随着超前预测步数的增加，训练误差有轻微上升，但幅度很小，可以认为长短期记忆网络模型受预测数据步数的影响不大，具有一定的训练稳定性。

3.3.3   长短期记忆网络模型风速预测结果

图 3-4 是利用原始风速序列对长短期记忆网络进行超前多步预测结果曲线图，表 3-1 是长短期记忆网络的预测精度表。从图表中可看出：

(1) 长短期记忆网络模型超前一、三、五步的预测结果与原始风速时间序列相比，数据变化趋势基本相同，都能够反映原始风速时间序列的基本变化情况。不过随着模型预测步数的增加，虽然模型训练过程中的最终损失函数值差别不大，但是其预测值与真实值的偏差随着预测步数的增加而增加，这说明长短期记忆网络模型的预测结果对预测步数比较敏感，预测步数的增加会导致模型预测精度出现明显下降。

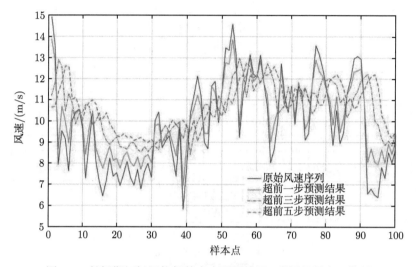

图 3-4　长短期记忆网络超前多步预测结果 (彩图见封底二维码)

表 3-1　长短期记忆网络超前多步预测误差评估

预测步数	MAE/(m/s)	MAPE/%	RMSE/(m/s)	SDE/(m/s)
1	1.2337	14.1939	1.5602	1.4727
3	1.7031	19.4317	2.1151	1.4525
5	1.8456	21.4682	2.2585	2.0654

(2) 无论超前预测步数为多少，长短期记忆网络模型的预测值都在原始风速时间序列的斜率较大的极值点附近，预测值与真实值的偏差明显增加。这说明训练后的单个长短期记忆网络模型对于极值点的泛化能力较差，即该模型对于风速时间序列短时间波动很大的情况预测效果较差，而这往往是实际预测过程中对预测精度要求很高的情况。因此，单个长短期记忆网络模型不能满足实际预测过程中对于风速波动剧烈时的预测需求。

3.4　基于不同分解算法的长短期记忆网络预测模型

3.4.1　模型框架

基于分解算法的预测模型可分为两部分：一是分解算法模型，利用不同的分解算法, 将原始风速时间序列分为不同的子序列; 二是在此基础上, 对每个不同子序列单独使用预测器进行结果预测, 得到不同子序列的预测结果, 最后将所有子序列的预测结果汇总, 得到最终的风速预测结果。整个分解算法预测模型的流程框图如图 3-5 所示。

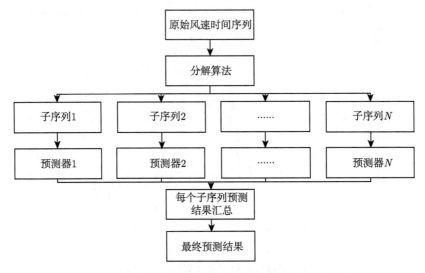

图 3-5　分解算法预测模型流程框图

　　相比于直接对原始风速时间序列进行结果预测, 利用分解算法将原始风速序列分解为不同的子序列后再进行预测, 可以减小不同特征值序列数据之间的相互影响, 将复杂的原始风速序列分解为多个平稳、集中的子序列, 使得预测器能够更好地预测每一个子序列, 进而得到精准的预测结果。

3.4.2　建模步骤

1) 经验模态分解–长短期记忆网络模型建模

　　整个建模步骤如图 3-6 所示。根据样本划分情况, 采用训练数据集对经验模态分解–长短期记忆网络模型 (EMD-LSTM) 进行训练。首先利用经验模态分解算法将原始风速序列分解为 N 个不同频率的本征模态函数和残差函数, 然后将 N 个本征模态函数作为 N 个子序列, 使用长短期记忆网络预测器对子序列进行训练预测。

　　相比于小波分解, 经验模态分解的优势在于基函数的自动产生、自适应的滤波特性以及自适应的多分辨率。它可以根据不同的信号自主生成不同的基函数, 经过"筛选"过程将原始信号分解为从高频到低频的不同子序列, 每个子序列都包含了不同的时间尺度特征。这样再对每个子序列进行预测, 减少了不同尺度特征数据的互相干扰，所得到的结果更加准确。

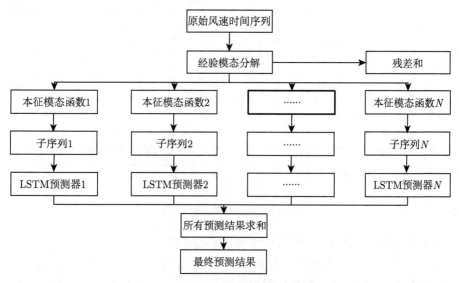

图 3-6 EMD-LSTM 算法流程框图

经验模态分解后的风速时间子序列如图 3-7 所示。其中 C1～C7 为将训练样本分解得到的 7 个本征模态序列，C8 为残差序列。从图中可以看出 C1 的幅值在 9～13m/s，C2 的幅值在 −5～5m/s，C3 的幅值在 −2～1m/s 波动，C4～C8 的幅值在 −2～2m/s 波动。这说明低频子序列包含了原始数据大部分能量，随着分解阶数的增加，子序列幅值逐渐变小。随后再利用长短期记忆网络对 C1～C7 这 7 个子序列进行预测训练，从而得到 7 个训练完毕的长短期记忆网络预测器。

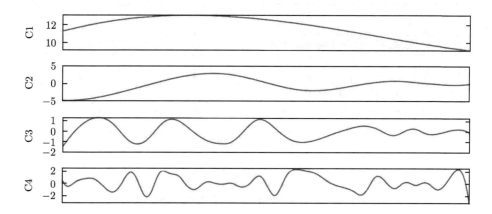

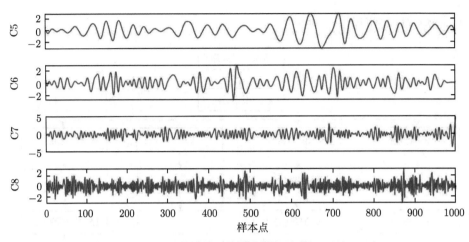

图 3-7　经验模态分解结果

2) 集合经验模态分解–长短期记忆网络模型建模

集合经验模态分解–长短期记忆网络 (EEMD-LSTM) 模型训练过程如图 3-8 所示。集合经验模态分解旨在利用白噪声的统计特征，将不同时间尺度信号自动分布到合适的参考尺度上，再进行经验模态分解，最后求均值得到逼近真实的模态。

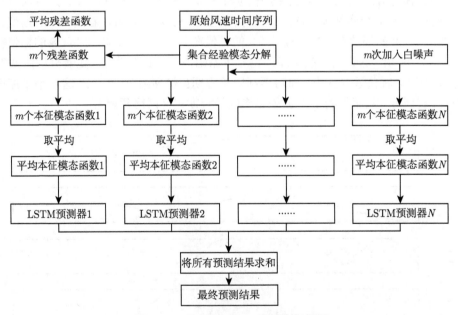

图 3-8　EEMD-LSTM 模型流程框图

集合经验模态分解结果由多个经验模态分解结果集成得到，集合经验模态分解利用白噪声能量均匀分布的特点以及整体平均意义来消除经验模态分解的模态混叠问题。使用原始风速时间序列 $\{X_{1t}\}$ 划分出的训练样本对 EEMD-LSTM 模型进行训练。将训练样本数据中加入 m 次不同的白噪声序列，分解得到 m 组本征模态函数和 m 组残差函数，再对每个函数求平均，最终得到 7 个本征模态函数和 1 组残差函数。集合经验模态分解的子序列结果如图 3-9 所示，其中 C8 为残差序列，C1~C7 为 7 个本征模态函数。C1 的幅值在 5~15m/s 变化，集中了原始风速时间序列大部分能量，C2~C7 的幅值在 −5~5m/s 变化，可以看出低频子序列包含了原始数据主要成分。

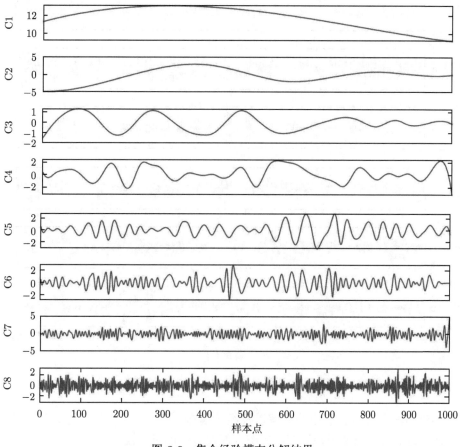

图 3-9 集合经验模态分解结果

3) 经验小波变换–长短期记忆网络模型建模

利用训练数据集对经验小波变换–长短期记忆网络 (EWT-LSTM) 模型进行训练。与经验模态分解不同，经验小波变换 [90] 在小波分析框架下进行计算，核心思想是对信号频谱进行自适应划分，将经验小波定义为每个分割区间上的带通滤波器，用小波的构造方法构造经验小波。这样克服了经验模态分解理论不足、收敛条件不合理等缺点，同时可以极大地提高分解算法的计算速度，分解子序列结果如图 3-10 所示。训练完成后，利用测试数据集重复上述步骤，将得到的不同子序列预测结果求和，作为最终的预测结果。整个建模步骤如图 3-11 所示。

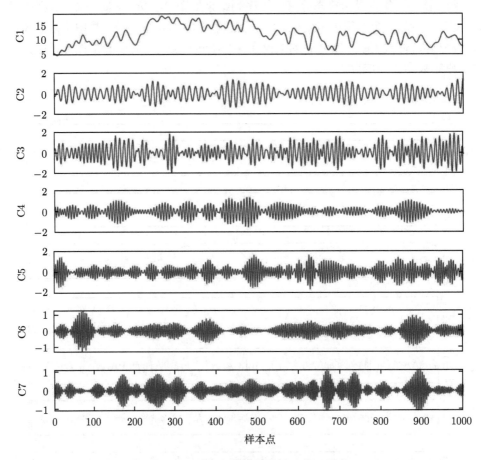

图 3-10　经验小波变换分解子序列结果

经验小波变换融合了小波分解以及经验模态分解的优势，可以通过序列的频谱自适应地确定分解滤波器，能够完美地解决分解的频率混叠问题。

通过经验小波变换，将原始信号分解为 C1～C7 这样 7 个本征模态函数。子序列分解结果如图 3-10 所示。其中 C1 幅值在 5～20m/s 变化，它集中了原始风速时间序列大部分能量，反映原始信号主体变化趋势；C2～C5 的幅值次之，在 −2～2m/s 变化；C6、C7 的幅值在 −1～1m/s 变化。分解序列按照低频序列到高频序列排列，

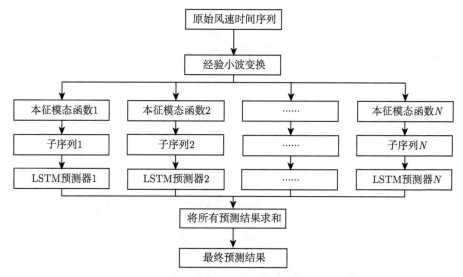

图 3-11   EWT-LSTM 模型流程框图

其幅值随频率的增加而变小，说明原始信号的主要能量都集中在低频子序列。经验
小波变换分解的子序列与经验模态分解以及集合经验模态分解的分解结果相比差
别较大。经验小波变换分解的 C1 分量相比于另外两种模态分解的 C1 分量含有更
多的细节成分，而且经验小波变换分解的残余分量具有明显的调制波特点，而另外
两种模态分解的子序列无法观察到这一现象。

3.4.3   不同分解算法对模型精度的影响

1) 风速预测结果

本节分别利用经验模态分解、经验小波变换和集合模态分解优化长短期记忆
网络模型，对风速序列 $\{X_{1t}\}$ 进行超前多步预测，最终预测结果如图 3-12～ 图 3-14
所示。从图中可知：① 在所有超前一、三、五步的预测结果中，经验小波变换算法
的预测结果最好，其预测结果的变化趋势与真实值的变化趋势基本相同，拟合程度
最高。不过经验小波变换算法加入前后，长短期记忆网络对于极值点附近的误差优
化效果有限。经验模态分解和集合经验模态分解的预测结果一直具有较大的误差，
预测效果一般。② 三种分解预测模型随着超前预测步数的增加，模型精度都呈下
降趋势。特别是 EMD-LSTM，当预测步数大于 1 后模型精度陡降，所得预测曲线
已不能符合预测模型的精度要求。

2) 预测精度对比

由于超前多步预测结果都具有相同的误差整体性能，因此仅选取超前一步预
测结果进行不同分解算法的模型精度分析比较。表 3-2 是不同分解算法超前一步

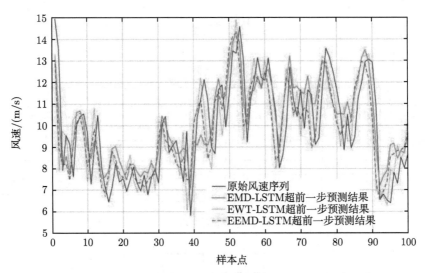

图 3-12　各种分解预测算法超前一步预测结果 (彩图见封底二维码)

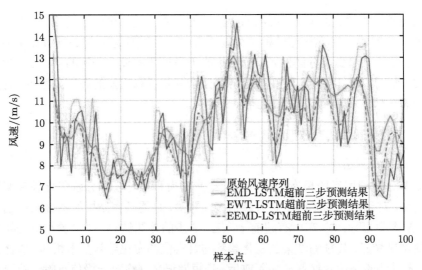

图 3-13　各种分解预测算法超前三步预测结果 (彩图见封底二维码)

预测的性能评估指标，从表中可以看出：

(1) EMD-LSTM 的 MAE、MAPE、RMSE 和 SDE 分别为 0.8495m/s、9.5804%、1.0946m/s、1.0421m/s；EWT-LSTM 的各项性能指标分别为 0.1174m/s、1.2464%、0.1449m/s、0.1448m/s；EEMD-LSTM 的各项性能指标分别为 0.5227m/s、5.6814%、0.6214m/s、0.6210m/s。从表中数据易知 EWT-LSTM 模型的预测精度显著高于其他两种模型。

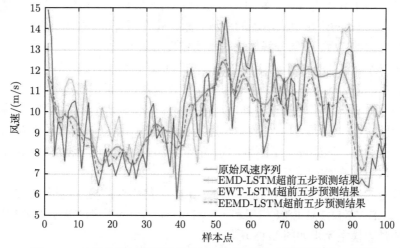

图 3-14 各种分解预测算法超前五步预测结果 (彩图见封底二维码)

表 3-2 各模型性能评估指标

模型种类	MAE/(m/s)	MAPE/%	RMSE/(m/s)	SDE/(m/s)
EMD-LSTM	0.8495	9.5804	1.0946	1.0421
EWT-LSTM	0.1174	1.2464	0.1449	0.1448
EEMD-LSTM	0.5227	5.6814	0.6214	0.6210

(2) 集合经验模态分解算法对于经验模态分解算法的性能指标优化百分比为 38.4697%、40.6977%、43.2304%、40.4088%。可以看出集合经验模态分解算法的预测精度高于经验模态分解。这是因为集合经验模态分解利用白噪声的统计特征,很好地消除了经验模态分解中的混叠问题,提高了分解后子序列的有序性和平稳性,提高了每个子序列时间特征尺度的单一性,从而提高了预测器的预测精度。但是集合经验模态分解算法没有摆脱经验模态分解理论不足、收敛条件难以界定的缺点,故而集合经验模态分解对于单个长短期记忆网络的最终预测精度的提升有限。

(3) 经验小波变换对于经验模态分解算法的性能指标优化百分比为 86.1801%、86.9901%、86.7623%、86.1050%。可知经验小波变换的预测精度远优于经验模态分解和集合经验模态分解算法。这是因为经验小波变换结合了小波分解和经验模态分解两者的优点,能够自适应地生成小波函数,解决了经验模态分解算法理论不足和收敛条件难以界定的缺点。

3.5 基于误差建模的不同分解算法预测模型

3.5.1 模型框架

在 3.4 小节中讨论了三种分解算法对单一长短期记忆网络模型精度的影响,由最后的预测结果分析得知，三种分解算法都能对长短期记忆网络模型预测精度起到提升作用，但是对于极值点附近的预测结果优化作用有限。在本节中将讨论加入误差建模方法 [99] 后，不同分解算法对模型精度的影响。

基于误差建模的分解算法模型与 3.4 小节中模型的框架基本相同，唯一的区别是除了长短期记忆网络预测器，还增加了误差预测器。当采用指定分解算法将原始风速时间序列分解为不同的子序列后，除了用单个长短期记忆网络预测对每个子序列进行预测外，还采用训练过程中长短期记忆网络预测器的预测误差值，对误差预测器进行训练。这样每个子序列的预测结果就由长短期记忆网络预测器的预测值叠加上误差预测器的误差预测值组成。

本节中的误差预测器利用 ESN 训练而成，最终组成的模型包括 EMD-LSTM-ESN 模型、EWT-LSTM-ESN 模型和 EEMD-LSTM-ESN 模型。基于误差建模和分解算法的预测模型流程如图 3-15 所示。

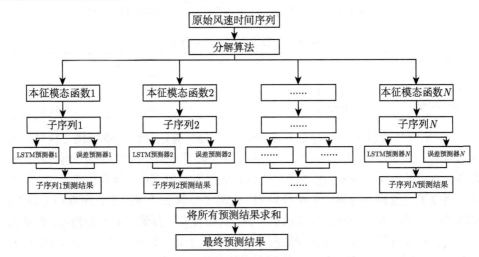

图 3-15   基于误差建模和分解算法的预测模型流程框图

3.5.2   理论基础

1) ESN 的原理

ESN 最早于 2001 年被提出，在时间序列预测上具有不错的应用效果。传统的多层感知器 (MLP) 网络的隐含层是一层一层的全连接神经网络，而 ESN 通过引入储备池来替代传统的隐含层并取得了不错的效果。ESN 的网络结构如图 3-16 所示。图中 W_{in} 表示输入层到储备池的连接权值，W 表示 $x(t-1)$ 到 $x(t)$ 的连接权值，W_{out} 表示储备池到输出层的连接权值，W_{back} 表示 $y(t-1)$ 到 $x(t)$ 的连接权值。

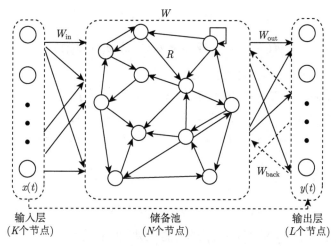

图 3-16   ESN 的网络结构图

储备池中含有许多稀疏神经元,用来表示系统的运行状态,并具有短期记忆功能。而且 W_{in} 和 W 都是随机生成的,在训练过程中无须训练,可见 ESN 的训练过程其实就是 W_{out} 和 W_{back} 的训练过程。

从图 3-16 中可以看出,ESN 结构依次是输入层、储备池和输出层。相比于传统的隐含层,储备池具有以下特点:① 储备池中各个神经元的连接方式不是全连接,而是随机连接,神经元之间是否建立连接不是由人工确定的;② 储备池中神经元的连接权重是固定的,而不是像传统的 MLP 网络,使用梯度下降来更新连接权值。这样相比于传统的 MLP 网络,ESN 可以极大地降低训练计算量,而且在一定程度上避免了梯度下降优化算法中出现局部极小的情况。

ESN 的主要思想就是利用储备池来模拟一个可以随着输入的变化而不断变化的复杂动态空间,当该状态空间复杂到一定程度时,我们就可以利用各种内部状态线性组合出所需要的各种输出,下面我们来详细介绍一下 ESN 的算法步骤。

2) ESN 的算法实现

ESN 的算法步骤可以分为三步:初始化、训练以及测试。初始化过程主要是用来确定储备池中的神经元个数,即确定储备池的规模。与传统 MLP 网络一样,中间层的神经元节点数越多,神经网络拟合能力越强。不过由于 ESN 的权值是固定的,我们只能通过调整输出权值 (即图 3-16 中的 W) 来线性拟合输出结果,故而一般来说 ESN 中储备池的规模要远大于其他神经网络的节点规模。然后需要随机生成连接矩阵。连接矩阵用来表示哪些神经元之间是连接的,以及连接的方向和权值,实际上就是有向图的矩阵表示 (即图 3-16 中的 R)。

参考图 3-16,我们可以用数学表达式来表示 ESN 的更新方程和输出状态方程:

$$x(t+1) = f(W_{\text{in}} * u(t+1) + W_{\text{back}} * x(t)) \tag{3.9}$$

$$y(t+1) = F(W_{\text{out}} * [u(t+1); x(t+1)]) \tag{3.10}$$

那么 ESN 的训练过程可以表示如下：

(1) 权值和输入向量的初始化。包括 $W_{\text{in}}(N \times (K+L))$、$W(N \times N)$、$W_{\text{out}}$ 的随机初始化，并令 $W_{\text{back}} = 0$，$x(0) = [0, 0, \cdots, 0]^{\text{T}}(N \times 1)$。

(2) 让第一个样本的输入向量 $u(1)$ 进入输入层，如下式所示：

$$x(1) = f(W_{\text{in}} \times u(1) + W_{\text{back}} \times x(0)) = f(W_{\text{in}} \times u(1)) \tag{3.11}$$

$$y(1) = F(W_{\text{out}} \times [u(1); x(1)]) \tag{3.12}$$

让第二个样本的输入向量 $u(2)$ 进入输入层，如下式所示：

$$x(2) = f(W_{\text{in}} \times u(2) + W_{\text{back}} \times x(1)) = f(W_{\text{in}} \times u(2)) \tag{3.13}$$

$$y(2) = F(W_{\text{out}} \times [u(2); x(2)]) \tag{3.14}$$

以此类推，可以得到 $y(1), \cdots, y(m-1)$，$y(m), \cdots, y(P)$，其中 P 是训练样本集数。

(3) 训练计算 W_{out}：

$$M = [x(m), x(m+1), \cdots, x(P)], \quad x(m) = [x_1(m), x_2(m), \cdots, x_L(m)]^{\text{T}} \tag{3.15}$$

$$T = [y(m), y(m+1), \cdots, y(P)]^{\text{T}} \tag{3.16}$$

$$W_{\text{out}} = (M^{-1} \times T)^{\text{T}} \tag{3.17}$$

最终 ESN 训练完毕后就可以进行风速序列预测。

3.5.3　建模步骤

1) 基于 ESN 的 EMD-LSTM 模型

基于 ESN 的 EMD-LSTM 模型的建模步骤如下：

(1) 风速时间序列的经验模态分解。通过求极值和包络均值的方法，对原始风速信号不断进行 "筛选"，逐步将原始信号分解为若干个本征模态函数和一个残差函数。这里将原始风速时间序列的训练样本集分解为 7 个本征模态函数和 1 个残差和，并将 7 个本征模态函数作为 7 个待预测子序列。

(2) 对于得到的 7 个分解子序列，取每个子序列前 50%的数据作为二次训练数据，分别送入各自对应的长短期记忆网络预测器中进行训练。通过这一步可以得到 7 个训练完毕的长短期记忆网络预测器。

(3) 在对长短期记忆网络预测器进行训练的同时, 实时反馈其训练误差, 将训练误差作为三次训练数据, 送入 ESN 误差预测器中进行训练, 最终可以得到与每个长短期记忆网络预测器相对应的正则化极限学习机误差预测器。

(4) 当 EMD-LSTM-ESN 训练完成后, 使用测试样本集对该模型进行测试, 得到最终该模型超前一、三、五步的预测结果。

图 3-17 是 EMD-LSTM-ESN 模型超前多步预测结果的误差曲线图, 图中显示 100 个测试样本的预测误差在 $-4 \sim 8\mathrm{m/s}$ 波动, 整个误差曲线基本围绕零点线上下波动。这说明模型预测的整体性能较好但是模型的波动范围较大。说明对经验模态分解使用误差建模后, 对于极值点附近的误差处理效果不明显, 模型精度提升效果有限, 且模型稳定性变化不大, 随着步数的增加精度下降很快。

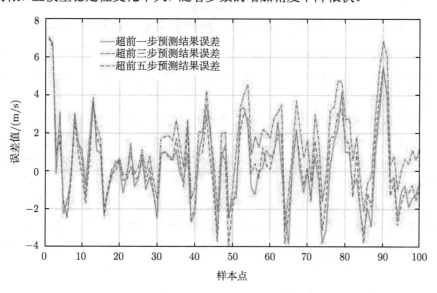

图 3-17　EMD-LSTM-ESN 模型超前多步预测结果的误差曲线 (彩图见封底二维码)

2) 基于 ESN 的 EEMD-LSTM 模型

对 EEMD-LSTM-ESN 模型进行训练和预测, 具体步骤与 1) 中类似。EEMD 通过重复加入不同的白噪声序列, 得到一系列分解后的子序列和残差序列, 然后对其取平均, 最终将原始序列分解为若干个子序列和一个残差序列。图 3-18 给出了 EEMD-LSTM-ESN 模型的超前多步预测误差曲线, 图中误差曲线的上下波动范围为 $-6 \sim 8\mathrm{m/s}$, 除了原始序列的极值点附近误差较大外, 其余样本点的误差都在 $0\mathrm{m/s}$ 左右波动, 整体预测效果较好。而且相比于经验模态分解, 集合经验模态分解通过加入白噪声序列来优化样本, 极大地提升了模型的稳定性, 随着超前预测步数的增加, EEMD-LSTM-ESN 模型的精度变化不大。

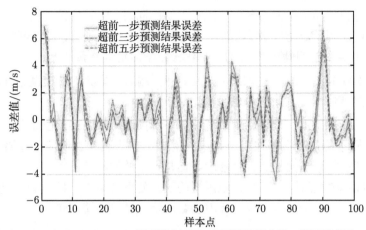

图 3-18　EEMD-LSTM-ESN 模型的超前多步预测误差曲线 (彩图见封底二维码)

3) 基于 ESN 的 EWT-LSTM 模型

基于误差建模的 EWT-LSTM 模型的建模步骤与 1) 中大同小异, 不同的是得到子序列的过程有所差异。

与经验模态分解相比, 经验小波变换集合了小波分解与经验模态分解各自的优点, 在解决了经验模态分解算法理论不足的同时, 利用小波分解的计算框架自适应调整滤波器频带, 无须自主构建小波函数, 所得分解子序列更加平稳, 紧支撑性更好。

利用 EWT-LSTM-ESN 模型进行超前多步预测的误差值如图 3-19 所示。图中误差值在 −6 ∼8m/s 波动, 整个误差曲线基本围绕零点线上下波动, 整体预测效果较好。而且超前预测步数的变化对误差曲线的影响不大, 在误差值相差不大的情况

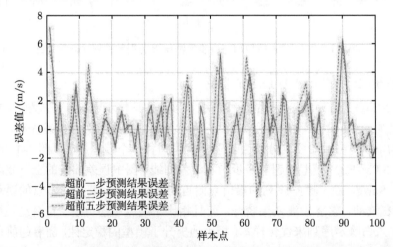

图 3-19　EWT-LSTM-ESN 模型的超前多步预测误差曲线 (彩图见封底二维码)

下，经验小波变换极大地提升了模型预测的稳定性。

3.5.4 不同分解算法对模型精度的影响

1) 风速预测结果

本小节给出了三种模型超前多步的预测结果，分别如图 3-20~ 图 3-22 所示。从图中可以看出：

(1) 三种分解算法–预测器–误差建模模型的预测结果都能较好地反映原始风速时间序列数据的变化趋势，但是与加入误差建模算法之前相比，模型的预测精度不升反降，这是因为加入误差建模算法后出现了严重的数据错位现象。因此误差建模并不能很好地提升模型预测精度。

(2) 三种模型的预测精度都随预测步数的增加而降低。其中经验模态分解算法随预测步数的增加，误差下降幅度最大，经验小波变换和集合经验模态分解模型都在预测步长增加的过程中表现出了较好的模型稳定性。这说明误差建模虽然可以提高原算法模型的预测精度和波峰波谷捕捉能力，但是对于预测模型稳定性的提升效果不明显，误差建模后模型的稳定性基本与原模型相同，变化不大。

(3) 虽然通过误差建模可以提高预测曲线与原始风速序列的相似度，但是预测曲线会出现轻微错位现象。而且 EWT-LSTM 和 EEMD-LSTM 加入误差建模算法后，预测曲线的错位现象比 EEMD-LSTM 模型更加明显，这说明模型曲线的预测精度越高，加入误差建模算法后错位现象会越严重。

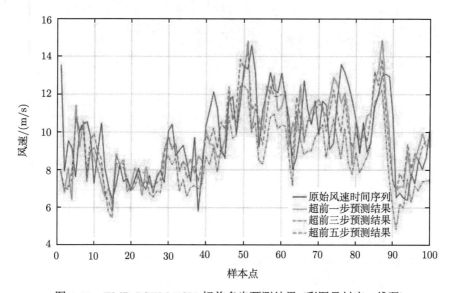

图 3-20　EMD-LSTM-ESN 超前多步预测结果 (彩图见封底二维码)

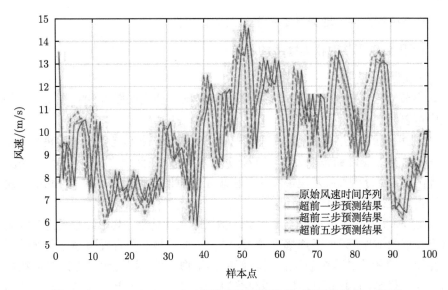

图 3-21　EWT-LSTM-ESN 超前多步预测结果 (彩图见封底二维码)

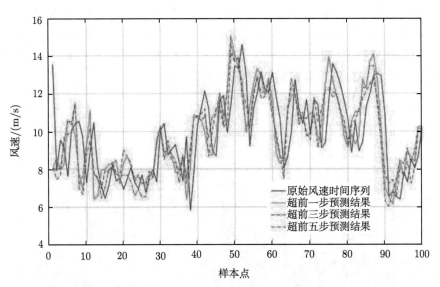

图 3-22　EEMD-LSTM-ESN 超前多步预测结果 (彩图见封底二维码)

2) 预测精度对比

表 3-3 是本节中加入误差建模算法后各模型的性能评估指标值, 从表中可知:
EMD-LSTM-ESN 算法模型的 MAE、MAPE、RMSE 以及 SDE 分别为
0.9676m/s、10.0827%、1.2055m/s、1.1995m/s; EWT-LSTM-ESN 算法模型的各项性
能评估指标分别为 0.2406m/s、2.6444%、0.2912m/s、0.2836m/s; EEMD-LSTM-ESN

算法模型的各项性能评估指标分别为 0.6111m/s、6.4093%、0.7518m/s、0.7515m/s。可见加入误差建模算法后,利用经验小波变换的模型精度依旧最高,集合经验模态分解次之,经验模态分解算法效果则不太理想。误差建模算法对三种分解算法 - 长短期记忆网络模型提升效果有限,最终加入误差建模后的模型预测精度受限于原模型精度。

表 3-3 各模型性能评估指标

模型种类	MAE/(m/s)	MAPE/%	RMSE/(m/s)	SDE/(m/s)
EMD-LSTM-ESN	0.9676	10.0827	1.2055	1.1995
EWT-LSTM-ESN	0.2406	2.6444	0.2912	0.2836
EEMD-LSTM-ESN	0.6111	6.4093	0.7518	0.7515

3.6 模型预测精度综合对比分析

本节旨在对比不同模型之间的性能特点,由于不同超前预测步数对于各模型性能具有相同的性能特点,所以本节中只选取各个模型的超前一步预测结果进行分析比较。

3.6.1 模型预测结果分析

1) 分解算法对比单个长短期记忆网络模型预测结果

图 3-23 给出了加入经验模态分解、经验小波变换和集合经验模态分解算法后长短期记忆网络预测结果对比图,从图中可以看出:

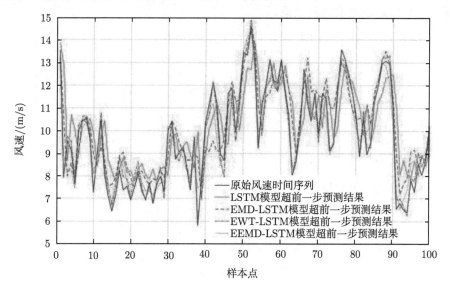

图 3-23 加入不同分解前后长短期记忆网络预测结果变化 (彩图见封底二维码)

经验模态分解、经验小波变换和集合经验模态分解算法都可以有效提高单个长短期记忆网络的预测精度。这种提升主要体现在两方面: 一是模型预测曲线对波峰波谷的捕捉能力变强, 在极值点处预测值与真实值的误差明显变小; 二是模型相位偏移程度减小, 单个长短期记忆网络预测曲线相位偏移明显, 加入分解算法后这种情况得到了明显改善。

2) 误差建模算法对比分解算法–长短期记忆网络模型预测结果

通过 3.5.4 小节中的模型预测结果图可知, 不同超前预测步数的预测结果具有相同的整体分析效果, 这里选取所有预测模型超前一步的预测结果对误差建模精度影响进行分析。图 3-24~ 图 3-26 给出了三种分解算法误差建模前后的预测结果曲线对比图, 从图中可以得知:

(1) 通过加入误差建模算法, 三种分解算法的模型精度都出现了不同程度的相位偏移现象, 模型预测精度反而下降。以 EEMD-LSTM-ESN 模型为例, 虽然图中在误差建模后的预测曲线对于趋势捕捉的精度增加, 预测曲线与原始风速序列曲线更加相似, 但是在预测位置上发生了错位, 对比误差建模前后的四项评估指标, MAE、MAPE、RMSE 以及 SDE 的优化百分比分别为 -16.9122%、-12.8120%、-20.9849%、-21.0145%, 这说明利用 ESN 进行误差建模, 虽然提高了曲线相似度, 但是会发生时延效应, 反而降低了模型预测精度。

(2) 图中三种模型预测曲线对于波峰波谷的捕捉能力有一定程度的提高。最直观的表现在于误差建模前后, 所有模型的预测曲线都能够很好地预测出极值点。这说明利用 ESN 进行误差建模, 虽然不能提升模型预测整体精度, 但是能提升模型对于极值点附近数据的预测效果。

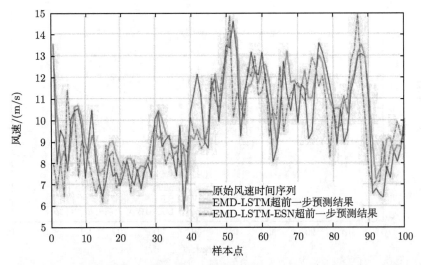

图 3-24　误差建模前后经验模态分解算法预测结果变化 (彩图见封底二维码)

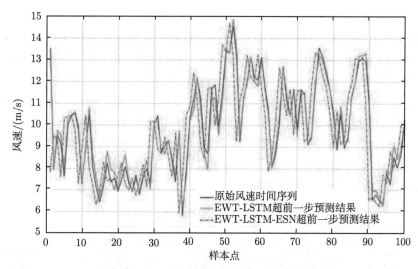

图 3-25 误差建模前后经验小波变换算法预测结果变化 (彩图见封底二维码)

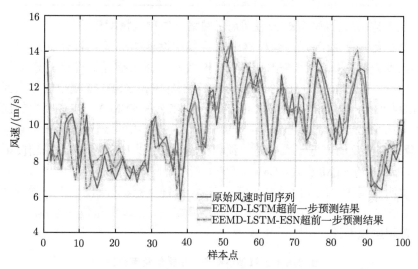

图 3-26 误差建模前后集合经验模态分解算法预测结果变化 (彩图见封底二维码)

3.6.2 预测精度对比分析

1) 分解算法对长短期记忆网络模型预测精度影响

表 3-4 给出了三种分解算法对于单个长短期记忆网络模型预测结果的性能指标优化百分比,从表中可以看出:

(1) 与单一长短期记忆网络模型预测相比,加入分解算法后的模型预测精度都有了不同程度的提升,说明分解算法可以提升单一深度网络模型的预测精度,其中经验小波变换的提升效果最好。

(2) 在实验涉及的三种优化算法中，经验小波变换各项指标的优化百分比为 80.4977%、81.3695%、81.3357%和 80.7429%，精度提升效果最好。集合经验模态分解的优化百分比为 57.6315%、59.9729%、60.1718%和 57.8326%，效果次之。经验模态分解的优化百分比为 31.1421%、32.5034%、29.8423%和 29.2388%，提升效果最小。经验小波变换在算法原理上对经验模态分解进行了改进，结合小波变换和经验模态分解各自的优点，自适应生成小波函数，解决了经验模态分解理论不足以及收敛条件难以界定的缺点，因此经验小波变换对单个长短期记忆网络模型预测精度的提升效果远胜于其他两种分解算法。

表 3-4　各模型性能指标优化百分比

比较模型	P_{MAE}/%	P_{MAPE}/%	P_{RMSE}/%	P_{SDE}/%
EMD-LSTM	31.1421	32.5034	29.8423	29.2388
EWT-LSTM	80.4977	81.3695	81.3357	80.7429
EEMD-LSTM	57.6315	59.9729	60.1718	57.8326

2) 误差建模对分解算法–长短期记忆网络模型预测精度影响

表 3-5 给出了加入误差建模算法后各模型性能指标优化百分比。从表中可知，加入误差建模算法后 EMD-LSTM 模型各项评估指标的优化百分比分别为 -13.9023%、-5.2430%、-10.1316%、-15.1041%；EWT-LSTM 模型的优化百分比为 -51.2053%、-52.8664%、-50.2404%、-48.9422%；EEMD-LSTM 模型的优化百分比为 -16.9122%、-12.8120%、-20.9849%、-21.0145%。通过分析表中数据可以看出，误差建模反而降低了原模型的预测精度。其中以 EWT-LSTM 的精度下降最为严重，EEMD-LSTM 次之，EMD-LSTM 精度下降程度最小。

这说明利用 ESN 进行误差建模后产生的错位现象受原模型本身预测精度影响，原模型本身预测精度越高，加入误差建模算法后出现的错位现象越严重，模型精度下降程度越大。

表 3-5　各模型性能评估指标优化百分比

比较模型	P_{MAE}/%	P_{MAPE}/%	P_{RMSE}/%	P_{SDE}/%
EMD-LSTM	-13.9023	-5.2430	-10.1316	-15.1041
EWT-LSTM	-51.2053	-52.8664	-50.2404	-48.9422
EEMD-LSTM	-16.9122	-12.8120	-20.9849	-21.0145

3.7　本 章 小 结

本章主要介绍了长短期记忆网络模型的相关知识，了解到长短期记忆网络作为一种特殊的门限循环神经网络，通过增加输入门、输出门和遗忘门的方式，实现了训练过程中权重系数的自变化，解决了梯度消失和梯度膨胀的问题。在 3.3 小节中探讨了单个长短期记忆网络模型的预测结果，发现整体预测效果一般，对于波峰波谷的预测效果很差。

随后利用经验模态分解、经验小波变换和集合经验模态分解三种分解算法对单个长短期记忆网络模型进行优化。在 3.4 小节中，针对加入三种分解算法后的模型预测结果进行分析，发现对原始信号分解后再预测求和，所得的最终结果要优于单个长短期记忆网络模型预测结果。其中以经验小波变换的优化效果最为明显，集合经验模态分解次之，经验模态分解的优化效果最小。但是分解算法主要是提升模型的整体预测精度，对于波峰波谷的预测能力提升有限。

针对以上情况，在增加分解算法的基础上，提出了对整个模型进行误差建模的方法，本章的误差建模利用 ESN 进行。从最终的误差建模预测结果来看，误差建模虽然可以有效提升模型对于波峰波谷的捕捉能力，但是会使预测曲线出现不同程度的错位现象，反而会降低模型预测的整体精度。而且错位现象的严重程度受原模型预测精度影响，原模型预测精度越高，加入误差建模算法后出现的错位现象越明显。

第4章 铁路风速卷积门限循环单元预测模型

4.1 引 言

门限循环单元 (Gated Recurrent Unit，GRU) 算法 [100] 是为了克服传统循环神经网络 [96] 的长依赖问题而改进的算法。第 3 章研究了 LSTM 算法，但是 LSTM 模型 [41] 的形式较为复杂，相应的训练时间与预测时间都比较长。在 LSTM 模型中提出了输入门、输出门和遗忘门，这些门限结构就是为了对输入神经元的数据进行剔除或者补充，再传入神经元中，从而更灵活地控制细胞状态 [101]。而 GRU 算法改良了门限结构，将 LSTM 模型中的输入门限结构和遗忘门限结构合并为一个更新门 [102]，这样 GRU 算法中单个神经元的门限结构减少为两个，简化了模型结构，有效提高了算法模型的训练速度和预测速度，保证了预测模型的实时性和有效性。

卷积神经网络 (Convolutional Neural Network，CNN)[103] 是一种特殊的深度神经网络模型，它的特殊性体现在两个方面：一是它的单个神经元之间的连接方式不是全连接；二是它的同一层中某些神经元之间的连接权重是共享的。它这种非全连接和权重共享的网络结构有效减少了权值数量，简化了神经网络结构 [104]。CNN 是为了识别二维形状而特殊设计的一个多层感知器，这种神经网络对平移、缩放、倾斜等其他形式的变形具有高度不变性 [105]。网络的结构主要有稀疏连接和权值共享两个特点，包括一些主要形式的约束，这些知识在前面章节中进行了介绍，便不再累述。卷积门限循环单元网络 (Convolutional Neuron Network Gated Recurrent Uint，CNNGRU) 则是结合 GRU 和 CNN 各自的优势 [106]，通过卷积层提取数据特征后再利用 GRU 网络进行预测。

奇异谱分析 [107](Singular Spectrum Analysis，SSA) 方法对于研究周期振荡行为具有独到的优势。SSA 原理是基于时间序列的动力重构，并将经验正交函数与之相联系的一种统计技术，是经验函数正交分解的一种特殊应用 [108]。奇异值分解的空间结构与时间尺度密切相关，能够有效地从包含噪声的有限尺度时间序列中提取特征信息 [109]，目前已应用于多种时间序列的分析中 [110]。SSA 的具体步骤是，按照给定窗口长度将一个样本空间为 n 的时间序列构造为一个资料矩阵。当此资料矩阵计算得到的特征值明显成对并且对应的经验正交函数 (Empirical Orthogonal Function，EOF) 大致满足周期性或正交条件时，通常就对应着信号中的振荡行为，可见 SSA 在数学上相当于经验正交函数在延滞坐标上的表达。SSA 可以提取具有显著振荡行为的信号分量,并可选择若干有效分量构建重建序列。其中低频信号的重建分量相当于原始序列的主成分分量,显示了原始序列的主要特征[111]。

本章先介绍 GRU 算法的相关知识,在这个基础上引出 CNNGRU 模型。然后通过实验,比较 GRU 模型、LSTM 模型[83]以及 CNNGRU 模型的预测结果,进一步分析不同深度网络模型对模型精度的影响。分析采用 SSA 方法分解原始风速时间序列后对原模型精度的影响。

4.2 原始风速数据

4.2.1 建模风速序列

本章数据来源于我国某强风路段的原始风速时间序列,原始风速数据的采样间隔为 3min。图 4-1 为所得风速时间序列 $\{X_{1t}\}$,该时间序列包含 2700 个样本点,所有样本点的值都在 10~30m/s 波动,体现出了很强的随机性。

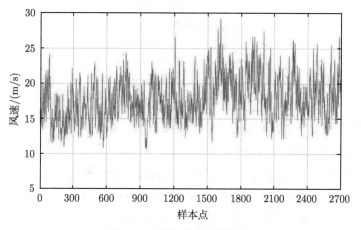

图 4-1 原始风速时间序列

4.2.2 样本划分

为实现模型的构建和模型性能的评价,需要对用于仿真的风速时间序列进行分组处理。本章的风速时间序列组包含 2700 个样本点,将数据划分为训练数据集和测试数据集。其中,1~2200 个样本点为训练样本,来对 LSTM 进行训练,样本点 2201~2700 为测试样本,用于在模型训练完成后,测试所得模型,得到模型预测输出,计算模型的预测误差。

4.3　CNNGRU 预测模型

4.3.1　模型框架

单个CNNGRU 预测模型的框架结构非常简单, 可以分为样本集划分和 CNN-GRU 模型两部分。CNNGRU 模型使用训练样本集对其进行训练, 得到训练后的超前多步预测模型 [98], 再使用测试样本集进行风速时间序列预测, 得到最终的结果。整个模型结构如图 4-2 所示。本节中为了更充分地说明 CNNGRU 模型的特性, 选取 LSTM 模型与 GRU 模型作为对比模型。

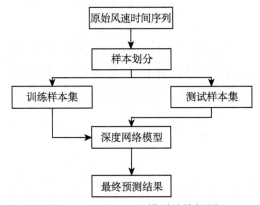

图 4-2　CNNGRU 模型结构框图

4.3.2　理论基础

1) GRU 算法原理

GRU 算法与 LSTM 相比, 减少了门限结构的数量, 简化了神经网络模型的结构, 进而减少了模型的预测时间 [112]。GRU 算法相对于 LSTM, 对门限结构进行了优化, 将 LSTM 算法模型中的输入门和遗忘门整合在一起, 称为 "更新门", 这样原来的三个门结构就只剩两个, 同时细胞状态中的融合算法也进行了改进。整个 GRU 深度网络模型结构如图 4-3 所示。

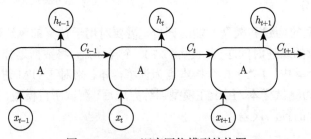

图 4-3　GRU 深度网络模型结构图

2) CNNGRU 模型原理

在 CNNGRU 中，卷积层用于提取数据集的深度特征，而 GRU 算法层用于对提取特征的长短依赖性进行训练。卷积层可以通过滤波器自动提取数据特征[113]。对于相同的卷积层，神经元之间是不存在相互连接的，并且权值共享，极大地简化了神经网络的结构以及训练过程。在前向传播阶段，每个卷积层利用激活函数和卷积运算对前一层的输出进行处理，该过程用数学表达为[100]

$$h_{ij}^k = f((W_k * x)_{ij} + b_k) \tag{4.1}$$

式中，f 表示激活函数，本章中卷积层的激活函数采用 ReLU(Rectified Linear Units) 函数[104]；W_k 表示第 k 个特征图的权重；b_k 表示第 k 个特征图的偏置。

ReLU 函数是一个非饱和的非线性函数，数学表达式为

$$f(x) = \begin{cases} 0, & x < 0 \\ x, & x > 0 \end{cases} \tag{4.2}$$

$$f'(x) = \begin{cases} 0, & x < 0 \\ 1, & x > 0 \end{cases} \tag{4.3}$$

由此可知，ReLU 函数求导非常容易。而且相比于传统的 sigmoid 函数和 tanh 函数[114]，ReLU 函数可以让一些神经元的输出变为 0，从而增加神经网络结构的稀疏性，同时可以减小网络系数的互相关性，有效减轻过拟合现象。ReLU 函数的导数对大于 0 的部分恒为 1，在误差反向传播时梯度可以传至较远的网络节点中，故而可以有效减少梯度消失或者梯度膨胀的现象，可以提高网络模型的训练速度。

CNNGRU 利用 CNN 提取数据的特征，再利用 GRU 网络对提取后的数据特征预测。故而 CNNGRU 结合了 CNN 的特点和 GRU 网络的优势，是当前深度网络算法比较热门的研究组合。

4.3.3 建模步骤

1) GRU 建模步骤

GRU 网络的建模过程即其模型的训练过程，以图 4-3 中 GRU 网络单个神经元的结构进行训练过程介绍。单个神经元的数学表达式为[98]

$$z_t = \sigma(W_z \cdot [h_{t-1}, x_t]) \tag{4.4}$$

$$r_t = \sigma(W_r \cdot [h_{t-1}, x_t]) \tag{4.5}$$

$$\hat{h}_t = \tanh(W_h \cdot [r_t * h_{t-1}, x_t]) \tag{4.6}$$

$$h_t = (1 - z_t) * h_{t-1} + z_t * \hat{h}_t \tag{4.7}$$

式 (4.4) 中，z_t 表示更新门；h_{t-1} 表示上一个神经元的输出；x_t 表示本神经元的输入；W_z 表示更新门的权重；σ 表示 sigmoid 函数。更新门 z_t 是由上一个神经元的输出 h_{t-1} 和本次神经元的输入 x_t 相加后乘上更新门权重 W_z，再用 sigmoid 函数进行运算。更新门的取值越大，上一时刻神经元传递到当前神经元的信息越少，当前神经元自身状态信息留存越多。

式 (4.5) 中，r_t 表示重置门；W_r 为重置门的权重。重置门的计算过程与更新门类似，不同的是当重置门取值为 0 时，表示要抛弃上一个神经元的传递信息，只使用当前神经元的输入。

式 (4.6) 中，$\hat{h}_t$ 表示本次神经元中待定的输出值；tanh 为双曲正切函数。待定的输出值 $\hat{h}_t$ 是由前一时刻神经元的输出和重置门的值相乘后加上本次神经元的输入，与权值相乘后用双曲正切函数进行计算得到。

式 (4.7) 中，h_t 表示本次神经元的最终输出。

由上述过程可以看出，GRU 网络中每个神经元都参与了输出量的计算，故而该深度网络中各个神经元之间是相互联系的。一般来说，重置门对于短距离学习会比较活跃，更新门对于长距离学习会比较活跃。

最终需要学习的参数就是 W_z、W_r、W_h，以及输出 $y_t = \sigma (W_o \times h_t)$ 中的 W_o。这里前三个权值都是组合值，因此在学习时需要分割出来，如下所示。

$$W_z = W_{zx} + W_{zh} \tag{4.8}$$

$$W_r = W_{rx} + W_{rh} \tag{4.9}$$

$$W_h = W_{hx} + W_{hh} \tag{4.10}$$

GRU 算法的其他训练步骤与第 11 章中 LSTM 算法的训练步骤相同，这里便不再进行赘述。

2) CNNGRU 模型建模

在本章学习中，CNNGRU 模型由三个卷积层和一个门限循环单元层组成，而均方根误差和 Adam 算法 [115] 分别被用作损失函数和优化函数。对于三个卷积层，通道的数量分别为 4、16、20。此外，选择 ReLU 函数作为每个卷积层的激活函数，CNNGRU 模型的结构如图 4-4 所示 [116]。

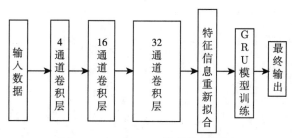

图 4-4 CNNGRU 模型的结构图

3) 训练误差曲线比较

在建模过程中, 分别对于 GRU 模型、LSTM 模型以及 CNNGRU 模型训练时的损耗值曲线进行比较, 如图 4-5 所示, 从图中得知:

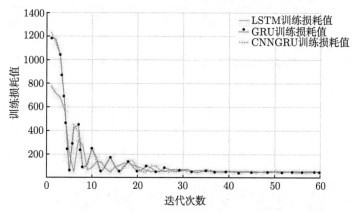

图 4-5 各种深度网络模型训练误差曲线 (彩图见封底二维码)

(1) 三种模型的训练损耗值整体呈下降趋势, 且曲线粗糙, 波动明显, 可见模型权重变化采用随机梯度下降法。

(2) 单个 GRU 模型与单个 LSTM 模型相比, 训练损耗值相差不大, 但是训练损耗值的收敛速度有所增加, 模型训练时间有所减少, 由此可见门限数量的减少确实有效减少了预测模型的训练时间。

(3) CNNGRU 模型与单个 GRU 模型相比, 训练误差曲线的变化不大, 无论是误差值还是收敛速度都基本相同。这说明在使用 GRU 算法之前利用 CNN 提取数据特征并不会影响预测模型的训练损耗值和收敛速度。

4.3.4 不同深度网络模型精度分析

1) 风速预测结果

为了比较不同模型的预测效果, 在图 4-6~图 4-8 中给出了 GRU 预测模型、LSTM 预测模型、CNNGRU 预测模型超前一、三、五步的预测结果。从图中得知:

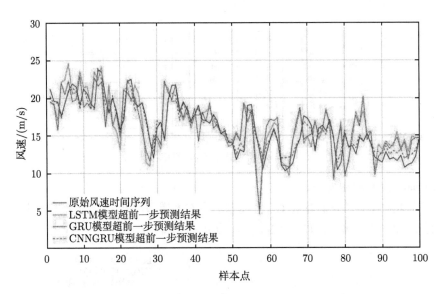

图 4-6　三种深度网络模型超前一步预测结果 (彩图见封底二维码)

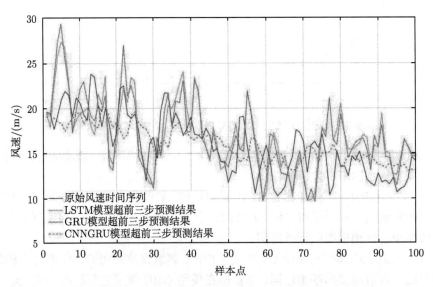

图 4-7　三种深度网络模型超前三步预测结果 (彩图见封底二维码)

(1) 三种模型对于原始风速时间序列的预测效果比较一般, 预测曲线对原始风速序列曲线的拟合程度一般, 特别是在风速数值变化较大时, 所有模型预测值与真实值的误差值都陡增。这说明这三个单个深度网络不能很好地满足实际风速预测场景的需求。但是相比之下 CNNGRU 模型的预测效果略优于其他两种深度神经

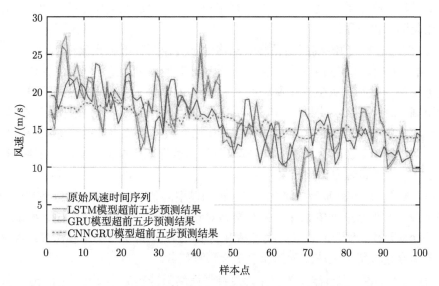

图 4-8 三种深度网络模型超前五步预测结果 (彩图见封底二维码)

网络模型, 说明通过卷积神经网络提取数据特征后再进行预测, 可以有效提高模型的预测精度。

(2) 随着预测步数的增加, 三种预测模型的预测精度都出现不同程度的下降, 说明这三个单个深度网络模型的稳定性不强, 对数据预测步长比较敏感。不过 CNNGRU 模型的下降程度较其他两种模型有一定缓和, 说明通过卷积神经网络提取数据特征后再预测, 可以略微增加预测模型的稳定性。

2) 预测精度对比

表 4-1 中给出了 GRU 预测模型、LSTM 预测模型、CNNGRU 预测模型超前一、三、五步预测结果的误差评估指标。从表中可知 GRU 预测模型超前一步预测结果的 MAE、MAPE、RMSE 以及 SDE 分别为 1.9562 m/s、13.2949 %、2.6318m/s、2.6093 m/s; LSTM 预测模型超前一步预测结果的各项评估指标分别为 2.0675m/s、14.0603%、2.7848m/s、2.7446 m/s; CNNGRU 预测模型超前一步预测结果的各项评估指标分别为 1.4889 m/s、9.7148 %、1.8883 m/s、1.8863m/s。通过分析以上数据可知:

(1) GRU 预测模型与 LSTM 预测模型的预测精度差别不大, 从图 4-6~图 4-8 和表 4-1 中可以看出, 两种模型预测曲线基本相同, 无论是对原始风速序列趋势预测还是对于波峰波谷的捕捉程度都相差无几, 而且两种模型误差评估指标的数值差异也很小。这说明 GRU 模型相比于 LSTM 模型, 仅改变门限结构的数量并不会影响模型最终预测效果, 只是增加了模型的训练速度和预测速度。但是当实际风速预测过程中样本数量很大时，GRU 网络可以显著增加预测模型的实时性，对实际应用起到积极作用。

(2) CNNGRU 预测模型的预测效果略优于其他两种单独预测模型。由图表可知，CNNGRU 模型的预测曲线更贴合原始风速时间序列，且各项误差评估指标相比其他两种模型都有大幅度下降，可见 CNNGRU 模型对该风速序列的整体预测精度更高。而且图 4-6~图 4-8 中 CNNGRU 模型的预测曲线更加尖锐，对原始风速时间序列中波峰波谷的捕捉能力更强，在原始数据极值点处的预测误差明显小于其他两种模型。这说明利用 CNN 提取数据深度特征后再使用 GRU 网络进行预测，可以有效提高模型预测结果精度。

(3) 随着超前预测步数的增加，三种预测模型的各项误差评估指标都有不同程度的下降，说明这三个单独深度神经网络对预测数据的步长较为敏感，稳定性不强，不能满足多步预测形式下的模型精度要求。因此，这个三个单独深度神经网络模型不适合直接用于风速序列的超前多步预测任务。

(4) 总的来说，本节涉及的三个深度神经网络只能粗略预测出原始风速时间序列的变化趋势，模型精度不高，且对于极值点附近数据的预测效果更差，不能满足实际风速预测的精度要求。

表 4-1　各个模型的误差评估指标

预测步数	模型种类	MAE/(m/s)	MAPE/%	RMSE/(m/s)	SDE/(m/s)
1	GRU	1.9562	13.2949	2.6318	2.6093
	LSTM	2.0675	14.0603	2.7848	2.7446
	CNNGRU	1.4889	9.7148	1.8883	1.8863
3	GRU	3.0871	20.6087	3.9031	3.8654
	LSTM	3.2695	21.5155	4.1303	4.0867
	CNNGRU	2.0272	13.6133	2.6187	2.6169
5	GRU	3.1944	21.2729	3.8629	3.7158
	LSTM	3.3530	22.4427	4.0424	3.8872
	CNNGRU	2.2470	14.8828	2.6796	2.6794

4.4　基于 SSA 的 CNNGRU

4.4.1　模型框架

4.3 节通过对比 GRU 网络和 LSTM 网络，详细介绍了 CNNGRU 网络的特点。本节主要对 SSA 方法进行研究，通过比较基于 SSA 方法的 GRU 模型、LSTM 模型、CNNGRU 模型和不集成分解方法的各种深度神经网络模型的预测结果和精度变化，来分析 SSA 方法对 CNNGRU 网络的影响。本节主要构建的模型包括

SSA-GRU 预测模型、SSA-LSTM 预测模型和 SSA-CNNGRU 预测模型 [1]。

4.4.2 建模步骤

　　将本章中采用的原始风速数据序列通过 SSA 方法得到其对应的主序列。相比于原始风速序列，主序列提取了对于时间序列贡献率最大的 N 个特征，以此来提高预测模型对于时间序列的预测精度，对于预测模型的性能提升具有显著的积极作用。原始风速序列在 SSA 方法中的重构主序列如图 4-9 所示。

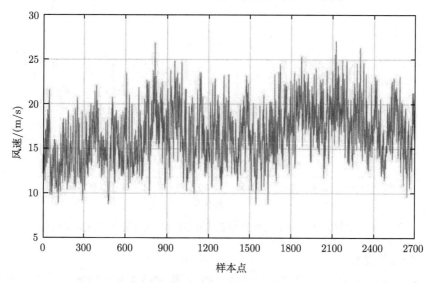

图 4-9　原始风速序列在 SSA 方法中的重构主序列

　　之后分别采用 GRU 网络、LSTM 网络和 CNNGRU 网络作为预测器对 SSA 方法重构后的主序列进行预测，对比分析 SSA 分解方法对这三种深度网络模型精度的影响。

4.4.3 不同深度神经网络对模型精度的影响

　　1) 风速预测结果

　　图 4-10 给出了本节中涉及的 SSA-GRU 模型、SSA-LSTM 模型、SSA-CNNGRU 模型和 CNNGRU 模型的超前一步预测结果 (取第 2201 至 2700 个样本点进行验证)，对图 4-10 中的信息分析可知：

　　(1) 所有给出的模型预测效果整体性都符合预测基本要求，预测数据与真实值的变化趋势基本相同，对于波峰波谷的捕捉程度也都相差无几，模型与模型之间的预测效果差别不大。其中 SSA-CNNGRU 预测模型对于原始风速序列的预测效果最好，无论是整体趋势预测还是波峰波谷捕捉效果，都略优其他几种深度神经网络预测模型。

(2) SSA-GRU 预测模型与 SSA-LSTM 预测模型精度相差无几, 可见基于 SSA 分解方法的深度网络模型精度受限于原模型精度, 在原模型精度相近时, 结合 SSA 分解算法后的模型精度也相近。

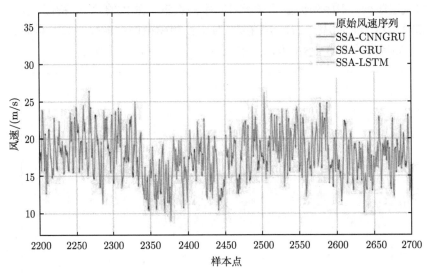

图 4-10　分解算法与深度神经网络模型的预测结果 (彩图见封底二维码)

2) 预测精度对比

表 4-2 给出了 SSA-CNNGRU、SSA-LSTM 和 SSA-GRU 超前一步预测结果的各项误差评估指标, 从表中可知, SSA-GRU 预测模型的 MAE、MAPE、RMSE 和 SDE 分别为 1.4628 m/s、7.8428%、1.9812 m/s、2.0148 m/s; SSA-LSTM 预测模型的各项误差评估指标分别为 1.4238 m/s、7.6278%、2.0936 m/s、2.0574 m/s; SSA-CNNGRU 预测模型的各项误差评估指标分别为 0.8346 m/s、5.2362%、1.8451 m/s、1.7932 m/s。从以上数据容易得知:

(1) 三种模型中, SSA-GRU 预测模型和 SSA-LSTM 预测模型的预测精度不高, SSA-CNNGRU 预测模型的预测效果略优于其他两种预测模型, 说明 CNN 的深度特征提取可以在一定程度上优化 GRU 模型的预测效果。

(2) SSA-GRU 预测模型与 SSA-LSTM 预测模型相比, 模型预测精度基本相同。其中这两种模型的预测曲线与原始数据的拟合程度相似, 预测曲线对于原始风速序列波峰波谷的捕捉能力也基本一样, 故而这两种模型都可以在一定程度上满足实际风速预测的基本要求。

(3) SSA-CNNGRU 预测模型与 SSA-GRU、SSA-LSTM 预测模型相比, 模型预测精度有小幅度提升。通过图表可知, 通过 CNN 对原始风速序列进行固有的深度特征信息提取后,再送入 GRU 网络中进行预测,可以略微提升模型的预测精度。通过表 4-2 中的信息可以得到,SSA-CNNGRU 预测模型相对于 SSA-GRU 预测模型的评估指标优化百分比分别为 42.9450%、33.2356%、6.8696%、10.9986%。由此可见,通过 CNN 提取原始数据的特征信息后再进行深度网络模型预测,可以显著提升模型的预测精度。

(4) 总体来说,以上涉及的三种基于 SSA 方法分解的深度神经网络预测模型在一定程度上都可以满足风速预测的基本要求。

表 4-2 基于 SSA 方法的不同深度神经网络误差评估指标

模型种类	MAE/(m/s)	MAPE/%	RMSE/(m/s)	SDE/(m/s)
SSA-CNNGRU	0.8346	5.2362	1.8451	1.7932
SSA-LSTM	1.4238	7.6278	2.0936	2.0574
SSA-GRU	1.4628	7.8428	1.9812	2.0148

4.5 模型预测精度综合对比分析

4.5.1 模型预测结果分析

图 4-11~ 图 4-13 给出了加入 SSA 分解方法前后各种深度模型的预测结果曲线图,从对比图中可以看出,加入 SSA 分解算法后,三种深度网络模型无论是整体预测精度还是对极值点的估计能力都得到了较大改善。其中,CNNGRU 预测模型的提升效果最为显著,GRU 模型与 LSTM 模型的提升效果有限。

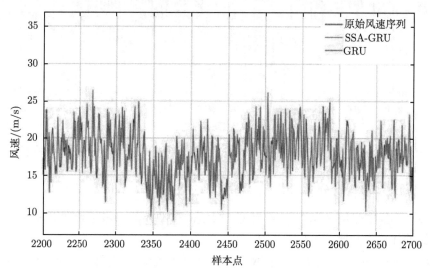

图 4-11 SSA-GRU 与 GRU 预测模型结果对比 (彩图见封底二维码)

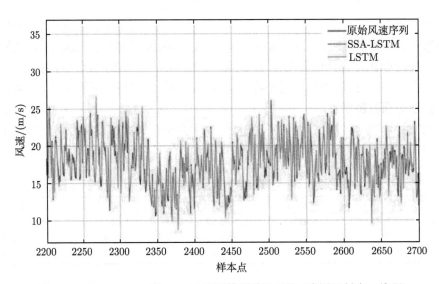

图 4-12   SSA-LSTM 和 LSTM 预测模型结果对比 (彩图见封底二维码)

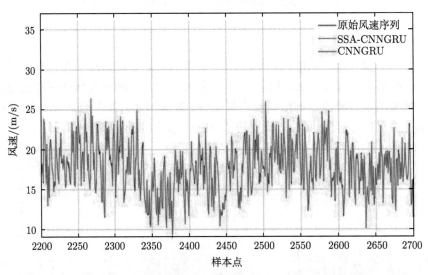

图 4-13   SSA-CNNGRU 和 CNNGRU 预测模型结果对比 (彩图见封底二维码)

4.5.2   预测精度对比分析

表 4-3 给出使用 SSA 方法后对 CNNGRU 模型超前一步预测结果各项误差评估指标的优化百分比，从表中可知：

(1) SSA-GRU 对比 GRU 模型各项误差评估指标优化百分比为 25.2224%、41.0090%、24.7207%、22.7839%；SSA-LSTM 对比 LSTM 模型各项误差评估指标优

化百分比为 31.1342%、45.7494%、24.8204%、26.5904%。可见 SSA 分解算法加入前后，对 GRU 模型和 LSTM 模型精度的提升效果相当。

(2) SSA-CNNGRU 模型对比 CNNGRU 模型的各项误差评估指标优化百分比分别为 43.9791%、40.5916%、11.8737%、14.2912%。可见，通过 SSA 方法对原始风速序列进行分解重构获得原始数据序列的按贡献率排序的主序列后再进行门限循环深度网络模型预测，可以显著提升模型的预测精度。除此之外，当待预测数据量逐渐增大时，单个深度神经网络预测模型对于风速序列的处理时间和计算时间也随之逐渐增加，这对于风速预测时效性的要求是矛盾的，通过 SSA 方法对原始风速序列进行分解重构能够获得其主要趋势分量，这在一定程度上缩减了计算量，可有效提高预测模型的预测时间，从而提高模型的性能。

(3) 总的来说，基于 SSA 分解方法的集成模型相比于单独深度网络预测模型，在预测精度上有较大提升。而且原模型本身预测精度越高，加入 SSA 分解算法后的提升效果越明显。

表 4-3 集成 SSA 方法对于三种深度网络模型误差评估指标优化百分比

对比模型种类	P_{MAE}/%	P_{MAPE}/%	P_{RMSE}/%	P_{SDE}/%
GRU	25.2224	41.0090	24.7207	22.7839
LSTM	31.1342	45.7494	24.8204	26.5904
CNNGRU	43.9791	40.5916	11.8737	14.2912

4.6 本章小结

本章主要研究了 CNNGRU 在风速预测的应用，研究了 SSA 对模型精度的影响，并与 CNN 以及 GRU 的预测性能进行了对比分析。

在 4.3 小节中介绍了 GRU 网络的相关理论，其原理与 LSTM 相差不大，只是将 LSTM 中的三个门限结构简化为了两个，从而减少了预测模型的训练时间和预测时间。之后对 GRU 网络、LSTM 以及 CNNGRU 进行比较，通过结果分析和误差评估，了解到 GRU 网络相比于 LSTM，并不能提高预测模型的精度。但是通过 CNN 提取原始风速时间序列的深度特征后，再利用 GRU 网络进行预测，就可以提高模型预测的整体性能以及对于波峰波谷的捕捉能力。本节中的 CNN 包含三个卷积层，通道数分别为 4、16、20，用来提取原始风速时间序列的深度数据特征，并在重新拟合后再利用 GRU 网络进行风速预测。

在 4.4 小节中，对比了加入 SSA 方法后不同深度神经网络对预测模型精度的变化。其中，SSA 方法用于提取原始风速数据的主要趋势信息和其他详细信息，CNNGRU 预测模型旨在预测风速的主要趋势分量。通过建立原始风速序列的预测模型进行对比分析可以得知：① 基于 SSA 方法的 CNNGRU 预测模型可以在风速预测方面取得令人满意的预测结果，无论是对原始风速序列趋势预测还是对于波峰波谷的捕捉程度上，SSA-CNNGRU 模型都能满足风速预测的基本要求；② 在 SSA-CNNGRU 模型中，SSA 方法是一个很好的特征提取器，能够将原始风速序列的主要趋势分量和其他信息分解，在预处理过程中通过特征提取在一定程度上减小了模型的计算量，CNNGRU 在主要趋势分量预测中具有良好的预测精度；③ 通过 CNN 提取原始数据的特征信息后再进行深度网络模型预测，卷积过程的特征提取对于 GRU 模型的性能提升有比较明显的作用。

　　未来的工作将集中在以下几个方面：① 风速数据量对风速预测模型至关重要，需要尝试收集足够的数据并构建更合理的模型；② 深度学习方法可以提取数据的深入特征，并将用这些方法进一步研究风速预测模型。

第 5 章　铁路风速预测 Boosting 集成预测模型

5.1　引　　言

Boosting 方法是一种能够集成多种预测方法的算法, 与单独的预测方法相比具有更好的性能。Boosting 方法的应用可分为回归和分类两种。在风速预测领域, 通常采用集成方法进行回归, 并且多步预测优于单步预测。多步预测比单步预测使用的实时数据更少, 可以得到更多预测信息 [117]。

递归 (Recursive) 和多输入多输出 (Multiple-Input Multiple-Output, MIMO) 计算是两种常用的预测策略, 通常用于多步预测。关于这两种预测策略已经进行了相关研究。Bontempi 等 [118] 讨论了递归策略的局限性, 提出了保持时间序列随机性质的多输入多输出策略。在风速预测领域, 关于混合模型的不同预测策略的研究很少。

Boosting 算法 [119-121] 是一种典型的风速预测算法集成方法, 在预测模型中, 学习器可以分为弱学习器和强学习器, Boosting 算法通过集成多个弱学习器, 对其进行连续的训练, 根据训练表现进一步改变训练集的分布, 进而得到性能优越的强学习器。在所有 Boosting 算法中, 最典型最著名的是 AdaBoost.R 算法, 最先由 Freund 和 Schapire 两人提出 [122], AdaBoost.R 算法改进了早期 Boosting 算法的许多缺陷, 将弱学习算法的分类下限改进为自适应, 随后其他学者陆续提出一些 AdaBoost 的改进算法。

Boosting 算法可分为两大类: 修正增强 (Corrective Boosting) 和全修正增强 (Totally Corrective Boosting)[123]。修正增强在每次迭代中只改变最后一个弱学习器的权重, 例如, AdaBoost 及基于 AdaBoost 发展的算法; 全修正增强则在每次迭代中改变所有权重, 如 LPBoost、Logistic Boost 及 Robust Boost 等。Li 等 [124] 比较了 LPBoost 全修正增强算法和 AdaBoost 修正增强算法, 得出在大多数实验情况下, 硬间隔 LPBoost 比 AdaBoost 效果更差, 软间隔 LPBoost 与 AdaBoost 效果相近的结论。

使用混合模型处理和预测具有不稳定性的风速序列具有巨大的潜力。混合模型中最基本的方法是分解法, 如小波包分解 (Wavelet Packet Decomposition, WPD)[125]、小波分解 (Wavelet Decomposition, WD) [126-128] 和快速集合经验模态分解 (Fast Ensemble Empirical Mode Decomposition, FEEMD)[129] 等。分解算法

可以将原始风速序列分解为多个更加平稳的子序列，使得模型能够很好地预测各个子序列，进而提升预测精度。

在本章的研究中，将结合两种在风速预测领域的预测策略：递归及多输入多输出，全面地对比了以下几种 Boosting 算法：AdaBoost.RT、AdaBoost.MRT、Modified AdaBoost.RT、Gradient Boosting、LPBoost。其中，LPBoost 为全修正增强，其余为修正增强。因此，提出以下 10 种混合模型对风速序列进行处理。

(1) 小波包分解-AdaBoost.RT 方法-递归策略-Elman 神经网络混合模型 (Hybrid WPD-AdaBoost.RT-Recursive-ENN Model)；

(2) 小波包分解-AdaBoost.MRT 方法-递归策略-Elman 神经网络混合模型 (Hybrid WPD-AdaBoost.MRT-Recursive-ENN Model)；

(3) 小波包分解-Modified AdaBoost.RT 方法-递归策略-Elman 神经网络混合模型 (Hybrid WPD-Modified AdaBoost.RT-Recursive-ENN Model)；

(4) 小波包分解-Gradient Boosting 方法-递归策略-Elman 神经网络混合模型 (Hybrid WPD-GB-Recursive-ENN Model)；

(5) 小波包分解-LPBoost 方法-递归策略-Elman 神经网络混合模型 (Hybrid WPD-LPBoost-Recursive-ENN Model)；

(6) 小波包分解-AdaBoost.RT 方法-多输入多输出策略-Elman 神经网络混合模型 (Hybrid WPD-AdaBoost.RT-MIMO-ENN Model)；

(7) 小波包分解-AdaBoost.MRT 方法-多输入多输出策略-Elman 神经网络混合模型 (Hybrid WPD-AdaBoost.MRT-MIMO-ENN Model)；

(8) 小波包分解-Modified AdaBoost.RT 方法-多输入多输出策略-Elman 神经网络混合模型 (Hybrid WPD-Modified AdaBoost.RT-MIMO-ENN Model)；

(9) 小波包分解-Gradient Boosting 方法-多输入多输出策略-Elman 神经网络混合模型 (Hybrid WPD-GB-MIMO-ENN Model)；

(10) 小波包分解-LPBoost 方法-多输入多输出策略-Elman 神经网络混合模型 (Hybrid WPD-LPBoost-MIMO-ENN Model)。

对提出模型的具体内容做进一步解释：采用小波包分解算法将风速序列分解为不同的风速子序列，因此可以分解出不同频段的不同特征；每个子序列在建立好的 Elman 神经网络风速预测器上采用不同的 Boosting 算法处理，得到预测的风速子序列；同时，采用两种不同的多步预测方法进行超前多步预测，从修正后的预测子序列中提取 5、7、9 步风速预测数据，然后对最终的预测风速进行重构；最后，采用四组实际风速序列来评价所提出的混合预测模型的实际性能，具体的评价指标包括 MAE、MAPE 和 RMSE 等。

5.2 原始风速数据

5.2.1 建模风速序列

本章研究中同样采用国内某强风路段沿线某测风站的原始风速时间序列进行建模仿真。原始风速数据的采样间隔为 3s，考虑到工程实际中的超前预测需求，参照国际上通用的风速数据处理方法，对原始风速进行尺度为 3min 的均值滤波处理，得到风速时间序列 $\{X_{1t}\}$。该原始风速时间序列共有 700 个样本点，风速数值在 2~13m/s 剧烈波动，具有很强的非平稳随机特征。原始风速序列如图 5-1 所示。

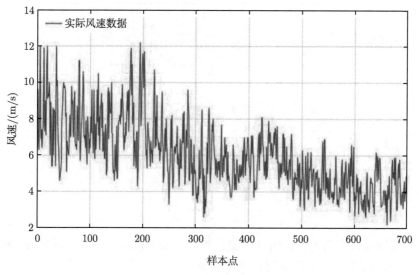

图 5-1 原始风速序列图

5.2.2 风速序列划分

为完成对混合模型性能的评价，对原始风速序列进行分组处理，划分为训练样本集及测试样本集两组。其中，1~500 为训练样本，用以对各种混合模型进行训练；501~700 为测试样本，用以测试混合模型，进一步检验和对比混合模型的预测准确性。

5.3 基于 Boosting 算法的集成预测模型

5.3.1 模型框架

在本章研究中，结合两种在风速预测领域的预测策略：递归及多输入多输出策略, 全面地对比了以下几种 Boosting 算法: AdaBoost.RT、AdaBoost.MRT、Modified AdaBoost.RT、Gradient Boosting、LPBoost。提出 10 种风速序列多步预测混合模型。本章提出的几种混合模型的整体框架结构如图 5-2 所示, 不同的预测策略及 Boosting 算法在图 5-2 中都表示了出来。

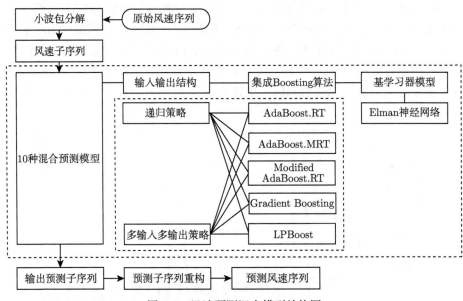

图 5-2　风速预测混合模型结构图

5.3.2　建模步骤

(1) 原始风速序列训练集通过集成预测模型混合模型信号分解器部分, 将其分解成多个风速子序列, 分别进行训练和预测。

(2) 根据不同混合模型的预测策略, 选择相应预测策略的输入输出方式及风速子序列处理方式。

(3) 预测器部分对分解的风速子序列进行处理, 预测器由多个弱学习器通过 Boosting 算法集成为强预测器。其中, 每个弱学习器则通过 Elman 神经网络进行训练。最后, 预测器将各子序列的预测结果输出, 并进一步综合为原始风速序列的预测数据。

(4) 将预测数据与原始风速序列的测试样本集进行对比, 并计算预测精度评价指标。

5.3.3　Boosting 算法

Boosting 算法是风速预测中使用最多的集成方法之一。弱学习器为泛化性能略优于随机猜测的学习器, 精度略高于 50%, Boosting 算法的核心是对不同弱学习器的连续训练，并根据以往弱学习器的表现来动态改变训练集的分布，再将多个弱学习器集成为性能优异的强学习器。

假设 $\mathcal{H} = \{h_i(x)|i = 1, \cdots, T\}$ 是一种弱学习器，$\boldsymbol{w} = \{w_i|i = 1, \cdots, T\}$ 是弱学习器的权重，其中 T 是弱学习器的数目。那么 Boosting 算法的一般结构为

$$F(x) = \sum_{i=1}^{T} w_i h_i(x) F(x) = \sum_{i=1}^{T} w_i h_i(x) \tag{5.1}$$

Boosting 算法的目的是要找到可以使损失最小化的最优参数 w，以提升整体算法的性能表现。接下来将对几种风速预测领域常用的 Boosting 算法进行具体深入的研究，包括：AdaBoost.RT、AdaBoost.MRT、Modified AdaBoost.RT、Gradient Boosting、LPBoost。其中 LPBoost 为全修正增强算法，其余均为修正增强算法。

1) AdaBoost.RT 算法

AdaBoost 是一种应用广泛的集成学习算法，RT 代表回归 (Regression) 和阈值 (Threshold)，表示该算法用于回归而不是分类，AdaBoost.RT 算法的具体内容如下：

算法 5-1 AdaBoost.RT 算法

输入：

样本序列集 $\boldsymbol{S} = \{(x_m, y_m)|m = 1, \cdots, M\}$

弱学习机算法 WL_t

迭代次数为 T

阈值 ϕ，用来划分和判断预测实例的正确性

样本实例个数为 M

输出：

预测函数 $f_{\mathrm{fin}}(x) = \sum_t \left(\log_{10} \dfrac{1}{\beta_t}\right) f_t(x) \; \Big/ \; \sum_t \left(\log_{10} \dfrac{1}{\beta_t}\right)$

算法：

1: 所有训练样本实例的初始分配权重为 $D_t(i) = 1/M$

2: 初始误差率 $\varepsilon_t = 0$

3: 初始迭代次数 $t = 1$

4: While $t \leqslant T$

5: 调用弱学习器算法 WL_t，建立回归模型 $f_t(x) \to y$

6: 根据下式计算每个样本实例的误差：

$$E_t(i) = \left| \frac{f_t(x_i) - y_i}{y_i} \right|$$

7:　　　根据下式计算回归模型 $f_t(x)$ 的误差：

$$\varepsilon_t = \sum_{E_t(i) > \phi} D_t(i)$$

8:　　　另 $\beta^t = \varepsilon_t^n$，其中 n 为 1

9:　　　每次迭代，根据以下公式更新分配权重 D_t，其中 Z_t 为归一化因子

$$D_{t+1}(i) = \frac{D_t(i)}{Z_t} \times \begin{cases} \beta_t, & E_t(i) \leqslant \phi \\ 1, & 其他 \end{cases}$$

10:　　End

---

2) AdaBoost.MRT 算法

　　AdaBoost.MRT 算法是 AdaBoost.RT 算法的一种改进，其通过对多变量输出进行调整，消除了误分类函数中的奇异性，增强了噪声的鲁棒性[34]。AdaBoost.MRT 算法的具体内容如下：

算法 5-2　　AdaBoost.MRT 算法

输入：

样本序列集 $\boldsymbol{S} = \{(x_m, y_m) | m = 1, \cdots, M\}$

弱学习机算法 WL_t

迭代次数为 T

阈值向量 $\boldsymbol{\Phi} = \{\phi^r | r = 1, \cdots, R\}$，用来划分和判断预测实例的正确性

样本实例个数为 M

输出：

预测函数 $y(x) = \dfrac{\sum\limits_t f_t(x)}{T}$

算法：

1:　　所有训练样本实例的初始分配权重为 $D_t(i) = 1/M$

2:　　初始误差率 $\varepsilon_t^r = 0$

3:　　初始迭代次数 $t = 1$

4:　　所有训练样本实例输出变量的输出误差权重为 $D_{y,t}^r(i) = 1/M$

5:　　While $t \leqslant T$

6:　　从样本序列集 M 中取样 N 个作为例子，采用有放回抽样

7:　　每个样本实例的概率权重为 D_t

8:　　　调用弱学习器算法 WL_t，建立回归模型 $f_t(x) \to y$

9:　　　根据下式计算每个样本实例 m 的输出变量的误差：

$$Er_t^{(r)}(i) = \frac{|f_t(x_i) - y_{r,t}|}{\sigma_t^{(r)}}, \quad \text{其中} \quad \sigma_t^{(r)} \text{ 为 } (f_t(x_i) - y_{r,t}) \text{的采样标准偏差}$$

10: 根据下式计算回归模型的误差: $\varepsilon_t = \sum\limits_{E_t(i)} D_t(i)$

11: 根据下式计算: $\varepsilon_t^{(r)} = \sum\limits_{Er_t^{(r)}(i) > \phi_r} D_{y,t}^{(r)}(i)$，另 $\beta_{t,r} = (\varepsilon_t^{(r)})^n$，其中 n 取 1

12: 根据以下公式更新输出误差的分配权重 $D_{y,t}$

$$D_{y,t+1}(i) = \frac{D_{y,t}(i)}{Z_t} \times \begin{cases} \beta_{t,r}, & E_t(i) \leqslant \phi, \\ 1, & \text{其他。} \end{cases} \quad \text{其中，} Z_t \text{ 是归一化因子}$$

13: 进一步更新样本实例的分配权重 D_t，公式如下: $D_{t+1}(i) = \dfrac{1}{R}\sum\limits_{i=1}^{r} D_{y,t}^{(r)}(i)$

14: End

3) Modified AdaBoost.RT 算法

前面提到的 AdaBoost 算法中，设定的初始阈值会影响算法的精度。因此，Kummer 等 [130] 提出了 Modified AdaBoost.RT 算法，该方法可根据上次迭代的均方根误差自适应调整阈值。

其具体算法步骤如下:

算法 5-3 Modified AdaBoost.RT 算法

输入:

样本序列集 $S = \{(x_m, y_m) | m = 1, \cdots, M\}$

弱学习机算法 WL_t

迭代次数为 T

阈值向量 ϕ_t，指定阈值 ϕ_t 的变化率 r

样本实例个数为 M

输出:

预测函数 $f_{\text{fin}}(x) = \sum\limits_t \left(\log_{10} \dfrac{1}{\beta_t} \right) f_t(x) \ / \ \sum\limits_t \left(\log_{10} \dfrac{1}{\beta_t} \right)$

算法:

1: 所有训练样本实例的初始分配权重为 $D_t(i) = 1/M$

2: 初始误差率 $\varepsilon_t = 0$

3: 初始迭代次数 $t = 1$

4: While $t \leqslant T$

5:　　　每个样本实例的概率权重为 D_t

6:　　　调用弱学习器算法 WL_t，建立回归模型 $f_t(x) \to y$

7:　　　根据下式计算每个样本的误差：　$\text{ARE}_t(i) = \left| \dfrac{f_t(x_i) - y_i}{y_i} \right|$

8:　　　根据下式计算 $f_t(x)$ 的误差：$\varepsilon_t = \displaystyle\sum_{\text{ARE}_t(i) > \phi_t} D_t(i)$，另 $\beta_t = \varepsilon_t^n$，

其中 n 取 1

9:　　　根据以下公式更新分配权重 D_t：

$$D_{t+1}(i) = \frac{D_t(i)}{Z_t} \times \begin{cases} \beta_t, & \text{ARE}_t(i) \leqslant \phi, \\ 1, & \text{其他。} \end{cases} \quad \text{其中，} Z_t \text{ 是归一化因子}$$

10:　　　根据以下公式更新阈值 ϕ_t：

$$\phi_{t+1}(i) = \phi_t(i) \times \begin{cases} 1 - \lambda, & e_t < e_{t-1} \\ 1 + \lambda, & \text{其他} \end{cases}$$

其中，$\lambda = r \times \left| \dfrac{e_t - e_{t-1}}{e_t} \right|$，$e$ 为均方根误差，其计算公式如下：

$$e_t = \sqrt{\frac{1}{N} \sum_{i=1}^{N} (f_t(x_i) - y_t)^2}$$

11:　　End

在该算法中，有两个参数需要调整：初始阈值 ϕ_1 和变化率 r。初始阈值 ϕ_1 在 $0 \sim 0.4$ 时，学习机的表现较好，在 0.4 左右，由于过拟合和噪声的提高，学习机会变得不稳定。

考虑到迭代中均方根误差的变化是不确定的。因此，选择中位数作为初始阈值，即 $\phi_t = 0.2$。同时，通过交叉验证方法可以确定阈值变化率，这里的值是 0.5。

4) Gradient Boosting 算法

与前面的 AdaBoost 系列 Boosting 算法不同，Gradient Boosting 算法[131]的思想起源于 Leo Breiman 的观察报告，该观点认为，在一个合适的成本函数上，Boosting 算法可以被解释为一个优化算法[132]。显式回归 Gradient Boosting 算法随后由 Friedman 提出[133,134]。Gradient Boosting 算法的具体步骤如下：

算法 5-4　Gradient Boosting 算法

输入：
样本序列集 $S = \{(x_n, y_n) \,|\, n = 1, \cdots, N\}$
迭代次数为 M

可微损失函数 $L(y, F(x))$

样本实例个数为 N

输出:

第 M 次迭代得到的模型 $F_M(x)$

算法:

1: 定值初始化模型: $F_0(x) = \arg\min_\gamma \sum_{i=1}^{n} L(y_i, \gamma)$

2: 初始迭代次数 $m = 1$

3: While $m \leqslant M$

4: 计算伪残差(pseudo-residuals): $\tau_{im} = -\left[\dfrac{\partial L(y_i, F(x_i))}{\partial F(x_i)}\right]_{F(x) = F_{m-1}(x)}$
$(i = 1, \cdots, n)$

5: 将伪残差与基学习器 $h_m(x)$ 结合, 建立训练集 $\{(x_i, \tau_{im})\}_{i=1}^{n}$

6: 通过计算以下一维优化问题得到乘数 γ_m

$$\gamma_m = \arg\min_\gamma \sum_{i=1}^{n} L(y_i, F_{m-1}(x_i) + \gamma h_m(x_i))$$

7: 更新模型: $F_m(x) = F_{m-1}(x) + \gamma_m h_m(x)$

8: End

Gradient Boosting 与传统 Boosting 的区别是, 每一次的计算是为了减少上一次的残差 (Residual), 而为了消除残差, 可以在残差减少的梯度 (Gradient) 方向上建立一个新的模型。所以说, 在 Gradient Boosting 中, 每个新模型的建立都是为了使之前模型的残差往梯度方向减少, 与传统 Boosting 对正确、错误样本进行加权有着很大的区别。

同时 Llew Mason、Jonathan Baxter、Peter Bartlett 和 Marcus Frean[135,136] 共同提出功能更加普遍的 Gradient Boosting 算法的观点, 阐述了 Boosting 算法为具有迭代功能的梯度下降算法的观点。

这种功能 Gradient Boosting 算法的观点, 推进了机器学习和数理统计等许多领域的 Boosting 算法的发展, 超越了简单的回归和分类。

5) LPBoost Boosting 算法

LPBoost 是由支持向量机的方法开发的, 支持向量机具有软间隔 (Soft Margin) 版本和硬间隔 (Hard Margin) 版本。Grove 等 [137] 采用 LP 最优化问题来最大化 AdaBoost 的最小间隔。该算法的最新版本是 LP-AdaBoost, 这是硬间隔版本。然后, Rätsch 等 [138] 将 LP-AdaBoost 扩展为软边缘, 以防止过度拟合问题。软间隔

LP_AdaBoost 的线性规划模型如下:

$$\min_{a,\xi,\xi^*,\varepsilon} \quad \varepsilon + C\sum_{i=1}^{N}(\xi_i + \xi_i^*)$$

$$\begin{aligned} \text{s.t.} \quad &-H_ia + \xi_i + \varepsilon \geqslant -y_i, \quad \xi_i \geqslant 0, \quad i = 1, \cdots, N \\ &H_ia + \xi_i^* + \varepsilon \geqslant y_i, \quad \xi_i^* \geqslant 0, \quad i = 1, \cdots, N \\ &\sum_{i=1}^{T} a_i = 1, \quad a_i \geqslant 0, \quad i = 1, \cdots, T \end{aligned} \tag{5.2}$$

H 为 $N \times T$ 矩阵, $H_{ij} = h_j(x_i)$ 的值通过 $h_j \in g$ 及 x_i 确定, a 为所有学习器的权重。D 为平衡最大化间隔和训练误差的权衡参数, 它的值由软间隔和硬间隔的区别确定, $D = 0$ 时为硬间隔, $D > 0$ 时为软间隔。$S = \{(x_n, y_n)\,|\,n = 1, \cdots, N\}$ 为训练集, 并且输出只有一个变量。

在实践中, 标准 LP 求解器无法处理如此大的一组弱学习器 [124]。然而, 列生成技术通常用于求解大规模线性规划模型。Demiriz 等 [131] 利用列生成求解 LP_AdaBoost 的线性规划模型, 新的 Boosting 算法命名为 LPBoost。

方程 (5.2) 的对偶规划如式 (5.3) 所示:

$$\min_{u,u^*,\beta} \quad \beta + \sum_{i=1}^{N} y_i(u_i - u_i^*)$$

$$\begin{aligned} \text{s.t.} \quad &\sum_{i=1}^{N}(-u_i + u_i^*)H_{ij} \leqslant \beta \quad j = 1, \cdots, T \\ &\sum_{i=1}^{N}(u_i + u_i^*) = 1 \\ &0 \leqslant u_i \leqslant C, \quad 0 \leqslant u_i^* \leqslant C, \quad i = 1, \cdots, N \end{aligned} \tag{5.3}$$

为了加快收敛速度, 使用以下方程选择弱学习器:

$$\max_j \sum_{i=1}^{N}(-u_i + u_i^*)H_{ij} \tag{5.4}$$

传统的 LPBoost 算法是针对具有单个输出变量的数据集设计的。为了在多输入多输出策略中使用 LPBoost, 我们将 LPBoost 扩展到多个输出变量。假设训练集 $S = \{(x_n, y_n)\,|\,n = 1, \cdots, N\}$, 其中 $\boldsymbol{y_n} = \{y_n^r | r = 1, \cdots, R\}$, H 为 $N \times R \times T$ 的

三维矩阵。那么，LPBoost 具有多个输出变量的线性规划模型如下所示：

$$\min_{a,\xi,\xi^*,\varepsilon} \quad \varepsilon + C\sum_{i=1}^{N}\sum_{j=1}^{R}(\xi_{ij}+\xi_{ij}^*)$$

$$\text{s.t.} \quad -H_{ij}a + \xi_{ij} + \varepsilon \geqslant -y_i^j \quad \xi_{ij} \geqslant 0 \quad i=1,\cdots,N, \quad j=1,\cdots,R$$
$$H_{ij}a + \xi_{ij}^* + \varepsilon \geqslant y_i^j \quad \xi_{ij}^* \geqslant 0, \quad i=1,\cdots,N, \quad j=1,\cdots,R \qquad (5.5)$$
$$\sum_{k=1}^{T} a_i = 1 \qquad a_k \geqslant 0 \quad k=1,\cdots,T$$

其对偶规划模型如下：

$$\min_{u,u^*,\beta} \quad \beta + \sum_{i=1}^{N}\sum_{j=1}^{R} y_{ij}(u_{ij}-u_{ij}^*)$$

$$\text{s.t.} \quad \sum_{i=1}^{N}\sum_{j=1}^{R}(-u_{ij}+u_{ij}^*)H_{ijk} \leqslant \beta, \quad k=1,\cdots,T \qquad (5.6)$$
$$\sum_{i=1}^{N}\sum_{j=1}^{R}(u_{ij}+u_{ij}^*) = 1$$
$$0 \leqslant u_{ij} \leqslant C, \quad 0 \leqslant u_{ij}^* \leqslant C, \quad i=1,\cdots,N, \quad j=1,\cdots,R$$

为了加快收敛速度，使用以下方程选择弱学习器。

$$\max_k \sum_{i=1}^{N}\sum_{j=1}^{R}(-u_{ij}+u_{ij}^*)H_{ijk} \qquad (5.7)$$

本章中提出及使用的 LPBoost 算法具体步骤如下：

算法 5-5 LPBoost 算法

输入：

样本序列集 $S = \{(x_n,y_n)|n=1,\cdots,N\}$

弱学习机算法 WL_t

迭代次数为 T

拉格朗日乘数 $u_i = \dfrac{(-y_i)_+}{\|y\|_1}$，$u_i^* = \dfrac{(y_i)_+}{\|y\|_1}$，其中 $(a)_+ = \max(a,0)$

样本实例个数为 N

输出：

预测函数 $F(x) = \sum_{t=1}^{T} a_t h_t(x)$

算法：

1：　初始迭代次数 $t = 1$

2：　While $t \leqslant T$

3：　　寻找弱学习器 $h_t = g\left(s, \left(-u + u^*\right)\right)$

4：　　单一输出变量时使用公式 (5.4)；多输出变量时使用公式 (5.7)

5：　　If $\displaystyle\sum_{i=1}^{n} \left(-u_i + u_i^*\right) h_m\left(x_i\right) \leqslant \beta$

6：　　　$m = m - 1$

7：　　Break

8：　　End

9：　　通过 $H_{ij} = h_t\left(x_i\right)$ 扩展 H_{ij}

10：　更新拉格朗日乘数 $\left(u, u^*, \beta\right)$ 和权重 a

11：　单一输出变量时，使用公式 (5.3) 更新函数 $F(x)$；多输出变量时，使用公式 (5.6) 更新函数 $F(x)$

12：　End

同时，在 LPBoost 算法中，权衡参数 C 需要仔细地选用和调整。通常情况下，权衡参数通过以下公式计算：

$$C = \frac{1}{vN} \tag{5.8}$$

其中，v 越小，权重 a 越稀疏；v 越大，权重 a 越密集。本章的研究中设定 v 为 1。

5.4　模型预测精度综合对比分析

5.4.1　模型预测结果

每一步的预测中，分析五种 Boosting 算法在不同预测策略下的预测效果，结合原始风速序列 $\{X_{1t}\}$ 中 501~700 的样本点，对比五种算法在递归策略和多输入多输出策略下的预测结果，通过预测结果对比图可以更加直观地对模型进行分析。

1) 超前一步预测结果

图 5-3~ 图 5-7 分别为五种模型超前一步的预测结果图，可以得出以下结论：

(1) 递归策略的预测结果普遍要比多输入多输出策略更接近原始风速序列。

(2) 五种模型在超前一步预测时，预测波形图与实际值非常接近。

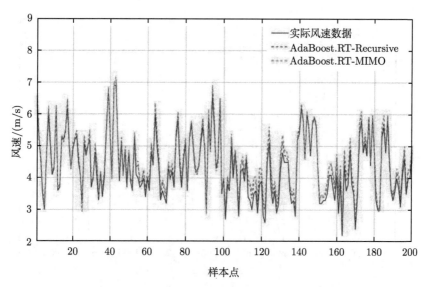

图 5-3 AdaBoost.RT 超前一步预测结果图 (彩图见封底二维码)

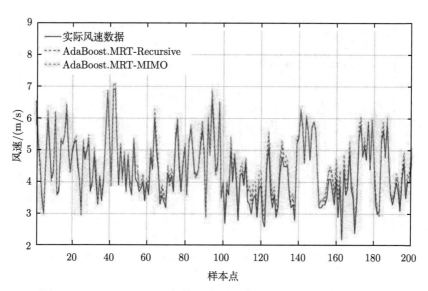

图 5-4 AdaBoost.MRT 超前一步预测结果图 (彩图见封底二维码)

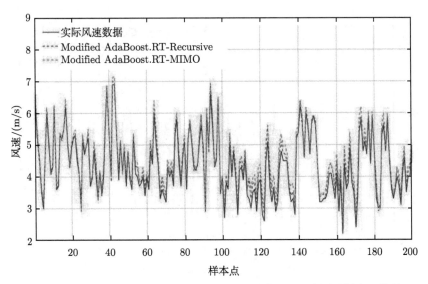

图 5-5　Modified AdaBoost.RT 超前一步预测结果图 (彩图见封底二维码)

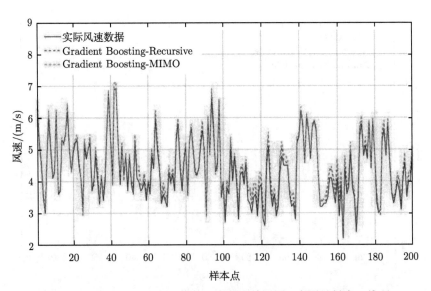

图 5-6　Gradient Boosting 超前一步预测结果图 (彩图见封底二维码)

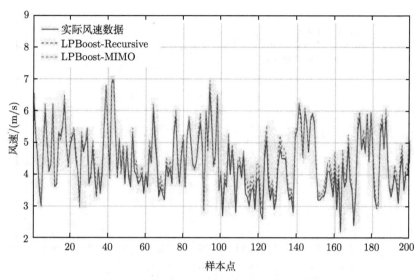

图 5-7　LPBoost 超前一步预测结果图 (彩图见封底二维码)

2) 超前三步预测结果

图 5-8～ 图 5-12 分别为五种模型超前三步的预测结果图, 可以得出以下结论:

(1) 五种 Boosting 算法的预测精度有所降低, 多输入多输出策略受到的影响仍然比较小, 其预测结果普遍更加准确, 因为此时递归预测策略受前一预测结果的影响较大。

(2) 所有递归策略混合模型的预测波形图均偏离实际值较明显。

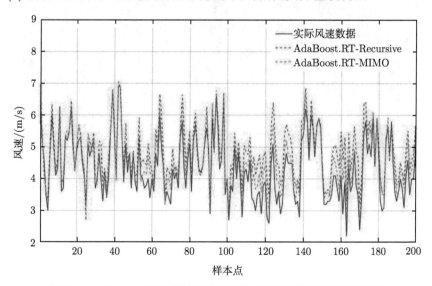

图 5-8　AdaBoost.RT 超前三步预测结果图 (彩图见封底二维码)

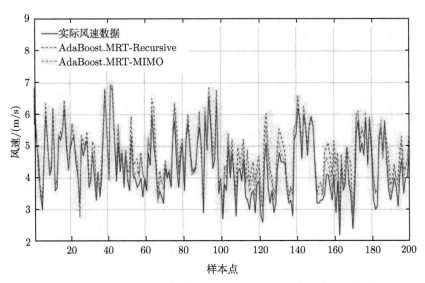

图 5-9   AdaBoost.MRT 超前三步预测结果图 (彩图见封底二维码)

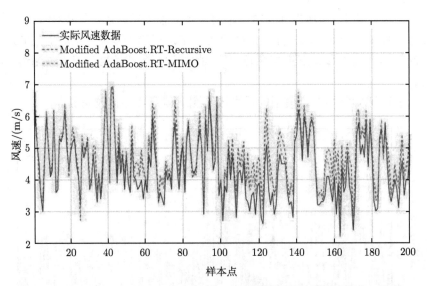

图 5-10   Modified AdaBoost.RT 超前三步预测结果图 (彩图见封底二维码)

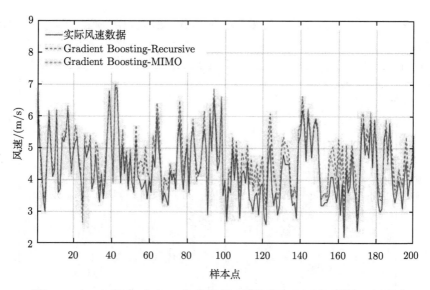

图 5-11　Gradient Boosting 超前三步预测结果图 (彩图见封底二维码)

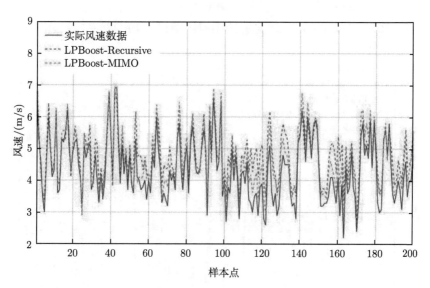

图 5-12　LPBoost 超前三步预测结果图 (彩图见封底二维码)

3) 超前五步预测结果

图 5-13～图 5-17 分别为五种模型超前五步的预测结果图, 可以得出以下结论:

(1) 递归策略已经不适合超前五步的预测, 其预测结果波形图已经大幅度偏离实际值;

(2) 多输入多输出策略受到的影响相对较小, 更适合作为超前多步预测时的预测策略。

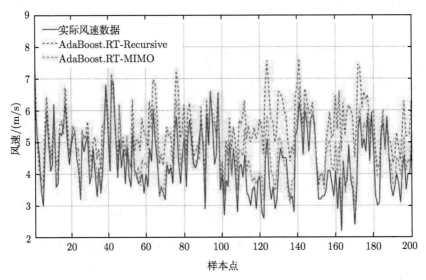

图 5-13　AdaBoost.RT 超前五步预测结果图 (彩图见封底二维码)

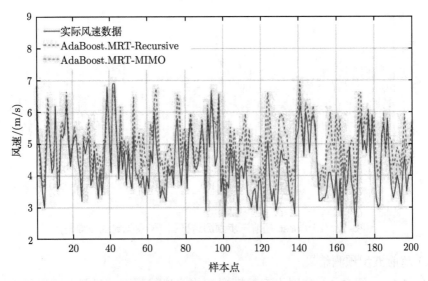

图 5-14　AdaBoost.MRT 超前五步预测结果图 (彩图见封底二维码)

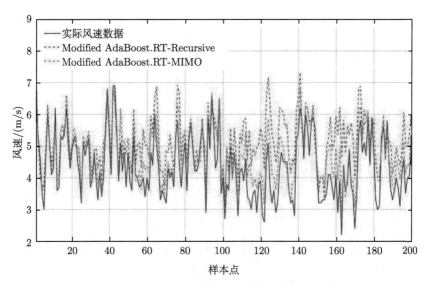

图 5-15 Modified AdaBoost.RT 超前五步预测结果图 (彩图见封底二维码)

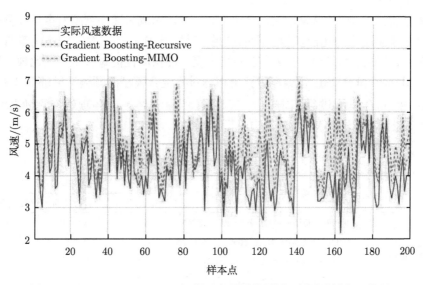

图 5-16 Gradient Boosting 超前五步预测结果图 (彩图见封底二维码)

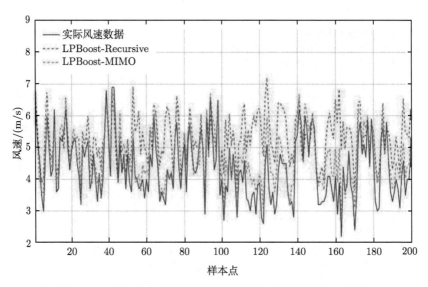

图 5-17　LPBoost 超前五步预测结果图 (彩图见封底二维码)

4) 预测结果评价指标

本章提出的 10 种风速预测混合模型，均可以完成风速序列超前多步预测的功能。对于风速序列的超前多步预测的结果，对同一 Boosting 算法的不同策略进行对比分析。$\{X_{1t}\}$ 为了进一步对 10 种混合模型的预测性能进行定量的比较，利用 MAE、MAPE 和 RMSE 预测性能评价指标对各混合模型的预测结果进行分析。

10 种混合模型进行超前一、三、五步预测结果的各项性能评价指标如表 5-1~表 5-3 所示。

表 5-1　混合模型超前一步预测精度评价指标

混合模型		参数指标		
		MAE/(m/s)	MAPE/%	RMSE/(m/s)
递归策略	WPD-AdaBoost.RT-Recursive-ENN	0.1637	3.9116	0.2014
	WPD-AdaBoost.MRT-Recursive-ENN	0.1421	3.3965	0.1802
	WPD-M.AdaBoost.RT-Recursive-ENN	0.1577	3.7478	0.2000
	WPD-GB-Recursive-ENN	0.1384	3.3174	0.1723
	WPD-LPBoost-Recursive-ENN	0.1219	2.9042	0.1723
多输入多输出策略	WPD-AdaBoost.RT-MIMO-ENN	0.2350	5.4882	0.2810
	WPD-AdaBoost.MRT-MIMO-ENN	0.2231	5.2441	0.2678
	WPD-M.AdaBoost.RT-MIMO-ENN	0.2573	5.9360	0.3038
	WPD-GB-MIMO-ENN	0.2119	4.9851	0.2503
	WPD-LPBoost-MIMO-ENN	0.2019	4.7711	0.2434

表 5-2　混合模型超前三步预测精度评价指表

混合模型	参数指标		
	MAE/(m/s)	MAPE/%	RMSE/(m/s)
递归策略 WPD- AdaBoost.RT-Recursive-ENN	0.5297	11.2853	0.6478
WPD-AdaBoost.MRT-Recursive-ENN	0.4313	9.4780	0.5329
WPD-M.AdaBoost.RT-Recursive-ENN	0.4382	9.5608	0.5534
WPD-GB-Recursive-ENN	0.4070	9.0195	0.5127
WPD-LPBoost-Recursive-ENN	0.5000	10.8034	0.6267
多输入多输出策略 WPD- AdaBoost.RT-MIMO-ENN	0.3145	7.2093	0.3842
WPD-AdaBoost.MRT-MIMO-ENN	0.2867	6.6302	0.3480
WPD-M.AdaBoost.RT-MIMO-ENN	0.3269	7.4465	0.3932
WPD- GB -MIMO-ENN	0.3275	7.4759	0.3927
WPD- LPBoost-MIMO-ENN	0.3452	7.7811	0.4086

表 5-3　混合模型超前五步预测精度评价指标

混合模型	参数指标		
	MAE/(m/s)	MAPE/%	RMSE/(m/s)
递归策略 WPD- AdaBoost.RT-Recursive-ENN	1.0468	19.3697	1.2549
WPD-AdaBoost.MRT-Recursive-ENN	0.7871	15.7766	0.9348
WPD-M.AdaBoost.RT-Recursive-ENN	0.8521	16.5249	1.0494
WPD-GB-Recursive-ENN	0.7618	15.2309	0.9364
WPD-LPBoost-Recursive-ENN	1.0044	18.8592	1.2322
多输入多输出策略 WPD- AdaBoost.RT-MIMO-ENN	0.4414	10.0817	0.5401
WPD-AdaBoost.MRT-MIMO-ENN	0.4601	9.7144	0.5576
WPD-M.AdaBoost.RT-MIMO-ENN	0.4681	10.1896	0.5669
WPD-GB-MIMO-ENN	0.4783	10.4029	0.5831
WPD-LPBoost-MIMO-ENN	0.4522	10.8912	0.5506

5.4.2　预测步数对模型精度的影响

综合分析以上超前多步预测结果图及超前多步预测精度评价指标值，对比不同超前预测步数时的模型预测结果精度，可以得到以下有关预测步数对模型精度影响的结论：

(1) 混合模型超前预测的步数越多，预测准确性受到的影响越大，预测结果越会偏离实际值，预测效果越不理想。

(2) 较低的预测步数与递归策略的契合度更高，在较低步数的超前预测时，递归策略的预测精度普遍高于多输入多输出策略，因此在进行较低步数的超前预测时，往往选择递归策略。

(3) 较高步数的超前预测则更适合采用多输入多输出策略，多输入多输出策略受到超前预测步数增长的影响较小，在较高步数的超前预测时，多输入多输出策略混合模型的精度高于递归策略的混合模型。

(4) 在进行五种 Boosting 算法的对比时，可以发现在进行超前一步预测时，LPBoost 的表现最优秀，但随着预测步数的增加，其受到的影响也更大，相对误差也改变的更多，其他几种 Boosting 算法则比较稳定。

(5) 在超前预测步数保持一定的前提下，AdaBoost.RT 算法预测表现最差，无论在何种情况下，其相对误差总体上为各 Boosting 算法中最高的；基于 AdaBoost 发展的两种 Boosting 算法：AdaBoost.MRT 算法及 Modified AdaBoost.RT 算法，预测性能相似，均优于 AdaBoost.RT 算法，其中 AdaBoost.MRT 算法效果更好。

(6) 基于梯度下降原理的 Gradient Boosting 算法，预测表现稳定且优异，仅在超前一步预测时的表现次于 LPBoost 算法，在其他情况下的表现均为所有混合模型中相对误差最低、预测最为准确的，并且 Gradient Boosting 算法仍有较大的发展空间。

5.4.3　预测策略对模型精度的影响

综合分析以上超前多步预测结果图及超前多步预测精度评价指标值，对比不同超前预测步数时的模型预测结果精度，可以得到以下有关两种预测策略的结论：

(1) 在进行超前一步预测时，递归预测策略更有优越性，所有基于递归策略的混合模型的相对误差均比多输入多输出混合模型低，预测性能表现较佳。

(2) 从超前三步预测开始，递归策略的预测性能逐渐变差而多输入多输出的预测性能表现较佳，多输入多输出预测策略的混合模型具有更好的稳定性，在进行超前五步预测时，两种策略的相对误差已经有 5%~10%的差距，可见在进行更多步数的预测时多输入多输出策略的稳定性较好。

(3) 因此，递归策略与较低步数的超前预测契合度更好；因多输入多输出策略的稳定性较好，在较高步数的超前预测时常选用该策略。

5.4.4　Boosting 算法对模型精度的影响

为了进一步对比分析五种不同 Boosting 算法的性能差异，将样本点 501~700 的原始数据及不同混合模型的预测数据放大并提取出来，用以进行进一步的分析。由于递归策略在多步数预测时的差异比较明显。因此，选取超前五步预测时基于递归策略的五种 Boosting 算法的预测数据进行分析，提取样本点 501~550 和样本点 601~650 的数据进行局部放大，可以更加直观地对比出五种 Boosting 算法的性能差异。图 5-18 和图 5-19 为递归策略下 Boosting 算法的对比图。图 5-18 为递归预测策略下五种 Boosting 算法 501~550 样本点的预测结果对比图；图 5-19 则为 601~650 样本点的预测结果对比图。综合对比以上两张图以及图内的五种不同 Boosting 算法，可以得出以下结论：

(1) 样本点 601~650 的预测结果相比样本点 501~550 的预测结果预测性能更差, 偏离实际值更多。由于递归策略中后面的预测是基于前面的预测结果进行的, 所以误差会一步步积累, 预测准确度也会变差。

(2) 同时, 五种 Boosting 算法中, 早期的 AdaBoost.RT 及 LPBoost 的预测效果一般, 总体差于其他三种 Boosting 算法。

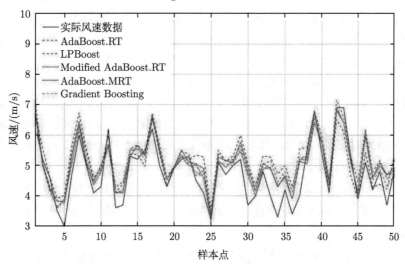

图 5-18　递归策略下 Boosting 算法对比图#1(彩图见封底二维码)

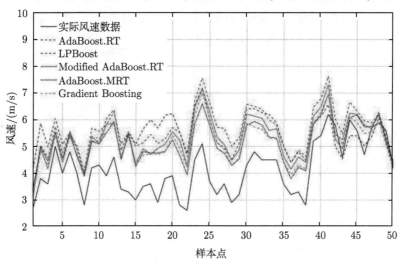

图 5-19　递归策略下 Boosting 算法对比图#2(彩图见封底二维码)

(3) 基于 AdaBoost 发展的 AdaBoost.MRT 及 Modified AdaBoost.RT 预测效果要更好, 其中 AdaBoost.MRT 的预测性能更为优异。

(4) Gradient Boosting 算法采用梯度下降的原理，总体预测表现优异，并且仍然存在很大的发展空间。

(5) 五种 Boosting 算法随着预测的进行，均会出现预测效果逐渐变差的情况，预测值相对实际值的偏差也随之逐渐变大，从图中可以看出，601~650 样本点的预测精度整体低于 501~550 样本点的预测精度，且五种算法之间的差距会进一步加大。

接下来对多输入多输出预测策略下的五种 Boosting 算法进行比较。同样地，选取超前五步预测的基于多输入多输出策略的五种 Boosting 算法的预测数据进行分析，提取 501~550 样本点和 601~650 样本点的数据进行局部放大，可以更加直观地对比出五种 Boosting 算法的性能差异。图 5-20 和图 5-21 为多输入多输出策略下的五种 Boosting 算法预测效果对比图。图 5-20 为多输入多输出预测策略下五种 Boosting 算法 501~550 样本点的预测结果对比图；图 5-21 则为 601~650 样本点的预测结果对比图。综合对比以上两图以及图内的五种不同 Boosting 算法预测结果曲线，可以得出以下结论：

(1) 多输入多输出预测策略在进行超前多步预测时具有较好的稳定性，在进行超前更多步数的预测时表现更佳，因此多输入多输出策略更适用于超前高步数的风速预测。

(2) 五种 Boosting 算法在多输入多输出策略下的预测性能基本相似，预测精度均没有过多的偏差，但是在不同的时间段内，预测值相对实际值的偏差也会不同，601~650 样本点的预测精度整体低于 501~550 样本点的预测精度。

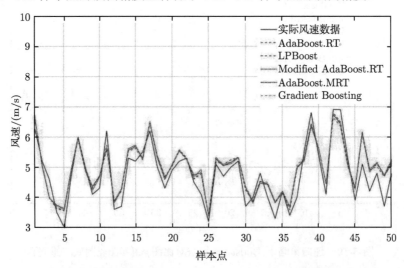

图 5-20　多输入多输出策略下 Boosting 算法对比图#1(彩图见封底二维码)

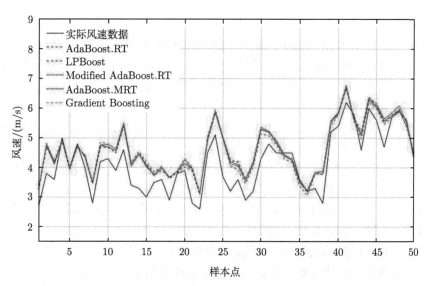

图 5-21 多输入多输出策略下 Boosting 算法对比图#2(彩图见封底二维码)

(3) 在各 Boosting 算法预测性能基本相同的情况下，Modified AdaBoost.RT 算法在某些位置的预测值会优于其他算法，预测性能稍好。

5.5 本 章 小 结

本章的研究主要针对风速预测领域使用的 Boosting 算法及预测策略，提出以下 10 种混合模型对风速序列进行处理。

(1) 小波包分解-AdaBoost.RT 方法 - 递归策略-Elman 神经网络混合模型；

(2) 小波包分解-AdaBoost.MRT 方法 - 递归策略-Elman 神经网络混合模型；

(3) 小波包分解-Modified AdaBoost.RT 方法 - 递归策略-Elman 神经网络混合模型；

(4) 小波包分解-Gradient Boosting 方法 - 递归策略-Elman 神经网络混合模型；

(5) 小波包分解-LPBoost 方法 - 递归策略-Elman 神经网络混合模型；

(6) 小波包分解-AdaBoost.RT 方法-多输入多输出策略-Elman 神经网络混合模型；

(7) 小波包分解-AdaBoost.MRT 方法-多输入多输出策略-Elman 神经网络混合模型；

(8) 小波包分解-Modified AdaBoost.RT 方法-多输入多输出策略-Elman 神经网络混合模型；

(9) 小波包分解-Gradient Boosting 方法-多输入多输出策略-Elman 神经网络混

合模型;

(10) 小波包分解-LPBoost 方法-多输入多输出策略-Elman 神经网络混合模型。

进一步地,得到不同预测策略下不同 Boosting 算法的预测结果,对预测数据进行后处理,使用 MAE、MAPE 和 RMSE 性能指标量化混合模型预测性能,将两种预测策略:递归和多输入多输出,及五种 Boosting 算法:AdaBoost.RT、AdaBoost.MRT、Modified AdaBoost.RT、Gradient Boosting、LPBoost,进行了全面对比和综合分析,得出以下关于预测策略和 Boosting 算法的结论:

(1) 递归策略在进行超前较低步数预测时的性能优异,递归策略下的混合模型在超前一步时的预测表现均强于多输入多输出策略下的模型,但是,递归策略的后面预测表现基于前面预测的结果,所以递归策略的偏差会一步步累积,超前预测的步数越多,受到的影响越大,其预测表现也就越差。

(2) 多输入多输出预测策略的预测稳定性较好,由于多个预测结果同时输出,其误差不会累积,因此多输入多输出策略下的混合模型在进行超前较多步数的预测时预测精度较高,受到的影响小于递归策略,多输入多输出策略更适用于超前步数较多时的风速预测。

(3) AdaBoost.RT 算法预测表现最差,无论在何种情况下,基于 AdaBoost.RT 的混合模型相对误差均不理想。

但是,基于 AdaBoost 发展的两种 Boosting 算法:AdaBoost.MRT 算法及 Modified AdaBoost.RT 算法,预测精度较高且稳定性能优异,在缺乏滤波的情况下,均优于 AdaBoost.RT 算法。这两种 Boosting 算法中,AdaBoost.MRT 算法略胜一筹。

(4) LPBoost 算法在进行超前一步预测时表现最佳,无论何种预测策略下,其相对误差均为最低,但随着预测步数的增加,LPBoost 受到的影响更大,相对误差的变化更明显,预测表现均差于其他算法。

(5) Gradient Boosting 算法基于梯度下降原理,预测表现稳定且优异,仅在超前一步预测时的预测精度误差高于 LPBoost 算法,在其他情况下,基于增强算法的混合模型在递归预测策略中均为所有混合模型中预测最高的。同时,本次研究只使用了最基本的 Gradient Boosting 算法,可见 Gradient Boosting 算法仍有较大的发展空间,是未来的主要研究方向。

第6章 基于 Stacking 的铁路风速集成预测模型

6.1 引　言

Stacking 又称 Stacked Generalization，是由 Wolpert[140] 提出的一种非线性的集成方法，能够使用元预测器实现对不同基学习器的非线性加权。Stacking 算法不需要考虑基学习器的具体细节，具有很强的扩展性 [141]。一个有效的 Stacking 模型精度一定要高于任何一个基学习器 [142]。

Stacking 算法在各个领域都有着十分广泛的应用，如物种分布预测 [143]、消费选择分析 [144] 等。叶圣永等 [145] 使用支持向量机 (SVM)、决策树、朴素贝叶斯以及 K 最近邻法作为基学习器，将线性回归作为元学习器来解决电力负荷稳态暂态评估识别问题，并研究了不同基学习器组合对于模型精度的影响。张建霞 [146] 使用 Stacking 集成结构来提高推荐算法的性能，并与梯度下降法进行对比研究，证明了 Stacking 集成的优越性。

Stacking 算法在风速预测领域也取得了很好的效果。Qureshi 等 [147] 使用 Stacking 方法结合自动编码器以及深度置信网络，其中使用 9 个自动编码器作为基预测器，深度置信网络作为元预测器。实验证明所提出的 Stacking 模型具有很好的预测精度，其误差小于任何一个基模型以及元模型。Chen 等 [148] 使用极值优化的 SVM 模型作为元预测器，LSTM 模型作为基预测器实现高精度的风速预测。实验证明了非线性集成的 LSTM 模型的预测精度比其他 LSTM 模型都要高。

Stacking 模型的基分类器对于模型精度的影响很大 [149]。本书中也使用了一系列常用的神经网络模型作为基预测器以及元预测器，研究基预测器组合对于 Stacking 模型精度的影响。除此之外，本书进一步地研究了当信号分解算法与基预测器组合时，Stacking 集成模型的精度的变化情况。

6.2 原始风速数据

6.2.1 建模风速序列

本章使用国内某强风路段沿线测得的原始风速时间序列分析模型的性能。风速时间序列的采样间隔为 3min。经过数据预处理之后得到用于预测的时间序列 $\{X_{1t}\}$。$\{X_{1t}\}$ 共由 1000 个样本点构成，风速数值在 2~13m/s 剧烈波动，具有很强的非平稳随机特征。波形图如图 6-1 所示。

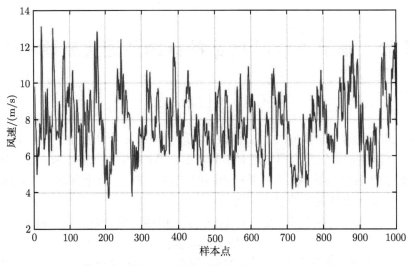

图 6-1　风速时间序列 $\{X_{1t}\}$

6.2.2　样本划分

风速序列被分为三个部分，即 D_1、D_2 以及 D_3。$D_1 \cup D_2$ 包含第 1~900 个样本点，D_1 和 D_2 中的具体元素由随机抽样得到。其中，D_1 用来拟合 Stacking 的基模型，D_2 用来拟合 Stacking 的元模型。D_3 包含第 901~1000 个样本点，用于测试 Stacking 模型的性能。

6.3　Stacking 集成算法

给定数据集 $D = \{(\boldsymbol{x}_n, \boldsymbol{y}_n) | n = 1, 2, \cdots, N\}$，其中 $\boldsymbol{x}_n$ 为模型输入，$\boldsymbol{y}_n$ 为模型输出，D_1、D_2、D_3 为 D 的非空真子集，而且满足 $D_1 \cup D_2 \cup D_3 = D$ 和 $D_1 \cap D_2 \cap D_3 = \varnothing$。使用 $D_1 = \{(\boldsymbol{x}_n, \boldsymbol{y}_n) | n = 1, 2, \cdots, N_1\}$ 数据集拟合 K 个基预测器 $\{M_k | k = 1, 2, \cdots, K\}$，$K$ 个基预测器 $\{M_k | k = 1, 2, \cdots, K\}$ 使用数据集 $\{\boldsymbol{x}_n | n = 1, 2, \cdots, N_2\}$ 产生预测值 $\{z_n^k | n = 1, 2, \cdots, N_2, k = 1, 2, \cdots, K\}$。随后将预测值的组合作为元预测器的输入 $\boldsymbol{Z}_n = \{(z_n^1, z_n^2, \cdots, z_n^K) | n = 1, 2, \cdots, N_2\}$，实际值作为输出 $\{(\boldsymbol{Z}_n, \boldsymbol{y}_n) | n = 1, 2, \cdots, N_2\}$ 拟合元预测器 M'[150]。

在训练完成基预测器 $\{M_k | k = 1, 2, \cdots, K\}$ 以及元预测器 M' 后进行预测。首先以数据集 $\{\boldsymbol{x}_n | n = 1, 2, \cdots, N_3\}$ 作为输入，计算基预测器 $\{M_k | k = 1, 2, \cdots, K\}$ 的输出 $\{z_n^k | n = 1, 2, \cdots, N_3, k = 1, 2, \cdots, K\}$，随后使 $\boldsymbol{Z}_n = \{(z_n^1, z_n^2, \cdots, z_n^K) | n = 1, 2, \cdots, N_3\}$ 作为输入，计算元预测器 M' 的输出 $\{\boldsymbol{y}_3 | n = 1, 2, \cdots, N_3\}$，输出值即最

终的结果。

Stacking 模型的主要思想是通过多个基预测器产生多组预测序列，再使用元预测器学习多组预测序列与实际序列之间的关系，实现对基预测器预测结果的修正。其流程图如图 6-2 所示。

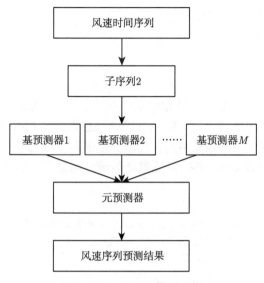

图 6-2 Stacking 模型结构

6.4 Stacking 预测模型

6.4.1 模型框架

Stacking 预测模型直接将风速序列输入到 Stacking 模型中以获得预测结果。本书使用四种不同的模型作为基预测器，分别为：多层感知器 (MLP)，SVM，极限学习机，Elman 网络，除此之外，使用 SVM 作为元预测器。为了探究 Stacking 基预测器选择对于模型精度的影响，本书使用了九组不同的基预测器组合，分别为：

(1) 基预测器组#1(ELM, ELM, ELM, ELM)；

(2) 基预测器组#2(ELM, ELM, ELM, ELM, ELM, ELM)；

(3) 基预测器组#3(SVM, SVM, SVM, SVM)；

(4) 基预测器组#4(SVM, SVM, SVM, SVM, SVM, SVM)；

(5) 基预测器组#5(MLP, MLP, MLP, MLP)；

(6) 基预测器组#6(MLP, MLP, MLP, MLP, MLP, MLP)；

(7) 基预测器组#7(Elman, Elman, Elman, Elman)；

(8) 基预测器组#8(Elman，Elman，Elman，Elman，Elman，Elman)；

(9) 基预测器组#9(MLP，ELM，SVM，Elman)。

基于以上的模型分别命名为 Stacking-4-ELM，Stacking-6-ELM，Stacking-4-SVM，Stacking-6-SVM，Stacking-4-MLP，Stacking-6-MLP，Stacking-4-Elman，Stacking-6-Elman，Stacking-Hybrid。

6.4.2　建模步骤

1) 模型训练

使用数据集 D_1 训练所有的基预测器，并且使用训练完成的基预测器预测 D_2 部分数据。以 Stacking-4-ELM 为例，其 4 个基预测器的预测结果如表 6-1 所示，预测精度如图 6-3 所示。预测结果中的各样本点由随机采样选取出来，没有时间上的连续性。从图表中可以看出，各个基预测器的预测结果有一定区别，但是仍保持在较高的预测精度。

表 6-1　Stacking-4-ELM 基预测器预测精度

预测模型	MAE/(m/s)	MAPE/%	RMSE/(m/s)
ELM-1	0.7041	9.3368	0.9237
ELM-2	0.6513	8.6762	0.8919
ELM-3	0.6408	8.4745	0.8690
ELM-4	0.7239	9.6731	0.9703

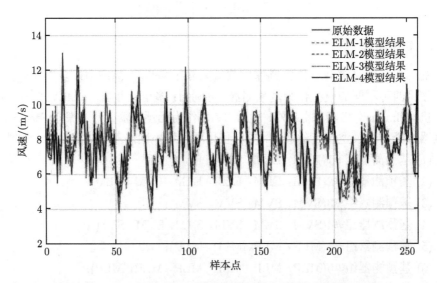

图 6-3　Stacking-4-ELM 基预测器预测结果 (彩图见封底二维码)

2) 模型预测

完成了 Stacking 集成预测模型的基预测器以及元预测器的训练之后，即可进行预测。根据 Stacking 预测框架，需要先使用基预测器组对原始风速序列进行预测。Stacking-4-ELM 模型中基预测器组的预测结果如图 6-4~ 图 6-6 所示，预测精度指标值如表 6-2 所示。Stacking 预测模型中涉及的 9 种不同模型的基预测器组指标最小值以及 MAE 方差如表 6-3~ 表 6-5 所示，其中各个指标最小值体现了最优基模型的精度，MAE 方差体现了基模型组预测结果的多样性。综合分析图 6-4~图 6-6 以及表 6-2~ 表 6-5，可以得出如下结论：

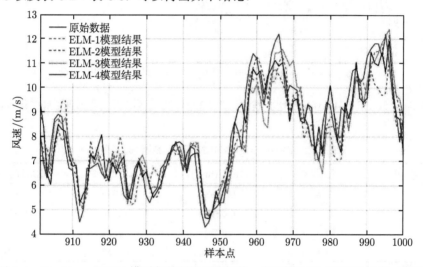

图 6-4 Stacking-4-ELM 模型各基预测器的超前一步预测结果 (彩图见封底二维码)

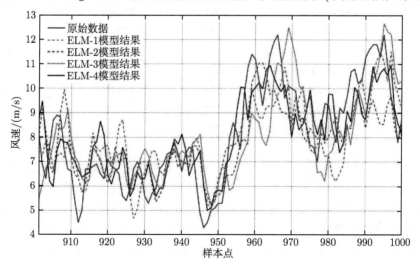

图 6-5 Stacking-4-ELM 模型各基预测器的超前两步预测结果 (彩图见封底二维码)

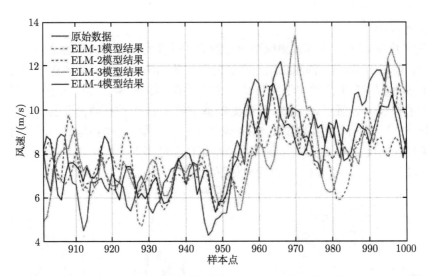

图 6-6　Stacking-4-ELM 模型各基预测器的超前三步预测结果 (彩图见封底二维码)

表 6-2　Stacking-4-ELM 基预测器预测精度

预测步数	预测模型	MAE/(m/s)	MAPE/%	RMSE/(m/s)
	ELM-1	0.7088	9.1975	0.8573
1	ELM-2	0.6896	8.5680	0.8777
	ELM-3	0.6759	8.5521	0.8590
	ELM-4	0.6727	8.6883	0.8278
	ELM-1	1.1193	14.7280	1.3522
2	ELM-2	1.1011	13.8089	1.3702
	ELM-3	1.2453	15.9676	1.5218
	ELM-4	1.0068	13.3320	1.2160
	ELM-1	1.3142	17.3159	1.5904
3	ELM-2	1.3114	16.5390	1.6230
	ELM-3	1.5757	20.3207	1.9072
	ELM-4	1.1668	15.5905	1.4056

(1) ELM 模型的随机性很强，从预测图中可以看出模型预测结果差别很大，而且 Stacking-4-ELM 模型的超前一、二、三步预测 MAE 方差达到了 0.0003 m^2/s^2，0.0096 m^2/s^2，0.0290 m^2/s^2，这种现象是因为 ELM 模型的权重为随机选取确定，加大了模型的随机性。

(2) Stacking-4-SVM 与 Stacking-6-SVM 模型的 MAE 方差均为零，而且最低指标完全相同，这表明了多次实验后的 SVM 模型预测结果完全相同。这个现象也是由 SVM 自身特性决定的, 若所选用的核函数是正定核, 则 SVM 的最优解一定存在, 所以算法的随机性很弱。

(3) 增加基预测器的个数可能会提高基预测器组的 MAE 方差也可能降低基预测器组的 MAE 方差。以超前一步预测为例, Stacking-4-ELM 模型以及 Stacking-6-ELM 模型的 MAE 方差分别为 0.0003 m^2/s^2, 0.0045 m^2/s^2; Stacking-4-MLP 模型以及 Stacking-6-MLP 模型的 MAE 方差分别为 0.0049 m^2/s^2, 0.0044 m^2/s^2。

(4) 增加基预测器的个数不一会降低模型的最低精度指标。以超前一步预测为例, Stacking-6-ELM 与 Stacking-4-ELM、Stacking-6-SVM 与 Stacking-4-SVM、Stacking-6-MLP 与 Stacking-4-MLP 以及 Stacking-6-Elman 与 Stacking-4-Elman 的最低 MAE 均相等。

(5) Stacking-4-Elman 以及 Stacking-6-Elman 网络的最优基预测器精度是最高的。超前一步预测时, 模型的最优基预测器 MAE 为 0.6057m/s, 超前两步预测时, 最优基预测器 MAE 为 1.0601m/s, 超前三步预测时, 最优基预测器 MAE 为 1.3321m/s。

(6) Stacking-Hybrid 模型的基预测器 MAE 方差相比其他几种模型更大, 在只包含一种基预测器的 Stacking 集成预测模型中, 只包含 MLP 的基预测器的 MAE 方差最大。在超前一步预测时, Stacking-Hybrid 模型的基预测器 MAE 方差为 0.0145m^2/s^2, 超前两步预测时, 基预测器 MAE 方差为 0.0846m^2/s^2, 超前三步预测时, 基预测器 MAE 方差为 0.1634m^2/s^2。

表 6-3　Stacking 预测模型超前一步预测精度统计指标

模型	MAE 最小值/(m/s)	MAE 方差/(m^2/s^2)	MAPE 最小值/%	RMSE 最小值/(m/s)
Stacking-4-ELM	0.6727	0.0003	8.5521	0.8278
Stacking-6-ELM	0.6727	0.0045	8.5521	0.8278
Stacking-4-SVM	0.6745	0.0000	8.3250	0.8801
Stacking-6-SVM	0.6745	0.0000	8.3250	0.8801
Stacking-4-MLP	0.6757	0.0049	8.4347	0.8732
Stacking-6-MLP	0.6757	0.0044	8.4347	0.8732
Stacking-4-Elman	0.6057	0.0001	7.7488	0.7709
Stacking-6-Elman	0.6057	0.0003	7.7488	0.7709
Stacking-Hybrid	0.6209	0.0145	7.8890	0.8050

表 6-4　Stacking 预测模型超前两步预测精度统计指标

模型	MAE 最小值/(m/s)	MAE 方差/(m²/s²)	MAPE 最小值/%	RMSE 最小值/(m/s)
Stacking-4-ELM	1.0068	0.0096	13.3320	1.2160
Stacking-6-ELM	1.0068	0.0098	13.3320	1.2160
Stacking-4-SVM	1.1978	0.0000	14.9367	1.5252
Stacking-6-SVM	1.1978	0.0000	14.9367	1.5252
Stacking-4-MLP	1.1515	0.0169	14.4275	1.4828
Stacking-6-MLP	1.1515	0.0158	14.4275	1.4828
Stacking-4-Elman	1.0601	0.0003	13.5354	1.3047
Stacking-6-Elman	1.0601	0.0021	13.5354	1.3047
Stacking-Hybrid	1.0817	0.0846	13.8928	1.3522

表 6-5　Stacking 预测模型超前三步预测精度统计指标

模型	MAE 最小值/(m/s)	MAE 方差/(m²/s²)	MAPE 最小值/%	RMSE 最小值/(m/s)
Stacking-4-ELM	1.1668	0.0290	15.5905	1.4056
Stacking-6-ELM	1.1668	0.0200	15.5905	1.4056
Stacking-4-SVM	1.4819	0.0000	18.5611	1.8597
Stacking-6-SVM	1.4819	0.0000	18.5611	1.8597
Stacking-4-MLP	1.4219	0.0299	17.8516	1.8332
Stacking-6-MLP	1.4219	0.0274	17.8516	1.8332
Stacking-4-Elman	1.3321	0.0004	16.8864	1.6080
Stacking-6-Elman	1.3321	0.0021	16.8864	1.6080
Stacking-Hybrid	1.3142	0.1643	17.3159	1.5904

6.4.3　模型预测结果

Stacking 预测模型的预测结果如图 6-7～ 图 6-9 所示，为了能够更清楚地展示模型预测结果，在图中只展示一部分模型的预测精度。9 种模型的预测精度以及与最优的基预测器相比 MAE 提升比例如表 6-6～ 表 6-8 所示。由图表信息可以得出以下结论：

(1) 在低步数情况下所有预测模型都能够很好地预测到风速，但是在高步数情况下预测情况会显著变差。这是因为在训练元预测器时使用的是基预测器超前一步预测的数据，因此对于高步预测修正能力比较弱。

(2) Stacking 算法在低步时相对于最优基预测器来说提升不明显，甚至部分 Stacking 算法会导致精度下降，在高步时 Stacking 算法会导致精度全面下降。以 Stacking-4-ELM 模型为例，在超前一步预测时，MAE 提升比例为 7.2207 %，在超前两步预测时，MAE 提升比例为 −12.1643%，在超前三步预测时，MAE 提升比例为 −15.2654%。

(3) Stacking-6-ELM 在超前一、三步预测时为最优模型，MAE 分别为：0.6044m/s

以及 1.3375m/s, 而 Stacking-6-Elman 是超前两步预测时的最优模型, MAE 为 1.1134m/s。但是只有超前一步预测的最优模型精度相比最优基预测器的精度有提升, 提升比例为 10.1617%, 超前二、三步时的最优模型相对于最优基预测器的精度提升比例分别为 −11.2133%, −14.6309%。这种现象说明只有在超前一步预测时最优模型是有效的, 超前二、三步预测时最优模型无效。

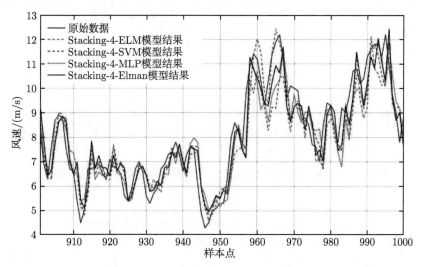

图 6-7　Stacking 集成模型的超前一步预测结果 (彩图见封底二维码)

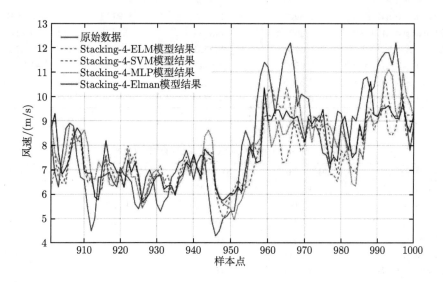

图 6-8　Stacking 集成模型的超前两步预测结果 (彩图见封底二维码)

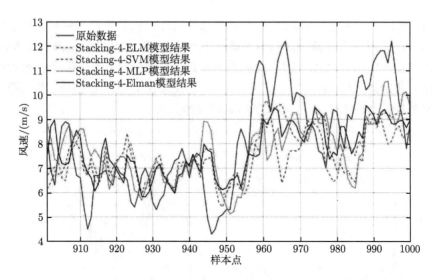

图 6-9　Stacking 集成模型的超前三步预测结果 (彩图见封底二维码)

表 6-6　Stacking 预测模型的超前一步预测精度

预测模型	MAE/(m/s)	MAPE/%	RMSE/(m/s)	P_{MAE}/%
Stacking-4-ELM	0.6242	7.8174	0.8193	7.2207
Stacking-6-ELM	0.6044	7.6894	0.7707	10.1617
Stacking-4-SVM	0.6903	8.4735	0.9117	−2.3349
Stacking-6-SVM	0.6927	8.5040	0.9133	−2.6891
Stacking-4-MLP	0.6620	8.3734	0.8670	2.0217
Stacking-6-MLP	0.6719	8.3521	0.9225	0.5524
Stacking-4-Elman	0.6300	8.0217	0.7922	−4.0080
Stacking-6-Elman	0.6106	7.7421	0.7826	−0.8140
Stacking-Hybrid	0.6135	7.6508	0.8115	1.2039

表 6-7　Stacking 预测模型的超前两步预测精度

预测模型	MAE/(m/s)	MAPE/%	RMSE/(m/s)	P_{MAE}/%
Stacking-4-ELM	1.1293	13.9922	1.4071	−12.1643
Stacking-6-ELM	1.1197	13.9985	1.3732	−11.2133
Stacking-4-SVM	1.2313	15.1877	1.5550	−2.8005
Stacking-6-SVM	1.2324	15.2012	1.5558	−2.8872
Stacking-4-MLP	1.1818	15.0407	1.4669	−2.6333
Stacking-6-MLP	1.2347	15.1972	1.5943	−7.2267
Stacking-4-Elman	1.1213	14.2507	1.3755	−5.7695
Stacking-6-Elman	1.1134	14.0076	1.3781	−5.0250
Stacking-Hybrid	1.1207	14.0191	1.3871	−3.6041

表 6-8　Stacking 预测模型的超前三步预测精度

预测模型	MAE/(m/s)	MAPE/%	RMSE/(m/s)	P_{MAE}/%
Stacking-4-ELM	1.3449	16.8098	1.6717	−15.2654
Stacking-6-ELM	1.3375	16.9243	1.6448	−14.6309
Stacking-4-SVM	1.4962	18.5891	1.8758	−0.9638
Stacking-6-SVM	1.4955	18.5835	1.8750	−0.9170
Stacking-4-MLP	1.4280	18.4995	1.8026	−0.4277
Stacking-6-MLP	1.5079	18.7502	1.9209	−6.0488
Stacking-4-Elman	1.3664	17.5611	1.6402	−2.5747
Stacking-6-Elman	1.3823	17.5975	1.6739	−3.7685
Stacking-Hybrid	1.3781	17.3049	1.7162	−4.8653

6.4.4　不同 Stacking 结构对预测精度的影响

Stacking 预测模型共包含 9 个不同的模型, 可以分为 3 组模型, 第一组为包含 4 个相同基预测器的模型, 即 Stacking-4-ELM, Stacking-4-SVM, Stacking-4-MLP, Stacking-4-Elman; 第二组为包含 6 个相同基预测器的模型, 即 Stacking-6-ELM, Stacking-6-SVM, Stacking-6-MLP, Stacking-6-Elman; 第三组为包含 4 个不同基预测器的模型, 即 Stacking-Hybrid。在本节的对比中使用第一组与对应的第二组模型做对比说明增加基预测器数量对于模型精度的影响, 使用第一组与第三组模型做对比说明增加基预测器种类对于模型精度的影响。对比结果如表 6-9~表 6-11 所示, 可以得到如下结论:

(1) 当基预测器为 ELM 以及 SVW 时, 增加基预测器个数会使得预测精度提升。以 Stacking-6-ELM→Stacking-4-ELM 对比为例, 在超前一步预测时, MAE 提升比例为 3.1700%, 在超前两步预测时, MAE 提升比例为 0.8479%, 在超前三步预测时, MAE 提升比例为 0.5504%。

(2) 当基预测器为 MLP 时, 增加基预测器会导致预测精度下降。Stacking-6-MLP→Stacking-4-MLP 对比组在超前一步预测时, MAE 提升比例为 −1.4996%, 在超前两步预测时, MAE 提升比例为 −4.4755%, 在超前三步预测时, MAE 提升比例为 −5.5972 %。

(3) 当基预测器为 SVM 时, 增加基预测器使得精度轻微下降。Stacking-6-SVM→Stacking-4-SVM 对比组在超前一步预测时, MAE 提升比例为 −0.3461%, 在超前两步预测时, MAE 提升比例为 −0.0843%, 在超前三步预测时, MAE 提升比例为 −0.0463%。这种现象是因为 SVM 算法本身的随机性很弱, 所有基预测器的输出都是一样的, 因此增加了基预测器的个数, 对于元预测器来说并没有增加额外的信息, 而且增加了元预测器的复杂度, 使得元预测器过拟合, 导致精度轻微下降。

(4) 增加基预测器种类会部分增加预测精度。以 Stacking-Hybrid→Stacking-4-SVM 对比为例，在超前一步预测时，MAE 提升比例为 11.1320%，在超前两步预测时，MAE 提升比例为 8.9836%。在超前三步预测时，MAE 提升比例为 7.8890%。这种现象是因为增加基预测器种类能够增加基预测器输出的多样性，SVM 模型的所有基预测器输出都是相同的，元预测器能够从多样的输入中提取到更多的信息以实现对基预测器更有效的修正。

(5) 增加基预测器种类能够在基预测器能力较弱时实现更高的预测精度，以 Stacking-Hybrid→Stacking-4-Elman 对比为例，增加基预测器在超前一步、两步预测时会增加精度，以超前一步预测为例，MAE 提升比例为 2.6216%。Stacking-Hybrid 中基预测器组的最低 MAE 要高于 Stacking-4-Elman 中基预测器组的最低 MAE，Stacking-Hybrid 以及 Stacking-4-Elman 中基预测器组的最低一步预测 MAE 分别为 0.6209m/s 和 0.6057m/s。然而 Stacking-Hybrid 的基预测器 MAE 方差大于 Stacking-4-Elman 的 MAE 方差。Stacking-Hybrid 以及 Stacking-4-Elman 的基预测器超前一步预测 MAE 方差分别为 0.0145 m^2/s^2，0.0001 m^2/s^2。增加基预测器种类可以增加基预测器预测携带的信息量，使得元预测器能够实现更高的精度。

(6) 在最优基预测器精度相同时，更高的 MAE 方差能够带来更高的预测精度。以超前一步预测为例，Stacking-4-ELM 以及 Stacking-6-ELM 的最优基预测器 MAE 均为 0.6727m/s，而 MAE 方差分别为 0.0003m^2/s^2，0.0045 m^2/s^2，则 Stacking-6-ELM 相比于 Stacking-4-ELM 的 MAE 精度提升了 3.1700%；Stacking-4-MLP 以及 Stacking-6-MLP 的最优基预测器 MAE 均为 0.6757m/s，而 MAE 方差分别为 0.0049m^2/s^2，0.0044m^2/s^2，则 Stacking-6-MLP 相比于 Stacking-4-MLP 的 MAE 精度提升了 −1.4996%。MAE 方差对于 Stacking 模型精度具有很大的影响，在增加基预测器的个数没有提高最优基预测器精度时，MAE 方差越大精度越高。

表 6-9　Stacking 预测模型不同基预测器组超前一步预测精度对比

对比模型	P_{MAE}/%	P_{MAPE}/%	P_{RMSE}/%
Stacking-6-ELM→Stacking-4-ELM	3.1700	2.4614	5.9357
Stacking-6-SVM→Stacking-4-SVM	−0.3461	−0.3061	−0.1734
Stacking-6-MLP→Stacking-4-MLP	−1.4996	−2.4943	−6.3963
Stacking-6-Elman→Stacking-4-Elman	3.0709	2.2963	1.2031
Stacking-Hybrid→Stacking-4-ELM	1.7147	2.3931	0.9460
Stacking-Hybrid→Stacking-4-SVM	11.1320	10.0065	10.9872
Stacking-Hybrid→Stacking-4-MLP	7.3350	7.1037	6.3987
Stacking-Hybrid→Stacking-4-Elman	2.6216	1.0650	−2.4480

表 6-10 Stacking 预测模型不同基预测器组超前两步预测精度对比

对比模型	$P_{\mathrm{MAE}}/\%$	$P_{\mathrm{MAPE}}/\%$	$P_{\mathrm{RMSE}}/\%$
Stacking-6-ELM→Stacking-4-ELM	0.8479	2.9172	2.4068
Stacking-6-SVM→Stacking-4-SVM	−0.0843	−0.0756	−0.0529
Stacking-6-MLP→Stacking-4-MLP	−4.4755	−7.3946	−8.6794
Stacking-6-Elman→Stacking-4-Elman	0.7039	0.1280	−0.1857
Stacking-Hybrid→Stacking-4-ELM	0.7585	2.2208	1.4222
Stacking-Hybrid→Stacking-4-SVM	8.9836	10.0630	10.7967
Stacking-Hybrid→Stacking-4-MLP	5.1702	4.0384	5.4425
Stacking-Hybrid→Stacking-4-Elman	0.0491	−1.1875	−0.8427

表 6-11 Stacking 预测模型不同基预测器组超前三步预测精度对比

对比模型	$P_{\mathrm{MAE}}/\%$	$P_{\mathrm{MAPE}}/\%$	$P_{\mathrm{RMSE}}/\%$
Stacking-6-ELM→Stacking-4-ELM	0.5504	2.4365	1.6086
Stacking-6-SVM→Stacking-4-SVM	−0.0463	0.0416	0.0410
Stacking-6-MLP→Stacking-4-MLP	−5.5972	−9.5383	−6.5640
Stacking-6-Elman→Stacking-4-Elman	−1.1639	−2.3577	−2.0547
Stacking-Hybrid→Stacking-4-ELM	−2.4729	−1.4741	−2.6634
Stacking-Hybrid→Stacking-4-SVM	7.8890	9.6905	8.5076
Stacking-Hybrid→Stacking-4-MLP	3.4901	1.6156	4.7895
Stacking-Hybrid→Stacking-4-Elman	−0.8618	−2.9018	−4.6379

6.5 Stacking 分解预测模型

6.5.1 模型框架

Stacking 分解预测模型将分解算法与基预测器结合以提高基预测器精度, 进而使 Stacking 模型能够获得更高的预测精度。模型的框架如图 6-10 所示。

本节使用四种不同的模型与分解算法组合作为基预测器, 使用 SVM 作为元预测器。为了探究在组合了分解算法时 Stacking 基预测器的选择对于模型精度的影响, 本书使用了九组不同的基预测器组合, 分别为:

(1) 基预测器组#1(WPD-ELM, WPD-ELM, WPD-ELM, WPD-ELM);

(2) 基预测器组#2(WPD-ELM, WPD-ELM, WPD-ELM, WPD-ELM, WPD-ELM, WPD-ELM);

(3) 基预测器组#3(WPD-SVM, WPD-SVM, WPD-SVM, WPD-SVM);

(4) 基预测器组#4(WPD-SVM, WPD-SVM, WPD-SVM, WPD-SVM, WPD-SVM, WPD-SVM);

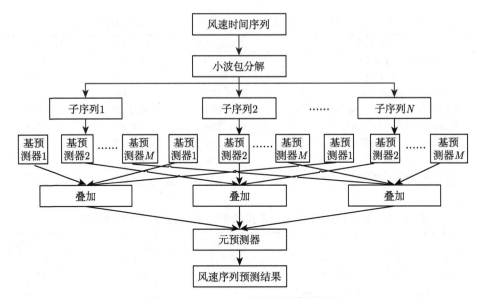

图 6-10   Stacking 分解预测模型框架

(5) 基预测器组#5(WPD-MLP，WPD-MLP，WPD-MLP，WPD-MLP)；

(6) 基预测器组#6(WPD-MLP，WPD-MLP，WPD-MLP，WPD-MLP，WPD-MLP，WPD-MLP)；

(7) 基预测器组#7(WPD-Elman，WPD-Elman，WPD-Elman，WPD-Elman)；

(8) 基预测器组#8(WPD-Elman，WPD-Elman，WPD-Elman，WPD-Elman，WPD-Elman，WPD-Elman)；

(9) 基预测器组#9(WPD-MLP，WPD-ELM，WPD-SVM，WPD-Elman)。

基于之前所述的 9 个基预测器组，得到 9 种混合模型，分别为 Stacking-4-WPD-ELM，Stacking-6-WPD-ELM，Stacking-4-WPD-SVM，Stacking-6-WPD-SVM，Stacking-4-WPD-MLP，Stacking-6-WPD-MLP，Stacking-4-WPD-Elman，Stacking-6-WPD-Elman，Stacking-WPD-Hybrid。

6.5.2   建模过程

1) 风速分解

使用 WPD 模型将原始风速的 $D_1 \cup D_2 D_1 \cup D_2$ 分解为 8 层，其中各层的分解结果如图 6-11 所示。

将子序列按频率由低到高排列，即 S1、S2、S4、S3、S7、S6 和 S5。随着频率升高，幅值呈逐渐降低趋势。其中 S1 主要为低频成分，聚集原始风速时间序列大部分能量，描述了风速序列的趋势，幅值在 [4, 12] 范围内波动。S5 为所有分解分量中的最高频成分，也是幅值最低的分量，幅值在 [−0.2, 0.2] 范围内剧烈波动。

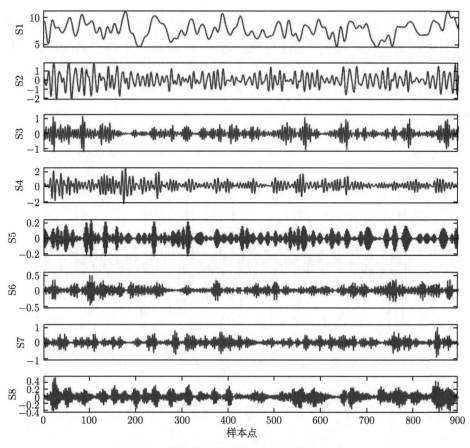

图 6-11 原始风速的 $D_1 \cup D_2$ 部分分解图

在分解后，随机抽样得出 D_1 以及 D_2 部分，使用 D_1 训练网络，D_2 得到网络的预测值，预测以及训练的各样本由随机采样选取出来，没有时间上的连续性。不同基预测器预测结果在 D_2 部分不同分量上的标准化 MAE 方差如表 6-12 所示，标准化 MAE 方差即先将各基预测器的 MAE 投影到 $[0, 1]$ 的区间内，再计算方差，标准化可以消除各分量幅值不同导致的方差差异。从表中可以看出 S3 分量的标准化 MAE 方差最大，为 0.2485 $\mathrm{m^2/s^2}$，S6 分量的标准化 MAE 方差最小，为 0.1865 $\mathrm{m^2/s^2}$，

表 6-12 Stacking-WPD-Hybrid 各基预测器在不同分量上的标准化 MAE 方差

分解分量	标准化 MAE 方差/$(\mathrm{m^2/s^2})$	分解分量	标准化 MAE 方差/$(\mathrm{m^2/s^2})$
S1	0.2288	S5	0.2383
S2	0.2396	S6	0.1865
S3	0.2485	S7	0.2401
S4	0.2100	S8	0.2154

为了能够更清楚地展示出 Stacking-WPD-Hybrid 集成预测模型中不同基预测器预测结果的区别,在这里展示样本 D_2 部分中 S3 分量以及 S6 分量的预测结果,如图 6-12 和图 6-13 所示。从图中可以看出所有的基预测器都能很好地预测风速分量,尽管 S3 分量的标准化 MAE 方差最大,但是不同基预测器的预测值波动都很小。

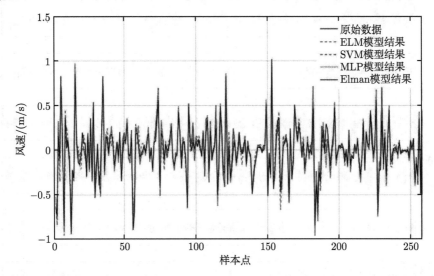

图 6-12　Stacking-WPD-Hybrid 各基预测器的 S3 分量预测结果 (彩图见封底二维码)

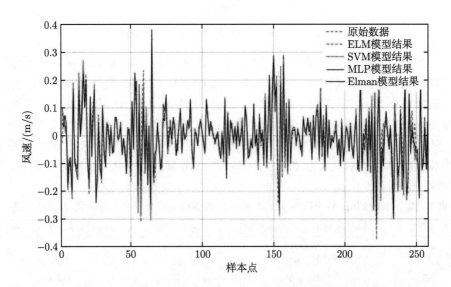

图 6-13　Stacking-WPD-Hybrid 各基预测器的 S6 分量预测结果 (彩图见封底二维码)

2) 模型训练

将分解预测得到的 D_2 部分分量全部叠加, 得到其四个基预测器的预测结果如图 6-14 所示, 预测精度如表 6-13 所示。从图表中可以看出, 各个基预测器的预测结果有一定区别, 但是仍保持在较高的预测精度, 而且不同基预测器得出的风速预测值非常接近, 其中 WPD-MLP 以及 WPD-SVM 模型的精度最高。

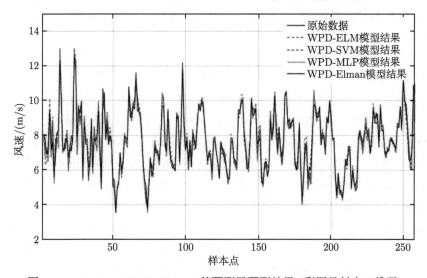

图 6-14 Stacking-WPD-Hybrid 基预测器预测结果 (彩图见封底二维码)

表 6-13 Stacking-WPD-Hybrid 基预测器预测精度

基预测器	MAE/(m/s)	MAPE/%	RMSE/(m/s)
WPD-ELM	0.2879	3.8849	0.3670
WPD-SVM	0.1579	2.1305	0.2013
WPD-MLP	0.1525	2.0531	0.2060
WPD-Elman	0.2781	3.8362	0.3585

3) 模型预测

完成了基预测器以及元预测器的训练之后, 即可进行预测。根据 Stacking 预测模型框架, 首先需要训练预测各基预测器。为了分析各基预测器的性能, 以 Stacking-WPD-Hybrid 模型为例, 基预测器组的超前一、二、三步预测结果如图 6-15～图 6-17 所示, 各基预测器的超前一、二、三步预测精度指标如表 6-14 所示。Stacking 预测模型中涉及的 9 种不同模型的基预测器组的超前一、二、三步指标最小值以及 MAE 方差如表 6-15～表 6-17 所示, 其中各个指标最小值体现了最优基模型的精度, MAE 方差体现了基模型组预测结果的多样性。综合分析图 6-15～图 6-17 以及表 6-14～表 6~17, 可以得出如下结论:

(1) 基预测器为 WPD-SVM 模型时的 MAE 方差为零, 而且 Stacking-4-WPD-SVM 模型与 Stacking-6-WPD-SVM 模型的最低指标值完全相同, 这表明多次实验后的 WPD-SVM 模型预测结果完全相同。这一现象与没有组合分解算法时完全相同, 这是因为 SVM 模型能够求解出最优解, 模型预测得到的风速序列都是相同的。

(2) 增加基预测器的个数可能会提高基预测器组的 MAE 方差也可能降低基预测器组的 MAE 方差。以超前一步预测为例, Stacking-4-WPD-ELM 以及 Stacking-6-WPD-ELM 的 MAE 方差分别为 $0.0016\,\mathrm{m^2/s^2}$, $0.0009\,\mathrm{m^2/s^2}$; Stacking-4-WPD-MLP 以及 Stacking-6-WPD-MLP 的 MAE 方差分别为 $0.0009\,\mathrm{m^2/s^2}$, $0.0011\,\mathrm{m^2/s^2}$。

(3) 当基预测器为 WPD-ELM 时, 增加基预测器个数会提高最小 MAE, 当基预测器为 WPD-MLP 以及 WPD-Elman 时, 增加基预测器会降低最小 MAE。以超前一步预测为例, Stacking-4-WPD-ELM 以及 Stacking-6-WPD-ELM 的最小 MAE 分别为 0.2480m/s、0.2755m/s; Stacking-4-WPD-MLP 以及 Stacking-6-WPD-MLP 的最小 MAE 分别为 0.1838m/s、0.1448m/s; Stacking-4-WPD-Elman 以及 Stacking-6-WPD-Elman 的最小 MAE 分别为 0.2231m/s、0.2202m/s;

(4) 在超前一步预测时, Stacking-WPD-Hybrid 模型的基预测器方差相比其他模型更大, 在超前二、三步预测时, 只包含 WPD-MLP 模型的基预测器方差最大。在超前一步预测时, Stacking-4-WPD-MLP 模型, Stacking-6-WPD-MLP 模型和 Stacking-WPD-Hybrid 模型的基预测器 MAE 方差为 $0.0009\,\mathrm{m^2/s^2}$、$0.0011\,\mathrm{m^2/s^2}$、$0.0025\,\mathrm{m^2/s^2}$; 在超前两步预测时, MAE 方差为 $0.0093\,\mathrm{m^2/s^2}$、$0.0078\,\mathrm{m^2/s^2}$、$0.0043\mathrm{m^2/s^2}$; 在超前三步预测时, MAE 方差为 $0.0247\,\mathrm{m^2/s^2}$、$0.0286\,\mathrm{m^2/s^2}$、$0.0057\,\mathrm{m^2/s^2}$。

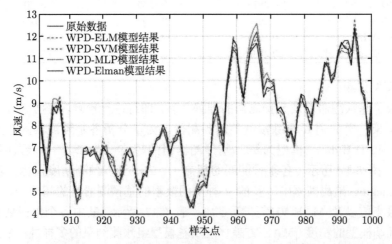

图 6-15　WPD-Stacking-Hybrid 模型各基预测器的超前一步预测结果 (彩图见封底二维码)

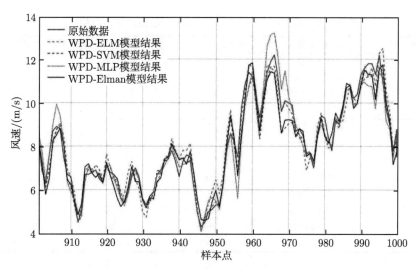

图 6-16   WPD-Stacking-Hybrid 模型各基预测器的超前两步预测结果 (彩图见封底二维码)

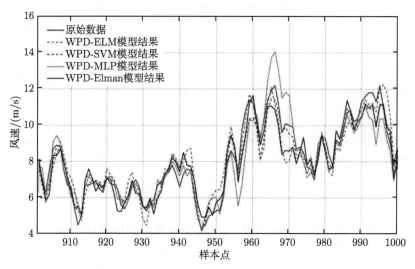

图 6-17   WPD-Stacking-Hybrid 模型各基预测器的超前三步预测结果 (彩图见封底二维码)

表 6-14　**WPD-Stacking-Hybrid 基预测器预测精度**

预测步数	预测模型	MAE/(m/s)	MAPE/%	RMSE/(m/s)
1	WPD-ELM	0.2581	3.3427	0.3176
	WPD-SVM	0.1541	1.9129	0.1955
	WPD-MLP	0.1856	2.2759	0.2525
	WPD-Elman	0.2489	3.1624	0.3049
2	WPD-ELM	0.4224	5.4215	0.5199
	WPD-SVM	0.2771	3.3134	0.3723
	WPD-MLP	0.3921	4.6424	0.5504
	WPD-Elman	0.4030	5.0496	0.5035
3	WPD-ELM	0.5825	7.5741	0.7401
	WPD-SVM	0.4214	5.0871	0.5521
	WPD-MLP	0.5765	6.7830	0.8430
	WPD-Elman	0.5490	6.9317	0.6700

表 6-15　**Stacking 分解预测模型超前一步预测精度统计指标**

模型	MAE 最小值/(m/s)	MAE 方差/(m²/s²)	MAPE 最小值/%	RMSE 最小值/(m/s)
Stacking-4-WPD-ELM	0.2480	0.0016	3.2100	0.3086
Stacking-6-WPD-ELM	0.2755	0.0009	3.5801	0.3447
Stacking-4-WPD-SVM	0.1541	0.0000	1.9129	0.1955
Stacking-6-WPD-SVM	0.1541	0.0000	1.9129	0.1955
Stacking-4-WPD-MLP	0.1838	0.0009	2.2253	0.2419
Stacking-6-WPD-MLP	0.1448	0.0011	1.8417	0.1866
Stacking-4-WPD-Elman	0.2231	0.0005	2.8854	0.2800
Stacking-6-WPD-Elman	0.2202	0.0009	2.8254	0.2854
Stacking-WPD-Hybrid	0.1541	0.0025	1.9129	0.1955

表 6-16　**Stacking 分解预测模型超前两步预测精度统计指标**

模型	MAE 最小值/(m/s)	MAE 方差/(m²/s²)	MAPE 最小值/%	RMSE 最小值/(m/s)
Stacking-4-WPD-ELM	0.4232	0.0053	5.4678	0.5354
Stacking-6-WPD-ELM	0.4400	0.0043	5.3588	0.5457
Stacking-4-WPD-SVM	0.2771	0.0000	3.3134	0.3723
Stacking-6-WPD-SVM	0.2771	0.0000	3.3134	0.3723
Stacking-4-WPD-MLP	0.3416	0.0093	4.1642	0.4741
Stacking-6-WPD-MLP	0.2872	0.0078	3.6593	0.3634
Stacking-4-WPD-Elman	0.3860	0.0006	4.8577	0.4946
Stacking-6-WPD-Elman	0.3842	0.0011	4.9842	0.4738
Stacking-WPD-Hybrid	0.2771	0.0043	3.3134	0.3723

表 6-17　Stacking 分解预测模型超前三步预测精度统计指标

模型	MAE 最小值/ (m/s)	MAE 方差/ (m^2/s^2)	MAPE 最小值/%	RMSE 最小值/(m/s)
Stacking-4-WPD-ELM	0.6491	0.0097	8.5061	0.8041
Stacking-6-WPD-ELM	0.5910	0.0045	7.2306	0.7588
Stacking-4-WPD-SVM	0.4214	0.0000	5.0871	0.5521
Stacking-6-WPD-SVM	0.4214	0.0000	5.0871	0.5521
Stacking-4-WPD-MLP	0.4883	0.0247	5.8632	0.6929
Stacking-6-WPD-MLP	0.4297	0.0286	5.5346	0.5511
Stacking-4-WPD-Elman	0.5130	0.0036	6.4480	0.6617
Stacking-6-WPD-Elman	0.5034	0.0050	6.3222	0.6244
Stacking-WPD-Hybrid	0.4214	0.0057	5.0871	0.5521

6.6　模型预测精度综合对比分析

6.6.1　模型预测结果

　　Stacking 预测模型的预测结果如图 6-18~ 图 6-20 所示，为了能够更清楚地展示模型预测结果，图里只展示一部分模型的预测精度。9 种模型的预测精度以及与最优的基预测器相比 MAE 的提升比例，如表 6-18~ 表 6-20 所示。由以上图表可以得出以下结论：

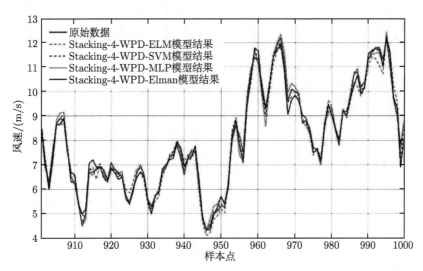

图 6-18　Stacking 分解集成模型的超前一步预测结果 (彩图见封底二维码)

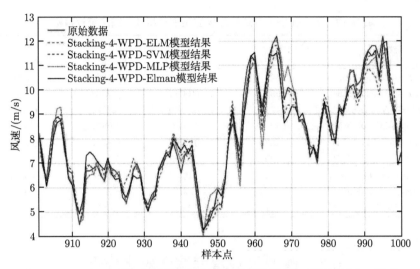

图 6-19　Stacking 分解集成模型的超前两步预测结果 (彩图见封底二维码)

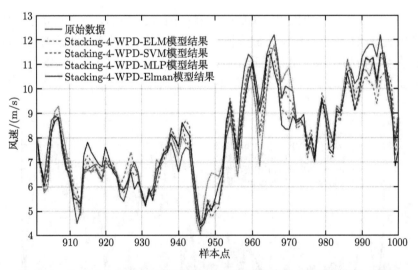

图 6-20　Stacking 分解集成模型的超前三步预测结果 (彩图见封底二维码)

(1) 在所有超前预测步数情况下 9 种预测模型都能够很好地预测风速，这跟没有结合分解算法的 Stacking 模型结论不同。这是因为分解算法能够降低基预测器在高步预测时的波动性，进而使得元预测器能够很好地在高步情况下修正基预测器组的预测输出。

(2) Stacking 算法在低步时相对于最优基预测器来说提升明显，但是随着步数的增加，部分模型的提升比例下降甚至变成负数。以 Stacking-6-WPD-ELM 模型

为例，在超前一步预测时，MAE 提升比例为 7.9613 %，在超前两步预测时，MAE
提升比例为 2.5807%，在超前三步预测时，MAE 提升比例为 −4.9107%。这种现象
是因为 Stacking 算法的元算法在训练时只使用了基预测器的一步预测值，因此元
预测器只具有对于一步预测结果的修正能力，对于高步预测的修正能力较弱，导致
高步预测时精度下降。

(3) Stacking-4-WPD-SVM 在超前一、二、三步预测时的精度基本是最优的，MAE
分别为：0.1465m/s，0.2530m/s 以及 0.4030m/s。而且在超前一、二、三步时 Stacking-
4-WPD-SVM 相对于最优基预测器的精度提升比例分别为 4.9150%，8.7005%以及
4.3692%。这种现象说明 Stacking-4-WPD-SVM 算法是有效的。

表 6-18　Stacking 分解预测模型超前一步预测精度

预测模型	MAE/(m/s)	MAPE/%	RMSE/(m/s)	P_{MAE}/%
Stacking-4-WPD-ELM	0.2277	2.9248	0.2749	8.2003
Stacking-6-WPD-ELM	0.2536	3.1733	0.3057	7.9613
Stacking-4-WPD-SVM	0.1465	1.8406	0.1875	4.9150
Stacking-6-WPD-SVM	0.1481	1.8456	0.1901	3.9033
Stacking-4-WPD-MLP	0.1552	1.9978	0.2113	15.5712
Stacking-6-WPD-MLP	0.1294	1.7121	0.1777	10.6569
Stacking-4-WPD-Elman	0.2214	2.8576	0.2756	0.7771
Stacking-6-WPD-Elman	0.2494	3.1469	0.3057	−13.2536
Stacking-WPD-Hybrid	0.1587	2.0309	0.2031	−2.9959

表 6-19　Stacking 分解预测模型超前两步预测精度

预测模型	MAE/(m/s)	MAPE/%	RMSE/(m/s)	P_{MAE}/%
Stacking-4-WPD-ELM	0.3881	4.6489	0.4991	8.2848
Stacking-6-WPD-ELM	0.4286	5.2125	0.5573	2.5807
Stacking-4-WPD-SVM	0.2530	3.0826	0.3457	8.7005
Stacking-6-WPD-SVM	0.2601	3.1522	0.3512	6.1466
Stacking-4-WPD-MLP	0.3356	4.2674	0.4518	1.7466
Stacking-6-WPD-MLP	0.3176	3.9582	0.4516	−10.5788
Stacking-4-WPD-Elman	0.3680	4.6304	0.4676	4.6495
Stacking-6-WPD-Elman	0.4164	5.1596	0.5338	−8.3717
Stacking-WPD-Hybrid	0.2794	3.4068	0.3949	−0.8436

表 6-20　Stacking 分解预测模型超前三步预测精度

预测模型	MAE/(m/s)	MAPE/%	RMSE/(m/s)	P_{MAE}/%
Stacking-4-WPD-ELM	0.5445	6.5458	0.7158	16.1067
Stacking-6-WPD-ELM	0.6200	7.6329	0.8110	−4.9107
Stacking-4-WPD-SVM	0.4030	4.9433	0.5276	4.3692
Stacking-6-WPD-SVM	0.4069	4.9804	0.5318	3.4434
Stacking-4-WPD-MLP	0.5128	6.5273	0.7005	−5.0147
Stacking-6-WPD-MLP	0.5406	6.7249	0.7540	−25.8044
Stacking-4-WPD-Elman	0.5123	6.3787	0.6493	0.1403
Stacking-6-WPD-Elman	0.6196	7.5826	0.8004	−23.0711
Stacking-WPD-Hybrid	0.4266	5.2051	0.6126	−1.2179

6.6.2　不同 Stacking 结构对预测精度的影响

Stacking 预测模型共包含 9 个不同的模型，共可以分为 3 组模型，第一组为包含 4 个相同基预测器的模型，即 Stacking-4-WPD-ELM、Stacking-4-WPD-SVM、Stacking-4-WPD-MLP、Stacking-4-WPD-Elman；第二组为包含 6 个相同基预测器的模型，即 Stacking-6-WPD-ELM、Stacking-6-WPD-SVM、Stacking-6-WPD-MLP、Stacking-6-WPD-Elman；第三组为包含 4 个不同基预测器的模型，即 Stacking-WPD-Hybrid。在本节的对比中使用第一组与对应的第二组模型做对比说明增加基预测器数量对于模型精度的影响，使用第一组与第三组模型做对比说明增加基预测器种类对于模型精度的影响。模型的对比结果如表 6-21~ 表 6-23 所示。

(1) 在基预测器为 WPD-ELM 以及 WPD-Elman 时，增加基预测器个数会导致预测精度下降。以 Stacking-6-WPD-ELM→Stacking-4-WPD-ELM 对比为例，在超前一步预测时，MAE 提升比例为 −11.3794%，在超前两步预测时，MAE 提升比例为 −10.4389%，在超前三步预测时，MAE 提升比例为 −13.8635%。

(2) 在基预测器为 WPD-MLP 时，超前一步预测时增加基预测器会导致预测精度提升，超前二、三步预测时会导致精度下降。Stacking-6-WPD-MLP→Stacking-4-WPD-MLP 对比组在超前一步预测时，MAE 提升比例为 16.6231%，在超前两步预测时，MAE 提升比例为 5.3682%，在超前三步预测时，MAE 提升比例为 −5.4299 %。

(3) 在基预测器为 WPD-SVM 时，增加基预测器使得精度轻微下降。Stacking-6-WPD-SVM→Stacking-4-WPD-SVM 对比组在超前一步预测时，MAE 提升比例为 −1.0640%，在超前两步预测时，MAE 提升比例为 −2.7972 %，在超前三步预测时，MAE 提升比例为 −0.9681 %。这种现象是因为 SVM 的弱随机性。尽管增加了基预测器的个数，但是预测结果都是相同的，对于元预测器来说并没有增加额外的信息，而且基预测器的增加导致了元预测器复杂度增加，引起元预测器过拟合，进而导致精度轻微下降。

(4) 增加基预测器种类对于不同的集成预测模型作用不同。以超前一步预测为例，Stacking-WPD-Hybrid→Stacking-4-WPD-SVM 的 MAE 提升比例为 −8.3199%，而 Stacking-WPD-Hybrid→Stacking-4-WPD-ELM 的 MAE 提升比例为 30.2975%。

表 6-21　Stacking 分解预测模型不同基预测器组超前一步预测精度对比

对比模型	P_{MAE}/%	P_{MAPE}/%	P_{RMSE}/%
Stacking-6-WPD-ELM→Stacking-4-WPD-ELM	−11.3794	−8.4939	−11.2121
Stacking-6-WPD-SVM→Stacking-4-WPD-SVM	−1.0640	−0.2752	−1.3966
Stacking-6-WPD-MLP→Stacking-4-WPD-MLP	16.6231	14.3046	15.9232
Stacking-6-WPD-Elman→Stacking-4-WPD-Elman	−12.6889	−10.1241	−10.9209
Stacking-WPD-Hybrid→Stacking-4-WPD-ELM	30.2975	30.5653	26.1344
Stacking-WPD-Hybrid→Stacking-4-WPD-SVM	−8.3199	−10.3379	−8.2948
Stacking-WPD-Hybrid→Stacking-4-WPD-MLP	−2.2725	−1.6527	3.9167
Stacking-WPD-Hybrid→Stacking-4-WPD-Elman	28.3112	28.9302	26.3152

表 6-22　Stacking 分解预测模型不同基预测器组超前两步预测精度对比

对比模型	P_{MAE}/%	P_{MAPE}/%	P_{RMSE}/%
Stacking-6-WPD-ELM→Stacking-4-WPD-ELM	−10.4389	−12.1220	−11.6662
Stacking-6-WPD-SVM→Stacking-4-WPD-SVM	−2.7972	−2.2572	−1.5935
Stacking-6-WPD-MLP→Stacking-4-WPD-MLP	5.3682	7.2477	0.0337
Stacking-6-WPD-Elman→Stacking-4-WPD-Elman	−13.1488	−11.4280	−14.1712
Stacking-WPD-Hybrid→Stacking-4-WPD-ELM	28.0016	26.7197	20.8732
Stacking-WPD-Hybrid→Stacking-4-WPD-SVM	−10.4536	−10.5144	−14.2340
Stacking-WPD-Hybrid→Stacking-4-WPD-MLP	16.7392	20.1688	12.5878
Stacking-WPD-Hybrid→Stacking-4-WPD-Elman	24.0706	26.4264	15.5434

表 6-23　Stacking 分解预测模型不同基预测器组超前三步预测精度对比

对比模型	P_{MAE}/%	P_{MAPE}/%	P_{RMSE}/%
Stacking-6-WPD-ELM→Stacking-4-WPD-ELM	−13.8635	−16.6075	−13.3050
Stacking-6-WPD-SVM→Stacking-4-WPD-SVM	−0.9681	−0.7509	−0.7936
Stacking-6-WPD-MLP→Stacking-4-WPD-MLP	−5.4299	−3.0264	−7.6446
Stacking-6-WPD-Elman→Stacking-4-WPD-Elman	−20.9344	−18.8724	−23.2740
Stacking-WPD-Hybrid→Stacking-4-WPD-ELM	21.6617	20.4829	14.4109
Stacking-WPD-Hybrid→Stacking-4-WPD-SVM	−5.8424	−5.2961	−16.1182
Stacking-WPD-Hybrid→Stacking-4-WPD-MLP	16.8066	20.2574	12.5415
Stacking-WPD-Hybrid→Stacking-4-WPD-Elman	16.7332	18.3997	5.6456

6.6.3　分解算法对预测精度的影响

为了说明分解算法对于模型预测精度的影响，将本节介绍的 9 种结合分解的 Stacking 预测算法与没有结合分解的模型进行对比。模型的对比结果如表 6-24~表 6-26 所示。从表中可以得出如下结论：分解算法对于 Stacking 算法有极大的提升，提升比例在 50% 以上。

表 6-24　Stacking 分解预测模型与 Stacking 预测模型超前一步预测精度对比

对比模型	$P_{MAE}/\%$	$P_{MAPE}/\%$	$P_{RMSE}/\%$
Stacking-4-WPD-ELM→Stacking-4-ELM	63.5248	62.5856	66.4444
Stacking-6-WPD-ELM→Stacking-6-ELM	58.0441	58.7317	60.3272
Stacking-4-WPD-SVM→Stacking-4-SVM	78.7776	78.2783	79.4326
Stacking-6-WPD-SVM→Stacking-6-SVM	78.6257	78.2968	79.1814
Stacking-4-WPD-MLP→Stacking-4-MLP	76.5623	76.1406	75.6236
Stacking-6-WPD-MLP→Stacking-6-MLP	80.7471	79.5014	80.7372
Stacking-4-WPD-Elman→Stacking-4-Elman	64.8627	64.3771	65.2095
Stacking-6-WPD-Elman→Stacking-6-Elman	59.1496	59.3542	60.9401
Stacking-WPD-Hybrid→Stacking-Hybrid	74.1323	73.4556	74.9772

表 6-25　Stacking 分解预测模型与 Stacking 预测模型超前两步预测精度对比

对比模型	$P_{MAE}/\%$	$P_{MAPE}/\%$	$P_{RMSE}/\%$
Stacking-4-WPD-ELM→Stacking-4-ELM	65.6326	66.7749	64.5332
Stacking-6-WPD-ELM→Stacking-6-ELM	61.7205	62.7639	59.4189
Stacking-4-WPD-SVM→Stacking-4-SVM	79.4546	79.7031	77.7694
Stacking-6-WPD-SVM→Stacking-6-SVM	78.8976	79.2633	77.4271
Stacking-4-WPD-MLP→Stacking-4-MLP	71.6025	71.6273	69.2043
Stacking-6-WPD-MLP→Stacking-6-MLP	74.2781	73.9547	71.6733
Stacking-4-WPD-Elman→Stacking-4-Elman	67.1790	67.5076	66.0080
Stacking-6-WPD-Elman→Stacking-6-Elman	62.6001	63.1659	61.2629
Stacking-WPD-Hybrid→Stacking-Hybrid	75.0669	75.6992	71.5314

表 6-26　Stacking 分解预测模型与 Stacking 预测模型超前三步预测精度对比

对比模型	$P_{MAE}/\%$	$P_{MAPE}/\%$	$P_{RMSE}/\%$
Stacking-4-WPD-ELM→Stacking-4-ELM	59.5099	61.0593	57.1832
Stacking-6-WPD-ELM→Stacking-6-ELM	53.6414	54.8994	50.6933
Stacking-4-WPD-SVM→Stacking-4-SVM	73.0620	73.4077	71.8744
Stacking-6-WPD-SVM→Stacking-6-SVM	72.7886	73.1999	71.6396
Stacking-4-WPD-MLP→Stacking-4-MLP	64.0916	64.7162	61.1402
Stacking-6-WPD-MLP→Stacking-6-MLP	64.1484	64.1344	60.7462
Stacking-4-WPD-Elman→Stacking-4-Elman	62.5055	63.6768	60.4138
Stacking-6-WPD-Elman→Stacking-6-Elman	55.1779	56.9112	52.1829
Stacking-WPD-Hybrid→Stacking-Hybrid	69.0462	69.9215	64.3042

6.7 本 章 小 结

本节研究了 Stacking 算法在风速预测领域的应用,通过对比 9 种 Stacking 基预测器组合以及两种 Stacking 结构后可以得到如下结论:

(1) Stacking 模型的精度超过所包含的最优基预测器才能认为使用 Stacking 算法是有效的。在 Stacking 模型中,Stacking-6-ELM 在超前一、三步预测时为最优模型,Stacking-6-Elman 在超前两步预测时为最优模型,其中,只有超前一步预测时的最优模型相比于对应的最优基预测器的精度有提升。在信号分解-Stacking 模型中,Stacking-4-WPD-SVM 在超前一、二、三步预测时的精度基本是最优的。而且Stacking-4-WPD-SVM 在超前一、二、三步预测时相比于对应的最优基预测器的精度均有提升。

(2) 在不结合分解算法时,增加基预测器的个数对于最优基预测器的精度没有影响,这种情况下方差越大精度越高。

(3) 增加基预测器种类对于最优基预测器精度的影响不确定,但是可以显著提高基预测器组的方差。在不结合分解算法的情况下,增加基预测器种类可以在基预测器能力较弱时实现更高的预测精度。

(4) 加入分解算法可以显著提高基预测器的预测能力,进而显著提高 Stacking模型的性能。

第三篇
大气污染物浓度混合智能辨识、建模与预测

随着社会经济的不断发展，城市化进程的加快和产业规模的扩大，大气污染现象迅速恶化，导致大气污染严重。大气中的 $PM_{2.5}$、PM_{10}、SO_2、NO_2、CO 等有害物质严重危害着环境和人体健康。大气中的 $PM_{2.5}$ 颗粒会通过呼吸进入呼吸道甚至肺部。长期暴露在这样的空气环境中会显著增加呼吸道相关疾病的发病率，对人体健康造成严重危害[151,152]。大气中的 SO_2 和 NO_2 会对人体呼吸系统造成不可弥补的损害[153]。此外，郝等[93] 的估算结果表明，大气污染确实对经济发展产生了严重的负面影响。大气污染作为环境污染的一种重要形式，严重制约着环境的可持续发展[154]。正是由于这些问题和现象，有关学者对大气污染物浓度的预测方法进行了研究。甚至一些地理相关技术，如 GIS 等，也被用于计算大气污染物浓度[155]。然而，许多研究成果存在预测精度低、时效性差的缺陷，不能满足大气污染物预警的环境需求。因此，对大气污染物浓度进行可靠、准确的预测，对提高健康水平具有重要意义。

本篇以大气污染物浓度作为对象，重点研究了大气污染物及其特征的辨识，利用分解算法、聚类算法集成的确定性点预测模型和不确定性区间预测模型，对具有空间分布特征的大气污染物浓度进行建模预测。本篇的研究工作为后续大气污染物浓度的有效预警提供了重要理论依据。

第7章　大气污染物浓度时间序列特征

7.1　大气污染物浓度分析的重要性

2010 年，IBM 公司正式提出 "智慧城市" 的概念。从 2012 年起，国家陆续公布首批国家 "智慧城市" 试点城市、国家 "智慧城市" 技术和标准试点城市 [156,157]，并颁发《关于促进智慧城市健康发展的指导意见》[158]，智慧城市迎来蓬勃发展。智慧城市以智能化为基础，涵盖了城市服务、公用事业、环境保护等多个领域的高端化发展规划 [159]。

环境保护作为引领智慧城市健康发展的一面重要旗帜，也是建设绿色城市的重要内容。在智慧城市的建设内涵下，"智慧环保" 这一概念应运而生。"智慧环保" 在 "数字环保" 的基础上进行了延伸与拓展，是 "环保 2.0" [160]。智慧环保的理念是利用物联网、大数据等新技术手段对区域环境质量进行在线监控，以便实现区域环境内的大气、水、噪声等多种污染因素的全面管控 [161]。本篇中涉及的大气污染物混合智能辨识、建模与预测，就是通过对大气污染物浓度的内部特征和外部特征进行提取与辨识，融合全方位影响要素，对大气污染物浓度实现理论层面上的有效与稳定预测，并能够在一定程度上为区域大气污染物浓度的管控预警提供实质性参考。

7.2　大气污染物类型

由于人类活动或者自然过程的客观存在，不断有废气、烟尘物质等大气污染物排入大气中，与干洁空气 [162] 混杂在一起，并且浓度不断增大，对人体和环境造成了比较严重的危害。大气污染物的类型众多，目前发现的有 100 多种。大气污染物按照不同的分类方式，可分为一次污染物和二次污染物、天然污染物和人为污染物、气态污染物和气溶胶态污染物。

7.2.1　一次污染物与二次污染物

一次污染物是指直接从污染源中排放到大气的干洁空气中的污染物质，通常包括二氧化硫 (SO_2)、二氧化氮 (NO_2)、一氧化碳 (CO) 和颗粒物等，其中又可分为反应物和非反应物。反应物一般会与大气中的其他物质发生化学反应，或者作为化学反应的催化剂，稳定性较差；非反应物则在大气中能够保持较强的稳定性，一般不会与其他物质发生反应。

二次污染物是指一次污染物中的反应物与大气中其他物质发生化学反应或光化学反应生成的与一次污染物的物理性质、化学性质均不同的新型大气污染物，常见的二次污染物包括硫酸 (H_2SO_4)、硫酸盐气溶胶、硝酸 (HNO_3)、硝酸盐气溶胶、臭氧 (O_3) 和光化学氧化剂以及氢氧自由基等。二次污染物对于人体环境的毒性危害甚至高于一次污染物，因此对于二次污染物的防治同样至关重要。

7.2.2　天然污染物与人为污染物

目前对于大气环境和人体健康造成危害最严重的大气污染物主要是人为污染物，这主要是工矿企业的废气排放和人类焚烧秸秆等行为造成的 [163]。人为污染物主要包括以下几类：

(1) 颗粒物：指大气中的固体污染物和液体污染物颗粒，如 $PM_{2.5}$、PM_{10} 等；

(2) 硫氧化物 (SO_x)：指大气中的含硫元素的氧化物，如 SO_2、SO_3、S_2O_3、SO 等；

(3) 氮氧化物 (NO_x)：指大气中的含氮元素的氧化物，如 NO_2、N_2O、N_2O_3、NO 等；

(4) 碳氧化物 (CO_x)：指大气中的含碳元素的氧化物，主要是 CO；

(5) 碳氢化合物：指大气中的以碳元素和氢元素形成的化合物，如甲烷 (CH_4)、芳香烃等烃类气体；

(6) 其他有害物质：重金属类 (如汞蒸气、铅等)、含氟 (F) 气体、含氯 (Cl) 气体等。

7.2.3　气态污染物与气溶胶态污染物

气态污染物顾名思义是指一般物理条件下呈现气体状态的大气污染物，通常包括 SO_2、氮氧化物、CO 和 O_3。其中，O_3 主要是通过光化学反应生成的物质，它对于人类活动具有两面性的影响，既可以过滤掉大部分从太阳直射来的紫外线，但同时作为主要大气污染物之一，对人体呼吸道健康存在极大的威胁。

气溶胶态污染物也称为大气颗粒物，通常指直径小于 $100\mu m$ 的所有固体粒子，按照其自身直径大小可分为总悬浮颗粒物、可吸入颗粒物、细颗粒物和超细颗粒物，四种颗粒物的物理学特征如表 7-1 所示 [164]。

表 7-1　四种气溶胶污染物的物理学特征

颗粒物	总悬浮颗粒物	可吸入颗粒物	细颗粒物	超细颗粒物
代号	TSP	PM_{10}	$PM_{2.5}$	$PM_{0.1}$
运动学直径/μm	10~100	0.25~10	0.1~2.5	≤0.1

气溶胶态污染物按照物理性质的不同，又可分为以下几种类型：

(1) 粉尘：通常指悬浮于气体介质中的细小固体粒子，直径一般在 1~200μm，形成的原因主要是固体物质的机械过程和土壤、岩石等自然风化过程。粉尘中直径大于 10μm 的粒子称为降尘，直径小于 10μm 的粒子称为飘尘。

(2) 烟：通常指工业冶金过程中各种化学反应产生的固体粒子的气溶胶，直径一般在 0.01~0.1μm，属于超细颗粒物。

(3) 飞灰：指含碳物质在完全燃烧后残留的固体渣中被烟气带走的分散的超细粒子。

(4) 黑烟：通常指物质燃烧过程中除水蒸气外的可见气溶胶，直径一般在 0.05~1μm，属于可吸入颗粒物。

(5) 雾：通常指液体蒸气凝结、液体雾化和化学反应产生的液体粒子的悬浮物，一般直径小于 200μm，目前环保问题中突出的酸雾现象就属于这一种气溶胶污染物。

7.3 大气污染物浓度评价指标

大气污染物浓度是指单位体积空气中的污染物含量，一般分为两种表示方法：①单位体积空气中的污染物质量；②大气污染物体积与空气总体积的比值。

1) 单位体积空气中的污染物质量

单位体积空气中的污染物质量的常用量纲为 μg/m³ 或 mg/m³，这种大气污染物浓度表示方法与污染物的状态无关，根据我国的《GB/3095—1996 环境空气质量标准》，大气污染物的年平均浓度、日平均浓度和 1 小时平均浓度单位均采用 mg/m³，即标准状态下单位体积空气中的污染物质量[165]。

2) 大气污染物体积与空气总体积的比值

这种大气污染物浓度的表示方法只适用于气态或蒸气态污染物，一般采用的量纲为 ppm 或 ppb。ppm 是指在 100 万体积空气中的气体污染物体积含量，ppb 表示 ppm 的 1/1000。对于大气颗粒污染物的浓度，一般采用单位质量悬浮颗粒物中组分的质量占比，量纲为 μg/g 或 ng/g。

单位体积空气中的污染物质量可以转换为污染物体积与空气总体积的比值，转换公式如下所示：

$$c_{\mathrm{ppm}} = \frac{22.4}{M} \times c_{\mathrm{m}} \tag{7.1}$$

式中，c_{ppm} 指污染物体积与空气总体积的比值，单位 ppm；c_{m} 指单位体积空气中的污染物质量，单位 mg/m³；M 指污染物的分子量，单位 g；22.4 指标准状态下的气体摩尔质量，单位 L。

根据上述提到的两种污染物浓度表示方法转换公式 (7.1)，气体体积是指标准状态下的体积，但是一般大气污染物浓度测量环境并不是标准状态，因此计算污染物浓度需要将测量状态转换为标准状态，转换公式如下：

$$V_{\mathrm{m}} = V_{t,P} \times \frac{273}{273+t} \times \frac{P}{101.325} \tag{7.2}$$

式中，V_{m} 指标准状态下的气体体积，单位 L；t 指测量状态下的温度，单位 ℃；P 指测量状态下的气压，单位 kPa；$V_{t,P}$ 指温度为 t、气压为 P 时的测量状态下的气体体积，单位 L；273 指标准状态下的温度，单位 ℃；101.325 指标准状态下的气压，单位 kPa。

7.4　不同大气污染物浓度相关性分析

前面两节分别阐述了常见的几种大气污染物以及它们的浓度计算表示方法，本节将重点研究几种大气污染物浓度之间的关系，通过分析其相关性来进行判别。

本节对 $PM_{2.5}$ 浓度与 SO_2、NO_2、O_3、CO 四种大气污染物浓度的相互关系、PM_{10} 浓度与 SO_2、NO_2、O_3、CO 四种大气污染物浓度的相互关系分别进行了研究，并利用 Pearson 系数、Kendall 系数和 Spearman 系数分别计算了它们的相关性系数。

7.4.1　大气污染物浓度数据

本章中时间序列来源于我国郑州市某大气污染物浓度监测站点的原始污染物浓度时间序列，原始浓度数据采样间隔为 1h。为便于观察，图 7-1 为 $PM_{2.5}$ 浓度与 SO_2、NO_2、O_3、CO 四种大气污染物浓度的原始时间序列，图 7-2 为 PM_{10} 浓度与 SO_2、NO_2、O_3、CO 四种大气污染物浓度的原始时间序列，分别用 $\{X_{PM_{2.5}}\}$、$\{X_{PM_{10}}\}$、$\{X_{SO_2}\}$、$\{X_{NO_2}\}$、$\{X_{O_3}\}$ 和 $\{X_{CO}\}$ 表示，每一种类的大气污染物浓度时间序列均包含 800 个样本点。从原始序列波形图中可以看出，每一种类的大气污染物浓度序列都具有很强的随机性和非平稳性，且能够判断出在一定程度上多种大气污染物浓度具有相似的趋势性。

为全面分析各污染物浓度时间序列的特征，进一步计算不同污染物浓度时间序列的极值、均值、标准差、偏度和峰度等常用统计特征，表 7-2 列出了本章中采用的 6 组大气污染物原始浓度时间序列的统计特征。其中，偏度是浓度时间序列的三阶中心矩与标准差的三次幂之比，反映了浓度时间序列数据分布相对于对称分布的偏离情况，当偏度值为负值时其分布呈现左偏，当偏度值为正值时其分布呈现右偏，当偏度值为 0 时表示其值呈对称分布。峰度是浓度时间序列的四阶中心矩与标准差的四次幂之比，它反映了数据的离群程度。采用的峰度值为相对于标准正态分布的峰度值，当峰度值为正时表明其分布的离散程度大于标准正态分布。

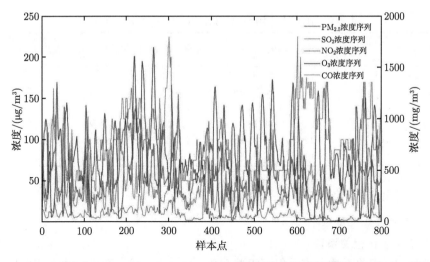

图 7-1 $PM_{2.5}$ 浓度与 SO_2、NO_2、O_3、CO 四种大气污染物浓度的原始时间序列 (彩图见封底二维码)

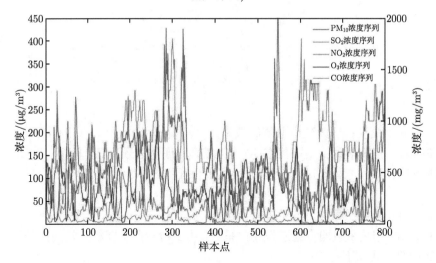

图 7-2 PM_{10} 浓度与 SO_2、NO_2、O_3、CO 四种大气污染物浓度的原始时间序列 (彩图见封底二维码)

由表 7-2 可知, 6 组大气污染物浓度时间序列的偏度值均为正值, 说明其分布相对于对称分布呈右偏, 且所有 $PM_{2.5}$ 浓度时间序列的偏度值均较小, 说明浓度序列更加接近对称分布, 但 $\{X_{O_3}\}$ 的偏度值与 $\{X_{PM_{2.5}}\}$、$\{X_{PM_{10}}\}$ 的偏度值相差较大, 其统计分布特性与后两种污染物浓度分布特性存在显著差异。6 组浓度时间序列的峰度值均为正值, 说明其中的样本点相对于均值分布较为分散, 样本点中出现极端值的概率高于正态分布时出现极端值的概率。

表 7-2　6 组大气污染物原始浓度时间序列的统计特征

原始序列	最小值/ (μg/m^3)	最大值/ (μg/m^3)	均值/(μg/m^3)	标准差/(μg/m^3)	偏度/(μg/m^3)	峰度/(μg/m^3)
$\{X_{\text{PM}_{2.5}}\}$	1	155	53.9325	27.5629	1.0707	3.7622
$\{X_{\text{PM}_{10}}\}$	0	487	127.4038	71.4229	1.3606	5.5552
$\{X_{\text{SO}_2}\}$	1	51	8.8438	5.7477	1.6155	8.1299
$\{X_{\text{NO}_2}\}$	10	141	44.1825	24.5424	1.1788	4.1285
$\{X_{\text{O}_3}\}$	1	212	77.2300	44.4016	0.4307	2.7970
$\{X_{\text{CO}}\}$	200	1800	744.6250	301.0971	0.6974	3.2614

7.4.2　不同大气污染物浓度相关性研究

1) 相关系数理论基础

1. Pearson 相关系数

Pearson 相关系数也称为积矩相关系数, 是一种度量两变量间线性相关性的方法, 且两变量的标准差均不为零时方可适用。其计算公式如下:

$$\rho_{x,y} = \frac{\sum x \cdot y - \dfrac{\sum x \cdot \sum y}{N}}{\sqrt{\left(\sum x^2 - \dfrac{\left(\sum x\right)^2}{N}\right) \cdot \left(\sum y^2 - \dfrac{\left(\sum y\right)^2}{N}\right)}} \tag{7.3}$$

式中, x, y 为变量; N 为变量取值的数量。

Pearson 相关系数 $\rho_{x,y}$ 取值在 -1 与 1 之间, 通常划分为三个等级: $|\rho_{x,y}| \leqslant 0.4$ 为低度线性相关, $0.4 < |\rho_{x,y}| \leqslant 0.7$ 为显著性相关, $0.7 < |\rho_{x,y}| \leqslant 1$ 为高度线性相关。

2. Kendall 相关系数

Kendall 相关系数即肯德尔秩相关系数, 用于检验两个随机变量间的统计相关性。其计算公式如下:

$$\tau_{x,y} = \frac{A - B}{\sqrt{(N_3 - N_1) \cdot (N_3 - N_2)}} \tag{7.4}$$

$$\begin{cases} N_3 = N \cdot (N-1)/2 \\ N_1 = \displaystyle\sum_{i=1}^{s} P_i \cdot (P_i - 1)/2 \\ N_2 = \displaystyle\sum_{j=1}^{t} Q_j \cdot (Q_j - 1)/2 \end{cases} \tag{7.5}$$

式中, A 表示 x 或 y 中拥有一致性的元素对数 (两个元素为一对); B 表示 x 或 y 中拥有不一致性的元素对数; N 为变量取值的数量; 将 x 中的相同元素分别组合成小集合, s 表示变量 x 中拥有的小集合数, P_i 表示第 i 个小集合所包含的元素数; t 和 Q_j 则基于变量 y 计算获得。

3. Spearman 相关系数

Spearman 相关系数即斯皮尔曼秩相关系数, 以单调函数的形式表示两变量之间的相关性, 其计算过程如下:

设两个随机变量 x 和 y 的取值数量均为 N, X_i 和 Y_i 分别表示 x 和 y 中的第 i 个元素。对 x 和 y 中的值进行相同排序, 得到两个新变量 x' 和 y', 其中元素 X_i'、Y_i' 分别为 X_i 在 x 中的排序以及 Y_i 在 y 中的排序。将集合 x' 和 y' 中的元素对应相减得到一个排序差分集合 d, 其中 $d_i = X_i' - Y_i'$。Spearman 相关系数的计算公式如下:

$$\rho = 1 - \frac{6\sum_{i=1}^{N} d_i^2}{N \cdot (N^2 - 1)}, \quad N = 1, 2, \cdots, n \tag{7.6}$$

2) 不同大气污染物浓度相关系数

利用上述提到的三种相关系数计算 $PM_{2.5}$ 浓度和 PM_{10} 浓度分别与 SO_2、NO_2、O_3、CO 的相关性, 结果如图 7-3 和表 7-3 所示。

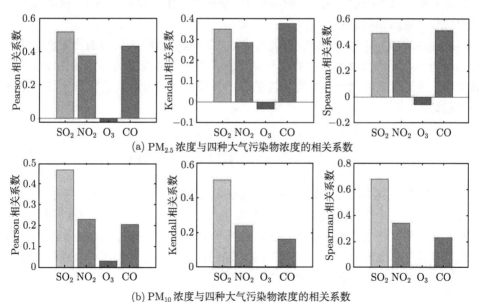

(a) $PM_{2.5}$ 浓度与四种大气污染物浓度的相关系数

(b) PM_{10} 浓度与四种大气污染物浓度的相关系数

图 7-3 $PM_{2.5}$、PM_{10} 浓度与四种大气污染物浓度的相关系数 (彩图见封底二维码)

表 7-3　PM$_{2.5}$、PM$_{10}$ 浓度与 SO$_2$、NO$_2$、O$_3$、CO 浓度的相关系数

序列 2	相关系数	序列 1			
		$\{X_{SO_2}\}$	$\{X_{NO_2}\}$	$\{X_{O_3}\}$	$\{X_{CO}\}$
$\{X_{PM_{2.5}}\}$	Pearson	0.5195	0.3730	−0.0284	0.4318
	Kendall	0.3490	0.2847	−0.0324	0.3757
	Spearman	0.4868	0.4111	−0.0579	0.5105
$\{X_{PM_{10}}\}$	Pearson	0.4659	0.2298	0.0311	0.2055
	Kendall	0.5034	0.2422	0.0036	0.1645
	Spearman	0.6799	0.3430	0.0056	0.2324

通过对图 7-1～图 7-3 和表 7-3 进行分析，可以得出以下结论：

(1) 对于 PM$_{2.5}$ 浓度序列，SO$_2$ 浓度与它的 Pearson 相关系数最大，相关性最强，CO 浓度、NO$_2$ 浓度与它的相关性依次次之，O$_3$ 浓度与它的相关性最弱；而 CO 浓度与它的 Spearman 相关系数最大，相关性最强，SO$_2$ 浓度、NO$_2$ 浓度与它的相关性依次次之，O$_3$ 浓度与它的相关性最弱。

(2) 对于 PM$_{10}$ 浓度序列，SO$_2$ 浓度与它的 Pearson 系数、Kendall 系数、Spearman 系数均为最大，相关性最强，NO$_2$ 浓度、CO 浓度与它的相关性依次次之，O$_3$ 浓度与它的相关性最弱。

(3) O$_3$ 在 PM$_{2.5}$ 和 PM$_{10}$ 的产生及扩散过程中基本不起促进作用，前者与后面两种大气污染物浓度的相互影响关系甚微，因此在考虑利用相关大气污染物浓度预测目标大气污染物浓度时，应该将 O$_3$ 浓度序列作为异常值剔除，否则可能导致出现较严重的预测误差。

(4) SO$_2$、CO 等大气污染物浓度与 PM$_{2.5}$、PM$_{10}$ 两种大气污染物浓度的较强相关性为结合相关大气污染物浓度预测目标大气污染物浓度的预测理论提供了重要支撑，通过对多种大气污染物浓度的相关性进行辨识为后续建模与预测工作提供了思路。

7.5　大气污染物浓度季节性分析

某些时间序列中存在一定的周期性特征，比如居民用电量的时间序列[166]、供水量的时间序列[167] 及风电场风速的时间序列[168] 等，这些时间序列的周期变化往往与实际生活中的周期变化或相关产业活动的周期变化有关，比如周度、月度、季度和年度等。将传统的"季节"广义化，即时间序列所呈现的所有周期性变化规律，都称为时间序列的季节效应[169]。

通过对大气污染物浓度时间序列的波形图进行不断观察，可以发现时间跨度长的污染物浓度序列呈现一定程度上的规律性和周期性，序列的波峰和波谷区段

每隔一定时间都会在一定误差范围内重复出现，这种现象符合人们的主观判断，即大气污染物浓度存在季节效应：在某些特定季节污染物浓度普遍较高，而在其他季节则具有良好的空气质量，污染物浓度普遍较低。大气污染物浓度时间序列的季节时域特征能够为大气污染物浓度的精准预测提供重要依据。然而，一般对大气污染物浓度进行超前一步或超前多步预测时，预测的原始浓度序列对象往往都是短期时间序列，在时域维度上基本不存在周期性。因此对于大气污染物浓度短期序列和长期序列分别进行分析辨识、建模与预测是至关重要的。

7.5.1　大气污染物浓度数据

1) 短期浓度时间序列

本章中短期时间序列来源于我国北京市某大气污染物浓度监测站点的原始污染物浓度时间序列，原始浓度数据采样间隔为 1h。图 7-4 为 SO_2 浓度短期时间序列，用 $\{X_{st}\}$ 表示，该短期时间序列包含 600 个样本点。$\{X_{st}\}$ 中所有样本点的值都在 0 和 $35\mu g/m^3$ 之间波动，体现出了很强的随机性和非平稳性，但从波形图中很难观察出周期性特征。

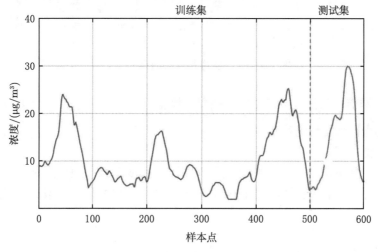

图 7-4　SO_2 浓度短期时间序列 $\{X_{st}\}$

2) 长期浓度时间序列

本章中长期时间序列来源于我国北京市某大气污染物浓度监测站点的原始污染物浓度时间序列，原始浓度数据采样间隔为 1h，对 36000 个样本数据进行处理，设置样本间隔为 60h，得到 600 个目标样本点。图 7-5 为 SO_2 浓度长期时间序列，用 $\{X_{lt}\}$ 表示。从波形图中可以看出 SO_2 浓度序列具有一定的周期性变化规律，同时满足随机性和非平稳性。

原始 SO_2 浓度长期时间序列数据长度跨越 5 年, 样本间隔为 60h, 从图 7-5
中可以看出原始序列包含 5 个相似的波峰或波谷, 这与数据长度周期为 5 年相符,
并且周期为 120 个样本点, 即 7200h, 基本符合样本周期性特征。但是由于随机波
动性的特征, 原始序列每个周期内的样本观测值存在差异, 但样本走势基本相同,
只是存在总体趋势逐年下降的现象。

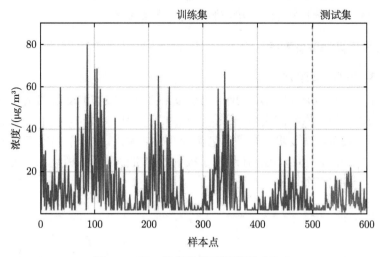

图 7-5 SO_2 浓度长期时间序列 $\{X_{1t}\}$

7.5.2 非季节性污染物浓度时间序列预测模型

1) 模型框架与理论基础

1. 模型框架

本节利用 ARIMA 模型构建非季节性污染物浓度预测模型用于预测 SO_2 浓
度短期序列 $\{X_{st}\}$ 和长期序列 $\{X_{1t}\}$, 非季节性 ARIMA 预测模型的框架如图 7-6
所示。

2.ARIMA 理论基础

整合移动平均自回归 (Autoregressive Integrated Moving Average, ARIMA) 模
型是将差分过程、自回归 (Autoregressive, AR) 模型和移动平均 (Moving Average)
模型相结合, 主要含义是: 若一个随机序列含有 d 个单位根, 且经过 d 次差分后可
以变换为一个平稳的自回归移动平均序列。ARIMA(p,d,q) 模型可以表示如下:

$$y_t = \Delta^d x_t \tag{7.7}$$

$$y_t = \alpha_1 y_{t-1} + \alpha_2 y_{t-2} + \cdots + \alpha_p y_{t-p} + \varepsilon_t + \beta_1 \varepsilon_{t-1} + \beta_2 \varepsilon_{t-2} + \cdots + \beta_q \varepsilon_{t-q} \tag{7.8}$$

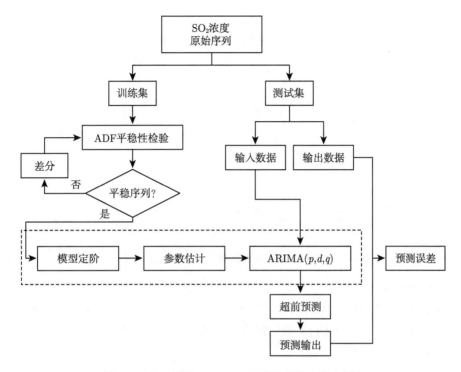

图 7-6   非季节性 ARIMA 预测模型的建模流程图

式中，x_t 为当前时刻的原始值，y_t 为 d 阶差分后的测量值，Δ^d 表示 d 阶差分，$\varepsilon_t,\ \varepsilon_{t-1},\ \cdots,\ \varepsilon_{t-q}$ 为当前时刻和前期若干时刻的随机误差项，$\alpha_1,\ \alpha_2,\ \cdots,\ \alpha_p$ 为待确定的自回归系数，$\beta_1,\ \beta_2,\ \cdots,\ \beta_q$ 为待确定的移动平均系数。

2) 建模步骤

1. 原始序列平稳性检验

SO$_2$ 浓度短期时间序列包含 600 个样本点，同样采用单位根检验法 (ADF) 检验其平稳性，经计算 $\{X_{st}\}$ 为非平稳序列，需要进行差分处理，SO$_2$ 浓度短期序列进行一次差分处理后的序列记为 $\{X_{st}^1\}$，再次经 ADF 法检验为平稳序列。原始 SO$_2$ 浓度短期序列一阶差分后的结果如图 7-7 所示。

SO$_2$ 浓度长期时间序列包含 600 个样本点，采用 ADF 检验法检验原始浓度长期序列 $\{X_{lt}\}$ 的平稳性，经计算 $\{X_{lt}\}$ 为平稳序列，不需要进行差分处理，可直接用于训练 ARIMA 模型。

利用两组序列 $\{X_{st}^1\}$ 和 $\{X_{lt}\}$ 对差分自回归移动平均模型 ARIMA(p,d,q) 进行训练，已经确定短期序列模型的差分阶数 $d=1$，长期序列模型的差分阶数 $d=0$，接下来确定两种模型的移动系数 p 和滑动平均系数 q。

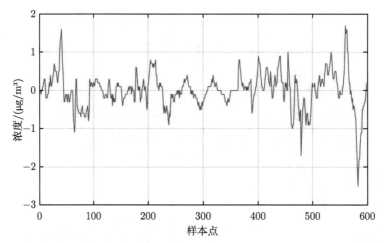

图 7-7　原始 SO_2 浓度短期序列一阶差分序列 $\{X_{st}^1\}$

2. 模型定阶

通常在时间序列模型辨识中，采用自相关系数 (Autocorrelation) 和偏自相关系数 (Partial Autocorrelation) 来确定模型的系数和阶数，具体辨识与判别过程如表 7-4 所示。

表 7-4　**ARIMA 模型自相关系数和偏自相关系数特性**

时间序列模型	自相关系数	偏自相关系数
AR(p)	拖尾	p 阶截尾
MA(q)	q 阶截尾	拖尾
ARMA(p,q)	拖尾	拖尾

图 7-8 为原始 SO_2 浓度短期序列 $\{X_{st}'\}$ 的自相关系数和偏自相关系数结果。

从图 7-8 中可以看出，原始 SO_2 浓度短期序列 $\{X_{st}'\}$ 的自相关系数呈现明显的拖尾状态，偏自相关系数呈现不太明显的截尾状态，因此，需要进一步判断模型的种类和阶数。

本章采用贝叶斯信息准则 (Bayesian Information Criterion，BIC) 选择最合适的模型及其阶数，其基本定义如下所示 [170]：

$$\text{BIC}(n) = \ln(n)k - 2\ln(\hat{L}) \tag{7.9}$$

式中，$\hat{L}$ 是模型似然函数的最大值；n 为序列中观测点的个数；k 为模型中估计的参数个数。

BIC 的原理是使 BIC 达到最小的参数即模型的最优阶数，即

$$n_{\text{best}} = \underset{0 \leqslant n \leqslant n_h}{\arg\min} \text{BIC}(n) \tag{7.10}$$

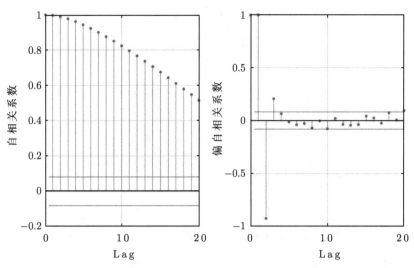

图 7-8 原始 SO_2 浓度短期序列 $\{X'_{st}\}$ 的自相关系数和偏自相关系数

经计算，当 $p = 1$、$q = 1$ 时，BIC_{st} 取得最小值 -287.6，故原始 SO_2 浓度短期序列 $\{X'_{st}\}$ 的最优模型为 ARIMA(1,1,1)；当 $p = 1$、$q = 3$ 时，BIC_{lt} 取得最小值 11279.52，故原始 SO_2 浓度长期序列 $\{X_{lt}\}$ 的最优模型为 ARIMA(1, 0, 3)。

7.5.3 季节性污染物浓度时间序列预测模型

1) 模型框架与理论基础

1. 模型框架

本节利用 ARIMA 模型构建季节性污染物浓度预测模型用于预测 SO_2 浓度短期序列 $\{X_{st}\}$ 和长期序列 $\{X_{lt}\}$，季节性 SARIMA 预测模型的框架如图 7-9 所示。

2. SARIMA 理论基础

非季节性 ARIMA 模型中只包含非季节性特征参数，而季节性 SARIMA 模型则进一步加入了处理季节特征的参数。季节性时间序列模型也称为乘积季节模型，因为模型的最终形式是用因子相乘的形式表示。

长期序列的周期步长用 S 表示。首先利用季节差分的方法消除周期性变化，季节差分算子定义为

$$\Delta_S = 1 - L^S \tag{7.11}$$

若长期序列用 x_t 表示，则一次季节差分表示为

$$\Delta_S x_t = (1 - L^S)x_t = x_t - x_{t-S} \tag{7.12}$$

其中，若原始长期序列包含 T 个观测值，则经过一次季节差分和一次非季节差分后，序列将丢失 $S+1$ 个观测值。

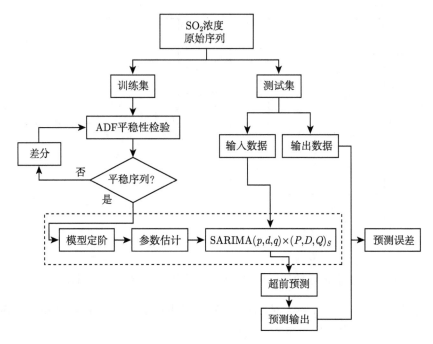

图 7-9   季节性 SARIMA 预测模型的建模流程图

季节性 SARIMA 模型可以表示如下 [171]：

$$(1 - \phi_1 L - \cdots - \phi_p L^p)(1 - \alpha_1 L^S - \cdots - \alpha_P L^{PS})(\Delta^d \Delta_S^D x_t)$$
$$= (1 + \theta_1 L + \cdots + \theta_q L^q)(1 + \beta_1 L^S + \cdots + \beta_Q L^{QS})\varepsilon_t \tag{7.13}$$

式中，Δ、Δ_S 分别表示非季节性差分和 S 期季节性差分；d、D 分别表示非季节性差分阶数和季节性差分阶数；ε_t 为随机误差项；$1 - \phi_1 L - \cdots - \phi_p L^p$ 与 $1 - \alpha_1 L^s - \cdots - \alpha_P L^{PS}$ 分别表示非季节性与季节性自回归特征多项式；$1 + \theta_1 L + \cdots + \theta_q L^q$ 与 $1 + \beta_1 L^S + \cdots + \beta_Q L^{QS}$ 分别表示非季节性与季节性移动平均特征多项式，下标 p、P、q、Q 分别表示非季节项与季节项的自回归与移动平均特征多项式的最大滞后阶数。上述季节性时间序列模型表示为 $\text{SARIMA}(p,d,q) \times (P,D,Q)_S$。

2) 建模步骤

1. 原始 NO_2 序列预处理

从 7.5.2 小节中得知原始 SO_2 浓度短期序列 $\{X_{st}\}$ 为非平稳序列，其一阶差分后的序列 $\{X_{st}^1\}$ 为平稳序列。但是，由 SARIMA 模型的原理可知，SARIMA 方法对原始 SO_2 浓度序列处理的差分过程分为两步，趋势 d 阶差分及季节性 D 阶差分。因此，在使用 SARIMA 模型 $\text{SARIMA}(p,d,q) \times (P,D,Q)_S$ 处理原始 SO_2 浓度短期序列 $\{X_{st}\}$ 时，差分处理过程如何分配暂时无法确定，具体的差分方法需要通过对不同差分系数的模型进行 BIC 检测来获得最优的模型参数分配结果。原始 SO_2 浓度短期序列没有明显的季节性效应，其周期步长 S 无法直接确定，因此原始 SO_2 浓度短期序列的周期步长同样需要通过 BIC 检测获得最优模型进行确定。

原始 SO_2 浓度长期序列 $\{X_{1t}\}$ 为平稳序列，因此可暂时确定其 SARIMA 模型的趋势差分项 $d = 0$，季节性差分项 $D = 0$，剩余参数需要通过 BIC 检测获得最优模型来确定。根据图 7-5 观察分析并结合实际生活经验得知，原始 SO_2 浓度长期序列 $\{X_{1t}\}$ 的周期步长 S 为 120。通过进一步实验得知，当增加或减小周期步长时，BIC 值都会升高，因此可以确定原始 SO_2 浓度长期序列 $\{X_{1t}\}$ 的 SARIMA 模型的周期步长 $S = 120$。

2. 模型定阶

SARIMA 模型 SARIMA $(p, d, q) \times (P, D, Q)_S$ 中需要确定的参数众多，需要进一步利用 BIC 进行最优模型判定从而确定 SARIMA 模型中的未知参数，通过不断改变模型参数使得 BIC 值达到最小。表 7-5 表示原始 SO_2 浓度短期序列周期步长 S 取 82 时，非季节项参数变化的 BIC 值。

表 7-5 SO_2 浓度短期序列不同非季节项参数 SARIMA 模型 BIC 值

非季节项参数		季节项参数	
		SARIMA $(p, 0, q) \times (1, 0, 1)_{82}$	SARIMA $(p, 0, q) \times (1, 1, 1)_{82}$
$p=1$	$q=1$	276.01	-241.47
	$q=2$	370.66	-301.02
	$q=3$	591.70	-195.90
$p=2$	$q=1$	868.93	-214.37
	$q=2$	1347.88	457.87
	$q=3$	1573.98	528.37
$p=3$	$q=1$	1399.35	150.96
	$q=2$	1656.80	510.41
	$q=3$	1839.57	620.16

从表 7-5 中可以看出，当短期序列的周期步长 S 取 82，季节项系数取 $P = 1$，$Q = 1$ 时，差分的存在能够使季节性模型的 BIC 值降低，因此短期序列 SARIMA 模型季节项设置一阶差分，即差分项 $D = 1$。此外，当非季节项系数取 $p = 1$，$q = 2$ 时，BIC 检测值达到最佳，即短期序列季节性模型的非季节项系数和季节项系数已确定，接下来对其周期步长 S 进行对比分析，结果如表 7-6 所示。

表 7-6 SO$_2$ 浓度短期序列不同周期步长 SARIMA 模型 BIC 值

非季节项参数		季节项参数	
		SARIMA $(p,0,q) \times (1,1,1)_{72}$	SARIMA $(p,0,q) \times (1,1,1)_{84}$
$p=1$	$q=1$	−222.36	−224.20
	$q=2$	−282.70	−262.40
	$q=3$	−144.48	−171.56
$p=2$	$q=1$	−158.37	−172.52
	$q=2$	401.26	381.81
	$q=3$	475.56	457.37
$p=3$	$q=1$	189.29	123.96
	$q=2$	495.94	482.95
	$q=3$	624.38	529.06

从表 7-6 中可以看出，增大或者减小 SO$_2$ 浓度短期序列 SARIMA 模型的周期步长 S，BIC 检测都会偏离最优值，因此本章中短期浓度序列季节性模型的周期步长取 $S=82$，即 SO$_2$ 浓度短期序列季节性最优模型为 SARIMA $(1,0,2) \times (1,1,1)_{82}$。

SO$_2$ 浓度长期序列的周期性步长 S 通过前面分析取 120，其季节性模型 SARIMA$(p,0,q) \times (1,D,1)_{120}$ 中的其他参数需要通过搜索最佳 BIC 检测值来确定，对比分析不同参数的长期序列 SARIMA 模型的 BIC 值如表 7-7 所示。

表 7-7 SO$_2$ 浓度长期序列不同参数的 SARIMA 模型 BIC 值

非季节项参数		季节项参数	
		SARIMA $(p,0,q) \times (1,0,1)_{120}$	SARIMA $(p,0,q) \times (1,1,1)_{120}$
$p=1$	$q=1$	11400.81	11278.97
	$q=2$	11211.42	11180.32
	$q=3$	11661.65	11904.23
$p=2$	$q=1$	11445.67	11479.51
	$q=2$	12102.12	12099.87
	$q=3$	12610.54	12325.90
$p=3$	$q=1$	11444.86	11479.55
	$q=2$	12470.18	12249.20
	$q=3$	11935.93	12110.88

对于 SO$_2$ 浓度长期序列 $\{X_{1t}\}$ 而言，其自身具有一定的周期特性，因此采用季节性模型 SARIMA 对原始序列进行建模预测能够提高精度，本节中长期序列季节性模型 BIC 值应选取小于上述非季节性模型 ARIMA(1,0,3) 的 BIC$_{1t}$ 最小

值 11279.52。通过对表 7-7 进行分析可知，当设定 SO_2 浓度长期序列的季节项参数 $P = 1$，$Q = 1$，周期性步长 $S = 120$ 时，SARIMA 模型的非季节项参数选取 $p = 1$，$q = 2$，BIC_{lt} 取得最小值 11180.32，小于非季节性模型的 BIC 最小值 11279.52。此外，对季节性模型设定季节差分项 $D = 1$ 时，BIC 值反而降低，因此本章中 SO_2 浓度长期序列 $\{X_{lt}\}$ 的 SARIMA 模型选取季节性一阶差分，即长期序列的最优季节性模型为 $SARIMA(1, 0, 2) \times (1, 1, 1)_{120}$。

7.5.4 模型预测结果与精度对比分析

本章中对两种不同类型的时间序列进行分析：SO_2 浓度短期序列 $\{X_{st}\}$ 和 SO_2 浓度长期序列 $\{X_{lt}\}$。利用两种不同的时间序列建模预测方法对两种序列进行处理：非季节性模型 ARIMA 和季节性模型 SARIMA。本章基于此建立了四种 SO_2 浓度时间序列预测模型：

(1) 辨识处理 SO_2 浓度短期序列的非季节性模型 SARIMA(1,1,1)；

(2) 辨识处理 SO_2 浓度长期序列的非季节性模型 SARIMA(1,0,3)；

(3) 辨识处理 SO_2 浓度短期序列的季节性模型 $SARIMA(1, 0, 2) \times (1, 1, 1)_{82}$；

(4) 辨识处理 SO_2 浓度长期序列的季节性模型 $SARIMA(1, 0, 2) \times (1, 1, 1)_{120}$。

1) 模型预测结果

本章利用建立的四种时间序列模型分别对 SO_2 浓度短期序列和长期序列进行超前一步至超前三步预测，预测结果如图 7-10～图 7-15 所示，模型预测精度指标值如表 7-8 所示。

(1) 超前一步预测结果。

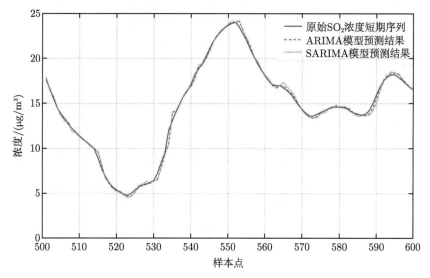

图 7-10 SO_2 浓度短期序列超前一步预测结果 (彩图见封底二维码)

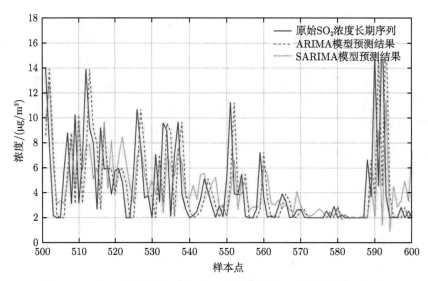

图 7-11　SO$_2$ 浓度长期序列超前一步预测结果 (彩图见封底二维码)

(2) 超前两步预测结果。

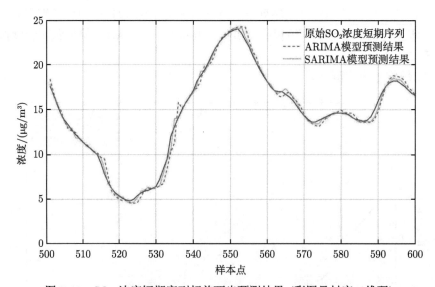

图 7-12　SO$_2$ 浓度短期序列超前两步预测结果 (彩图见封底二维码)

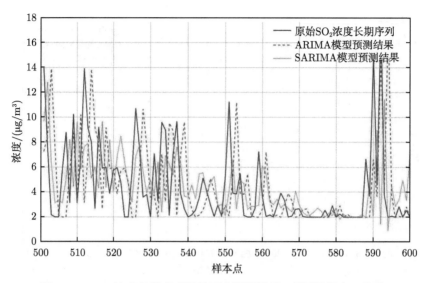

图 7-13　SO₂ 浓度长期序列超前两步预测结果 (彩图见封底二维码)

(3) 超前三步预测结果。

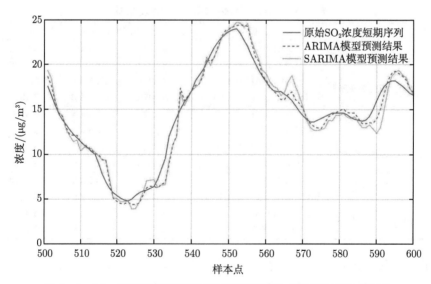

图 7-14　SO₂ 浓度短期序列超前三步预测结果 (彩图见封底二维码)

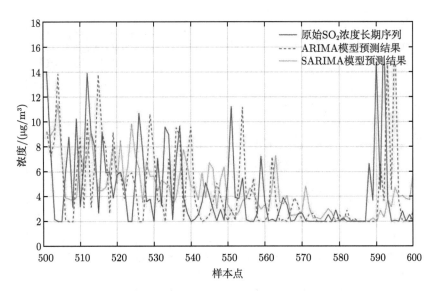

图 7-15　SO$_2$ 浓度长期序列超前三步预测结果 (彩图见封底二维码)

2) 模型预测精度对比分析

表 7-8　四种时间序列模型预测精度指标

预测步数	原始序列	预测模型	MAE/(μg/m³)	MAPE/%	RMSE/(μg/m³)
1	SO$_2$ 浓度短期序列	ARIMA(1,1,1)	5.7132	51.8297	6.9079
		SARIMA(1,0,2)×(1,1,1)$_{82}$	5.7222	51.8575	6.9120
	SO$_2$ 浓度长期序列	ARIMA(1,0,3)	2.4938	54.7171	3.8714
		SARIMA(1,0,2)×(1,1,1)$_{120}$	5.9070	184.6381	7.4301
2	SO$_2$ 浓度短期序列	ARIMA(1,1,1)	5.7872	52.3604	6.9952
		SARIMA(1,0,2)×(1,1,1)$_{82}$	5.8208	52.5078	7.0146
	SO$_2$ 浓度长期序列	ARIMA(1,0,3)	2.5521	67.3902	3.9166
		SARIMA(1,0,2)×(1,1,1)$_{120}$	6.3689	200.4238	8.0505
3	SO$_2$ 浓度短期序列	ARIMA(1,1,1)	5.8775	53.0160	7.1014
		SARIMA(1,0,2)×(1,1,1)$_{82}$	5.9514	53.3706	7.1473
	SO$_2$ 浓度长期序列	ARIMA(1,0,3)	2.9360	81.3822	4.4230
		SARIMA(1,0,2)×(1,1,1)$_{120}$	6.6970	210.7432	8.1281

通过对图 7-10~ 图 7-15 和表 7-8 进行分析, 可以得出以下结论:

(1) 对于原始 SO$_2$ 浓度短期序列 $\{X_{\text{st}}\}$, 非季节性模型 ARIMA(1,1,1) 与季节性模型 SARIMA(1, 0, 2)×(1,1,1)$_{82}$ 的预测精度比较接近, 两种模型的预测性能相差无几。例如, ARIMA(1,1,1) 模型对 SO$_2$ 浓度短期序列进行超前一步预测时的 MAE、MAPE、RMSE 分别为 5.7132μg/m³、51.8297%、6.9079μg/m³, SARIMA(1,0,2)×(1,1,1)$_{82}$ 模型对 SO$_2$ 浓度短期序列进行超前一步预测时的 MAE、MAPE、RMSE

分别为 $5.7222\mu g/m^3$、51.8575%、$6.9120\mu g/m^3$。产生这种结果的主要原因是 SO_2 短期序列不存在显著的周期性特征或其周期特征不够明显，非季节性 ARIMA 模型只对序列本身信息进行捕捉，季节性 SARIMA 模型由于不能有效获取原始短期序列的周期步长便失去了模型的独特性，预测性能与 ARIMA 模型类似。

(2) 对于原始 SO_2 浓度长期序列 $\{X_{lt}\}$，非季节性模型 ARIMA(1,0,3) 的预测精度要明显高于季节性模型 $SARIMA(1,0,2)\times(1,1,1)_{120}$，预测性能更好。例如，ARIMA(1,0,3) 模型对 SO_2 浓度长期序列进行超前一步预测时的 MAE、MAPE、RMSE 分别为 $2.4938\mu g/m^3$、54.7171%、$3.8714\mu g/m^3$，$SARIMA(1,0,2)\times(1,1,1)_{120}$ 模型对 SO_2 浓度长期序列进行超前一步预测时的 MAE、MAPE、RMSE 分别为 $5.9070\mu g/m^3$、184.6381%、$7.4301\mu g/m^3$。实验结果不符合季节性 SARIMA 模型在处理长期时间序列上的优越性，对本章中原始数据与所构建模型进行分析可以得到以下原因：① 本章中采用的原始 SO_2 浓度长期序列采样周期为 1h，设置样本间隔为 60h 即 2.5d，采样周期过长导致样本量较少，虽然 SO_2 浓度长期序列具有周期性特征，然而在本章样本中仍旧不能被季节性 SARIMA 模型有效学习，通过 BIC 判定选择的周期步长 S 存在较大误差；② 本章中对原始长期序列的处理是设置 60h 的样本间隔，对于 SO_2 浓度序列进行分析结合主观知识判断，其具有日变化、月变化、年变化等特性，因此本章中的样本间隔设置可能破坏了原始长期序列中的其他特征，即 SO_2 浓度长期序列的周期特性包括日变化周期、月变化周期、年变化周期等，SARIMA 模型并不能完美学习与拟合。

(3) 随着预测步数的不断增加，四种模型的预测精度都会随之下降。例如，ARIMA(1,1,1) 模型对 SO_2 浓度短期序列进行超前一、二、三步预测的 MAE 分别为 $5.7132\mu g/m^3$、$5.7872\mu g/m^3$、$5.8775\mu g/m^3$；ARIMA(1,0,3) 模型对 SO_2 浓度长期序列进行超前一、二、三步预测的 MAE 分别为 $2.4938\mu g/m^3$、$2.5521\mu g/m^3$、$2.9360\mu g/m^3$；$SARIMA(1,0,2)\times(1,1,1)_{82}$ 模型对 SO_2 浓度短期序列进行超前一、二、三步预测的 MAE 分别为 $5.7222\mu g/m^3$、$5.8208\mu g/m^3$、$5.9514\mu g/m^3$；$SARIMA(1,0,2)\times(1,1,1)_{120}$ 模型对 SO_2 浓度长期序列进行超前一、二、三步预测的 MAE 分别为 $5.9070\mu g/m^3$、$6.3689\mu g/m^3$、$6.6970\mu g/m^3$。本章中预测过程采用的是滚动预测策略，利用若干个历史数据来预测当前数据，因此在进行超前多步预测时会将前面预测的误差叠加到后面的预测中，因此模型预测精度会随着超前预测步数的增加而下降。

(4) 非季节性 ARIMA 模型与季节性 SARIMA 模型对 SO_2 浓度短期序列 $\{X_{st}\}$ 的拟合效果都较好，在原始序列的波峰和波谷区段仍然具有较好的拟合能力，且预测误差较小，在实际应用中可以集成前处理后处理方法或优化算法来进一步提高混合模型的预测性能。ARIMA 模型与 SARIMA 模型对 SO_2 浓度长期序列 $\{X_{lt}\}$ 进行预测时，产生了比较严重的时延现象，且这种现象随着超前预测步数的增加逐渐严重，这也是导致季节性 SARIMA 模型预测精度很差的一个原因。并且通过预测结果图可以看出，相对于非季节性 ARIMA 模型，SARIMA 模型预测的波动趋势和幅值与原始长期序列更加接近，若解决了出现的预测时延问题，则季节性 SARIMA 模型在处理长期序列方面仍然具有高效的性能，这也是后续研究工作开展的出发点。

7.6　本 章 小 结

本章对大气污染物概念、浓度表示方法和相关特性进行了系统阐述与分析，并通过实验建模对相关特性进行验证，主要包括以下内容：

(1) 大气污染物按照不同标准可分为一次污染物与二次污染物、天然污染物与人为污染物、气态污染物与气溶胶态污染物，常见的大气污染物包括 $PM_{2.5}$、PM_{10}、SO_2、NO_2、CO、O_3 等。

(2) 大气污染物浓度表示方法分为单位体积空气中的污染物质量和污染物体积与空气总体积的比值两种评价指标，且可以相互转换，目前主要采用第一种表示方法。

(3) $PM_{2.5}$ 浓度与 SO_2、NO_2、CO 浓度相关性较高，与 O_3 浓度基本无相关性；PM_{10} 浓度同样与 SO_2、NO_2、CO 浓度相关性较高，与 O_3 浓度基本无相关性，这一结论可为利用相关污染物浓度预测目标污染物浓度的预测理论提供依据。

(4) 大气污染物浓度长期序列具有周期性特征，通过构建季节性 SARIMA 模型在一定程度上证明了这一论证，但是模型的预测性能与样本密切相关，需要后续研究工作进一步讨论。

第 8 章　大气污染物浓度确定性预测模型

8.1　引　　言

ARMA 和 Elman 分别作为传统时间序列模型和神经网络模型的代表性算法，在时间序列分析和预测领域已经具备成熟的应用。BFGS 算法是一种拟牛顿法，此方法最早由 Broyden、Fletcher、Goldfarb 以及 Shanno 共同提出，BFGS 算法对一维数据较为敏感，在迭代过程中 BFGS 矩阵不易转变为奇异阵，具有良好的稳定性，因此在一维搜索中较为常用。

李祥等 [172] 采用小波多尺度变换对 ARMA 模型进行改进，利用 ARMA 模型预测分解得到的近似分量和细节分量，重构得到预测结果。与单一的 ARMA 模型相比，小波分析改进的 ARMA 模型具有更好的预测性能。余辉等 [173] 则通过构建 ARMAX 模型实现根据预测精度指标变化的模型自适应在线更新，在一定程度上增强了模型的实用性。张等利用 Elman 神经网络挖掘大气中多种自然因素与 SO_2 浓度的关系拟合，从而实现对该污染物浓度的预测。Karaca 等 [174] 将 BFGS 算法应用到 BP 神经网络的反向传播过程中，形成 BFGS 网络，以此来对大气污染物浓度实现高精度预测。

分解算法是大气污染物浓度预测前处理常用方法之一，将复杂的原始污染物浓度序列分解为多个更加平稳的子序列，可在很大程度上改进模型的预测性能。Yang 等 [175] 采用互补集合经验模态分解方法细化原始大气污染物浓度时间序列内部特征，利用优化的 Elman 网络进行预测，结果证明了分解算法对于改进模型预测性能的有效性。Gan 等 [176] 分别采用小波包分解和互补集合经验模态分解两种分解框架对 $PM_{2.5}$ 浓度序列进行二次分解，对小波包分解得到的高频分量内部特征进行深层次挖掘。经验小波变换 [2]、变分模态分解 [177]、经验模态分解 [178]、集合经验模态分解 [179] 等方法被广泛应用于大气污染物浓度预测领域。

经验小波变换 [90] 集成了小波分解和经验模态分解的优点：具有小波分解的理论基础，同时适用于经验模态分解的信号类型，具有经验模态分解的自适应性。Liu 等 [2] 提出一种基于经验小波变换的大气污染物浓度混合预测模型，利用经验小波变换降低原始浓度序列中的不平稳程度和随机性特征。小波包分解 [180] 将每一层分解得到的低频子序列和高频子序列均继续进行再一次分解，不同小波变换过程中只对低频子序列进行再分解，这样能够为原始浓度序列提供更为精细的分解方法。奇异谱分析[111] 是一种近年来较为流行的数据前处理算法,能够从包含噪声的有限尺度时间序列中提取特征信息[113],对于分析非平稳性序列具有独到的优势。

　　本章首先研究分解算法对于提高模型预测性能的作用,并分析不同分解框架下的混合预测模型性能,对预测结果进行对比。此外,本章还对 3 种预测算法进行预测性能的综合对比分析,并在同一预测算法基础上研究不同分解层数对模型性能的影响。

8.2　大气污染物浓度数据

8.2.1　原始污染物浓度时间序列

　　本章中数据来源于我国北京市某大气污染物浓度监测站点的原始污染物浓度时间序列,原始浓度数据采样间隔为 1d。图 8-1 和图 8-2 分别为 $PM_{2.5}$ 和 SO_2 浓度时间序列,$\{X_{1t}\}$ 和 $\{X_{2t}\}$ 时间序列均包含 600 个样本点。$\{X_{1t}\}$ 中所有样本点的值都在 0 和 $170\mu g/m^3$ 之间波动,$\{X_{2t}\}$ 中所有样本点的值都在 0 和 $50\mu g/m^3$ 之间波动,两组时间序列均体现出了很强的随机性和非平稳性。

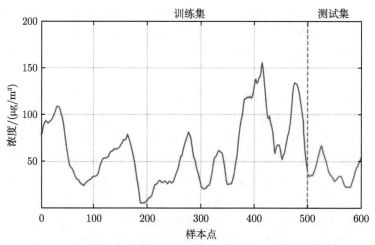

图 8-1　$PM_{2.5}$ 浓度时间序列 $\{X_{1t}\}$

　　为全面分析各污染物浓度时间序列的特征,进一步计算了各污染物浓度时间序列的极值、均值、标准差、偏度和峰度等常用统计特征,表 8-1 为本章中采用的两组污染物浓度时间序列的统计特征。其中偏度是浓度时间序列的三阶中心矩与标准差的三次幂之比,反映了浓度时间序列数据分布相对于对称分布的偏离情况,当偏度值为负值时其分布呈现左偏,当偏度值为正值时其分布呈现右偏,当偏度值

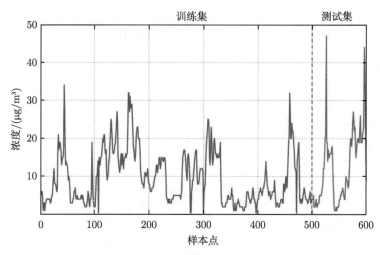

图 8-2　SO$_2$ 浓度时间序列 $\{X_{2t}\}$

为 0 时表示其值呈对称分布。峰度是浓度时间序列的四阶中心矩与标准差的四次幂之比，它反映了数据的离群程度。采用的峰度值为相对于标准正态分布的峰度值，当峰度值为正时表明其分布的离散程度大于标准正态分布。

由表 8-1 可知，两组浓度时间序列的偏度值均为正值，说明其分布相对于对称分布均呈右偏，且 PM$_{2.5}$ 浓度时间序列 $\{X_{1t}\}$ 的偏度值较小，说明该浓度序列更加接近对称分布。两组浓度时间序列的峰度值均为正值，说明其中的样本点相对于均值分布较为分散，样本点中出现极端值的概率高于正态分布时出现极端值的概率。

表 8-1　原始污染物浓度序列的统计特征

污染物浓度 时间序列	最小值/ (μg/m^3)	最大值/ (μg/m^3)	均值/(μg/m^3)	标准差/(μg/m^3)	偏度/(μg/m^3)	峰度/(μg/m^3)
$\{X_{1t}\}$	5.7	155.7	58.2478	33.5308	0.8129	2.8724
$\{X_{2t}\}$	0	47	10.0867	7.4280	1.0627	4.3352

8.2.2　样本划分

为实现模型的构建和模型性能的评价，需要对用于仿真的大气污染物浓度时间序列进行分组处理。本章中的污染物浓度时间序列包含 600 个样本点，将数据划分为训练数据集和测试数据集。其中第 1~500 样本点作为训练样本，用于对预测模型进行训练，第 501~600 样本点作为测试样本，用于在模型训练完成后，测试所得模型，得到模型预测输出，计算模型的预测误差，评价模型的预测性能。

8.3　不同分解框架下的大气污染物浓度混合预测模型

8.3.1　模型框架

图 8-3 为不同分解框架下的 Elman 混合预测模型对大气污染物浓度序列进行预测的模型框架。

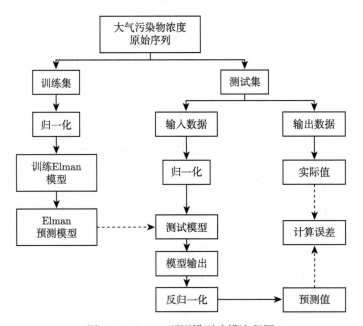

图 8-3　Elman 预测模型建模流程图

8.3.2　ELMAN 神经网络理论基础

Elman 神经网络是一种动态递归神经网络，与传统的 BP 神经网络相比，它在隐含层中又加入了一个承接层，也称为状态层，形成了以输入层、隐含层、承接层和输出层为基本框架的网络结构。隐含层上一时刻的输出不仅会传输到输出层，同时会传输到承接层并进行记忆和存储，起到了具有一步延时效果的延时算子的作用，通过内部反馈的形式经过一定延时后再次作为隐含层的输入，这种结构增加了 Elman 神经网络对历史状态的敏感性，使得网络对于动态信息具有较好的处理能力，达到动态建模的效果 [181]。Elman 神经网络的基本结构如图 8-4 所示。

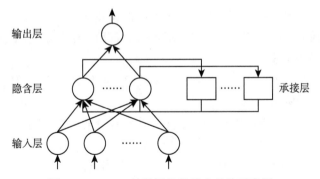

图 8-4 Elman 神经网络的基本结构示意图

Elman 神经网络的计算方法可表示如下：

$$h(t) = f(\omega_1(x(t)) + \omega_2(h(t-1)) + a) \tag{8.1}$$

$$y(t) = g(\omega_3(h(t)) + b) \tag{8.2}$$

式中，$x(t)$ 为历史输入数据；$h(t)$ 为隐含层输出数据；$y(t)$ 为输出数据；ω_1、ω_2 和 ω_3 分别为隐含层连接输入层、承接层连接隐含层和输出层连接隐含层的权值向量；a 和 b 分别为隐含层和输出层的阈值向量；$f(\cdot)$ 和 $g(\cdot)$ 分别为隐含层和输出层的传递函数。

8.3.3 建模步骤

(1) 将原始大气污染物浓度时间序列划分为训练集和测试集，对训练集的输入数据和输出数据分别进行归一化操作；

(2) 对模型的最大迭代次数、网络学习率等参数初始化后的 Elman 神经网络进行训练，得到训练完成的 Elman 模型；

(3) 将测试集的输入数据进行同步骤 (1) 中相同的归一化操作，再输入步骤 (2) 中训练完成得到的 Elman 模型进行测试，并将模型输出结果反归一化得到相对于原始数据的预测值；

(4) 将步骤 (3) 中得到的模型预测值与实际值进行对比，分别计算平均绝对误差、平均绝对百分比误差、均方根误差和误差标准差四种误差评价指标值。

8.3.4 不同分解分量的预测结果对比分析

1) 小波包分解框架下的结果分析

小波包分解 (Wavelet Packet Decomposition，WPD) 衍生自小波分解，与之不同的是，小波分解只对低频信号再次分解，不分解高频信号，而小波包分析同时将低频信号和高频信号再次分解，高频信号的分辨率比二进小波高，对突变信号的分解效果更好。小波包分解可分为连续小波变换 (Continuous Wavelet Transform，CWT) 和离散小波变换 (Discrete Wavelet Transform，DWT)，其中离散小波变换能更有效地处理大气污染物浓度时间序列。

为保证结果对比的一致性，本节所有模型中小波包分解相关参数均为：分解层数为 3 层，小波基函数采用 'db3'。

图 8-5 为 PM$_{2.5}$ 浓度时间序列 $\{X_{1t}\}$ 在小波包分解框架下的分解结果。分量共有 $2^3 = 8$ 个，其中 S1、S3、S5、S7 为低频分量 (Low Frequency，LF)，S2、S4、S6、S8 为高频分量 (High Frequency，HF)。S1 幅值最大，聚集原始序列的大部分能量，S2 和 S4 幅值次之，其余分量幅值较小，在 $[-1, 1]$ 区间内波动。

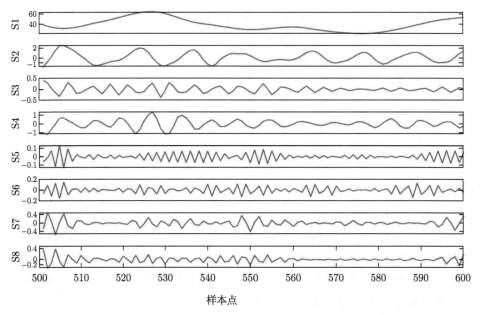

图 8-5　PM$_{2.5}$ 浓度时间序列 $\{X_{1t}\}$ 的小波包分解结果

2) 经验小波变换框架下的结果分析

经验小波变换 (Empirical Wavelet Transform, EWT) 集成了小波分解和经验模态分解的优点：具有小波分解的理论基础，同时适用于经验模态分解的信号类型，具有经验模态分解的自适应性。其能够根据原始信号的频谱自主划分频段，并生成一系列滤波器将原始数据分解为多个子频带。图 8-6 为各子频带对应的模态信号，由低频段到高频段分别对应模态信号 S1 至 S13。其中，模态信号 S1 的幅值最大，集中了原始 PM$_{2.5}$ 浓度时间序列中的大部分能量，体现了浓度时间序列的整体趋势。模态信号 S2 和 S3 的幅值大致相当，处于所有模态信号的中间位置。高频部分的 S4 至 S13 的幅值较小。

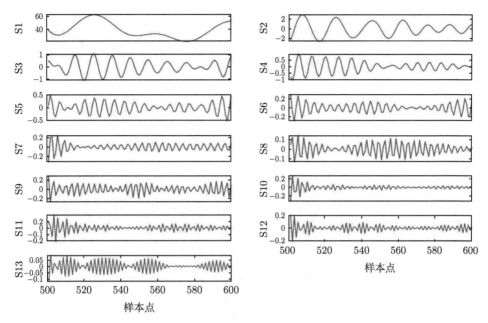

图 8-6 PM$_{2.5}$ 浓度时间序列 $\{X_{1t}\}$ 的经验小波分解结果

3) 奇异谱分析框架下的结果分析

奇异谱分析 (Singular Spectrum Analysis，SSA) 是对时间序列的结构进行分析，将其分为趋势分量和残余分量。在奇异谱分析过程中，窗口长度 L 的选取至关重要，需要通过不断尝试选取合适的窗口长度。为保证结果对比的一致性，本节所有模型中奇异谱相关参数均为：窗口长度 200。图 8-7 为 PM$_{2.5}$ 浓度时间序列 $\{X_{1t}\}$ 的奇异谱分析结果，图 8-7(a) 为原始浓度时间序列和重构序列，可看出重构时间序列占据原始时间序列的大部分能量，且代表污染物浓度数据的变化趋势，而残余分量 (图 8-7(b)) 为高频信号，幅值在 $[-0.5, 0.5]$ 区间内波动，通过奇异谱分析可将原始信号分解为趋势分量和残余分量，降低后续预测难度。

4) 不同分解框架下的预测结果对比分析

通过对图 8-8～图 8-10 和表 8-2 进行分析，可以得出以下结论：

(1) 将 Elman 神经网络作为混合模型预测器时，经验小波变换分解框架下的混合模型预测性能最好，奇异谱分析分解框架下的混合模型预测性能次之，小波包分解框架下的混合模型预测性能最差。例如，对 PM$_{2.5}$ 浓度时间序列 $\{X_{1t}\}$ 进行超前一步预测时，EWT-Elman 混合模型的 MAE、MAPE、RMSE 和 SDE 分别为 2.5205μg/m^3、0.8595%、1.1093μg/m^3 和 1.0898μg/m^3，SSA-Elman 混合模型的 MAE、MAPE、RMSE 和 SDE 分别为 4.3794μg/m^3、1.5682%、1.9856μg/m^3 和 1.9754μg/m^3，WPD-Elman 混合模型的 MAE、MAPE、RMSE 和 SDE 分别为

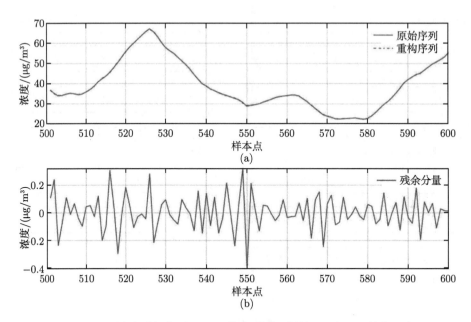

图 8-7　PM$_{2.5}$ 浓度时间序列 $\{X_{1t}\}$ 的奇异谱分析结果 (彩图见封底二维码)

4.6438μg/m^3、1.8233%、2.6152μg/m^3 和 2.4073μg/m^3。

(2) 随着超前预测步数的增加，3 种混合预测模型的预测精度不断下降，这是因为本章中混合模型超前预测过程采用的是滚动预测策略，超前低步数预测产生的误差会累积到超前高步数预测过程中。例如，对 PM$_{2.5}$ 浓度时间序列 $\{X_{1t}\}$ 进行超前一步预测时，EWT-Elman 混合模型的 MAE、MAPE、RMSE 和 SDE 分别为 2.5205μg/m^3、0.8595%、1.1093μg/m^3 和 1.0898μg/m^3，进行超前两步预测时的 MAE、MAPE、RMSE 和 SDE 分别为 5.1735μg/m^3、1.7354%、2.2621μg/m^3 和 2.2319μg/m^3，进行超前三步预测时的 MAE、MAPE、RMSE 和 SDE 分别为 6.9081μg/m^3、2.274%、3.0247μg/m^3 和 2.9998μg/m^3。

(3)EWT-Elman 混合预测模型对于原始 PM$_{2.5}$ 浓度时间序列 $\{X_{1t}\}$ 的拟合效果最好，在序列波峰和波谷仍具有较好的拟合能力，而 WPD-Elman 和 SSA-Elman 在波峰和波谷区段的偏差已经较大，拟合效果很差，例如，图 8-8 中第 525 至第 530 个样本点。这种现象主要是因为经验小波变换方法能够根据原始数据的波动性和频谱自主划分频带分解原始序列，而小波包分解算法的性能受限于分解层数和小波母函数，奇异谱分析算法的性能受限于窗口长度，这些参数都会影响分解算法对混合预测模型的预测性能，为此，本章后续将会针对这三种参数分析不同关键参数对分解算法的性能影响进行对比分析。

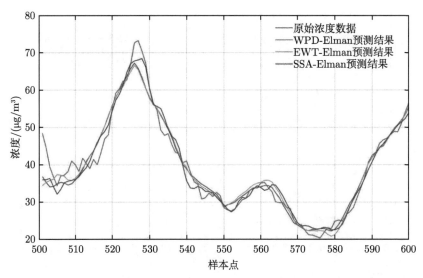

图 8-8 不同分解框架下的混合模型 $PM_{2.5}$ 浓度序列 $\{X_{1t}\}$ 超前一步预测结果 (彩图见封底二维码)

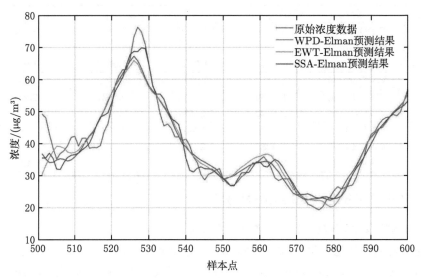

图 8-9 不同分解框架下的混合模型 $PM_{2.5}$ 浓度序列 $\{X_{1t}\}$ 超前两步预测结果 (彩图见封底二维码)

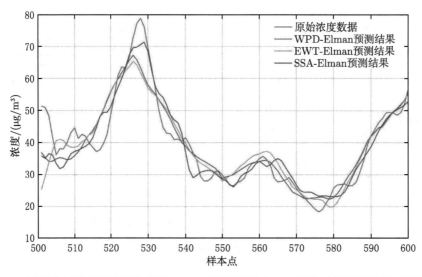

图 8-10　不同分解框架下的混合模型 PM$_{2.5}$ 浓度序列 $\{X_{1t}\}$ 超前三步预测结果 (彩图见封底二维码)

表 8-2　不同分解框架下的混合模型 PM$_{2.5}$ 浓度序列 $\{X_{1t}\}$ 预测精度指标

预测步数	模型	MAE/(μg/m³)	MAPE/%	RMSE/(μg/m³)	SDE/(μg/m³)
1	WPD-Elman	4.6438	1.8233	2.6152	2.4073
	EWT-Elman	2.5205	0.8595	1.1093	1.0898
	SSA-Elman	4.3794	1.5682	1.9856	1.9754
2	WPD-Elman	7.5572	3.0233	4.4182	4.264
	EWT-Elman	5.1735	1.7354	2.2621	2.2319
	SSA-Elman	6.8429	2.4334	3.0901	3.0771
3	WPD-Elman	11.05	4.6469	6.756	6.417
	EWT-Elman	6.9081	2.274	3.0247	2.9998
	SSA-Elman	10.4216	3.6814	4.6752	4.66

8.3.5　不同分解分量的预测结果对比分析

1) 分解层数对小波包分解的性能影响分析

为了研究分解层数对小波包分解算法的性能影响, 本节对比分析了分解层数分别为 2~6 时的 WPD-Elman 模型的四种预测精度指标, 结果如图 8-11 所示。

通过对图 8-11 进行分析可以看出, 当小波包分解的小波母函数保持一致时, 随着分解层数的增加, 混合预测模型的预测精度呈现先上升再下降的过程, 其中, 当分解层数为 3 时, 模型预测精度最高, 预测性能最优。当分解层数为 2 时, 模型预测性能最差, 这主要是因为当分解层数较低时, 原始污染物浓度时间序列中的内部特征信息并未被完全地挖掘出来, 高频分量中的一些特征没有被预测模型学习到。当分解层数不断增加时，虽然高频分量被逐渐分解，内部特征信息不断被剥离出来，但是过度分解会破坏原始序列的完整性和时变特征，反而不能起到提升混合模型预测性能的作用。

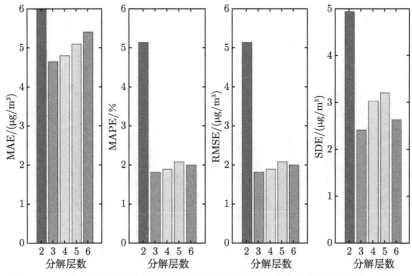

图 8-11　不同分解层数小波包分解的模型预测精度指标 (彩图见封底二维码)

2) 小波母函数对小波包分解的性能影响分析

本章中小波包分解算法采用的是 Daubechies 小波族，因此除了分解层数之外，小波母函数 (即小波基) 对分解算法的性能也存在一定影响。本节对比分析了小波母函数分别为 'db2'~'db10' 时的 WPD-Elman 模型的四种预测精度指标，结果如图 8-12 所示。

通过对图 8-12 进行分析可以看出，当小波包分解的分解层数保持一致，随着小波母函数从 'db2' 向 'db10' 变换时，混合预测模型的预测精度呈现先上升再下降的过程，其中，当小波母函数为 'db6' 时，模型预测精度最高，预测性能最优。当小波基为 'db2' 时，模型预测性能最差，这主要是因为当小波母函数的消失矩较小时，存在较少的等于零的小波系数，较多的序列噪声没有被消除，分解效果较差，因此预测模型的精度较低。而当小波基的消失矩太大时，小波基的支撑长度相应变长，会产生较多高幅值的小波系数，并且可能出现边界问题，同样对模型预测性能造成不利影响。因此，需要折中选择小波基消失矩，在本节研究中，'db6' 小波基性能最佳，验证了这一论证。

3) 窗口长度对奇异谱分析的性能影响分析

本章中的样本数据长度为 600，一般情况下窗口长度不宜取超过数据长度的 1/3，即本章中奇异谱分析算法在采用过程中窗口长度取小于 200 的数值。为了

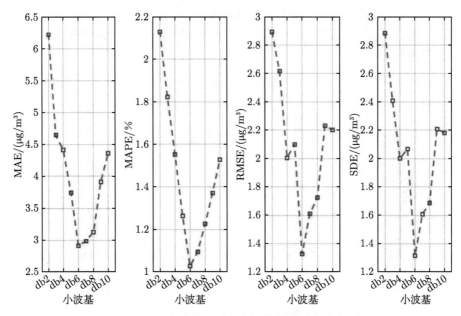

图 8-12　不同小波基小波包分解的模型预测精度指标

研究窗口长度对奇异谱分析算法的性能影响，本节对比分析了窗口长度分别为 300、200、150、120、100、75、60、24 时的 SSA-Elman 模型的四种预测精度指标，结果如图 8-13 所示。

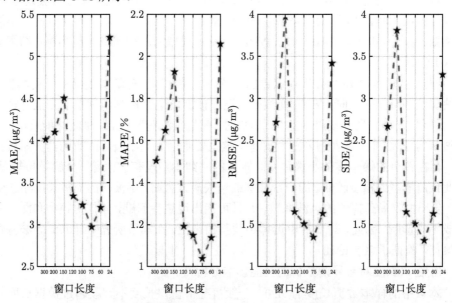

图 8-13　不同窗口长度 SSA-Elman 模型的预测精度指标

通过对图 8-13 进行分析可以看出，随着奇异谱分析窗口长度的不断减小，混合预测模型的预测精度总体上呈现先下降后上升再下降的趋势，其中，窗口长度为 75 时，模型预测精度最高，预测性能最优。当窗口长度为 150 和 24 时，模型预测性能很差，该现象说明合理地选择窗口长度有利于将原始数据转化为多维序列并形成适当的轨迹矩阵。

8.4　基于不同预测器的大气污染物浓度混合预测模型

8.4.1　模型框架

图 8-14 为基于不同预测器的混合预测模型对大气污染物浓度序列进行预测的模型框架。

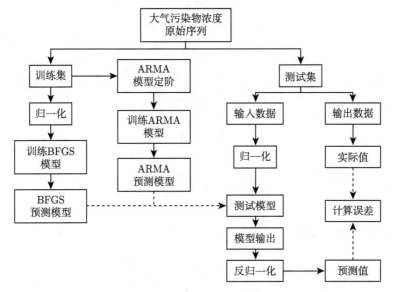

图 8-14　基于不同预测器的大气污染物浓度预测模型建模流程图

8.4.2　理论基础

1)ARMA 模型

自回归移动平均 (Autoregressive Moving Average, ARMA) 模型将自回归模型和移动平均模型结合起来，利用前期若干时刻的测量值与随机误差项预测当前值。ARMA(p, q) 模型可以表示如下 [182]：

$$x_t = \alpha_1 x_{t-1} + \alpha_2 x_{t-2} + \cdots + \alpha_p x_{t-p} + \varepsilon_t + \beta_1 \varepsilon_{t-1} + \beta_2 \varepsilon_{t-2} + \cdots + \beta_q \varepsilon_{t-q} \quad (8.3)$$

式中，x_{t-1}, x_{t-2}, $\cdots$, x_{t-p} 为前期若干时刻的测量值；ε_t, ε_{t-1}, $\cdots$, ε_{t-q} 为当前时刻和前期若干时刻的随机误差项；α_1, α_2, $\cdots$, α_p 为待确定的自回归系数；β_1, β_2, $\cdots$, β_q 为待确定的移动平均系数。

2) BFGS 神经网络模型

BFGS 算法和 BP 算法类似，是一种应用在神经网络训练迭代过程中的迭代优化算法，因此可以作为一类神经网络模型看待。BFGS 作为一种拟牛顿法，常用来解决非线性优化问题。对于无约束极小化问题 $\min\limits_{x} f(x)$，其中 $x = (x_1, x_2, \cdots, x_N)^{\mathrm{T}} \in R^N$，BFGS 算法会构建以下的迭代公式：

$$x_{k+1} = x_k + \lambda_k d_k, 1 \leqslant k \leqslant N \tag{8.4}$$

式中，x_1 是初始值；x_k 是当前值；λ_k 为搜索步长；d_k 为搜索方向，它们确定的公式如下：

$$\lambda_k = \operatorname{argmin} f(x_k + \lambda d_k) \tag{8.5}$$

$$d_k = -B_k^{-1} g_k \tag{8.6}$$

式中，B_k 为 $n \times n$ 的矩阵；$g_k = \nabla f(x_k)$。BFGS 算法的关键步骤是确定 B_k，通常要求 B_k 为对称正定矩阵，并且满足下面方程 [183]：

$$B_k s_k = y_k \tag{8.7}$$

其中，

$$\begin{cases} s_k = x_{k+1} - x_k \\ y_k = g_{k+1} - g_k \end{cases} \tag{8.8}$$

则 B_k 的迭代计算方法如下：

$$B_{k+1} = B_k + \frac{y_k y_k^{\mathrm{T}}}{s_k^{\mathrm{T}} y_k} - \frac{B_k s_k s_k^{\mathrm{T}} B_k}{s_k^{\mathrm{T}} B_k s_k} \tag{8.9}$$

BFGS 算法具体实施步骤如下，其中 g_n 表示牛顿法 $x = x_n$ 时的一阶梯度实值向量。

算法 8-1　BFGS 算法

1:　初始化 x_0 和精度阈值 ε，以及迭代次数 $n = 0$

2:　初始化海森伯矩阵近似矩阵 H_0 及其逆矩阵近似矩阵 T_0

3:　根据公式 $d_n = -H_n^{\mathrm{T}} \cdot g_n$ 计算初代搜索方向

4:　While$\|g_{n+1}\| \geqslant \varepsilon$

5:　　根据阻尼牛顿法搜索最优步长 λ_n

6:　　　计算 $c_n = \lambda_n d_n$

7:　　　更新 $x_{n+1} = x_n + c_n$ 和 $\nu_{n+1} = g_{n+1} - g_n$

8:　　　根据下式计算海森伯近似正定矩阵:

$$H_{n+1} = H_n - \frac{H_n c_n c_n^{\mathrm{T}} H_n}{c_n^{\mathrm{T}} H_n c_n} + \frac{\nu_n \nu_n^{\mathrm{T}}}{\nu_n^{\mathrm{T}} c_n}$$

9:　　　更新 $n = n + 1$

10:　　End

8.4.3　建模步骤

(1) 将原始大气污染物浓度时间序列划分为训练集和测试集, 对训练集的输入数据和输出数据分别进行归一化操作;

(2) 对模型的自相关系数和偏自相关系数等参数初始化后的 ARMA 模型和模型的最大迭代次数、网络学习率等参数初始化后的 BFGS 神经网络进行训练, 得到训练完成的 ARMA 模型和 BFGS 模型;

(3) 将测试集的输入数据进行同步骤 (1) 中相同的归一化操作, 再输入步骤 (2) 中训练完成得到的 ARMA 模型和 BFGS 模型进行测试, 并将模型输出结果反归一化得到相对于原始数据的预测值;

(4) 将步骤 (3) 中得到的两种模型预测值分别与实际值进行对比, 并计算 MAE、MAPE、RMSE、SDE 四种误差评价指标值。

8.4.4　分解算法对不同预测器的预测精度影响分析

为更加明确体现分解算法对于提升混合模型预测性能的作用, 本章采用模型性能改进程度指标体现改进性能提升程度, 表 8-4 为分解算法对不同预测器的预测性能改进程度值。

通过对表 8-3 和表 8-4 进行分析, 可以得出以下结论:

(1) 小波包分解算法对于 Elman 神经网络和 BFGS 神经网络的预测精度具有非常明显的提升作用, 例如, WPD-Elman 混合模型相对于单一 Elman 模型预测 $PM_{2.5}$ 浓度序列 $\{X_{1t}\}$ 的精度提升指标分别为 21.0828%、12.3672%、7.0746% 和 14.1943%, 预测 SO_2 浓度序列 $\{X_{2t}\}$ 的精度提升指标分别为 23.8662%、51.429%、59.863% 和 61.1370%; WPD-BFGS 混合模型相对于单一 BFGS 模型预测 $PM_{2.5}$ 浓度序列 $\{X_{1t}\}$ 的精度提升指标分别为 19.0681%、18.2451%、21.4525% 和 19.0571%, 预测 SO_2 浓度序列 $\{X_{2t}\}$ 的精度提升指标分别为 64.7954%、64.8485%、65.3581% 和 65.6210%。出现这种现象主要是因为小波包分解算法能够将原始污染物浓度序列分解为更为平稳的低频子序列和高频子序列, 并且所有低频子序列和高频子序列都会被进一步分解，原始序列的内部特征更加清晰地被剥离出来，神经网络模型能够更好地学习到原始序列的特征信息，模型的预测性能相应更好。

(2) 小波包分解算法对于 ARMA 模型的预测精度反而呈现一定程度的抑制作用，例如，WPD-ARMA 混合模型相对于单一 ARMA 模型预测 $PM_{2.5}$ 浓度序列 $\{X_{1t}\}$ 的精度提升指标分别为 -5.6324%、-9.4581%、-19.2264% 和 -15.8792%，预测 SO_2 浓度序列 $\{X_{2t}\}$ 的精度提升指标分别为 -61.3653%、53.3800%、71.9352% 和 79.4077%。出现这种现象的原因可能是 ARMA 模型对时间序列的预测过程依赖于原始序列在时间上的延续性和自身变化的规律性以及原始数据的内部特征，而小波包分解算法将原始序列分解为多个子序列，会破坏原始数据序列的自身变化特征，ARMA 反而捕捉不全原始序列的所有特征信息，因此预测精度会呈现下降现象。

表 8-3　分解算法对不同预测器的超前一步预测精度指标

时间序列	模型	评价指标			
		MAE/$(\mu g/m^3)$	MAPE/%	RMSE/$(\mu g/m^3)$	SDE/$(\mu g/m^3)$
$\{X_{1t}\}$	ARMA	1.2215	0.44163	0.60216	0.6003
	WPD-ARMA	1.2903	0.4834	0.71793	0.69562
	Elman	5.8844	2.0806	2.8143	2.8055
	WPD-Elman	4.6438	1.8233	2.6152	2.4073
	BFGS	2.4103	0.88706	1.6065	1.5585
	WPD-BFGS	1.9507	0.72522	1.2619	1.2615
$\{X_{2t}\}$	ARMA	20.7118	2.5133	5.0747	5.0726
	WPD-ARMA	33.4215	1.1717	1.4242	1.0446
	Elman	25.3299	2.9812	5.182	5.1759
	WPD-Elman	19.2847	1.448	2.0799	2.0115
	BFGS	38.7035	3.323	5.4564	5.4219
	WPD-BFGS	13.6257	1.1681	1.8902	1.864

表 8-4　分解算法对混合模型超前一步预测性能的改进指标

时间序列	对比模型	P_{MAE}/%	P_{MAPE}/%	P_{RMSE}/%	P_{SDE}/%
$\{X_{1t}\}$	WPD-ARMA 与 ARMA	−5.6324	−9.4581	−19.2264	−15.8792
	WPD-Elman 与 Elman	21.0828	12.3672	7.0746	14.1943
	WPD-BFGS 与 BFGS	19.0681	18.2451	21.4525	19.0571
$\{X_{2t}\}$	WPD-ARMA 与 ARMA	−61.3653	53.3800	71.9352	79.4077
	WPD-Elman 与 Elman	23.8662	51.429	59.863	61.1370
	WPD-BFGS 与 BFGS	64.7954	64.8485	65.3581	65.6210

(3) 在数据集 $\{X_{1t}\}$ 中，WPD-ARMA 混合预测模型和 WPD-BFGS 混合预测模型的预测精度指标相当，WPD-Elman 混合预测模型的预测性能最差，例如，对 $PM_{2.5}$ 浓度序列 $\{X_{1t}\}$ 进行超前一步预测时，WPD-ARMA 的预测精度指标分别为 $1.2903\mu g/m^3$、0.4834%、$0.71793\mu g/m^3$ 和 $0.69562\mu g/m^3$，WPD-BFGS 的预测精度指标分别为 $1.9507\mu g/m^3$、0.72522%、$1.2619\mu g/m^3$ 和 $1.2615\mu g/m^3$，WPD-Elman 的预测精度指标分别为 $4.6438\mu g/m^3$、1.8233%、$2.6152\mu g/m^3$ 和 $2.4073\mu g/m^3$。出现这种现象的原因可能是 Elman 神经网络的学习过程采用的是梯度下降法，在训练过程中容易陷入局部最小点，难以达到全局最优。

8.4.5 不同预测器预测结果对比分析

1) 污染物浓度预测结果

图 8-15～图 8-17 分别为 WPD-不同预测器混合模型 $PM_{2.5}$ 浓度序列 $\{X_{1t}\}$ 超前一步、两步、三步的预测结果。

2) 预测精度对比

表 8-5 为基于不同预测器的分解混合模型 $PM_{2.5}$ 浓度序列 $\{X_{1t}\}$ 预测精度指标。

对图 8-15～图 8-17 和表 8-5 进行分析，可以得出以下结论：

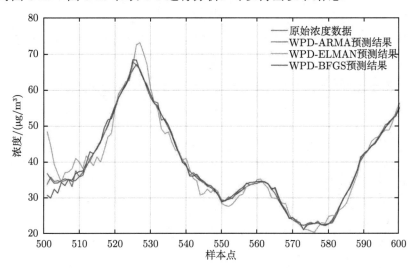

图 8-15 WPD-不同预测器混合模型 $PM_{2.5}$ 浓度序列 $\{X_{1t}\}$ 超前一步预测结果 (彩图见封底二维码)

(1) 将小波包分解算法作为混合模型前处理方法时，基于 ARMA 预测器的混合模型预测性能最好，基于 BFGS 预测器的混合模型预测性能次之，基于 Elman 预测器的混合模型预测性能最差。例如，对 $PM_{2.5}$ 浓度时间序列 $\{X_{1t}\}$ 进行超前一步预测时, WPD-ARMA 混合模型的 MAE、MAPE、RMSE 和 SDE 分别为 1.2903μg/m³、0.4834%、0.71793μg/m³ 和 0.69562μg/m³, WPD-BFGS 混合模型的 MAE、MAPE、RMSE 和 SDE 分别为 1.9507μg/m³、0.72522%、1.2619μg/m³ 和 1.2615μg/m³, WPD-Elman 混合模型的 MAE、MAPE、RMSE 和 SDE 分别为 4.6438μg/m³、1.8233%、2.6152μg/m³ 和 2.4073μg/m³。

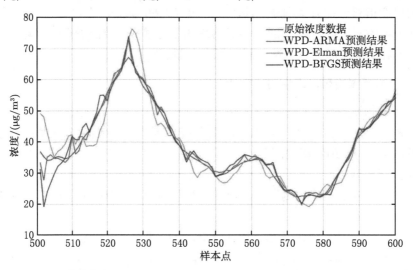

图 8-16　WPD-不同预测器混合模型 PM$_{2.5}$ 浓度序列 $\{X_{1t}\}$ 超前两步预测结果 (彩图见封底二维码)

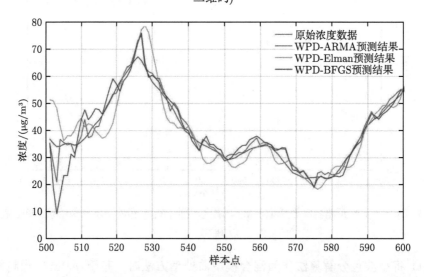

图 8-17　WPD-不同预测器混合模型 PM$_{2.5}$ 浓度序列 $\{X_{1t}\}$ 超前三步预测结果 (彩图见封底二维码)

表 8-5 基于不同预测器的分解混合模型 PM$_{2.5}$ 浓度序列 $\{X_{1t}\}$ 预测精度指标

预测步数	模型	MAE/(μg/m^3)	MAPE/%	RMSE/(μg/m^3)	SDE /(μg/m^3)
1	WPD-ARMA	1.2903	0.4834	0.71793	0.69562
	WPD-Elman	4.6438	1.8233	2.6152	2.4073
	WPD-BFGS	1.9507	0.72522	1.2619	1.2615
2	WPD-ARMA	3.0914	1.1459	1.6712	1.5958
	WPD-Elman	7.5572	3.0233	4.4182	4.264
	WPD-BFGS	5.0198	1.6608	2.7899	2.7847
3	WPD-ARMA	5.2962	1.8956	2.7406	2.5985
	WPD-Elman	11.05	4.6469	6.756	6.417
	WPD-BFGS	11.0721	2.9717	4.8302	4.8195

(2) 随着超前预测步数的增加，3 种混合预测模型的预测精度不断下降，这是因为本章中混合模型超前预测过程采用的是滚动预测策略，超前低步数预测产生的误差会累积到超前高步数预测过程中。例如，对 PM$_{2.5}$ 浓度时间序列 $\{X_{1t}\}$ 进行超前一步预测时，WPD-BFGS 混合模型的 MAE、MAPE、RMSE 和 SDE 分别为 1.9507μg/m^3、0.72522%、1.2619μg/m^3 和 1.2615μg/m^3，进行超前两步预测时的 MAE、MAPE、RMSE 和 SDE 分别为 5.0198μg/m^3、1.6608%、2.7899μg/m^3 和 2.7847μg/m^3，进行超前三步预测时的 MAE、MAPE、RMSE 和 SDE 分别为 11.0721μg/m^3、2.9717%、4.8302μg/m^3 和 4.8195μg/m^3。

(3) 对原始 PM$_{2.5}$ 浓度时间序列 $\{X_{1t}\}$ 进行超前一步预测时，WPD-ARMA 模型和 WPD-BFGS 模型的拟合效果相对较好，而 WPD-Elman 模型在波峰和波谷区段已经出现较大偏差，拟合效果很差，例如，图 8-15 中第 525~530 个样本点。在对原始 PM$_{2.5}$ 浓度时间序列 $\{X_{1t}\}$ 进行超前两步预测和超前三步预测时，三种混合模型的拟合效果都很差，WPD-ARMA 模型和 WPD-BFGS 模型在波峰和波谷区段的拟合能力也呈下降趋势，但 WPD-ARMA 模型在原始序列的相对平稳区段仍然具有较好的拟合效果。这种现象可能是因为 Elman 神经网络在训练过程中采用的是梯度下降法，容易陷入局部最小，难以捕捉到全局最优值。BFGS 网络虽然改变了神经网络在训练过程的权值更新方式，但从本章实验结果分析可知，BFGS 搜索全局最优解的能力弱于 ARMA 模型对于原始序列内部特征信息的捕捉能力，尽管集成分解算法破坏了原始序列的特征完整性。

8.5 模型性能综合对比分析

8.5.1 最优模型预测结果

图 8-18~ 图 8-20 分别为最优混合模型 PM$_{2.5}$ 浓度序列 $\{X_{1t}\}$ 超前一步、两

步、三步的预测结果。

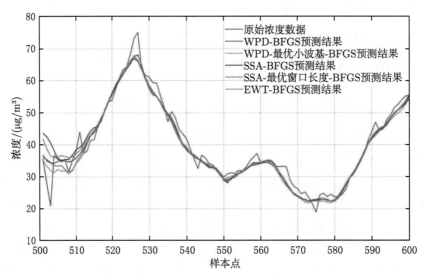

图 8-18 最优混合模型 PM$_{2.5}$ 浓度序列 $\{X_{1t}\}$ 超前一步预测结果 (彩图见封底二维码)

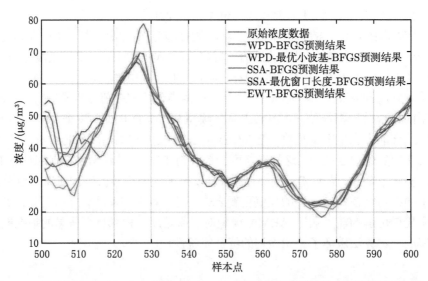

图 8-19 最优混合模型 PM$_{2.5}$ 浓度序列 $\{X_{1t}\}$ 超前两步预测结果 (彩图见封底二维码)

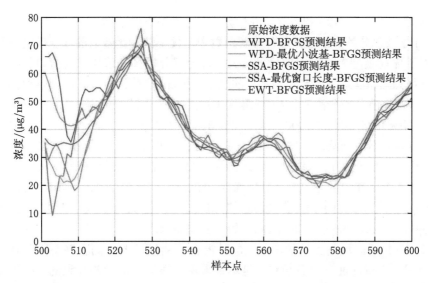

图 8-20　最优混合模型 $PM_{2.5}$ 浓度序列 $\{X_{1t}\}$ 超前三步预测结果 (彩图见封底二维码)

8.5.2 最优模型预测精度对比分析

表 8-6 为最优混合模型 $PM_{2.5}$ 浓度序列 $\{X_{1t}\}$ 预测精度指标。

表 8-6　最优混合模型 $PM_{2.5}$ 浓度序列 $\{X_{1t}\}$ 预测精度指标

预测步数	模型	MAE/($\mu g/m^3$)	MAPE/%	RMSE/($\mu g/m^3$)	SDE/($\mu g/m^3$)
1	WPD-BFGS	1.9507	0.72522	1.2619	1.2615
	WPD-最优小波基 -BFGS	1.7496	0.60388	0.94935	0.85161
	SSA-BFGS	1.8035	0.71996	1.448	1.3636
	SSA-最优窗口长度 -BFGS	1.3956	0.51334	0.79083	0.78994
	EWT-BFGS	1.4477	0.55865	0.86294	0.6577
2	WPD-BFGS	5.0198	1.6608	2.7899	2.7847
	WPD-最优小波基 -BFGS	4.6587	1.4926	2.3187	2.0595
	SSA-BFGS	4.8729	2.1434	4.2374	3.936
	SSA-最优窗口长度 -BFGS	4.2394	1.4815	2.287	2.2844
	EWT-BFGS	3.5007	1.4258	2.3172	1.8267
3	WPD-BFGS	11.0721	2.9717	4.8302	4.8195
	WPD-最优小波基 -BFGS	8.894	2.6102	4.0639	3.7783
	SSA-BFGS	8.4381	4.0878	7.7234	7.0598
	SSA-最优窗口长度 -BFGS	8.8635	2.85	4.2665	4.2618
	EWT-BFGS	6.4267	2.8213	4.6691	3.7203

对图 8-18～图 8-20 和表 8-6 进行分析，可以得出以下结论：

(1) 小波包分解算法选择最佳分解层数和最优小波母函数后的混合模型预测精度相对于先前模型有了很大幅度的提升，奇异谱分析算法选择最优窗口长度后的混合模型预测精度同样起到相当不错的成效。例如，在对原始 $PM_{2.5}$ 浓度时间序列 $\{X_{1t}\}$ 进行超前一步预测时，WPD-最优小波基-BFGS 模型预测的 MAE、MAPE、RMSE 和 SDE 分别为 $1.7496\mu g/m^3$、0.60388%、$0.94935\mu g/m^3$ 和 $0.85161\mu g/m^3$，WPD-BFGS 模型预测的 MAE、MAPE、RMSE 和 SDE 分别为 $1.9507\mu g/m^3$、0.72522%、$1.2619\mu g/m^3$ 和 $1.2615\mu g/m^3$；SSA-最优窗口长度-BFGS 模型预测的 MAE、MAPE、RMSE 和 SDE 分别为 $1.3956\mu g/m^3$、0.51334%、$0.79083\mu g/m^3$ 和 $0.78994\mu g/m^3$，SSA-BFGS 模型预测的 MAE、MAPE、RMSE 和 SDE 分别为 $1.8035\mu g/m^3$、0.71996%、$1.448\mu g/m^3$ 和 $1.3636\mu g/m^3$。

(2) 随着超前预测步数的增加，5 种混合预测模型的预测精度不断下降，产生的原因在本章前面部分分析过，是本章采用的滚动预测策略导致的。在进行超前一步预测时，SSA-最优窗口长度-BFGS 模型和 EWT-BFGS 模型的预测性能相当，都要优于 WPD-最优小波基-BFGS 模型；在进行超前两步预测和超前三步预测时，EWT-BFGS 模型预测性能都要优于上述提到的两种模型，例如，在对原始 $PM_{2.5}$ 浓度时间序列 $\{X_{1t}\}$ 进行超前三步预测时，EWT-BFGS 模型预测的 MAE、MAPE、RMSE 和 SDE 分别为 $6.4267\mu g/m^3$、2.8213%、$4.6691\mu g/m^3$ 和 $3.7203\mu g/m^3$，SSA-最优窗口长度-BFGS 模型预测的 MAE、MAPE、RMSE 和 SDE 分别为 $8.8635\mu g/m^3$、2.85%、$4.2665\mu g/m^3$ 和 $4.2618\mu g/m^3$，WPD-最优小波基-BFGS 模型预测的 MAE、MAPE、RMSE 和 SDE 分别为 $8.894\mu g/m^3$、2.6102%、$4.0639\mu g/m^3$ 和 $3.7783\mu g/m^3$。

(3) 从图 8-18～图 8-20 可以看出，EWT-BFGS 模型和 SSA-最优窗口长度-BFGS 模型随着超前预测步数的增加，一直具有较好的拟合能力，预测精度较高，在大多数的波峰和波谷区段仍然能精准捕捉序列的变化趋势和状态，除了在第 501～520 个样本点处发生较严重的偏差，这可能是本章中测试样本集划分问题所导致的。在后续的研究工作中，可以对这两种模型作进一步优化处理，例如，集成优化算法或异常检测、误差建模等前处理后处理算法，提升混合模型的预测精度，加强预测模型的实用性。

(4)WPD-最优小波基-BFGS 模型和 SSA-BFGS 模型在超前一步预测中仍然具有较好的曲线拟合能力，在超前两步和超前三步预测中偏差已经较大，WPD-BFGS 模型则是在超前一、二、三步预测中都失去了有效的预测能力，预测精度最差，并且都发生了一定的时延现象，模型实用性能差。

8.6 本 章 小 结

本章基于分解-预测框架的大气污染物浓度时间序列确定性预测，对三种分解算法和三种预测算法的相互匹配混合模型性能进行对比分析，主要包括以下结论：

(1) 以 Elman 神经网络模型作为预测器时，经验小波变换分解框架下的模型预测精度最高，对原始序列的特征捕捉能力最强。

(2) 在小波包分解框架下，当分解层数为 3、小波母函数选择 'db6' 时，混合模型的预测性能达到最优；在奇异谱分析分解框架下，当窗口长度选择 75 时，混合模型的预测性能达到最优。

(3) 以 BFGS 神经网络模型作为预测器时，综合考虑混合预测模型在超前一步和超前多步的预测性能，EWT-BFGS 模型和 SSA-最优窗口长度-BFGS 模型具有最高的预测精度和最强的原始序列特征捕捉能力，这两种混合模型的实用性大于另外三种对比的混合预测模型的实用性。

第9章 大气污染物浓度不确定性区间预测模型

9.1 引 言

现阶段针对大气污染物浓度预测的研究大部分均为浓度时间序列确定性预测,基于浓度置信区间估计的不确定性预测研究很少。确定性预测精度随时间具有较强的波动性,且一般而言低于平均预测精度 [184]。而对于相关决策机构来说,点预测结果的不确定性导致的预测偏差可能会对最终决策产生影响,而且一定情况下,具有高置信度的预测区间比单纯点预测值具有更高的实用意义。随着时间序列预测领域的蓬勃发展,区间预测作为一种定量描述序列点预测波动性的不确定性预测方法逐渐得到更为广泛的关注。现阶段区间预测理论广泛运用于风速时间序列预测 [185]、金融指数时间序列预测 [186] 和电力负荷预测 [187] 等领域。

常见的时间序列区间预测方法主要包括启发式算法和统计法两种。启发式算法采用神经网络对时间序列置信区间上下界进行直接预测。在相关研究中,Qin 等 [188] 将风速时间序列小波分解后利用 CSO-BPNN 混合模型进行置信区间估计,Quan 等 [29] 结合上下限估计 (LUBE) 模型与经过 PSO 优化的单层前馈神经网络结构 (STLF) 实现风速时间序列区间预测。启发式算法的本质依然为传统点预测算法,忽略了点预测模型预测误差的统计学关系,无法给出预测结果的准确置信度。

统计方法从统计学角度出发,采用统计手段在一定置信度条件下对原始序列进行区间拟合或是对点预测残差序列进行回归分析。常见的统计方法包括模糊时间序列 (FTS) 识别、隐马尔可夫模型回归、条件异方差模型回归 [189]、分位数回归方法、Bootstrap 方法等。模糊时间序列是 Song 和 Chissom[190] 基于模糊集理论引入的非参数模型。这类模型具有易于实现且使用灵活的特点,可用于处理数值和非数值数据。Silva 等 [191] 提出了一种扩展模糊时间序列点预测的区间预测新方法。提出的区间模糊时间序列不仅能产生基于模糊集中点的区间预测,而且能基于模糊逻辑关系组 (FLRG) 中模糊集的支持,利用区间代数进行区间预测。Zhang 等 [192] 基于周均值、估计最大误差和标准差的统计区间数据集训练模糊区间神经网络,实现了货币汇率波动区间预测。Jiang 等 [193] 采用贝叶斯结构断裂模型对风度进行区间预测,均具有较好的预测结果。

Bootstrap 作为非参数统计中广泛使用的统计量变异性估计及区间估计方法,由 Heskes[194] 于 1997 年提出,Bootstrap 的核心思想是将区间预测分为置信区间 (Confidence Interval, CI) 以及预测区间 (Prediction Interval, PI) 两步进行 [195]。其采取重复抽样的方法从样本库中抽取一定规模的样本，并基于所抽取样本来计算待估计的统计量。重复进行上述步骤 N 次，得到相关统计量 N 次实验的样本方差，从而实现统计量的方差估计。Bootstrap 方法采用重复采样的方式所得各样本之间的相关性较弱，预测结果的方差统计特征可以实现对置信区间的估计。随后基于所得的置信区间，进一步通过极大似然估计得到预测区间。

9.2 大气污染物浓度数据

9.2.1 原始污染物浓度时间序列

本章使用的原始污染物数据包括两组样本长度为 800 的 $PM_{2.5}$ 浓度时间序列和 SO_2 浓度时间序列。两组时间序列的采样间隔为一个小时。在经过一定的预处理后可以分别得到 $PM_{2.5}$ 和 SO_2 的实验样本 $\{X_t\}$ 和 $\{Y_t\}$。两者的时间序列波形图如图 9-1 和图 9-2 所示。通过分析波形图可以看出，$PM_{2.5}$ 数据 $\{X_t\}$ 波形整体高频波动较小，以一个较小的时间尺度观测波形趋于平稳。而整体样本存在较强的低频周期性，且波动幅值较大。相比而言，SO_2 数据 $\{Y_t\}$ 波形整体具有较强的高频波动性和低频周期性，幅值较小。两组数据均表现出较强的随机性与非平稳性。

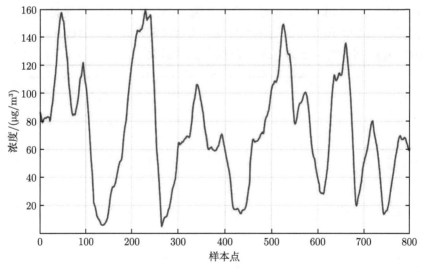

图 9-1 $PM_{2.5}$ 浓度时间序列 $\{X_t\}$

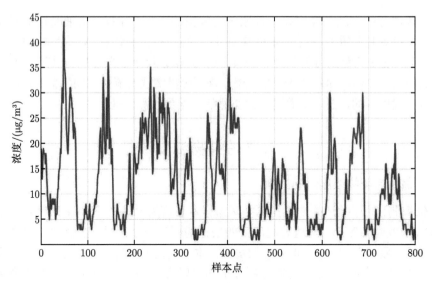

图 9-2　SO_2 浓度时间序列 $\{Y_t\}$

9.2.2　样本划分

如图 9-3 所示, 将原始污染物浓度时间序列划分为 D_1、D_2 以及 D_3 3 个部分。其中 D_1 包括第 1~400 个样本点, 用于训练 SVM 模型。D_2 包括第 401~600 个样本点, 经过 SVM 模型预测后得到残差, 作为区间估计模型训练集。D_3 包括第 601~800 个样本点, 作为最终区间预测模型的测试集。

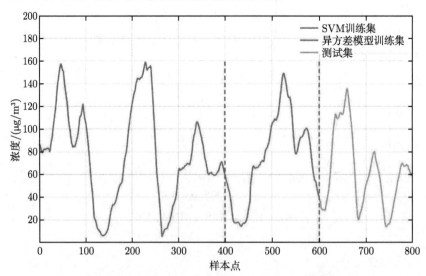

图 9-3　$PM_{2.5}$ 样本划分 (彩图见封底二维码)

采用 D_2 作为区间估计模型训练集的目的是提升区间预测模型的泛化性能。如果将 D_1 和 D_2 合并作为 SVM 模型和区间估计模型的共同训练集,则 SVM 模型对于训练集预测精度过高,残差波动过小,区间估计模型可能会低估真实使用环境下的残差波动从而造成最终预测区间偏小无法有效覆盖实际数据,从而使模型表现出低泛化性。$PM_{2.5}$ 和 SO_2 的样本划分情况分别如图 9-3 和图 9-4 所示。

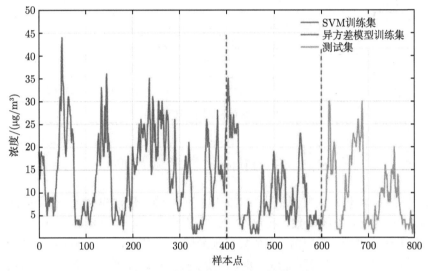

图 9-4　SO_2 样本划分 (彩图见封底二维码)

9.3　模型总体框架

时间序列区间预测方法多种多样,本节采用基于 SVM 均值预测模型及四类区间估计模型的混合区间预测模型。混合模型的构成主要包含两个部分。第一部分采用 SVM 模型拟合获取预测均值,第二部分采用三类区间估计模型获取方差模型从而得到预测区间。其中三类区间估计模型又分为一类固定方差模型及两类条件异方差模型。

混合模型的具体实现如下:首先采用 D_1 训练集训练 SVM 预测模型,模型的构建依照前文所述的大气污染物浓度确定性预测模型相关理论进行训练和测试,采用前 20 个数据点进行预测。然后将数据集 D_2 输入 SVM 预测模型中得到预测序列 $\hat{D}_2$,计算得出 D_2 与 $\hat{D}_2$ 的残差序列 D_2',利用残差序列拟合基于 ARCH、GARCH 和 KDE 模型的区间估计模型。最后,利用 SVM 模型对测试序列 D_3 进行确定性预测,将预测值作为区间预测均值,并利用三类区间估计模型得到不同显著性水平下 D_3 的区间估计值,结合预测均值得到最终的预测区间,并利用 PICP、PINAW 和 CWC 指标评价混合区间预测模型预测能力。区间预测模型的流程图如图 9-5

所示。

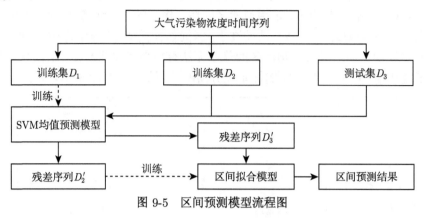

图 9-5 区间预测模型流程图

9.4 SVM 确定性预测模型

采用 SVM 实现对大气污染物浓度时间序列的确定性建模预测, 选用径向基函数 (RBF) 作为 SVM 核函数, 设定 SVM 惩罚因子 $C = 1$ 及核参数 $\sigma = 1$。使用 D_1 训练集训练模型, 采用前 20 个数据预测后 1 个数据, 然后将 D_2 和 D_3 分别投入训练好的模型分别得到超前一步、两步、三步确定性预测结果, 作为后续不确定性区间预测的预测均值。具体建模过程详见前文, 在此不做赘述。$PM_{2.5}$ 和 SO_2 的 D_2 和 D_3 数据集预测结果如图 9-6 和图 9-7 所示, 可以看出, 由于 $PM_{2.5}$ 浓度时

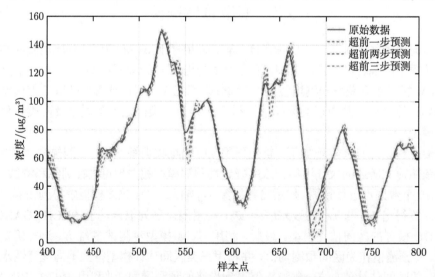

图 9-6 $PM_{2.5}$ 浓度 SVM 确定性预测结果 (彩图见封底二维码)

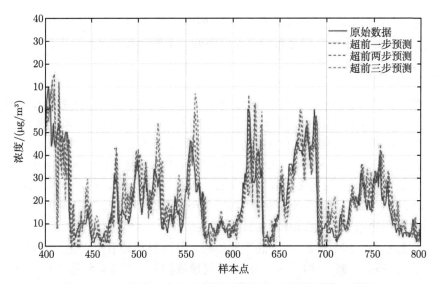

图 9-7 SO$_2$ 浓度 SVM 确定性预测结果 (彩图见封底二维码)

间序列高频较为平稳, 所以预测精度要明显优于 SO$_2$ 浓度时间序列。然而在超前预测步数较高时, 两者同样在突变的极值点处存在明显的预测偏差。

由于需要根据均值预测结果选择后续区间拟合模型的模型结构, 本章采用 BIC 准则对 PM$_{2.5}$ 和 SO$_2$ 浓度时间序列 D_2 部分 SVM 预测残差序列进行定阶。经计算, 最终 PM$_{2.5}$ 和 SO$_2$ 浓度时间序列残差拟合模型定为三阶和五阶。

9.5 SVM-KDE 区间预测模型

9.5.1 理论基础

在概率论中, 核密度估计 (kernel density estimation, KDE) 被用于未知概率密度函数的估计。KDE 从数据本身着手进行研究, 无需关于数据分布状态的相关先验知识, 是一种常用的非参数检验方法 [196]。采用 KDE 模型作为区间估计模型时, 直接采用残差序列 D_2' 及其 SVM 均值预测序列进行区间估计, 公式表示如下 [197]:

$$
\begin{cases}
x_t = x_{\mathrm{mean}}^t + \varphi_t \\
\varphi_t = \sigma_t \rho_t \\
\sigma_t^2 = \dfrac{1}{\displaystyle\sum_{i=1}^{N} \theta_i} \sum_{i=1}^{N} \theta_i x_{i+1}^2 - x_{\mathrm{mean}}^2 \\
\theta_i = \exp[-(x - x_i)^2]
\end{cases}
\tag{9.1}
$$

其中，x_{mean} 表示原始序列 SVM 确定性预测模型的预测均值；$\varphi(t) = \sigma_t \rho_t$ 表示预测残差，ρ_t 表示一个独立同分布的白噪声序列，σ_t 表示残差序列的方差。

9.5.2　模型预测结果

分别将 $PM_{2.5}$ 和 SO_2 浓度时间序列测试集 D_3 投入 SVM-KDE 区间预测模型，并基于 $\alpha = 0.1$、0.05、0.01 三种不同显著性水平，对其进行超前一步、两步、三步区间预测。运用三类区间预测评价指标评估模型区间预测可靠性和精度：区间覆盖概率 (PI Coverage Probability，PICP)，预测区间平均带宽 (PI Normalized Average Width，PINAW)，覆盖宽度综合评价指标 (Combinational Coverage Width-based Criterion，CWC)。预测结果及预测精度如图 9-8~图 9-13 及表 9-1~表 9-3 所示。综合分析比对图表结果，可以初步得出以下结论：

(1) 通过对比 $PM_{2.5}$ 及 SO_2 的预测结果，可以直观地看出无论是确定性预测还是不确定预测，$PM_{2.5}$ 均比 SO_2 有更好的预测精度。主要原因是 $PM_{2.5}$ 浓度时间序列具有更好的高频稳定性，确定性预测结果作为预测均值时能较好地拟合测试集真值，预测残差幅值与真实值的比值偏低，从而保障区间预测精度较高。而 SO_2 浓度时间序列预测均值较真实值残差偏大，尤其是在多步预测时只能在长周期低频波动上较好地跟随序列趋势，无法较好地拟合时间序列短期高频波动，从而导致区间预测无论是置信区间宽度还是真实值覆盖率均弱于 $PM_{2.5}$ 区间预测结果。以显著性水平 $\alpha = 0.01$ 时超前一步预测的预测指标为例，$PM_{2.5}$ 浓度时间序列的 PICP、PINAW 和 CWC 指标分别为 1.0000、0.1265、0.1265，SO_2 浓度时间序列的 PICP、PINAW 和 CWC 指标分别为 0.9950、0.6675、0.6675，后者各精度指标均大幅度劣于前者。

(2) PICP 普遍低于预设置信度。PICP 用于评估预测区间对于真实数据的覆盖程度，对于评价区间预测模型的鲁棒性有着重要意义，值越大代表模型鲁棒性越好。通过分析表格数据可以得出，针对两类污染物浓度时间序列，PICP 指标随显著性水平提升而降低，且 PICP 值普遍低于预设置信度 $1 - \alpha$，这表明 SVM-KDE 模型精度及鲁棒性难以满足预设要求。

(3) 三类指标随超前预测步数及显著性水平的提升而有不同的变化趋势。以 $PM_{2.5}$ 区间预测为例，显著性水平 $\alpha = 0.1$，SVM-KDE 模型超前一步预测时，PICP、PINAW 和 CWC 指标分别为 0.8450、0.0474 和 0.7892；超前两步预测时，PICP、PINAW 和 CWC 指标分别为 0.8550、0.1170 和 1.2269，覆盖率趋于优化，区间宽度趋于劣化，综合指标趋于劣化，说明综合精度由于预测步数提升而降低；而超前三步预测时，PICP、PINAW 和 CWC 指标分别为 0.8400、0.1899 和 4.0042，三项指标均大幅度劣化，说明超前三步预测时模型鲁棒性及精度均降低。与之相应的，当显著性水平提升时，PICP 指标随显著性水平的提升而下降，PINAW 指标随显著性水平的提升而下降, CWC 指标随显著性水平的提升而提升, 说明显著性水平的提升较为明显地降低了模型对于 $PM_{2.5}$ 的区间预测精度。然而针对 SO_2 而言, 当显著性水平 $\alpha = 0.1$ 时, 综合指标 CWC 在超前一步、两步、三步预测时分别为 0.3134、0.4884 和 0.5840, 均为不同显著性水平下的最优结果, 这表明, 针对预测均值偏离真实值较为严重的 SO_2 浓度时间序列, 高显著性水平所带来的宽预测区间能够在一定程度上提升模型预测精度。但随之而来的是, 预测模型的实用性不足, 通过分析预测结果图可以看出。

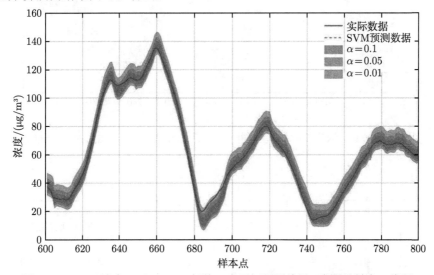

图 9-8 $PM_{2.5}$ 浓度 SVM-KDE 超前一步区间预测结果 (彩图见封底二维码)

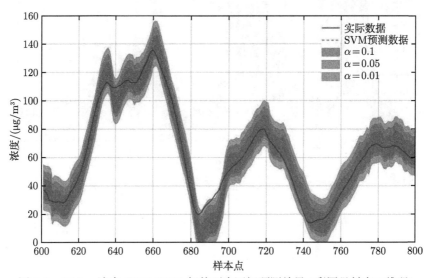

图 9-9 $PM_{2.5}$ 浓度 SVM-KDE 超前两步区间预测结果 (彩图见封底二维码)

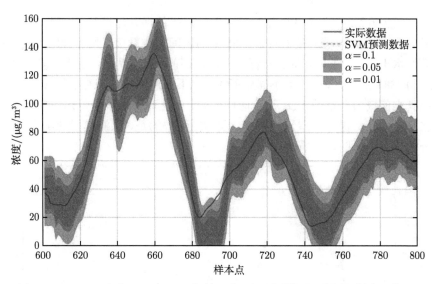

图 9-10　$PM_{2.5}$ 浓度 SVM-KDE 超前三步区间预测结果 (彩图见封底二维码)

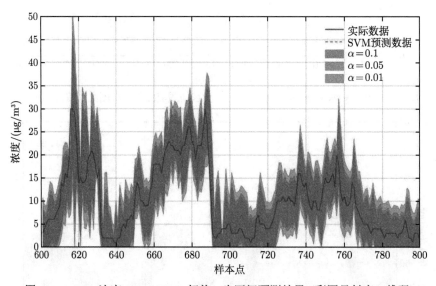

图 9-11　SO_2 浓度 SVM-KDE 超前一步区间预测结果 (彩图见封底二维码)

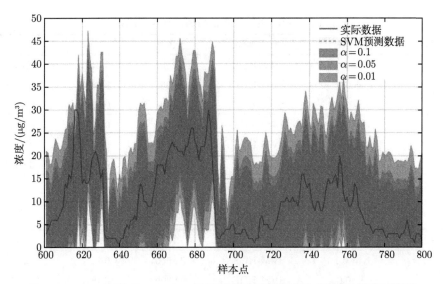

图 9-12   SO$_2$ 浓度 SVM-KDE 超前两步区间预测结果 (彩图见封底二维码)

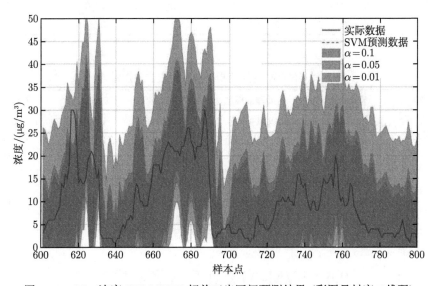

图 9-13   SO$_2$ 浓度 SVM-KDE 超前三步区间预测结果 (彩图见封底二维码)

表 9-1　KDE 区间预测模型超前一步预测精度

污染物	显著水平	区间预测模型	PICP	PINAW	CWC
PM$_{2.5}$	$\alpha = 0.1$	SVM-KDE	0.8450	0.0474	0.7892
	$\alpha = 0.05$	SVM-KDE	0.9250	0.0808	0.3628
	$\alpha = 0.01$	SVM-KDE	1.0000	0.1265	0.1265
SO$_2$	$\alpha = 0.1$	SVM-KDE	0.9100	0.3134	0.3134
	$\alpha = 0.05$	SVM-KDE	0.9400	0.3759	0.9958
	$\alpha = 0.01$	SVM-KDE	0.9950	0.6675	0.6675

表 9-2　KDE 区间预测模型超前两步预测精度

污染物	显著水平	区间预测模型	PICP	PINAW	CWC
PM$_{2.5}$	$\alpha = 0.1$	SVM-KDE	0.8550	0.1170	1.2269
	$\alpha = 0.05$	SVM-KDE	0.9300	0.1817	0.6758
	$\alpha = 0.01$	SVM-KDE	0.9850	0.2585	0.5904
SO$_2$	$\alpha = 0.1$	SVM-KDE	0.9300	0.4884	0.4884
	$\alpha = 0.05$	SVM-KDE	0.9550	0.5725	0.5725
	$\alpha = 0.01$	SVM-KDE	0.9900	0.9516	0.9516

表 9-3　KDE 区间预测模型超前三步预测精度

污染物	显著水平	区间预测模型	PICP	PINAW	CWC
PM$_{2.5}$	$\alpha = 0.1$	SVM-KDE	0.8400	0.1899	4.0042
	$\alpha = 0.05$	SVM-KDE	0.9100	0.2589	2.1716
	$\alpha = 0.01$	SVM-KDE	0.9850	0.3874	0.8849
SO$_2$	$\alpha = 0.1$	SVM-KDE	0.9350	0.5840	0.5840
	$\alpha = 0.05$	SVM-KDE	0.9550	0.6835	0.6835
	$\alpha = 0.01$	SVM-KDE	1.0000	1.0580	1.0580

9.6　SVM-ARCH 区间预测模型

9.6.1　理论基础

1) 条件异方差模型基本理论

利用 ARIMA 等回归模型拟合非平稳序列时，针对预测值与真实值的残差序列一般有一个重要假设 —— 残差序列是均值为零的白噪声序列，即方差齐性假设。

但是在真实使用环境下，方差齐性假设往往不成立，表现为残差序列的方差为随时间变动的非常数[198]。所以本章引入 ARCH、GARCH 两类条件异方差模型来实现对 SVM 确定性预测模型预测残差的方差拟合，从而构建基于条件异方差的区间预测模型。

条件异方差模型的基础结构如下所示：

$$x_t = x_{\text{mean}}^t + \varphi_t \tag{9.2}$$

$$\sigma_t^2 = \text{Var}\left(\varphi_t | H_{t-1}\right) \tag{9.3}$$

其中，H_{t-1} 包含时间尺度上之前的方差 $\sigma_1^2, \sigma_2^2, \cdots, \sigma_{t-1}^2$ 和残差 $\varphi_1^2, \varphi_2^2, \cdots, \varphi_{t-1}^2$ 等信息。

2) ARCH 模型

实际上，ARCH[199] 模型的基本思想是基于时间序列的历史波动信息，利用相应的自回归模型来拟合时间序列残差的方差波动性。对于一个时间序列而言，不同时刻所包含的历史信息不同，因而相应的条件方差也不同。相比于同方差模型，ARCH 模型更能反映序列随时间的波动特征。ARCH 模型在金融工程学的实证研究中应用广泛，使人们能更加准确地把握风险 (波动性)，尤其是应用在风险价值 (Value at Risk) 理论中[200]。

对时间序列进行 ARCH(q) 检验及模型拟合时，公式表示为[199]

$$\begin{cases} x_t = x_{\text{mean}}^t + \varphi_t \\ \varphi_t = \sigma_t \rho_t \\ \sigma_t^2 = \theta + \sum_{j=1}^{q} \alpha_j \varphi_{t-j}^2 \end{cases} \tag{9.4}$$

ARCH 模型对于条件方差的拟合遵循移动平均规律，根据历史时刻的信息选择不同的条件方差。

9.6.2 模型预测结果

分别将 $PM_{2.5}$ 和 SO_2 浓度时间序列测试集 D_3 投入 SVM-ARCH 区间预测模型，并基于 $\alpha = 0.1$、0.05、0.01 三种不同显著性水平，对其进行超前一步、两步、三步区间预测。预测结果及预测精度如图 9-14~图 9-19 及表 9-4~表 9-6 所示。

综合分析比对图表结果，可以初步得出以下结论：

(1) 对比 $PM_{2.5}$ 及 SO_2 的预测结果，可以直观地看出，类似于 SVM-KDE 区间预测模型，$PM_{2.5}$ 浓度时间序列确定性预测和不确定预测精度均大幅度优于 SO_2 浓度时间序列，预测残差幅值与真实值的比值偏低。SO_2 浓度时间序列在多步预测时只能在长周期低频波动上较好地跟随序列趋势, 短期高频波动效果十分不佳。同时预测区间宽度过大, 模型缺乏实用性。

(2) 相比于 SVM-KDE 模型, SVM-ARCH 模型在区间覆盖概率指标方面有所优化, 能够普遍高于预设置信度, 表明模型的鲁棒性达到了预设要求。然而通过分析两类污染物浓度时间序列的预测结果图不难看出, SO_2 浓度时间序列 PICP 指标虽然高于置信度 $1 - \alpha$, 却是同样以高预测区间宽度作为代价。

(3) 三类指标随超前预测步数及显著性水平的提升而有不同的变化趋势。以 $PM_{2.5}$ 区间预测为例, 显著性水平 $\alpha = 0.1$, SVM-ARCH 模型超前一步预测时, PICP、PINAW 和 CWC 指标分别为 0.9600、0.0574 和 0.0574; 超前两步预测时, PICP、PINAW 和 CWC 指标分别为 0.9400、0.1110 和 0.1110; 超前三步预测时, PICP、PINAW 和 CWC 指标分别为 0.9100、0.1712 和 0.1712, 覆盖率, 区间宽度及综合指标均大幅度逐步劣化, 说明预测步数提升所带来的均值预测残差逐渐增大明显影响了模型鲁棒性及精确性。同时, 显著性水平的提升使得 PICP 指标和 PINAW 指标大幅度下降, 而与 SVM-KDE 模型不同的是, 无论是针对 $PM_{2.5}$ 还是 SO_2, 综合指标 CWC 均随显著性水平的提升而显著性下降, 这表明, 无论是对于平稳性较好的 $PM_{2.5}$ 浓度时间序列还是较差的 SO_2 浓度时间序列, 高显著性水平所带来的宽预测区间均能够在一定程度上提升模型预测精度。

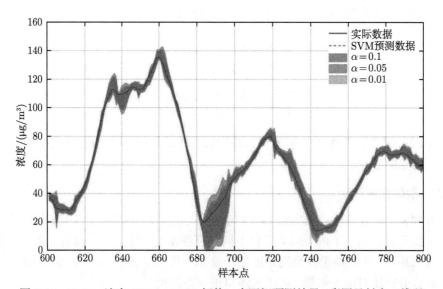

图 9-14　$PM_{2.5}$ 浓度 SVM-ARCH 超前一步区间预测结果 (彩图见封底二维码)

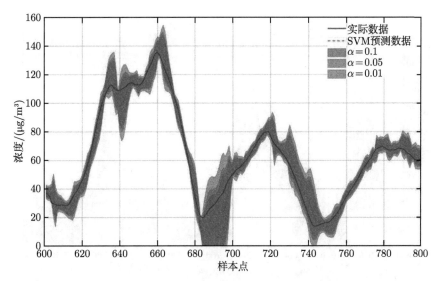

图 9-15　PM$_{2.5}$ 浓度 SVM-ARCH 超前两步区间预测结果 (彩图见封底二维码)

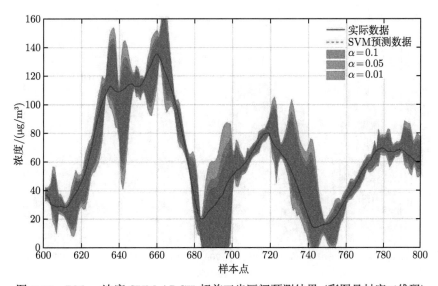

图 9-16　PM$_{2.5}$ 浓度 SVM-ARCH 超前三步区间预测结果 (彩图见封底二维码)

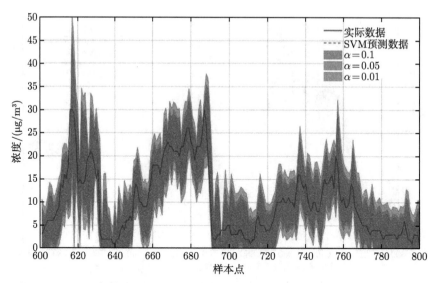

图 9-17 SO₂ 浓度 SVM-ARCH 超前一步区间预测结果 (彩图见封底二维码)

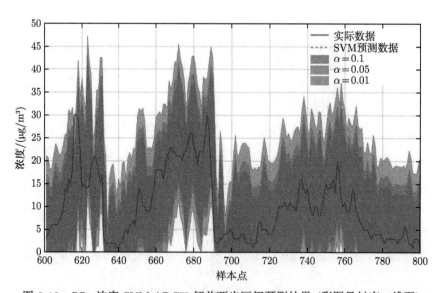

图 9-18 SO₂ 浓度 SVM-ARCH 超前两步区间预测结果 (彩图见封底二维码)

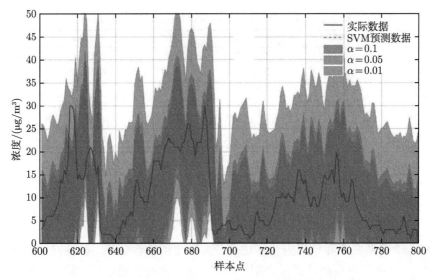

图 9-19 SO₂ 浓度 SVM-ARCH 超前三步区间预测结果 (彩图见封底二维码)

表 9-4 ARCH 区间预测模型超前一步预测精度

污染物	显著水平	区间预测模型	PICP	PINAW	CWC
PM₂.₅	$\alpha = 0.1$	SVM-ARCH	0.9600	0.0574	0.0574
	$\alpha = 0.05$	SVM-ARCH	0.9750	0.0684	0.0684
	$\alpha = 0.01$	SVM-ARCH	0.9850	0.0894	0.2043
SO₂	$\alpha = 0.1$	SVM-ARCH	0.9300	0.3233	0.3233
	$\alpha = 0.05$	SVM-ARCH	0.9650	0.3796	0.3796
	$\alpha = 0.01$	SVM-ARCH	0.9800	0.4853	1.2854

表 9-5 ARCH 区间预测模型超前两步预测精度

污染物	显著水平	区间预测模型	PICP	PINAW	CWC
PM₂.₅	$\alpha = 0.1$	SVM-ARCH	0.9400	0.1110	0.1110
	$\alpha = 0.05$	SVM-ARCH	0.9800	0.1310	0.1310
	$\alpha = 0.01$	SVM-ARCH	0.9900	0.1699	0.1699
SO₂	$\alpha = 0.1$	SVM-ARCH	0.9100	0.4538	0.4538
	$\alpha = 0.05$	SVM-ARCH	0.9500	0.5294	0.5294
	$\alpha = 0.01$	SVM-ARCH	0.9800	0.6660	1.7641

表 9-6   ARCH 区间预测模型超前三步预测精度

污染物	显著水平	区间预测模型	PICP	PINAW	CWC
PM$_{2.5}$	$\alpha = 0.1$	SVM-ARCH	0.9100	0.1712	0.1712
	$\alpha = 0.05$	SVM-ARCH	0.9600	0.2023	0.2023
	$\alpha = 0.01$	SVM-ARCH	0.9950	0.2623	0.2623
SO$_2$	$\alpha = 0.1$	SVM-ARCH	0.9300	0.5254	0.5254
	$\alpha = 0.05$	SVM-ARCH	0.9600	0.6091	0.6091
	$\alpha = 0.01$	SVM-ARCH	0.9950	0.7620	0.7620

9.7   SVM-GARCH 区间预测模型

9.7.1   理论基础

ARCH 模型在实际使用中为了达到较为理想的拟合效果，往往需要选取较大的阶数 q，从而使得模型计算量大幅度增加，对于具有长期自回归特性的异方差序列来说实用性较差，影响整体模型预测精度[209]。GARCH[202] 模型与 ARCH 模型相比增加了历史条件异方差的自回归项，减小了模型对于阶数 q 的需求，从而在保证模型精度的前提下降低了模型计算量。GARCH(p, q) 公式表示为

$$\begin{cases} x_t = x_{\text{mean}}^t + \varphi_t \\ \varphi_t = \sigma_t \rho_t \\ \sigma_t^2 = \theta + \sum_{i=1}^{p} \alpha_j \sigma_{t-i}^2 + \sum_{j=1}^{q} \beta_j \varepsilon_{t-j}^2 \end{cases} \tag{9.5}$$

GARCH 模型相关参数的限制性条件表示如下：

$$\begin{cases} \theta > 0 \\ \alpha_j \geqslant 0, \beta_j \geqslant 0 \\ \sum_{i=1}^{p} \alpha_j + \sum_{j=1}^{q} \beta_j < 1 \end{cases} \tag{9.6}$$

9.7.2   模型预测结果

分别将 PM$_{2.5}$ 和 SO$_2$ 浓度时间序列测试集 D_3 投入 SVM-GARCH 区间预测模型，并基于 $\alpha = 0.1$、0.05、0.01 三种不同显著性水平，对其进行超前一步、两步、三步区间预测。预测结果及预测精度如图 9-20～图 9-25 及表 9-7～表 9-9 所示。

综合分析比对图表结果，可以初步得出以下结论：

(1) 对比 PM$_{2.5}$ 及 SO$_2$ 的预测结果，可以发现和前两类模型相同，PM$_{2.5}$ 浓度时间序列确定性预测和不确定预测精度均大幅度优于 SO$_2$ 浓度时间序列。SO$_2$ 浓度时间序列在多步预测时模型实用性不佳。

(2) 与 SVM-ARCH 模型类似, 在区间覆盖概率指标方面, SVM-GARCH 模型普遍高于预设置信度, 模型的鲁棒性达到了预设要求。而且针对 SO_2 浓度时间序列同样存在预测区间宽度过高的问题。

(3) 三类指标随超前预测步数及显著性水平的提升而有不同的变化趋势。以 $PM_{2.5}$ 区间预测为例, 显著性水平 $\alpha = 0.1$, SVM-GARCH 模型超前一步预测时, PICP、PINAW 和 CWC 指标分别为 0.9550、0.0574 和 0.0574; 超前两步预测时, PICP、PINAW 和 CWC 指标分别为 0.9350、0.1116 和 0.1116; 超前三步预测时, PICP、PINAW 和 CWC 指标分别为 0.9300、0.1700 和 0.1700, 覆盖率, 区间宽度及综合指标均大幅度逐步劣化, 预测步数的提升影响了模型的鲁棒性及精确性。对于 SO_2 浓度时间序列来说, 以显著性水平 $\alpha = 0.1$ 时的预测结果为例, 超前一步预测时, PICP、PINAW 和 CWC 指标分别为 0.8650、0.2828 和 1.9099; 超前两步预测时, PICP、PINAW 和 CWC 指标分别为 0.9550、0.6082 和 0.6082; 超前三步预测时, PICP、PINAW 和 CWC 指标分别为 0.9450、0.5091 和 0.5091, 虽然区间宽度指标趋于劣化, 但综合指标随超前步数提升而逐步优化, 说明随着超前预测步数提升, SVM-GARCH 模型的综合预测精度对于两种不同的大气污染物浓度时间序列呈现出完全不同的变化趋势。而预测精度随显著性水平变化的变化趋势与 SVM-ARCH 模型基本相同, 综合指标 CWC 均随显著性水平的提升而下降, 高显著性水平所带来的宽预测区间均能够在一定程度上提升模型预测精度。

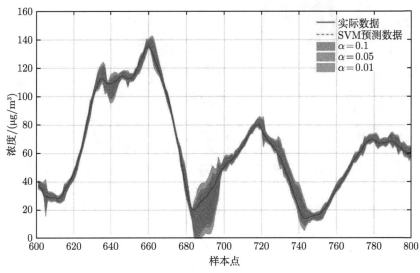

图 9-20 $PM_{2.5}$ 浓度 SVM-GARCH 超前一步区间预测结果 (彩图见封底二维码)

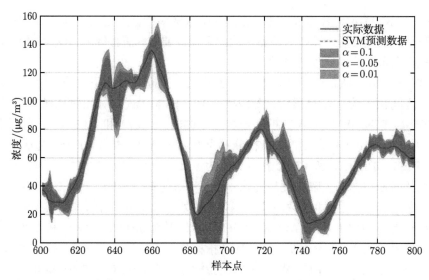

图 9-21　PM$_{2.5}$ 浓度 SVM-GARCH 超前两步区间预测结果 (彩图见封底二维码)

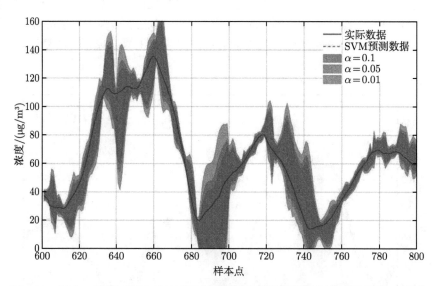

图 9-22　PM$_{2.5}$ 浓度 SVM-GARCH 超前三步区间预测结果 (彩图见封底二维码)

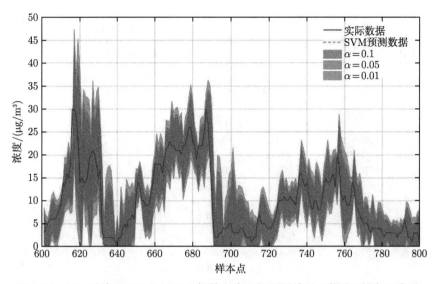

图 9-23　SO₂ 浓度 SVM-GARCH 超前一步区间预测结果 (彩图见封底二维码)

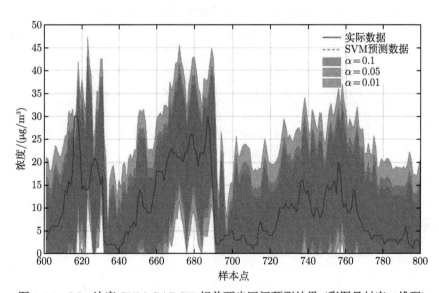

图 9-24　SO₂ 浓度 SVM-GARCH 超前两步区间预测结果 (彩图见封底二维码)

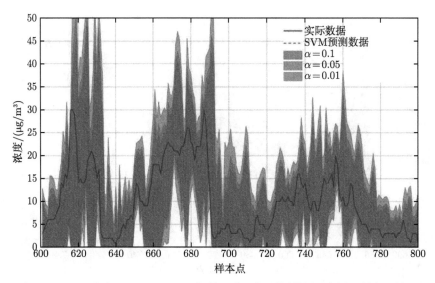

图 9-25　SO_2 浓度 SVM-GARCH 超前三步区间预测结果 (彩图见封底二维码)

表 9-7　GARCH 区间预测模型超前一步预测精度

污染物	显著水平	区间预测模型	PICP	PINAW	CWC
$PM_{2.5}$	$\alpha = 0.1$	SVM-GARCH	0.9550	0.0574	0.0574
	$\alpha = 0.05$	SVM-GARCH	0.9750	0.0683	0.0683
	$\alpha = 0.01$	SVM-GARCH	0.9850	0.0893	0.2040
SO_2	$\alpha = 0.1$	SVM-GARCH	0.8650	0.2828	1.9099
	$\alpha = 0.05$	SVM-GARCH	0.9150	0.3337	2.2537
	$\alpha = 0.01$	SVM-GARCH	0.9650	0.4293	1.9277

表 9-8　GARCH 区间预测模型超前两步预测精度

污染物	显著水平	区间预测模型	PICP	PINAW	CWC
$PM_{2.5}$	$\alpha = 0.1$	SVM-GARCH	0.9350	0.1116	0.1116
	$\alpha = 0.05$	SVM-GARCH	0.9650	0.1318	0.1318
	$\alpha = 0.01$	SVM-GARCH	0.9900	0.1707	0.1707
SO_2	$\alpha = 0.1$	SVM-GARCH	0.9550	0.6082	0.6082
	$\alpha = 0.05$	SVM-GARCH	0.9700	0.7058	0.7058
	$\alpha = 0.01$	SVM-GARCH	0.9950	0.8789	0.8789

表 9-9　GARCH 区间预测模型超前三步预测精度

污染物	显著水平	区间预测模型	PICP	PINAW	CWC
	$\alpha = 0.1$	SVM-GARCH	0.9300	0.1700	0.1700
PM$_{2.5}$	$\alpha = 0.05$	SVM-GARCH	0.9550	0.2010	0.2010
	$\alpha = 0.01$	SVM-GARCH	0.9950	0.2607	0.2607
	$\alpha = 0.1$	SVM-GARCH	0.9450	0.5091	0.5091
SO$_2$	$\alpha = 0.05$	SVM-GARCH	0.9800	0.5918	0.5918
	$\alpha = 0.01$	SVM-GARCH	0.9900	0.7405	0.7405

9.8 WPD-区间预测混合模型

9.8.1 混合模型框架

由于上述区间预测模型的预测精度较低,难以满足要求,本节采用小波包分解 (Wavelet Packet Decomposition,WPD) 将原始污染物浓度时间序列分解为 3 层共 8 个子序列,然后逐一对每个子序列构建区间预测模型,分别得到预测均值与预测区间,对各子序列预测结果采用线性叠加的方式得到最终的原始序列区间预测结果。WPD 与传统小波分解相比对于原始信号的分析处理更加精细,尤其是针对原始信号的高频部分,WPD 能够将时频空间更为细致地进行划分,从而使高频分辨率明显优于小波分解[37]。同时 WPD 可以根据信号的自身特征自适应地选取小波基函数,因此相比于小波分解,WPD 应用更为广泛。PM$_{2.5}$ 和 SO$_2$ 浓度时间序列 D_3 部分 WPD 重构后各子序列时域图如图 9-26 和图 9-27 所示。

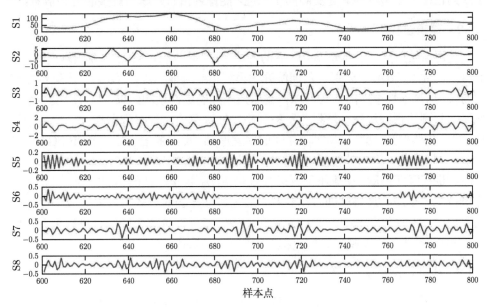

图 9-26　PM$_{2.5}$ 浓度时间序列 WPD 各子序列时域图

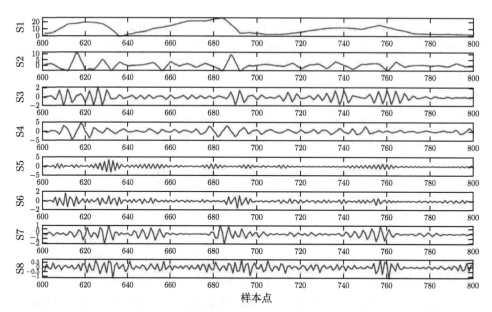

图 9-27　SO_2 浓度时间序列 WPD 各子序列时域图

通过分析子序列时域图可以得出，各子序列频域成分相对集中，前 4 层子序列 S1~S4 包含原始序列绝大部分中低频信息，且幅值优势明显，存储着原始序列多数能量。后 4 层子序列 S5~S8 包含原始序列绝大部分高频信息。总体而言，各子序列相比于原始序列具有更高的平稳性，能挖掘出原始序列更多的时频信息。

9.8.2　建模过程

使用原始序列 D_1 部分 WPD 后的各层子序列构建 SVM 确定性预测模型，然后将 D_2 和 D_3 分解后分别投入训练好的模型得到超前一步、两步、三步确定性预测结果，通过线性叠加的方式可以得到原始序列确定性预测结果，作为后续不确定性区间预测的预测均值。得到各子序列确定性预测值后计算数据集 D_2 的各子序列 $D_2^{S_i}$、预测序列 $\hat{D}_2^{S_i}$ 与真实值之间的残差序列 $D_2'^{S_i}$，拟合基于 ARCH、GARCH 和 KDE 模型的区间估计模型。分别利用拟合好的模型对测试序列 D_3 分解后的各子序列进行区间预测，得到不同显著性水平下 D_3 各子序列的预测区间，结合预测均值得到各子序列最终区间预测结果，通过线性叠加的方式得到原始 D_3 序列区间预测结果，并利用 PICP、PINAW 和 CWC 指标评价混合区间预测模型预测能力。WPD 条件异方差模型结构流程图如图 9-28 所示。

9.8.3　模型预测结果

D_3 部分 WPD-SVM 确定性预测结果图如图 9-29 和图 9-30 所示，对比图 9-6 和图 9-7 可以看出，WPD 能够明显提升确定性预测模型的预测精度，减小预测值

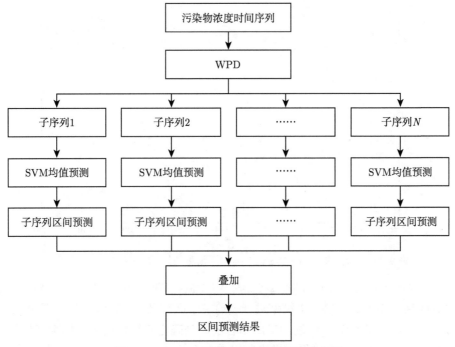

图 9-28 WPD 条件异方差模型结构流程图

与真实值之间的偏差。尤其是针对 SO_2 浓度时间序列，由于 WPD 提取了序列本身较为复杂的高频信息，降低了模型的不平稳性，所以预测精度得到了极大提升，在绝大部分的突变极值点，模型也能较好地拟合原始数据。

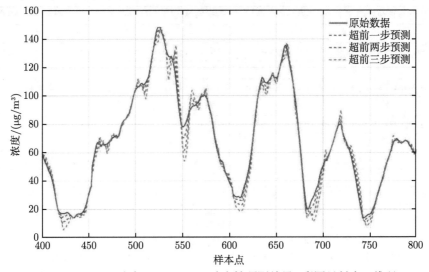

图 9-29 $PM_{2.5}$ 浓度 WPD-SVM 确定性预测结果 (彩图见封底二维码)

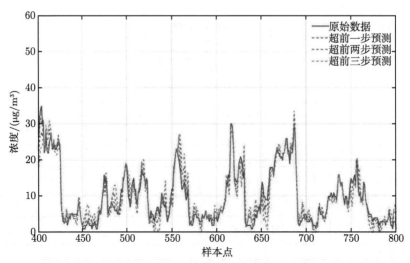

图 9-30　SO₂ 浓度 WPD-SVM 确定性预测结果 (彩图见封底二维码)

以 SVM-ARCH 区间预测模型为例，将 PM$_{2.5}$ 和 SO₂ 浓度时间序列 D_3 部分 WPD 后采用 SVM-ARCH 模型进行超前三步区间预测，预测结果如图 9-31 和图 9-32 所示。可以看出，经过 WPD 后各子序列确定性预测结果能够准确地拟合子序列真实值，区间预测结果同样表现优秀。

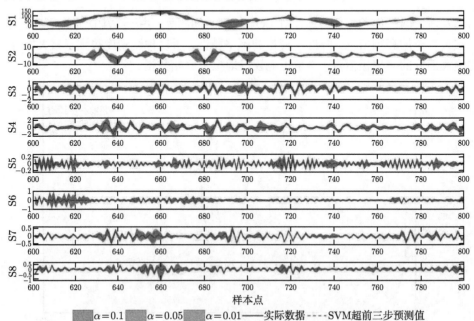

图 9-31　PM$_{2.5}$ 浓度 WPD 各子序列 SVM-ARCH 超前三步区间预测结果图

(彩图见封底二维码)

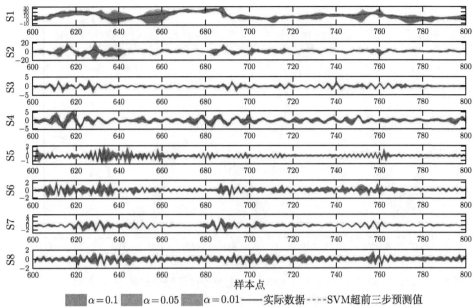

图 9-32 SO$_2$ 浓度 WPD 各子序列 SVM-ARCH 超前三步区间预测结果图

(彩图见封底二维码)

通过叠加后,基于 WPD-SVM-ARCH 模型的 PM$_{2.5}$ 和 SO$_2$ 浓度时间序列区间预测结果如图 9-33~图 9-38 所示。通过对比图 9-14~图 9-19,可以明显看出 WPD-SVM-ARCH 模型预测区间能够更好地覆盖真实值且区间宽度显著性降低。尤其是针对平稳性较差的 SO$_2$ 浓度时间序列,即使是超前多步预测同样具有较高的预测精度,模型性能与实用性提升效果明显。

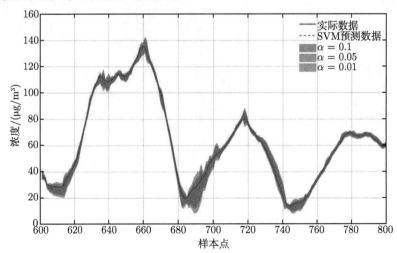

图 9-33 PM$_{2.5}$ 浓度 WPD-SVM-ARCH 超前一步区间预测结果 (彩图见封底二维码)

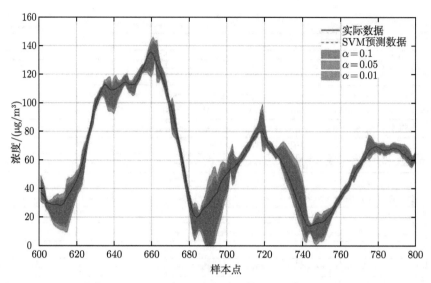

图 9-34　PM$_{2.5}$ 浓度 WPD-SVM-ARCH 超前两步区间预测结果 (彩图见封底二维码)

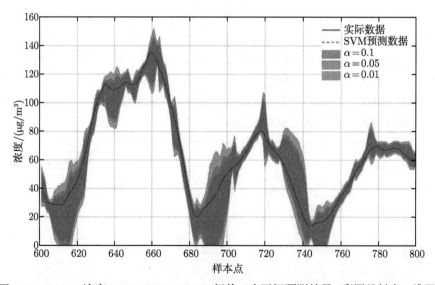

图 9-35　PM$_{2.5}$ 浓度 WPD-SVM-ARCH 超前三步区间预测结果 (彩图见封底二维码)

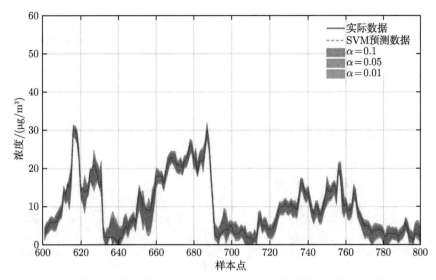

图 9-36   SO₂ 浓度 WPD-SVM-ARCH 超前一步区间预测结果 (彩图见封底二维码)

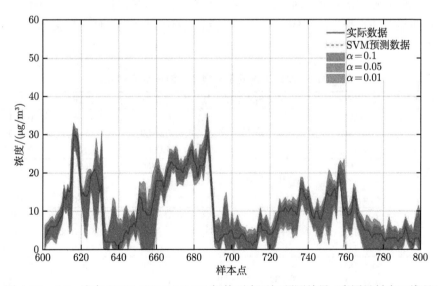

图 9-37   SO₂ 浓度 WPD-SVM-ARCH 超前两步区间预测结果 (彩图见封底二维码)

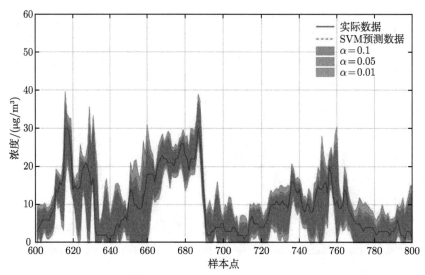

图 9-38　SO$_2$ 浓度 WPD-SVM-ARCH 超前三步区间预测结果 (彩图见封底二维码)

　　采用 WPD-SVM-KDE、WPD-SVM-ARCH、WPD-SVM-GARCH 三种基于 WPD 的区间预测混合模型对 PM$_{2.5}$ 和 SO$_2$ 浓度时间序列在 $\alpha = 0.1$、0.05、0.01 三种不同显著性水平下进行超前一步、两步、三步区间预测。预测精度如表 9-10~ 表 9-12 所示。

表 9-10　WPD 区间预测模型超前一步预测精度

污染物	显著水平	区间预测模型	PICP	PINAW	CWC
PM$_{2.5}$	$\alpha = 0.1$	WPD-SVM-KDE	0.9100	0.0448	0.0448
	$\alpha = 0.05$		0.9850	0.0707	0.0707
	$\alpha = 0.01$		1.0000	0.1155	0.1155
	$\alpha = 0.1$	WPD-SVM-ARCH	0.9650	0.0389	0.0389
	$\alpha = 0.05$		0.9850	0.0464	0.0464
	$\alpha = 0.01$		0.9850	0.0610	0.1392
	$\alpha = 0.1$	WPD-SVM-GARCH	0.9650	0.0389	0.0389
	$\alpha = 0.05$		0.9850	0.0463	0.0463
	$\alpha = 0.01$		0.9850	0.0609	0.1390
SO$_2$	$\alpha = 0.1$	WPD-SVM-KDE	0.9150	0.1041	0.1041
	$\alpha = 0.05$		0.9500	0.1345	0.1345
	$\alpha = 0.01$		0.9950	0.2061	0.2061
	$\alpha = 0.1$	WPD-SVM-ARCH	0.9300	0.0945	0.0945
	$\alpha = 0.05$		0.9500	0.1122	0.1122
	$\alpha = 0.01$		0.9700	0.1461	0.5433
	$\alpha = 0.1$	WPD-SVM-GARCH	0.9300	0.0945	0.0945
	$\alpha = 0.05$		0.9500	0.1122	0.1122
	$\alpha = 0.01$		0.9700	0.1461	0.5433

表 9-11　WPD 区间预测模型超前两步预测精度

污染物	显著水平	区间预测模型	PICP	PINAW	CWC
PM$_{2.5}$	$\alpha = 0.1$	WPD-SVM-KDE	0.9000	0.1049	0.1049
	$\alpha = 0.05$		0.9900	0.1621	0.1621
	$\alpha = 0.01$		1.0000	0.2625	0.2625
	$\alpha = 0.1$	WPD-SVM-ARCH	0.9550	0.0849	0.0849
	$\alpha = 0.05$		0.9700	0.1008	0.1008
	$\alpha = 0.01$		0.9900	0.1313	0.1313
	$\alpha = 0.1$	WPD-SVM-GARCH	0.9400	0.0830	0.0830
	$\alpha = 0.05$		0.9600	0.0986	0.0986
	$\alpha = 0.01$		0.9800	0.1286	0.3405
SO$_2$	$\alpha = 0.1$	WPD-SVM-KDE	0.9200	0.2252	0.2252
	$\alpha = 0.05$		0.9600	0.2931	0.2931
	$\alpha = 0.01$		1.0000	0.4308	0.4308
	$\alpha = 0.1$	WPD-SVM-ARCH	0.9250	0.1912	0.1912
	$\alpha = 0.05$		0.9500	0.2245	0.2245
	$\alpha = 0.01$		0.9950	0.2871	0.2871
	$\alpha = 0.1$	WPD-SVM-GARCH	0.9250	0.1912	0.1912
	$\alpha = 0.05$		0.9500	0.2245	0.2245
	$\alpha = 0.01$		0.9950	0.2871	0.2871

表 9-12　WPD 区间预测模型超前三步预测精度

污染物	显著水平	区间预测模型	PICP	PINAW	CWC
PM$_{2.5}$	$\alpha = 0.1$	WPD-SVM-KDE	0.8850	0.1623	0.5060
	$\alpha = 0.05$		0.9900	0.2452	0.2452
	$\alpha = 0.01$		1.0000	0.3901	0.3901
	$\alpha = 0.1$	WPD-SVM-ARCH	0.9550	0.1357	0.1357
	$\alpha = 0.05$		0.9800	0.1604	0.1604
	$\alpha = 0.01$		0.9900	0.2060	0.2060
	$\alpha = 0.1$	WPD-SVM-GARCH	0.9550	0.1339	0.1339
	$\alpha = 0.05$		0.9800	0.1581	0.1581
	$\alpha = 0.01$		0.9950	0.2030	0.2030
SO$_2$	$\alpha = 0.1$	WPD-SVM-KDE	0.9250	0.3462	0.3462
	$\alpha = 0.05$		0.9600	0.4400	0.4400
	$\alpha = 0.01$		1.0000	0.6131	0.6131
	$\alpha = 0.1$	WPD-SVM-ARCH	0.9600	0.2728	0.2728
	$\alpha = 0.05$		0.9750	0.3204	0.3204
	$\alpha = 0.01$		1.0000	0.4075	0.4075
	$\alpha = 0.1$	WPD-SVM-GARCH	0.9600	0.2728	0.2728
	$\alpha = 0.05$		0.9750	0.3204	0.3204
	$\alpha = 0.01$		1.0000	0.4075	0.4075

综合分析比对图表结果,可以得出以下结论:

(1) 加入 WPD 后,SVM 确定性预测模型的预测精度获得大幅度提升。对于采用单一 SVM 模型难以有效预测的 SO_2 浓度时间序列,预测模型加入分解后,无论是长周期低频变化趋势跟随还是短周期高频波动的拟合都能有效实现。同时,混合区间预测也能很好地达到精度要求。

(2) PICP 指标大部分高于预设置信度,但是相比无分解模型,超前预测步数较低时,预测区间过窄导致预测区间无法全面覆盖真实值,PICP 指标低于 $1-\alpha$。以 $PM_{2.5}$ 区间预测为例,WPD-SVM-KDE 模型超前一步预测,当显著性水平 $\alpha = 0.01$ 时,PICP、PINAW 和 CWC 指标分别为 1.000、0.1155 和 0.1155;当显著性水平 $\alpha = 0.05$ 时,PICP、PINAW 和 CWC 指标分别为 0.9850、0.0707 和 0.0707;当显著性水平 $\alpha = 0.1$ 时,PICP、PINAW 和 CWC 指标分别为 0.9100、0.0448 和 0.0448,随显著性水平提升,预测区间随之收缩,覆盖率逐步劣化,综合指标均大幅度逐步优化,表明在一定程度上提升显著性水平能有效提升分解区间预测混合模型精确性,而且通过观察其余几类模型同样满足该趋势。

(3) 随着超前预测步数的增加,PICP 指标在不同模型上呈现出逐步优化和劣化两种趋势,而预测区间宽度指标 PINAW 和综合预测指标 CWC 均逐渐劣化。以 $PM_{2.5}$ 浓度时间序列 WPD-SVM-ARCH 模型在显著性水平 $\alpha = 0.1$ 时预测结果为例,超前一步预测时,PICP、PINAW 和 CWC 指标分别为 0.9650、0.0389 和 0.0389;超前两步预测时,PICP、PINAW 和 CWC 指标分别为 0.9550、0.0849 和 0.0849;超前三步预测时,PICP、PINAW 和 CWC 指标分别为 0.9550、0.1357 和 0.1357,区间宽度和综合指标随超前步数提升而逐步劣化。该变化趋势与无分解区间预测模型相同,由于加入分解后预测区间宽度显著降低,PINAW 指标在区间预测模型的综合预测精度中占有主导地位,所以模型综合预测精度指标 CWC 无论是数值还是变化趋势均大概率接近 PINAW 指标。

9.9　模型性能综合对比分析

9.9.1　不同区间预测模型对比

为了综合对比分析基于三类不同区间拟合算法的区间预测算法预测精度,本节以基于概率密度函数估计的 SVM-KDE 算法为对比模型,计算其他两类条件异方差区间预测模型与之对比的精度变化情况。以 SVM-ARCH 与 SVM-GARCH 两者为例,计算精度对比指标为 $P_{PICP}(\%)$,$P_{PINAW}(\%)$ 和 $P_{CWC}(\%)$,进行对比。表 9-13~表 9-15 为无分解时三类区间预测模型的精度对比情况,表 9-16~表 9-18 表示加入 WPD 算法后三类混合区间预测模型的精度对比情况。

表 9-13　无分解区间预测模型超前一步预测精度对比

污染物	显著水平	对比模型	P_{PICP}/%	P_{PINAW}/%	P_{CWC}/%
PM$_{2.5}$	$\alpha=0.1$	SVM-ARCH 与 SVM-KDE	13.6095	21.1094	92.7229
		SVM-GARCH 与 SVM-KDE	13.0178	20.9469	92.7327
	$\alpha=0.05$	SVM-ARCH 与 SVM-KDE	5.4054	15.3292	81.1438
		SVM-GARCH 与 SVM-KDE	5.4054	15.4386	81.1682
	$\alpha=0.01$	SVM-ARCH 与 SVM-KDE	−1.5000	29.2757	−61.5360
		SVM-GARCH 与 SVM-KDE	−1.5000	29.3602	−61.3430
SO$_2$	$\alpha=0.1$	SVM-ARCH 与 SVM-KDE	2.1978	−3.1545	−3.1545
		SVM-GARCH 与 SVM-KDE	−4.9451	9.7839	−509.3739
	$\alpha=0.05$	SVM-ARCH 与 SVM-KDE	2.6596	−0.9756	61.8776
		SVM-GARCH 与 SVM-KDE	−2.6596	11.2485	−126.3285
	$\alpha=0.01$	SVM-ARCH 与 SVM-KDE	−1.5075	27.2993	−92.5640
		SVM-GARCH 与 SVM-KDE	−3.0151	35.6875	−188.7853

表 9-14　无分解区间预测模型超前两步预测精度对比

污染物	显著水平	对比模型	P_{PICP}/%	P_{PINAW}/%	P_{CWC}/%
PM$_{2.5}$	$\alpha=0.1$	SVM-ARCH 与 SVM-KDE	9.9415	5.1488	90.9560
		SVM-GARCH 与 SVM-KDE	9.3567	4.6191	90.9055
	$\alpha=0.05$	SVM-ARCH 与 SVM-KDE	5.3763	27.9002	80.6094
		SVM-GARCH 与 SVM-KDE	3.7634	27.5036	80.5027
	$\alpha=0.01$	SVM-ARCH 与 SVM-KDE	0.5076	34.2812	71.2268
		SVM-GARCH 与 SVM-KDE	0.5076	33.9795	71.0947
SO$_2$	$\alpha=0.1$	SVM-ARCH 与 SVM-KDE	−2.1505	7.0921	7.0921
		SVM-GARCH 与 SVM-KDE	2.6882	−24.5108	−24.5108
	$\alpha=0.05$	SVM-ARCH 与 SVM-KDE	−0.5236	7.5277	7.5277
		SVM-GARCH 与 SVM-KDE	1.5707	−23.2925	−23.2925
	$\alpha=0.01$	SVM-ARCH 与 SVM-KDE	−1.0101	30.0085	−85.3881
		SVM-GARCH 与 SVM-KDE	0.5051	7.6431	7.6431

表 9-15　无分解区间预测模型超前三步预测精度对比

污染物	显著水平	对比模型	P_{PICP}/%	P_{PINAW}/%	P_{CWC}/%
PM$_{2.5}$	$\alpha=0.1$	SVM-ARCH 与 SVM-KDE	8.3333	9.8672	95.7254
		SVM-GARCH 与 SVM-KDE	10.7143	10.4711	95.7540
	$\alpha=0.05$	SVM-ARCH 与 SVM-KDE	5.4945	21.8307	90.6820
		SVM-GARCH 与 SVM-KDE	4.9451	22.3325	90.7418
	$\alpha=0.01$	SVM-ARCH 与 SVM-KDE	1.0152	32.2838	70.3522
		SVM-GARCH 与 SVM-KDE	1.0152	32.7160	70.5415
SO$_2$	$\alpha=0.1$	SVM-ARCH 与 SVM-KDE	−0.5348	10.0360	10.0360
		SVM-GARCH 与 SVM-KDE	1.0695	12.8243	12.8243
	$\alpha=0.05$	SVM-ARCH 与 SVM-KDE	0.5236	10.8898	10.8898
		SVM-GARCH 与 SVM-KDE	2.6178	13.4244	13.4244
	$\alpha=0.01$	SVM-ARCH 与 SVM-KDE	−0.5000	27.9769	27.9769
		SVM-GARCH 与 SVM-KDE	−1.0000	30.0050	30.0050

表 9-16　**WPD 区间预测模型超前一步预测精度对比**

污染物	显著水平	对比模型	P_{PICP}/%	P_{PINAW}/%	P_{CWC}/%
PM₂.₅	$\alpha = 0.1$	WPD-SVM-ARCH 与 WPD-SVM-KDE	6.0440	13.1794	13.1794
		WPD-SVM-GARCH 与 WPD-SVM-KDE	6.0440	13.3216	13.3216
	$\alpha = 0.05$	WPD-SVM-ARCH 与 WPD-SVM-KDE	0.0000	34.3471	34.3471
		WPD-SVM-GARCH 与 WPD-SVM-KDE	0.0000	34.4546	34.4546
	$\alpha = 0.01$	WPD-SVM-ARCH 与 WPD-SVM-KDE	−1.5000	47.2154	−20.5615
		WPD-SVM-GARCH 与 WPD-SVM-KDE	−1.5000	47.3018	−20.3640
SO₂	$\alpha = 0.1$	WPD-SVM-ARCH 与 WPD-SVM-KDE	1.6393	9.1936	9.1936
		WPD-SVM-GARCH 与 WPD-SVM-KDE	1.6393	9.1937	9.1937
	$\alpha = 0.05$	WPD-SVM-ARCH 与 WPD-SVM-KDE	0.0000	16.5700	16.5700
		WPD-SVM-GARCH 与 WPD-SVM-KDE	0.0000	16.5701	16.5701
	$\alpha = 0.01$	WPD-SVM-ARCH 与 WPD-SVM-KDE	−2.5126	29.1204	−163.5502
		WPD-SVM-GARCH 与 WPD-SVM-KDE	−2.5126	29.1205	−163.5500

表 9-17　**WPD 区间预测模型超前两步预测精度对比**

污染物	显著水平	对比模型	P_{PICP}/%	P_{PINAW}/%	P_{CWC}/%
PM₂.₅	$\alpha = 0.1$	WPD-SVM-ARCH 与 WPD-SVM-KDE	6.1111	19.0294	19.0294
		WPD-SVM-GARCH 与 WPD-SVM-KDE	4.4444	20.8816	20.8816
	$\alpha = 0.05$	WPD-SVM-ARCH 与 WPD-SVM-KDE	−2.0202	37.8062	37.8062
		WPD-SVM-GARCH 与 WPD-SVM-KDE	−3.0303	39.1432	39.1432
	$\alpha = 0.01$	WPD-SVM-ARCH 与 WPD-SVM-KDE	−1.0000	49.9714	49.9714
		WPD-SVM-GARCH 与 WPD-SVM-KDE	−2.0000	51.0314	−29.7041
SO₂	$\alpha = 0.1$	WPD-SVM-ARCH 与 WPD-SVM-KDE	0.5435	15.0677	15.0677
		WPD-SVM-GARCH 与 WPD-SVM-KDE	0.5435	15.0677	15.0677
	$\alpha = 0.05$	WPD-SVM-ARCH 与 WPD-SVM-KDE	−1.0417	23.4010	23.4010
		WPD-SVM-GARCH 与 WPD-SVM-KDE	−1.0417	23.4010	23.4010
	$\alpha = 0.01$	WPD-SVM-ARCH 与 WPD-SVM-KDE	−0.5000	33.3538	33.3538
		WPD-SVM-GARCH 与 WPD-SVM-KDE	−0.5000	33.3538	33.3538

表 9-18　**WPD 区间预测模型超前三步预测精度对比**

污染物	显著水平	对比模型	P_{PICP}/%	P_{PINAW}/%	P_{CWC}/%
PM₂.₅	$\alpha = 0.1$	WPD-SVM-ARCH 与 WPD-SVM-KDE	7.9096	16.3858	73.1748
		WPD-SVM-GARCH 与 WPD-SVM-KDE	7.9096	17.5122	73.5361
	$\alpha = 0.05$	WPD-SVM-ARCH 与 WPD-SVM-KDE	−1.0101	34.6065	34.6065
		WPD-SVM-GARCH 与 WPD-SVM-KDE	−1.0101	35.5130	35.5130
	$\alpha = 0.01$	WPD-SVM-ARCH 与 WPD-SVM-KDE	−1.0000	47.1866	47.1866
		WPD-SVM-GARCH 与 WPD-SVM-KDE	−0.5000	47.9481	47.9481
SO₂	$\alpha = 0.1$	WPD-SVM-ARCH 与 WPD-SVM-KDE	3.7838	21.1825	21.1825
		WPD-SVM-GARCH 与 WPD-SVM-KDE	3.7838	21.1825	21.1825
	$\alpha = 0.05$	WPD-SVM-ARCH 与 WPD-SVM-KDE	1.5625	27.1827	27.1827
		WPD-SVM-GARCH 与 WPD-SVM-KDE	1.5625	27.1827	27.1827
	$\alpha = 0.01$	WPD-SVM-ARCH 与 WPD-SVM-KDE	0.0000	33.5280	33.5280
		WPD-SVM-GARCH 与 WPD-SVM-KDE	0.0000	33.5280	33.5280

通过对比分析可以得出以下结论：

(1) 对于无分解区间预测模型来说，高频平稳性相对较高的 $PM_{2.5}$ 浓度时间序列 ARCH 和 GARCH 两类条件异方差算法与 KDE 算法相比精度提升效果明显，三项精度指标中 PICP 指标提升比例较小普遍在 10% 以内，而 PINAW 和 CWC 指标提升效果明显，PINAW 指标提升普遍高于 10%，CWC 指标普遍高于 70%，表明 $PM_{2.5}$ 浓度时间序列异方差性明显，采用条件异方差模型能够更为有效地拟合其置信区间。而对于高频平稳性较差的 SO_2 浓度时间序列，可以明显看出两类条件异方差算法相比于 KDE 算法不能有效提升区间预测精度，部分综合精度指标 CWC 甚至出现了大幅度劣化，主要是 SO_2 浓度时间序列平稳性较低导致 SVM 确定性预测结果与真实值偏差过大，从而导致条件异方差模型相比 KDE 模型更加难以有效拟合波动过大的残差序列。

(2) 对于 WPD 混合区间预测模型来说，由于分解算法有效提取了原始序列各频段信息且子序列具有较高的平稳性，可以明显看出两类条件异方差算法相比 KDE 算法区间预测精度提升明显。其中，覆盖率指标 PICP 提升极小甚至有所降低，而区间宽度指标大幅度提升。这一现象主要是分解算法显著提升了确定性预测的预测精度，导致残差幅值偏小，区间预测的预测区间宽度收紧。而条件异方差模型针对平稳序列能够更加有效地拟合残差方差的时序波动性，所以收紧趋势更为明显，导致可能出现覆盖率降低的情况。综合精度指标 CWC 同样普遍提升，尤其是针对显著性水平较高的情况。精度对比结果表明经过 WPD 后各子序列确定性预测残差序列具有高平稳性和高异方差性等特点。

9.9.2 含分解混合模型与无分解模型对比

表 9-19～表 9-21 为 WPD 添加前后三类混合区间预测模型的精度对比情况。

通过对比分析可以得出以下结论：

(1) WPD 算法能够大幅度提升 $PM_{2.5}$ 和 SO_2 浓度时间序列区间预测精度，这一现象主要是由于 WPD 能够深入挖掘原始序列不同频率区间的有效信息，且分解后各子序列平稳性较高。所以理论上 WPD 算法对于两类大气污染物中序列平稳性较差、高频波动较大的 SO_2 浓度时间序列提升效果更为明显。事实上，对比表格数据可以看出，WPD 对 $PM_{2.5}$ 浓度时间序列综合区间预测评价指标 CWC 的提升比例大部分处于 20%～40%，对 SO_2 浓度时间序列的提升比例大部分处于 35%～95%，后者提升效果要明显优于前者，与上述理论相符。

(2) 三项区间预测精度指标中，WPD 对于覆盖率指标 PICP 提升幅度不明显甚至出现一定的指标劣化情况，而对于区间宽度指标 PINAW 和综合精度指标 CWC 提升幅度明显。同时，随着超前预测步数的提升，WPD 对于综合预测精度指标的提升幅度逐渐降低。

表 9-19　WPD 添加前后区间预测模型超前一步预测精度对比

污染物	显著水平	对比模型	P_{PICP}/%	P_{PINAW}/%	P_{CWC}/%
PM$_{2.5}$	$\alpha = 0.1$	WPD-SVM-KDE 与 SVM-KDE	7.6923	5.4505	94.3188
	$\alpha = 0.05$		6.4865	12.5510	80.5251
	$\alpha = 0.01$		0.0000	8.6737	8.6737
	$\alpha = 0.1$	WPD-SVM-ARCH 与 SVM-ARCH	0.5208	32.2195	32.2195
	$\alpha = 0.05$		1.0256	32.1928	32.1928
	$\alpha = 0.01$		0.0000	31.8392	31.8392
	$\alpha = 0.1$	WPD-SVM-GARCH 与 SVM-GARCH	1.0471	32.2396	32.2396
	$\alpha = 0.05$		1.0256	32.2164	32.2164
	$\alpha = 0.01$		0.0000	31.8694	31.8694
SO$_2$	$\alpha = 0.1$	WPD-SVM-KDE 与 SVM-KDE	0.5495	66.7839	66.7839
	$\alpha = 0.05$		1.0638	64.2276	86.4945
	$\alpha = 0.01$		0.0000	69.1169	69.1169
	$\alpha = 0.1$	WPD-SVM-ARCH 与 SVM-ARCH	0.0000	70.7601	70.7601
	$\alpha = 0.05$		-1.5544	70.4434	70.4434
	$\alpha = 0.01$		-1.0204	69.8906	57.7323
	$\alpha = 0.1$	WPD-SVM-GARCH 与 SVM-GARCH	7.5145	66.5666	95.0503
	$\alpha = 0.05$		3.8251	66.3725	95.0215
	$\alpha = 0.01$		0.5181	65.9635	71.8156

表 9-20　**WPD 添加前后区间预测模型超前两步预测精度对比**

污染物	显著水平	对比模型	P_{PICP}/%	P_{PINAW}/%	P_{CWC}/%
PM$_{2.5}$	$\alpha = 0.1$	WPD-SVM-KDE 与 SVM-KDE	5.2632	10.3486	91.4518
	$\alpha = 0.05$		6.4516	10.8178	76.0152
	$\alpha = 0.01$		1.5228	-1.5544	55.5371
	$\alpha = 0.1$	WPD-SVM-ARCH 与 SVM-ARCH	1.5957	23.4683	23.4683
	$\alpha = 0.05$		-1.0204	23.0708	23.0708
	$\alpha = 0.01$		0.0000	22.6914	22.6914
	$\alpha = 0.1$	WPD-SVM-GARCH 与 SVM-GARCH	0.5348	25.6342	25.6342
	$\alpha = 0.05$		-0.5181	25.1364	25.1364
	$\alpha = 0.01$		-1.0101	24.6753	-99.5142
SO$_2$	$\alpha = 0.1$	WPD-SVM-KDE 与 SVM-KDE	-1.0753	53.9018	53.9018
	$\alpha = 0.05$		0.5236	48.8041	48.8041
	$\alpha = 0.01$		1.0101	54.7279	54.7279
	$\alpha = 0.1$	WPD-SVM-ARCH 与 SVM-ARCH	1.6484	57.8590	57.8590
	$\alpha = 0.05$		0.0000	57.5921	57.5921
	$\alpha = 0.01$		1.5306	56.8917	83.7249
	$\alpha = 0.1$	WPD-SVM-GARCH 与 SVM-GARCH	-3.1414	68.5551	68.5551
	$\alpha = 0.05$		-2.0619	68.1931	68.1931
	$\alpha = 0.01$		0.0000	67.3310	67.3310

表 9-21　WPD 添加前后区间预测模型超前三步预测精度对比

污染物	显著水平	对比模型	P_{PICP}/%	P_{PINAW}/%	P_{CWC}/%
PM$_{2.5}$	$\alpha = 0.1$	WPD-SVM-KDE 与 SVM-KDE	5.3571	14.5127	87.3627
	$\alpha = 0.05$		8.7912	5.2680	88.7077
	$\alpha = 0.01$		1.5228	−0.6858	55.9174
	$\alpha = 0.1$	WPD-SVM-ARCH 与 SVM-ARCH	4.9451	20.6953	20.6953
	$\alpha = 0.05$		2.0833	20.7507	20.7507
	$\alpha = 0.01$		−0.5025	21.4730	21.4730
	$\alpha = 0.1$	WPD-SVM-GARCH 与 SVM-GARCH	2.6882	21.2360	21.2360
	$\alpha = 0.05$		2.6178	21.3443	21.3443
	$\alpha = 0.01$		0.0000	22.1081	22.1081
SO$_2$	$\alpha = 0.1$	WPD-SVM-KDE 与 SVM-KDE	−1.0695	40.7236	40.7236
	$\alpha = 0.05$		0.5236	35.6281	35.6281
	$\alpha = 0.01$		0.0000	42.0517	42.0517
	$\alpha = 0.1$	WPD-SVM-ARCH 与 SVM-ARCH	3.2258	48.0679	48.0679
	$\alpha = 0.05$		1.5625	47.3979	47.3979
	$\alpha = 0.01$		0.5025	46.5180	46.5180
	$\alpha = 0.1$	WPD-SVM-GARCH 与 SVM-GARCH	1.5873	46.4068	46.4068
	$\alpha = 0.05$		−0.5102	45.8579	45.8579
	$\alpha = 0.01$		1.0101	44.9683	44.9683

9.10　本章小结

本章深入研究了各种基于确定性均值预测及区间估计算法的大气污染物浓度时间序列不确定性区间预测方法。本章采用 SVM 模型作为时间序列确定性均值预测模型，然后采用 KDE、ARCH 和 GARCH 三种算法拟合预测区间，从而实现对时间序列的不确定性区间预测，并采用三项精度指标评价各类模型区间预测精度。同时，通过添加 WPD 分解算法改善各模型预测性能。通过计算三项对比指标综合对比分析不同区间预测模型的预测性能及 WPD 添加前后模型预测性能的变化。

本章结论总结如下：

(1) 对比 PM$_{2.5}$ 及 SO$_2$ 的预测结果，可以看出 PM$_{2.5}$ 浓度时间序列确定性预测和不确定预测精度均大幅度优于 SO$_2$ 浓度时间序列，预测残差幅值与真实值的比值偏低。不添加分解算法时，SO$_2$ 浓度时间序列在多步预测时只能在长周期低频波动上较好跟随序列趋势，难以有效拟合短期高频波动。预测区间宽度过大，模型缺乏实用性。同时未添加分解算法时各类模型多步预测实用性均较差，主要体现在 PICP 指标低于预设置信度 $1-\alpha$，或预测区间宽度过大，预测均值大幅度偏离真实值。

(2) 不添加分解算法时，高频平稳性相对较高的 PM$_{2.5}$ 浓度时间序列 ARCH

和 GARCH 两类条件异方差算法与 KDE 算法相比精度提升效果明显,采用条件异方差模型能够更为有效地拟合其置信区间。而对于高频平稳性较差的 SO_2 浓度时间序列,两类条件异方差算法相比 KDE 算法不能有效提升区间预测精度,主要是 SO_2 浓度时间序列平稳性较低导致 SVM 确定性预测结果与真实值偏差过大,从而导致条件异方差模型相比于 KDE 模型更加难以有效地拟合波动过大的残差序列。

(3) 添加分解算法后,两类条件异方差算法相比于 KDE 算法区间预测精度提升明显。主要是由于分解算法显著提升了确定性预测的预测精度,区间预测的预测区间宽度收紧。而条件异方差模型针对平稳序列能够更加有效地拟合残差方差的时序波动性。表明经过 WPD 后各子序列确定性预测残差序列具有高平稳性和高异方差性等特点。

(4) WPD 算法能够大幅度提升 $PM_{2.5}$ 和 SO_2 浓度时间序列区间预测精度,主要是由于 WPD 能够深入挖掘原始序列不同频率区间的有效信息,而且分解后各子序列平稳性较高。WPD 算法对于两类大气污染物中序列平稳性较差、高频波动较大的 SO_2 浓度时间序列提升效果更为明显,随着超前预测步数的提升,WPD 对于综合预测精度指标的提升幅度逐渐降低。

第10章 大气污染物浓度聚类混合预测模型

10.1 引 言

聚类作为一种无监督的学习方法,与普遍意义上的分类之间具有本质上的区别。分类过程需要事先了解相关对象的类别特征作为先验知识,而聚类过程则需要自主学习对象的类别特征,无需先验知识[203]。聚类相比分类具有更高的难度与不确定性。聚类算法总体可以分为以下五大类:

(1) 划分式聚类:需事先了解或拟定聚类数和初始聚类中心,采用迭代更新的方式,以优化目标函数值为目的实现聚类,如K-均值算法及其优化算法、K-medoids算法及其优化算法等。

(2) 层次聚类:采用层次架构的方式对数据集进行反复分解或聚合,得到最终层次序列的聚类问题解作为聚类结果,如 Chameleon 算法[204]、ROCK 算法[205]、CURE 算法[206] 等。

(3) 基于密度的聚类:该方法将每个类簇看作空间中被稀疏区域所分开的稠密区域,可以实现任意形状的类簇划分,如 DBSCAN 算法[207]、CURD 算法[208] 等。

(4) 基于粒度的聚类:基于粒度计算相关理论方法实现最优粒子搜寻,从而得到最优聚类结果,如模糊聚类算法、粗糙集聚类算法等。

(5) 基于图理论聚类:采用节点划分的方式对包含大规模多维信息的图模型进行聚类,从而提取图片有效信息,如高维数据聚类、SCAN 算法[209] 等。

由于聚类数据集往往不具有样本类别标签等先验知识,所以对聚类算法的最终结果进行评价就需要采用一些相关聚类评价指标。一般而言,聚类评价指标主要分为内部评价指标与外部评价指标两大类[210]。运用外部指标需要提前了解数据集内各样本的原始分布,从而与聚类结果形成对比,达到评价聚类结果优劣的目的。内部指标则是基于数据集自身聚类后各类簇内与类簇间的分布情况进行评价,无需原始数据分布。

聚类算法具有广泛的适用性,应用于生物学[211]、电器学[212]、模式识别[213]、图像识别[214] 等众多领域。本章采用聚类算法对单一预测模型进行优化,构成大气污染物浓度聚类混合预测模型,该方法在时间序列预测相关领域有着较为广泛的运用,许多研究人员采取该方案取得了一系列成就。刘思[215] 采用一种基于特性指标聚类的降维算法,对配电网电网空间日负荷曲线进行划分,从而提升神经网络空间负荷预测模型的精度。提出了一种基于 K-均值聚类和 Bagging 神经网络的短期 WPF 数据挖掘方法。Wu 等 [216] 基于历史日平均风电数据之间的相似性，采用 K-均值聚类方法对包含气象信息和历史电力信息的数据进行分类，结合神经网络实现短期风电数据预测，克服了传统网络存在的过拟合和不稳定性问题，通过仿真验证该模型预测精度优于传统预测方法。Li 等 [217] 基于数据驱动的线性聚类 (DLC) 方法，对变电站负荷数据集进行预处理，然后针对每个类的序列构造最优差分自回归移动平均 (ARIMA) 模型，实现长期系统电力负荷预测。Yang 等 [218] 提出了一种基于 K-shape 算法的聚类方法，对建筑每小时的耗电量进行聚类，检测不同时间粒度下的建筑能耗模式，利用该聚类方法的结果，提升 SVR 模型的建筑能耗预测精度。

空气质量预测领域采用聚类算法对预测模型进行优化的研究目前相对较少。Jiang 等 [219] 提出了一种基于样本自组织聚类的 BP 神经网络预测模型。利用自组织竞争神经网络 (SOCNN) 的聚类特性，提高了训练样本对 BPNN 性能的影响。并利用该模型空气质量数据进行预测实验，结果表明该混合模型可以降低陷入局部最优的可能性，提高预测精度。

10.2　大气污染物浓度数据

10.2.1　原始污染物浓度时间序列

本章使用的原始污染物数据包括两组样本长度为 10000 的 $PM_{2.5}$ 浓度时间序列和 NO_2 浓度时间序列。两组时间序列的采样间隔为一个小时。在经过一定的预处理后可以分别得到 $PM_{2.5}$ 和 NO_2 实验样本 $\{X_t\}$ 和 $\{Y_t\}$。截取部分样本点后两者的时间序列波形图如图 10-1 和图 10-2 所示。通过分析波形图可以看出，$PM_{2.5}$ 数据 $\{X_t\}$ 波形具有高频波动较小，整体样本低频周期性较强，幅值范围较大等特征。相比而言，NO_2 数据 $\{Y_t\}$ 波形整体具有较强的高频波动性和低频周期性，幅值范围较小。两组数据均表现出较强的随机性与非平稳性。

10.2.2　样本划分

如图 10-3 所示将原始污染物浓度时间序列划分为 D_1 和 D_2 两个部分。其中 D_1 包含原始序列 80% 的样本点，经过递归策略重排后成为 BFGS 模型训练集 X_{train}。同时 D_2 包括原始树 20% 的样本点，经过递归策略重排后成为 BFGS 模型测试集 X_{test}。由于采用递归策略递归预测的方式进行超前多步确定性预测，所以训练集 X_{train} 和测试集 X_{test} 的样本数与原始时间序列的样本数并不完全等价，训练集和测试集样本数分别为 N_{train} 和 N_{test}。$PM_{2.5}$ 和 NO_2 的样本划分情况分别如图 10-3 和图 10-4 所示。

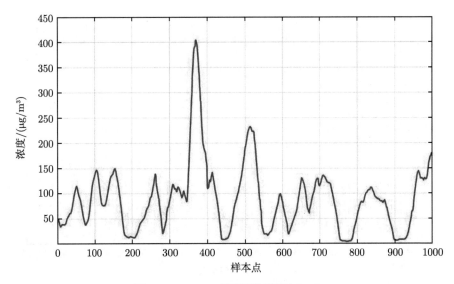

图 10-1 PM$_{2.5}$ 浓度时间序列 $\{X_t\}$

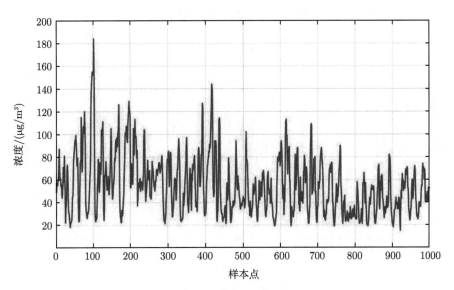

图 10-2 NO$_2$ 浓度时间序列 $\{Y_t\}$

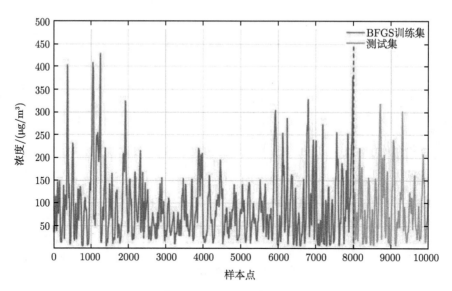

图 10-3　PM$_{2.5}$ 样本划分

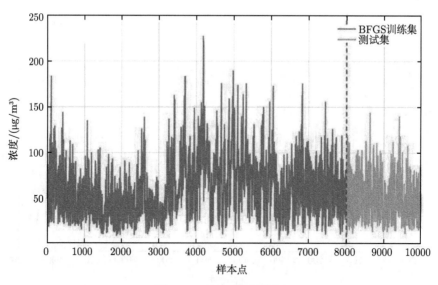

图 10-4　NO$_2$ 样本划分

10.3　模型总体框架

本节采用 K-均值、FCM、K-medoids 三种聚类算法对 BFGS 大气污染物浓度确定性预测模型进行优化，并分别依据 BWP、XIE、PBM 三类内部评价指标自适应选取最优聚类数。混合模型总体流程框架表达如下：

(1) 样本划分与训练集测试集构建。如前文所示，采用前 20 个数据点进行预测，划分原始序列样本点并采用递归策略构建训练集 X_{train} 和测试集 X_{test}，以及两者预测的实值矩阵 T_{train} 和 T_{test}。X_{train} 和 X_{test} 分别为 $N_{\text{train}} \times 20$ 和 $N_{\text{test}} \times 20$ 的矩阵。

(2) 训练集聚类及类簇中心确定。采用 K-均值、FCM、K-medoids 三种聚类算法依照初始选定聚类数 k_{s} 对训练集 X_{train} 进行聚类，得到 k_{s} 类簇中心及训练集聚类结果 (即训练集每个样本所对应类别编号的标签向量)。k_{s} 类簇中心为 $k_{\text{s}} \times 20$ 矩阵，每一行代表一个类簇的中心向量。

(3) 最优聚类数自适应选取。采用枚举的方式设定聚类数从 2 至 15，分别对训练集进行聚类，依据上述初始聚类结果计算不同聚类数下的内部评价指标，依照指标自身特性选取指标最优时的聚类数作为最优聚类数 k。得到训练集最终聚类结果。

(4) k 个 BFGS 预测模型训练及测试集测试。依照聚类结果将训练集和实值矩阵划分为 k 个训练集和实值矩阵，并采用 BFGS 分别进行训练建模，得到 k 个确定性预测模型。计算测试集每个样本与每个类簇中心之间的欧氏距离，以最小距离处作为该测试集样本的从属类簇，从而完成测试集矩阵与测试集实值矩阵的划分。将测试集中每个样本投入从属类簇对应的确定性预测模型中进行预测，从而得到最终测试结果。混合预测模型流程图如图 10-5 所示。

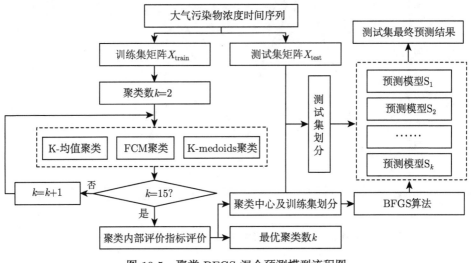

图 10-5　聚类-BFGS 混合预测模型流程图

10.4　BFGS 确定性预测模型

拟牛顿法 (Quasi-Newton Methods) 作为求解非线性优化问题最有效的方法之一, 由美国物理学家 Davidon 在 20 世纪 50 年代提出 [220]。其核心思想在于: 在无需二阶偏导数的前提下构建正定矩阵用于近似替代传统牛顿法中的海森伯矩阵, 然后根据拟牛顿条件实现目标函数优化。

采用 BFGS 算法优化传统高斯函数, 分别拟合两种大气污染物的训练集, 得到确定性预测模型, 并使用测试集进行验证, 采用递归的方式得到时间序列超前一步、两步、三步的预测结果, 最终预测结果截取部分样本后如图 10-6 和图 10-7 所示, 采用 MAE、MAPE、RMSE、SDE 四类指标评估测试集预测精度, 相应精度指标如表 10-1 所示。通过分析图表, 可以看出, $PM_{2.5}$ 浓度时间序列预测结果在序列平稳阶段能够较好地拟合原始序列, 但是在序列极值点处预测值与真实值存在较大偏差。而与之相比, NO_2 浓度时间序列由于较高的高频波动性导致其预测结果明显较差。预测量与真实值存在明显的横轴偏移, 预测残差明显, 四项精度指标均明显弱于 $PM_{2.5}$。同时, 两种污染物预测结果均随超前预测步数的提升而显著劣化。当超前预测步数较高时, 两者同样在突变的极值点处存在明显的预测偏差。

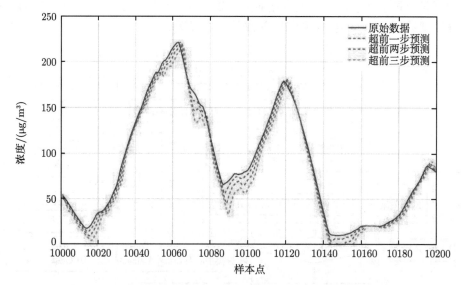

图 10-6　$PM_{2.5}$ 浓度 BFGS 确定性预测结果 (彩图见封底二维码)

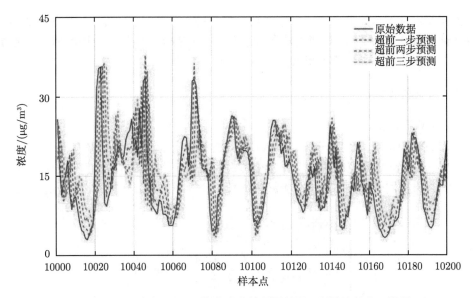

图 10-7 NO$_2$ 浓度 BFGS 算法确定性预测结果 (彩图见封底二维码)

表 10-1 KDE 区间预测模型超前预测精度

污染物	预测步数	评价指标			
		MAE/(μg/m^3)	MAPE/%	RMSE/(μg/m^3)	SDE/(μg/m^3)
PM$_{2.5}$	1	2.4683	5.4449	3.4687	3.4556
	2	5.6153	12.6750	7.2591	7.2357
	3	9.4472	21.5588	11.8133	11.7941
NO$_2$	1	7.0514	15.5025	9.9485	9.9446
	2	11.5609	26.2681	15.5457	15.5313
	3	14.1157	33.0224	18.5853	18.5542

10.5 聚类内部评价指标

10.5.1 理论基础

聚类算法属于无监督学习算法, 与有监督学习相比没有办法通过先验知识对聚类结果进行评价。所以要想评价数据集的聚类结果好坏, 需要采用其他方式构建评价指标对其进行评估。同时, 在对数据集进行聚类前需要提前确定聚类数, 而在很多情况下聚类数的选取同样缺乏先验知识参考, 需要采用一些手段选取最优聚类数。常见的最优聚类数选取方法包括手肘法、内部评价指标、贝叶斯信息准则等 [221]。

本章采用三类聚类内部评价指标选择聚类数。聚类内部评价指标形式各异, 基于数据集本身的自然分布实现对聚类结果好坏的评价。使用过程采用枚举的方式，得到聚类数分别为 2~15 时训练集的聚类结果，分别计算内部评价指标值，选取最优值对应聚类数作为最优聚类数。

10.5.2　评价指标

1) BWP 指标

BWP 指标全称为 Between-Within Proportion 指标，由周世兵等[222] 于 2011 年提出。其基于数据集中的每个样本个体进行研究，分析样本的几何特征，从而实现聚类结果实用性评估。第 j 个类簇中的第 i 个样本的 BWP 指标公式表示如下：

$$\begin{cases} \mathrm{BWP}_{j,i} = \dfrac{s_{j,i} - d_{j,i}}{s_{j,i} + d_{j,i}} \\[2mm] s_{j,i} = \min\limits_{1 \leqslant t \leqslant k, t \neq j} \left(\dfrac{1}{N_t} \sum\limits_{p=1}^{N_t} \left\| x_p^t - x_i^j \right\| \right) \\[2mm] d_{j,i} = \dfrac{1}{N_j - 1} \sum\limits_{q=1, q \neq i}^{N_j} \left\| x_q^j - x_i^j \right\| \end{cases} \tag{10.1}$$

其中，x_i^j 表示聚类结果第 j 类簇中的第 i 个样本；N_t 表示第 t 个类簇中的样本个数；$s_{j,i}$ 分别表示第 j 个类簇中的第 i 个样本与类外样本距离均值的最小值，用于实现类间距离的度量；$d_{j,i}$ 表示第 j 个类簇中的第 i 个样本与类内其他样本的距离均值，用于实现类内距离的度量。求得每个样本的 BWP 指标后求取均值得到最终 BWP 指标，该指标值越大表示聚类效果越好。

2) XIE 指标

XIE 指标全称为 Xie-Beni 指标，于 1991 年由 Xie 和 Beni[223] 共同提出。其计算公式如下：

$$\mathrm{XIE} = \frac{\dfrac{1}{N} \sum\limits_{i=1}^{k} \sum\limits_{j=1}^{N} \lambda_{ij} \left\| x_j - c_i \right\|^2}{\min\limits_{i \neq j \in \{1, 2, \cdots, k\}} \left\| c_j - c_i \right\|^2} \tag{10.2}$$

其中，x_j 表示数据集中的第 j 个样本；c_i 表示第 i 个类簇的类簇中心；λ_{ij} 为 0-1 变量，当 x_j 隶属于第 i 类簇时为 1，否则为 0。XIE 函数的分子用于衡量类内紧密性，分母用于衡量类间区分度，因此该指标越小聚类结果越好。

3) PBM 指标

PBM 指标的名字由提出者 Pakhira、Bandyopadhyay 和 Maulik 三人[224] 的首字母组成，该指标的由样本点与类簇中心的距离以及各类簇中心之间的距离进行计算得到。计算公式如下：

$$
\begin{cases}
\text{PBM} = \left(\dfrac{1}{k} \times \dfrac{W}{T} \times D \right) \\[2mm]
W = \displaystyle\sum_{i=1}^{k} \sum_{j \in I_i} \| x_j - c_i \| \\[2mm]
T = \displaystyle\sum_{i=1}^{N} \| x_i - c \| \\[2mm]
D = \displaystyle\max_{i<j} \| c_i - c_j \|
\end{cases}
\tag{10.3}
$$

其中，W 表示数据集每个类簇内各样本点与类簇中心的距离和，用于衡量类内距离；T 表示数据集所有样本点到整个数据集中心 c 的距离和；D 表示各类簇中心之间距离的最大值，用于衡量类间区分度。所以 PBM 指标越大聚类效果越好。

10.6   K-均值-BFGS 混合预测模型

10.6.1   理论基础

K-均值聚类是一种简单有效的迭代聚类算法，在无监督学习领域获得广泛运用。聚类算法的最终目标是在给定的数据集中找到 k 个互不交叠的类簇，每个类簇的中心是由最小化每个样本到所属类簇中心距离得到的，每个簇由簇中心进行描述[225]。算法时间复杂度随样本量增长呈线性增长，实现简单。对于包含 d 维数据点和 k 值的给定数据集，选择欧氏距离作为相似性指标，聚类的目标是最小化各种聚类的平方和。K-均值聚类算法的流程表示如下：

(1) 初始化数据空间中的 k 个对象作为初始中心，每个对象代表一个类簇中心。

(2) 对于样本中的数据对象，根据它们与这些聚类中心之间的欧氏距离，选取最近的聚类中心将它们划分为相应的类。距离公式表示如下：

$$
\text{dist}(x_i, x_j) = \sqrt{\sum_{d=1}^{D} (x_{i,d} - x_{j,d})^2}
\tag{10.4}
$$

其中，$x_{i,d}$ 为第 i 个类簇中的第 d 个样本；x_j 为第 j 个类簇的中心；D 表示每个样本向量的维数。

(3) 更新聚类中心：以每个类簇中所有对象的均值为聚类中心，计算目标函数值。

(4) 判断聚类中心值与目标函数值是否相等。如果它们相等，输出结果；如果不相等，返回步骤 (2)。

10.6.2　模型预测结果

对 $PM_{2.5}$ 和 NO_2 浓度时间序列训练集采用 K-均值进行聚类时需要采用各内部评价指标对聚类数进行自适应选取。依照 10.3 节中所述步骤进行枚举，得到 BWP、XIE 和 PBM 三种内部评价指标聚类数为 2~15 时的计算结果，如图 10-8 和表 10-2 所示，其中 BWP 和 PBM 指标越大越好，XIE 指标越小越好。

通过分析图表可以得出，$PM_{2.5}$ 各项聚类指标明显优于 NO_2。在聚类数较低时 $PM_{2.5}$ 各项指标均表现优异，说明聚类数较低时 $PM_{2.5}$ 的 K-均值聚类结果表现出了较强的类间区分度与类内紧密性，这主要是由于 $PM_{2.5}$ 浓度时间序列高频波动趋于平稳且具有较强的低频周期性，时间序列相对随机性较小。而与之相对的 NO_2 浓度时间序列高频不平稳，时间序列随机性较强，导致聚类样本趋于离散，难以达到理想的聚类结果。$PM_{2.5}$ 的 BWP、XIE 和 PBM 三种指标最优聚类数分别为 3，2 和 3。NO_2 的最优聚类数分别为 3，4 和 3。

分别采用不同内部评价指标选择的聚类数对应的训练集聚类结果对 $PM_{2.5}$ 和 NO_2 浓度时间序列训练集进行训练，得到相应聚类中心和 K-均值-BFGS 混合预测模型，投入测试集进行聚类，并对其进行超前一步、两步、三步预测。由于部分指标确定聚类数相同所以具有完全一致的预测结果。运用四类确定性预测评价指标评估混合模型预测可靠性和精度：MAE、MAPE、RMSE、SDE。预测结果及预测精度如图 10-9~图 10-14 及表 10-3~表 10-5 所示。

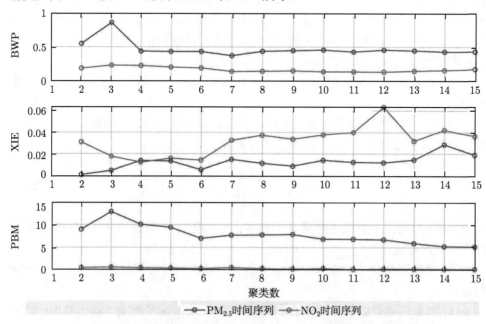

图 10-8　K-均值聚类内部指标计算结果对比图 (彩图见封底二维码)

表 10-2 K-均值聚类内部指标计算结果

聚类数	PM$_{2.5}$			NO$_2$		
	BWP	XIE	PBM	BWP	XIE	PBM
2	0.5454	**0.0007**	8.9399	0.1823	0.0309	0.5031
3	**0.8538**	0.0046	**12.8217**	**0.2268**	0.0176	**0.6347**
4	0.4339	0.0136	10.0353	0.2216	**0.0121**	0.4780
5	0.4283	0.0132	9.3743	0.1990	0.0158	0.4157
6	0.4289	0.0053	6.9509	0.1865	0.0141	0.3012
7	0.3703	0.0148	7.6657	0.1363	0.0325	0.5345
8	0.4332	0.0112	7.7290	0.1388	0.0372	0.3067
9	0.4440	0.0086	7.8182	0.1454	0.0336	0.2298
10	0.4541	0.0140	6.8051	0.1334	0.0376	0.3328
11	0.4254	0.0122	6.7756	0.1326	0.0399	0.1582
12	0.4540	0.0118	6.6787	0.1301	0.0633	0.2463
13	0.4440	0.0143	5.8811	0.1434	0.0318	0.2391
14	0.4265	0.0286	5.2187	0.1538	0.0421	0.2056
15	0.4270	0.0189	5.1443	0.1691	0.0363	0.2276

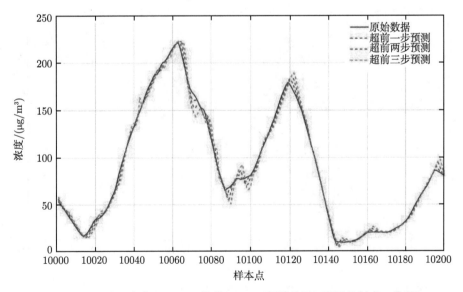

图 10-9 PM$_{2.5}$ 浓度 BWP-K-均值-BFGS 预测结果 (彩图见封底二维码)

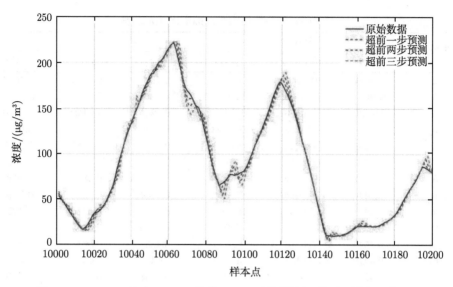

图 10-10　$PM_{2.5}$ 浓度 XIE-K-均值-BFGS 预测结果 (彩图见封底二维码)

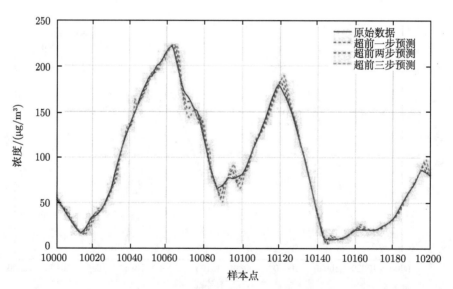

图 10-11　$PM_{2.5}$ 浓度 PBM-K-均值-BFGS 预测结果 (彩图见封底二维码)

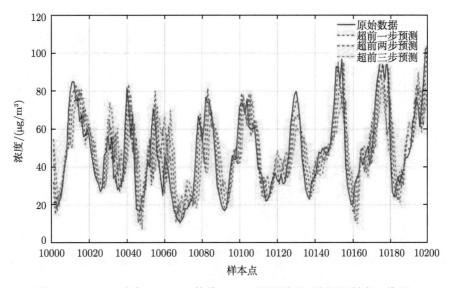

图 10-12 NO$_2$ 浓度 BWP-K-均值-BFGS 预测结果 (彩图见封底二维码)

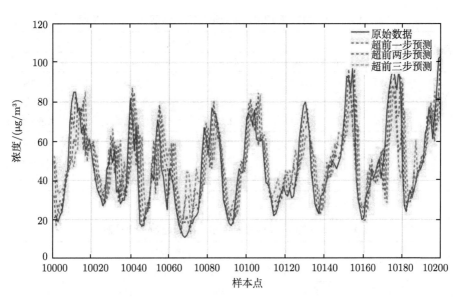

图 10-13 NO$_2$ 浓度 XIE-K-均值-BFGS 预测结果 (彩图见封底二维码)

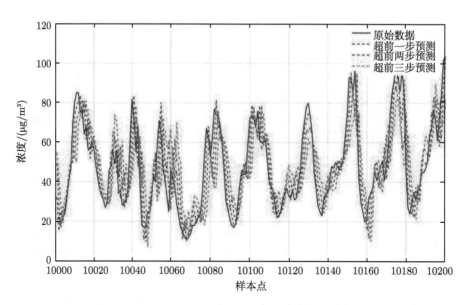

图 10-14　NO_2 浓度 PBM-K-均值-BFGS 预测结果 (彩图见封底二维码)

表 10-3　K-均值-BFGS 混合预测模型超前一步预测精度

污染物	聚类指标	评价指标			
		MAE/(μg/m³)	MAPE/%	RMSE/(μg/m³)	SDE/(μg/m³)
PM₂.₅	BWP	1.4126	2.4519	2.6252	2.6204
	XIE	1.5170	2.8294	2.7550	2.7371
	PBM	1.4126	2.4519	2.6252	2.6204
NO₂	BWP	7.2171	16.0534	10.0623	10.0619
	XIE	7.4178	16.8583	10.2697	10.2656
	PBM	7.2171	16.0534	10.0623	10.0619

表 10-4　K-均值-BFGS 混合预测模型超前两步预测精度

污染物	聚类指标	评价指标			
		MAE/(μg/m³)	MAPE/%	RMSE/(μg/m³)	SDE/(μg/m³)
PM₂.₅	BWP	3.0681	5.4082	5.1312	5.1182
	XIE	3.2386	5.7918	5.1504	5.1064
	PBM	3.0681	5.4082	5.1312	5.1182
NO₂	BWP	11.8751	27.2908	16.0383	16.0366
	XIE	12.3662	29.3374	16.5943	16.5781
	PBM	11.8751	27.2908	16.0383	16.0366

表 10-5 K-均值-BFGS 混合预测模型超前三步预测精度

污染物	聚类指标	评价指标			
		MAE/($\mu g/m^3$)	MAPE/%	RMSE/($\mu g/m^3$)	SDE/($\mu g/m^3$)
PM$_{2.5}$	BWP	4.9712	8.8822	8.0120	7.9910
	XIE	5.1015	9.1253	7.7839	7.7128
	PBM	4.9712	8.8822	8.0120	7.9910
NO$_2$	BWP	14.8608	35.3453	19.6118	19.6083
	XIE	15.5309	38.6715	20.1971	20.1427
	PBM	14.8608	35.3453	19.6118	19.6083

综合分析比对图表结果,可以初步得出以下结论:

(1) 比对分析 PM$_{2.5}$ 及 NO$_2$ 的预测结果,同时对比图 10-6 和图 10-7 可以看出 PM$_{2.5}$ 浓度时间序列预测精度仍明显优于 NO$_2$ 浓度时间序列,且 K-均值算法对于 PM$_{2.5}$ 浓度时间序列 BFGS 预测模型有明显的优化效果,而对于 NO$_2$ 浓度时间序列则没有明显效果。混合算法中,PM$_{2.5}$ 测试集的预测值能够很好地拟合真实值,在趋势跟随及极值点偏差方面表现优秀,且即使是在超前三步预测时仍然具有较高的预测精度。反之 NO$_2$ 浓度时间序列预测结果无法有效拟合真实值,存在明显预测时延与极值点偏差,超前多步预测时预测精度劣化严重。以 BWP-K-均值-BFGS 混合预测模型超前三步预测为例,PM$_{2.5}$ 浓度时间序列 MAE、MAPE、RMSE 和 SDE 指标分别为 4.9712$\mu g/m^3$、8.8822%、8.0120$\mu g/m^3$ 和 7.9910$\mu g/m^3$,精度由于误差积累较超前一步预测有所下降,但仍能满足需求。而 NO$_2$ 浓度时间序列 MAE、MAPE、RMSE 和 SDE 指标分别为 14.8608$\mu g/m^3$、35.3453%、19.6118$\mu g/m^3$ 和 19.6083$\mu g/m^3$,MAPE 超过了 35%,预测精度过低,模型缺乏实用性。

(2) 三种聚类内部评价指标中,采用 BWP 和 PBM 指标对于两类污染物均得到了完全相同的最优聚类数选取结果,故最终预测结果相同。而 XIE 指标确定的最优聚类数与上述两者有偏差。以 BWP-K-均值-BFGS 混合模型及 XIE-K-均值-BFGS 混合模型预测精度为例,对于 PM$_{2.5}$ 浓度时间序列,超前一步预测时 BWP-K-均值-BFGS 和 XIE-K-均值-BFGS 混合模型 MAE、MAPE、RMSE 和 SDE 指标分别为 1.4126$\mu g/m^3$、2.4519%、2.6252$\mu g/m^3$ 和 2.6204$\mu g/m^3$,及 1.5170$\mu g/m^3$、2.8294%、2.7550$\mu g/m^3$ 和 2.7371$\mu g/m^3$;对于 NO$_2$ 浓度时间序列,超前一步预测两类混合模型的 MAE、MAPE、RMSE 和 SDE 指标分别为 7.2171$\mu g/m^3$、16.0534%、10.0623$\mu g/m^3$ 和 10.0619$\mu g/m^3$,及 7.4178$\mu g/m^3$、16.8583%、10.2697$\mu g/m^3$ 和 10.2656$\mu g/m^3$。可以明显看出 BWP 和 PBM 指标选取的最优聚类数构成的混合模型预测精度均优于 XIE 指标。表明针对两类大气污染物浓度时间序列所构成的数据集采用 K-均值算法进行聚类时,BWP 和 PBM 指标相比 XIE 指标更适合作为聚类结果评价指标。

10.7　FCM-BFGS 混合预测模型

10.7.1　理论基础

模糊 C 聚类 (Fuzzy C-means, FCM) 算法可以追溯到 1973 年。模糊聚类以模糊集理论发展而来, 其核心思想是将数据集划分为相互重叠的模糊分区, 使得划分后同一类簇内各对象之间的相似度最大, 而不同类簇之间对象的相似度最小。具有设计简单、适用范围广、计算复杂度低、易于计算机实现等特点。基于模糊聚类理论的模糊 C 聚类算法是目前应用最广泛的聚类算法。FCM 算法可以表述为以下带约束的最优化问题 [226]:

$$\text{Minmise}: F_M(U, C) = \sum_{i=1}^{N} \sum_{j=1}^{k} \lambda_{ij}^M \|x_i - c_j\|^2 \tag{10.5}$$

其中, N 表示数据集样本总数; k 表示聚类的类簇数; x_i 和 c_j 表示数据集中的第 i 个样本向量以及第 j 个类簇的类簇中心; $U = [u_{ij}]_{N \times k}$ 表示由每个样本向量在对应每个类簇中的隶属度组成的模糊划分矩阵。指数 M 是一个参数, 通常称为模糊参数。FCM 聚类具体流程如下:

(1) 选定聚类参数 k, 模糊参数 M 和距离计算方程, 通常选择欧氏距离作为距离计算公式。初始化聚类中心矩阵 C。

(2) 通过如下公式计算模糊划分矩阵中的各元素:

$$u_{ij} = \begin{cases} \left(\sum_{t=1}^{k} \left(\dfrac{\|x_i - c_j\|}{\|x_i - c_t\|} \right)^{\frac{2}{M-1}} \right)^{-1}, & \text{若 } \forall j, \|x_i - c_t\| > 0 \\ 1, & \text{若 } \|x_i - c_j\| = 0 \\ 0, & \text{若 } \exists j \neq i, \|x_i - c_t\| = 0 \end{cases} \tag{10.6}$$

(3) 通过如下公式更新各类簇的聚类中心:

$$c_j^{r+1} = \frac{\displaystyle\sum_{i=1}^{N} u_{ij}^M x_i}{\displaystyle\sum_{i=1}^{N} u_{ij}^M}, \quad j = 1, 2, \cdots, k \tag{10.7}$$

其中, r 表示当前迭代数, 判断是否满足如下终止条件, 若满足则继续下述步骤, 若不满足则返回步骤 (2):

$$\max_{j \in [1,k]} \left(\frac{\|c_j^{r+1} - c_j^r\|}{\|c_j^{r+1}\|} \right) \leqslant \varepsilon \tag{10.8}$$

(4) 得到最终聚类结果, 输出类簇中心矩阵及模糊划分矩阵用于对后续测试集进行类簇划分。

10.7.2 模型预测结果

对 $PM_{2.5}$ 和 NO_2 浓度时间序列训练集采用 FCM 进行聚类, 采用 BWP、XIE 和 PBM 三种内部评价指标对聚类数进行自适应选取。聚类数为 2~15 时三种评价指标的计算结果如图 10-15 和表 10-6 所示。

通过分析图表可以得出以下结论:

类似于 K-均值聚类, FCM 聚类结果中 $PM_{2.5}$ 浓度时间序列各项聚类指标明显优于 NO_2 浓度时间序列, 选取聚类数较低时 $PM_{2.5}$ 三项指标相比于 NO_2 优势明显, 说明聚类算法能够有效挖掘数据集中的潜在特征, 对 $PM_{2.5}$ 原始序列的周期性进行有效捕获。而当聚类数提升时, 各项评价指标均表现出显著劣化情况, $PM_{2.5}$ 浓度时间序列劣化较为缓慢, 而 NO_2 浓度时间序列劣化较为严重, 主要是过于细分导致的类间距离过小, 各类簇间缺乏区分度。最终 BWP、XIE 和 PBM 三种指标最优聚类数选取结果: $PM_{2.5}$ 的分别为 3、4 和 3。NO_2 的分别为 2、3 和 3。

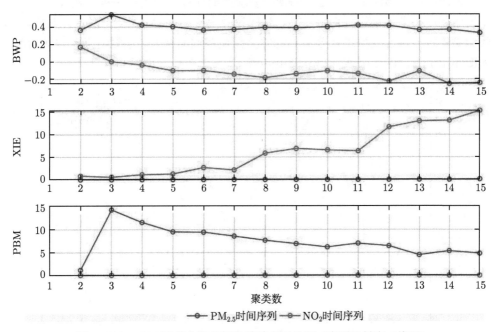

图 10-15 FCM 聚类内部指标计算结果对比图 (彩图见封底二维码)

表 10-6   FCM 聚类内部指标计算结果

聚类数	PM$_{2.5}$			NO$_2$		
	BWP	XIE	PBM	BWP	XIE	PBM
2	0.3639	0.0051	1.1796	**0.1714**	0.8258	0.0301
3	**0.5407**	0.0046	**14.2351**	0.0021	**0.5638**	**0.0393**
4	0.4229	**0.0042**	11.5156	−0.0374	1.1026	0.0146
5	0.4024	0.0113	9.4760	−0.1030	1.2661	0.0131
6	0.3632	0.0180	9.3891	−0.1015	2.6619	0.0287
7	0.3707	0.0167	8.5396	−0.1429	2.1586	0.0196
8	0.3935	0.0116	7.6314	−0.1832	5.8609	0.0213
9	0.3891	0.0168	6.8945	−0.1389	6.8955	0.0164
10	0.4001	0.0179	6.1772	−0.1062	6.5788	0.0185
11	0.4187	0.0196	6.9762	−0.1370	6.3520	0.0166
12	0.4148	0.0185	6.4230	−0.2244	11.7130	0.0037
13	0.3666	0.0371	4.4677	−0.1088	13.0292	0.0143
14	0.3699	0.0408	5.3467	−0.2524	13.1914	0.0133
15	0.3316	0.1422	4.8037	−0.2431	15.3758	0.0119

　　采用不同内部评价指标选择的聚类数对应的训练集聚类结果对 PM$_{2.5}$ 和 NO$_2$ 浓度时间序列训练集进行训练，得到相应聚类中心和 FCM-BFGS 混合预测模型，将测试集投入混合模型进行分类预测并得到最终预测结果。预测结果及预测精度如图 10-16～图 10-21 及表 10-7～表 10-9 所示。

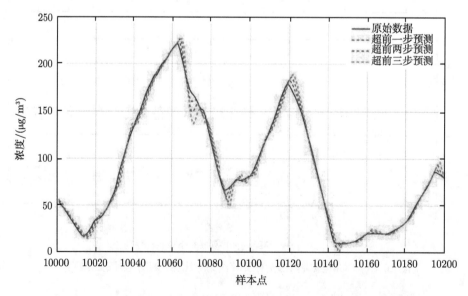

图 10-16   PM$_{2.5}$ 浓度 BWP-FCM-BFGS 预测结果 (彩图见封底二维码)

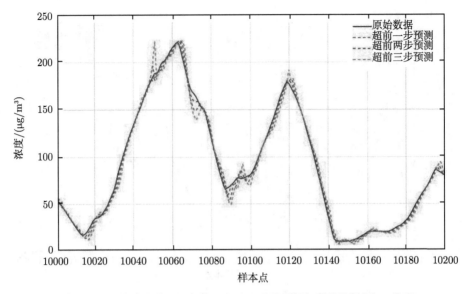

图 10-17 PM$_{2.5}$ 浓度 XIE-FCM-BFGS 预测结果 (彩图见封底二维码)

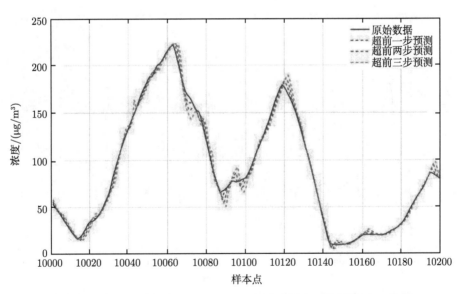

图 10-18 PM$_{2.5}$ 浓度 PBM-FCM-BFGS 预测结果 (彩图见封底二维码)

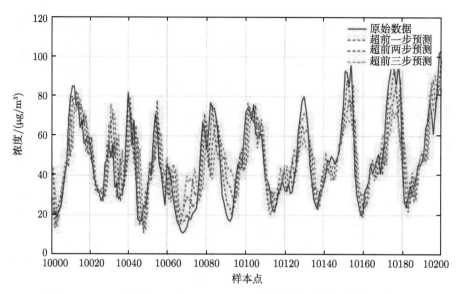

图 10-19　NO$_2$ 浓度 BWP-FCM-BFGS 预测结果 (彩图见封底二维码)

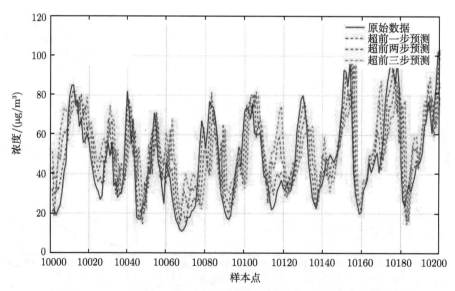

图 10-20　NO$_2$ 浓度 XIE-FCM-BFGS 预测结果 (彩图见封底二维码)

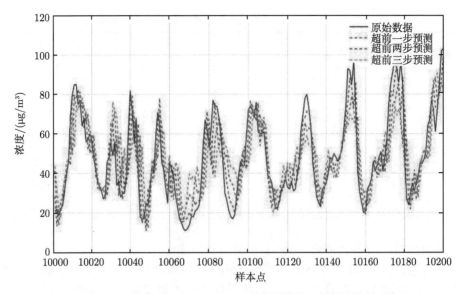

图 10-21 NO$_2$ 浓度 PBM-FCM-BFGS 预测结果 (彩图见封底二维码)

表 10-7 FCM-BFGS 混合预测模型超前一步预测精度

污染物	聚类指标	评价指标			
		MAE/(μg/m³)	MAPE/%	RMSE/(μg/m³)	SDE/(μg/m³)
PM$_{2.5}$	BWP	1.5472	2.6312	2.8613	2.8584
	XIE	1.8524	3.3470	3.4533	3.4135
	PBM	1.5472	2.6312	2.8613	2.8584
NO$_2$	BWP	7.3853	16.5122	10.3150	10.3104
	XIE	7.7487	17.3816	10.8260	10.8220
	PBM	7.7487	17.3816	10.8260	10.8220

表 10-8 FCM-BFGS 混合预测模型超前两步预测精度

污染物	聚类指标	评价指标			
		MAE/(μg/m³)	MAPE/%	RMSE/(μg/m³)	SDE/(μg/m³)
PM$_{2.5}$	BWP	3.2438	5.6866	5.3489	5.3427
	XIE	3.9085	6.9685	6.4902	6.3658
	PBM	3.2438	5.6866	5.3489	5.3427
NO$_2$	BWP	12.2001	28.2079	16.4041	16.3988
	XIE	13.0265	30.6310	17.4317	17.4135
	PBM	13.0265	30.6310	17.4317	17.4135

表 10-9　　FCM-BFGS 混合预测模型超前三步预测精度

污染物	聚类指标	评价指标			
		MAE/(μg/m³)	MAPE/%	RMSE/(μg/m³)	SDE/(μg/m³)
PM$_{2.5}$	BWP	5.0948	9.1339	8.0852	8.0768
	XIE	6.4785	11.7959	10.4672	10.1920
	PBM	5.0948	9.1339	8.0852	8.0768
NO$_2$	BWP	14.8720	35.7133	19.7142	19.7123
	XIE	16.2923	40.1510	21.3792	21.3313
	PBM	16.2923	40.1510	21.3792	21.3313

综合分析比对图表结果，可以初步得出以下结论：

(1) 通过分析 PM$_{2.5}$ 及 NO$_2$ 的预测结果，可以得出与 K-均值算法类似的结果，即加入 FCM 聚类算法对于 PM$_{2.5}$ 浓度时间序列预测精度有明显的提升优化，而对于 NO$_2$ 浓度时间序列则没有明显优化效果。PM$_{2.5}$ 浓度时间序列预测结果精度无论是超前一步还是多步均能满足使用要求。预测结果表现出色，模型具有较强的实用性。以 BWP-FCM-BFGS 混合预测模型超前三步预测为例，PM$_{2.5}$ 浓度时间序列 MAE、MAPE、RMSE 和 SDE 指标分别为 5.0948μg/m³、9.1339%、8.0852μg/m³ 和 8.0768μg/m³。相比而言，NO$_2$ 浓度时间序列 MAE、MAPE、RMSE 和 SDE 指标分别为 14.8720μg/m³、35.7133%、19.7142μg/m³ 和 19.7123μg/m³，平均绝对百分比误差超过了 35%，相比超前一步预测时精度劣化严重，模型无法满足使用要求。

(2) 从最终的预测精度来看，三种聚类内部评价指标中，采用 BWP 选取的最优聚类数构成混合预测模型时预测精度表现最为出众。以超前一步预测精度为例，对于 PM$_{2.5}$ 浓度时间序列，超前一步预测时 BWP-FCM-BFGS，XIE-FCM-BFGS 混合模型 MAE、MAPE、RMSE 和 SDE 指标分别为 1.5472μg/m³、2.6312%、2.8613μg/m³ 和 2.8584μg/m³，及 1.8524μg/m³、3.3470%、3.4533μg/m³ 和 3.4135μg/m³；对于 NO$_2$ 浓度时间序列，超前一步预测两类混合模型的 MAE、MAPE、RMSE 和 SDE 指标分别为 7.3853μg/m³、16.5122%、10.3150μg/m³ 和 10.3104μg/m³，及 7.7487μg/m³、17.3816%，10.8260μg/m³ 和 10.8220μg/m³。BWP-FCM-BFGS 混合模型均表现出最佳的预测精度。对比分析超前两步和超前三步预测结果可以得出相同结论。表明针对两类大气污染物浓度时间序列所构成的数据集采用 FCM 算法进行聚类时，BWP 指标相比于 XIE 和 PBM 指标更适合作为聚类结果评价指标。

10.8 K-medoids-BFGS 混合预测模型

10.8.1 理论基础

K-均值算法在使用过程中虽然结构简单,计算方便,理论基础充实可靠,但同样存在着对异常点过于敏感的问题,远离族群的异常点会干扰聚类过程,造成聚类中心的扭曲偏移。为了改善 K-均值算法的鲁棒性,解决其异常值敏感的问题,K-medoids 聚类算法应运而生。K-medoids 聚类算法的核心思想是选用实际样本对象来表示聚类过程中的每一个类簇的中心,而非 K-均值聚类中采用类簇样本均值作为参考点。将其他的样本对象按照距离最小原则分配到相应类簇。这种方式能较为有效地避免异常点对聚类结果的影响[227]。传统 K-medoids 聚类算法基于中心点划分算法[228] (Partitioning Around Medoids,PAM) 进行中心点迭代更新,这种算法具有较高的计算复杂度。本节采用由 Park 于 2009 年提出的快速 K-medoids 聚类算法进行改进,该算法采用局部启发式方法进行中心点更新。具体算法流程描述如下:

(1) 定义聚类数 k,初始化各类簇中心矩阵 C,采用欧氏距离度量各样本对象与各类簇中心的距离,采用如下公式计算每个样本对象的密度:

$$\mu_j = \sum_{i=1}^{N} \frac{\|x_i - x_j\|}{\sum_{t=1}^{N} \|x_i - x_t\|}, \quad j = 1, 2, \cdots, N \tag{10.9}$$

将各样本对象密度升序排列,选取前 k 个处于密集区域的样本对象作为第一代类簇中心。通过计算其余各样本对象到类簇中心的欧氏距离划分各样本到对应类簇。计算聚类误差平方和,即所有样本到对应类簇中心的欧氏距离之和。

(2) 对每个类簇进行类簇中心更新,寻找类簇中的一个样本对象作为新类簇中心,可以使得该类簇的其他样本到新类簇中心的距离之和最小。

(3) 基于新的类簇中心将其余所有样本进行重新划分,计算误差平方和,若该误差平方和与上一代的误差平方和相等则迭代结束,否则返回第 (2) 步。

10.8.2 模型预测结果

对 PM$_{2.5}$ 和 NO$_2$ 浓度时间序列训练集采用 K-medoids 算法进行聚类,采用 BWP、XIE 和 PBM 三种内部评价指标对聚类数进行自适应选取。聚类数为 2~15 时三种评价指标的计算结果如图 10-22 和表 10-10 所示。

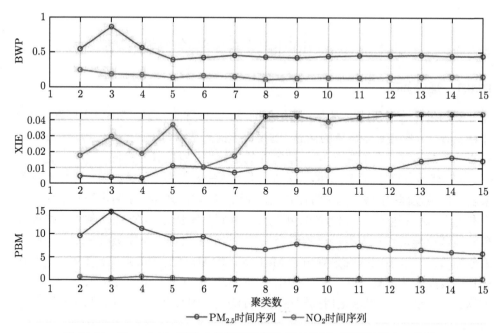

图 10-22　K-medoids 聚类内部指标计算结果对比图 (彩图见封底二维码)

表 10-10　K-medoids 聚类内部指标计算结果

聚类数	PM$_{2.5}$			NO$_2$		
	BWP	XIE	PBM	BWP	XIE	PBM
2	0.5403	0.0048	9.6007	**0.2410**	0.0177	0.7652
3	**0.8585**	0.0040	**14.7534**	0.1813	0.0296	0.4346
4	0.5584	**0.0036**	11.1733	0.1711	0.0190	**0.8421**
5	0.3882	0.0113	9.1117	0.1319	0.0371	0.5641
6	0.4183	0.0106	9.4343	0.1607	**0.0104**	0.4133
7	0.4512	0.0071	7.0086	0.1463	0.0175	0.3785
8	0.4285	0.0103	6.7287	0.1061	0.0425	0.2776
9	0.4191	0.0087	7.9036	0.1222	0.0428	0.2758
10	0.4388	0.0090	7.2892	0.1300	0.0392	0.5454
11	0.4489	0.0108	7.4711	0.1315	0.0418	0.4956
12	0.4488	0.0093	6.7409	0.1392	0.0433	0.4867
13	0.4556	0.0145	6.6927	0.1442	0.0441	0.4713
14	0.4432	0.0167	6.1701	0.1483	0.0441	0.4316
15	0.4413	0.0146	5.8765	0.1502	0.0441	0.3723

通过分析图表可以得出以下结论:

同样的, K-medoids 聚类结果各项评价 PM$_{2.5}$ 浓度时间序列均显著优于 NO$_2$ 浓度时间序列, PM$_{2.5}$ 浓度时间序列选取到最优聚类数时三项指标分别达到 0.8585, 0.0036 和 14.7534, 表明聚类结果可行度较高, 类簇区分明显。相对的 NO$_2$ 浓度时间序列选取到最优聚类数时三项指标分别为 0.2410，0.0104 和 0.8421，指标数表明聚类结果不能有效达到 "类内紧密、类间分离" 的基本要求。当选取聚类数增大时，各项指标明显劣化。最终 BWP、XIE 和 PBM 三种指标最优聚类数选取结果：$PM_{2.5}$ 的分别为 3、4 和 3。NO_2 的分别为 2、6 和 4。

BWP-K-medoids-BFGS，XIE-K-medoids-BFGS 和 PBM-K-medoids-BFGS 混合模型预测结果及预测精度如图 10-23~图 10-28 及表 10-11~表 10-13 所示。

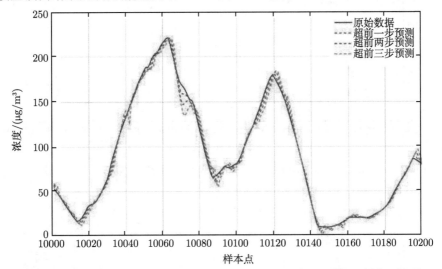

图 10-23 $PM_{2.5}$ 浓度 BWP-K-medoids-BFGS 预测结果 (彩图见封底二维码)

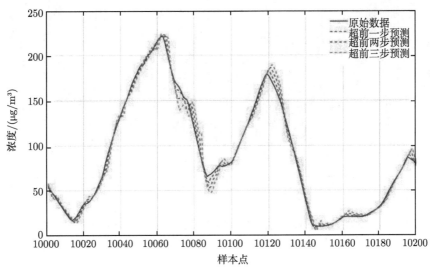

图 10-24 $PM_{2.5}$ 浓度 XIE-K-medoids-BFGS 预测结果 (彩图见封底二维码)

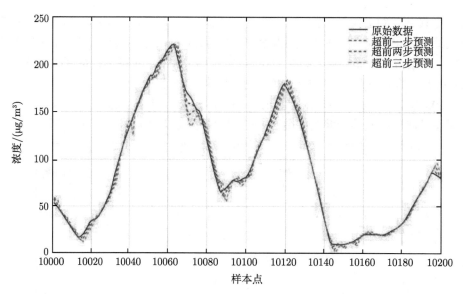

图 10-25　PM$_{2.5}$ 浓度 PBM-K-medoids-BFGS 预测结果 (彩图见封底二维码)

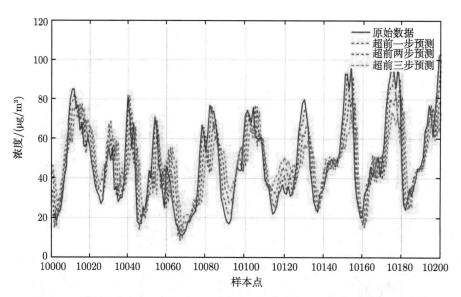

图 10-26　NO$_2$ 浓度 BWP-K-medoids-BFGS 预测结果 (彩图见封底二维码)

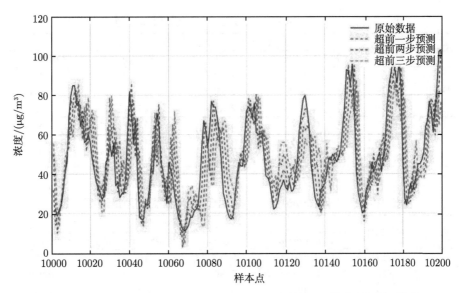

图 10-27 NO₂ 浓度 XIE-K-medoids-BFGS 预测结果 (彩图见封底二维码)

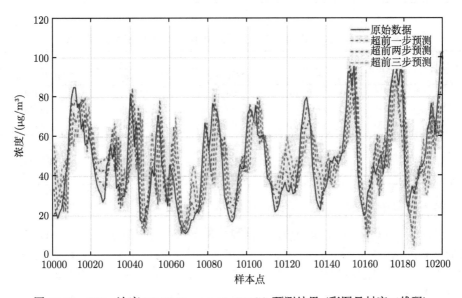

图 10-28 NO₂ 浓度 PBM-K-medoids-BFGS 预测结果 (彩图见封底二维码)

表 10-11　　K-medoids-BFGS 混合预测模型超前一步预测精度

污染物	聚类指标	评价指标			
		MAE/($\mu g/m^3$)	MAPE/%	RMSE/($\mu g/m^3$)	SDE/($\mu g/m^3$)
PM$_{2.5}$	BWP	1.5013	2.7328	2.7247	2.7247
	XIE	1.5882	2.6580	3.0474	3.0413
	PBM	1.5013	2.7328	2.7247	2.7247
NO$_2$	BWP	6.9980	15.7006	9.8144	9.8114
	XIE	7.5692	17.1406	10.3905	10.3855
	PBM	7.4418	16.7728	10.3608	10.3607

表 10-12　　K-medoids-BFGS 混合预测模型超前两步预测精度

污染物	聚类指标	评价指标			
		MAE/($\mu g/m^3$)	MAPE/%	RMSE/($\mu g/m^3$)	SDE/($\mu g/m^3$)
PM$_{2.5}$	BWP	3.2091	5.7627	5.1650	5.1645
	XIE	3.4706	5.6421	5.9296	5.9105
	PBM	3.2091	5.7627	5.1650	5.1645
NO$_2$	BWP	11.6291	26.8286	15.4527	15.4411
	XIE	12.7578	30.0616	16.9677	16.9559
	PBM	12.3406	28.8850	16.4024	16.4018

表 10-13　　K-medoids-BFGS 混合预测模型超前三步预测精度

污染物	聚类指标	评价指标			
		MAE/($\mu g/m^3$)	MAPE/%	RMSE/($\mu g/m^3$)	SDE/($\mu g/m^3$)
PM$_{2.5}$	BWP	5.0886	9.0877	7.8360	7.8353
	XIE	5.5571	8.9549	9.2603	9.2284
	PBM	5.0886	9.0877	7.8360	7.8353
NO$_2$	BWP	14.2170	34.0727	18.5769	18.5564
	XIE	16.0244	38.9885	21.1497	21.1260
	PBM	15.3767	37.1929	19.9997	19.9961

　　综合分析比对图表结果，可以初步得出以下结论：

　　(1) 通过分析 PM$_{2.5}$ 及 NO$_2$ 的预测结果，同样可以发现 K-medoids 聚类算法能显著优化 BFGS 算法对于 PM$_{2.5}$ 浓度时间序列的预测结果，相反则无法有效优化 NO$_2$ 浓度时间序列预测结果。以 BWP-K-medoids -BFGS 混合预测模型超前三步预测为例，PM$_{2.5}$ 浓度时间序列 MAE、MAPE、RMSE 和 SDE 指标分别为 5.0886$\mu g/m^3$、9.0877%、7.8360$\mu g/m^3$ 和 7.8353$\mu g/m^3$，高预测步数下模型预测精度较高，满足使用要求。而 NO$_2$ 浓度时间序列预测结果 MAE、MAPE、RMSE 和 SDE 指标分别为 14.2170$\mu g/m^3$, 34.0727%, 18.5769$\mu g/m^3$ 和 18.5564$\mu g/m^3$，MAPE 同样超过了 30%，模型缺乏实用性。

(2) 与 FCM 聚类结论相同,采用 BWP 选取的最优聚类数构成混合预测模型时预测精度表现最为出众。其相比其余两类指标更能有效自适应选择聚类数。以超前一步预测精度为例,PM$_{2.5}$ 浓度时间序列 BWP-K-medoids-BFGS、XIE-K-medoids-BFGS 混合模型 MAE、MAPE、RMSE 和 SDE 指标分别为 1.5013μg/m^3、2.7328%、2.7247μg/m^{3}和2.7247μg/m^3,及 1.5882μg/m^3、2.6580%、3.0474μg/m^{3}和3.0413μg/m^3;NO$_2$ 浓度时间序列超前一步预测两类混合模型的 MAE、MAPE、RMSE 和 SDE 指标分别为 6.9980μg/m^3、15.7006%、9.8144μg/m^3 和 9.8114μg/m^3,及 7.5692μg/m^3、17.1406%、10.3905μg/m^3 和 10.3855μg/m^3。BWP-K-medoids-BFGS 混合模型预测结果均表现最为出色。与之相对的,XIE 指标最优聚类数选取效果体现在最终预测精度层面表现最差。

10.9 模型性能综合对比分析

为了综合对比分析基于三种不同聚类算法对于单一 BFGS 确定性预测模型的优化性能,本节以 BFGS 为对比模型,通过计算四类精度对比指标 $P_{MAE}(\%)$、$P_{MAPE}(\%)$、$P_{RMSE}(\%)$ 和 $P_{SDE}(\%)$,对比分析了三种聚类算法添加前后预测精度的提升情况,结果如表 10-14∼ 表 10-16 所示。

通过对比分析可以得出以下结论:

(1) 两类大气污染物 PM$_{2.5}$ 和 NO$_2$ 中,对于具有一定高频稳定性和低频周期性的 PM$_{2.5}$ 浓度时间序列,三种聚类算法均针对单一 BFGS 具有相当程度的优化。四项评价指标中,RMSE 和 SDE 指标提升幅度普遍高于 30%,MAE 指标的提升幅度普遍在 60%以上,而 MAPE 提升幅度甚至超过 90%。说明三种聚类算法均能够较好地挖掘高频平稳序列的内在特征,聚类结果体现出类内样本距离紧密、相关性强、类间样本区分度高等特点。同时,随着超前预测步数的提升,可以明显看出聚类算法的相对优化幅度也随之提升。以 BWP-K-均值-BFGS 混合模型与 BFGS 模型对比结果为例,超前一步预测时,$P_{MAE}(\%)$、$P_{MAPE}(\%)$、$P_{RMSE}(\%)$ 和 $P_{SDE}(\%)$ 结果分别为 74.7306、122.0649%、32.1292%和31.8748%,而超前三步预测时,$P_{MAE}(\%)$、$P_{MAPE}(\%)$、$P_{RMSE}(\%)$ 和 $P_{SDE}(\%)$ 结果分别为90.0400、142.7180%、47.4456%和47.5931%,相对提升幅度显著提高。与之相对的,高频波动性大,序列随机性高的 NO$_2$ 浓度时间序列采用三种聚类算法进行优化时毫无优化效果,聚类算法无法对各样本进行有效区分。甚至由于聚类摊薄了每个 BFGS 模型的样本数量,导致最终预测精度出现小幅度下降。说明聚类算法对于高频不稳定大气污染物浓度时间序列不具有优化效果,而对具有高频稳定性的大气污染物浓度时间序列预测模型优化效果明显。

(2) 对比分析 K-均值、FCM 和 K-medoids 三种聚类算法对于 PM$_{2.5}$ 浓度时

间序列的不同精度提升结果，可以看出 K-均值算法具有最佳的精度提升性能。相

表 10-14　聚类混合模型与 BFGS 模型超前一步预测精度对比

污染物	对比模型	聚类指标	$P_{MAE}/\%$	$P_{MAPE}/\%$	$P_{RMSE}/\%$	$P_{SDE}/\%$
PM$_{2.5}$	K-均值-BFGS 与 BFGS	BWP	74.7306	122.0649	32.1292	31.8748
		XIE	62.7057	92.4381	25.9074	26.2521
		PBM	74.7306	122.0649	32.1292	31.8748
	FCM-BFGS 与 BFGS	BWP	59.5384	106.9393	21.2276	20.8932
		XIE	33.2477	62.6796	0.4474	1.2326
		PBM	59.5384	106.9393	21.2276	20.8932
	K-medoids-BFGS 与 BFGS	BWP	64.4116	99.2390	27.3043	26.8248
		XIE	55.4128	104.8461	13.8260	13.6209
		PBM	64.4116	99.2390	27.3043	26.8248
NO$_2$	K-均值-BFGS 与 BFGS	BWP	−2.2954	−3.4317	−1.1317	−1.1652
		XIE	−4.9393	−8.0421	−3.1280	−3.1261
		PBM	−2.2954	−3.4317	−1.1317	−1.1652
	FCM-BFGS 与 BFGS	BWP	−4.5208	−6.1151	−3.5533	−3.5479
		XIE	−8.9995	−10.8106	−8.1058	−8.1073
		PBM	−8.9995	−10.8106	−8.1058	−8.1073
	K-medoids-BFGS 与 BFGS	BWP	0.7631	−1.2616	1.3657	1.3584
		XIE	−6.8403	−9.5570	−4.2540	−4.2447
		PBM	−5.2459	−7.5737	−3.9800	−4.0153

表 10-15　聚类混合模型与 BFGS 模型超前两步预测精度对比

污染物	对比模型	聚类指标	$P_{MAE}/\%$	$P_{MAPE}/\%$	$P_{RMSE}/\%$	$P_{SDE}/\%$
PM$_{2.5}$	K-均值-BFGS 与 BFGS	BWP	83.0220	134.3665	41.4691	41.3710
		XIE	73.3841	118.8425	40.9438	41.6983
		PBM	83.0220	134.3665	41.4691	41.3710
	FCM-BFGS 与 BFGS	BWP	73.1070	122.8906	35.7130	35.4312
		XIE	43.6675	81.8910	11.8476	13.6645
		PBM	73.1070	122.8906	35.7130	35.4312
	K-medoids-BFGS 与 BFGS	BWP	74.9797	119.9475	40.5444	40.1042
		XIE	61.7946	124.6492	22.4220	22.4216
		PBM	74.9797	119.9475	40.5444	40.1042
NO$_2$	K-均值-BFGS 与 BFGS	BWP	−2.6455	−3.7474	−3.0709	−3.1505
		XIE	−6.5117	−10.4620	−6.3189	−6.3139
		PBM	−2.6455	−3.7474	−3.0709	−3.1505
	FCM-BFGS 与 BFGS	BWP	−5.2392	−6.8766	−5.2328	−5.2898
		XIE	−11.2509	−14.2433	−10.8193	−10.8084
		PBM	−11.2509	−14.2433	−10.8193	−10.8084
	K-medoids-BFGS 与 BFGS	BWP	−0.5859	−2.0892	0.6023	0.5844
		XIE	−9.3815	−12.6191	−8.3804	−8.4018
		PBM	−6.3181	−9.0597	−5.2231	−5.3069

表 10-16 聚类混合模型与 BFGS 模型超前三步预测精度对比

污染物	对比模型	聚类指标	P_{MAE}/%	P_{MAPE}/%	P_{RMSE}/%	P_{SDE}/%
PM$_{2.5}$	K-均值-BFGS 与 BFGS	BWP	90.0400	142.7180	47.4456	47.5931
		XIE	85.1852	136.2535	51.7658	52.9151
		PBM	90.0400	142.7180	47.4456	47.5931
	FCM-BFGS 与 BFGS	BWP	85.4278	136.0300	46.1104	46.0245
		XIE	45.8233	82.7646	12.8601	15.7187
		PBM	85.4278	136.0300	46.1104	46.0245
	K-medoids-BFGS 与 BFGS	BWP	85.6541	137.2311	50.7563	50.5257
		XIE	70.0037	140.7478	27.5695	27.8016
		PBM	85.6541	137.2311	50.7563	50.5257
NO$_2$	K-均值-BFGS 与 BFGS	BWP	−5.0140	−6.5719	−5.2341	−5.3757
		XIE	−9.1122	−14.6079	−7.9802	−7.8864
		PBM	−5.0140	−6.5719	−5.2341	−5.3757
	FCM-BFGS 与 BFGS	BWP	−5.0852	−7.5347	−5.7261	−5.8750
		XIE	−13.3597	−17.7544	−13.0681	−13.0189
		PBM	−13.3597	−17.7544	−13.0681	−13.0189
	K-medoids-BFGS 与 BFGS	BWP	−0.7128	−3.0826	0.0450	−0.0120
		XIE	−11.9115	−15.3021	−12.1249	−12.1737
		PBM	−8.2007	−11.2131	−7.0720	−7.2110

对的, FCM 算法精度提升效果最弱。以 PM$_{2.5}$ 浓度时间序列超前一步预测为例, 采用三项指标分别进行最优聚类数选取时 K-均值-BFGS 模型的 P_{MAE}(%) 结果分别为 74.7306%, 62.7057%和 74.7306%, FCM-BFGS 模型的 P_{MAE}(%) 结果分别为 59.5384%, 33.2477%和 59.5384%, K-medoids-BFGS 模型的 P_{MAE}(%) 结果分别为 64.4116%, 55.4128%和 64.4116%。FCM 效果相对较弱, 可能主要是该聚类算法对于大规模数据条件下的样本不均衡情况过于敏感, 导致聚类结果与另外两者相比, 对数据集的代表性相对较弱。同时, 结合前文相关结论, 对比分析不同聚类内部评价指标最终预测精度提升, 可以看出 BWP、XIE 和 PBM 三种指标中 BWP 指标选择的最优聚类数构建的混合模型优化效果最为明显, 而 XIE 指标优化效果相对最弱, 容易选取到异常聚类数。综合来说采用 BWP-K-均值-BFGS 混合模型进行 PM$_{2.5}$ 浓度时间序列预测可以获得最佳预测效果。

10.10 本章小结

本章深入研究了不同聚类算法及基于相关聚类内部评价选取聚类数的混合预测模型对大气污染物浓度时间序列确定性预测模型的优化情况。本章采用 BFGS 算法作为时间序列确定性预测的基础对照模型, 然后采用 K-均值、FCM 和 K-medoids 三种聚类算法对两类大气污染物浓度时间序列进行聚类, 从而构建基于 k 个 BFGS

模型的混合预测模型, 并采用 BWP、XIE 和 PBM 三种聚类内部评价指标选择最优聚类数。通过分析各类混合模型的预测结果与预测精度并对比基础对照模型的预测精度, 量化分析聚类混合模型综合优化性能。本章总结如下:

(1) 两类大气污染物浓度时间序列 $PM_{2.5}$ 和 NO_2, $PM_{2.5}$ 波形具有高频波动较小、整体样本低频周期性较强、幅值范围较大等特征。NO_2 波形整体具有较强的高频波动性和低频周期性, 幅值范围较小。无论是 BFGS 模型还是混合预测模型, $PM_{2.5}$ 浓度时间序列预测结果均明显优于 NO_2 浓度时间序列预测结果。对于单一 BFGS 预测, $PM_{2.5}$ 浓度时间序列预测结果在序列平稳阶段能够较好地拟合原始序列, 但是在序列极值点处预测值与真实值存在较大偏差。NO_2 浓度时间序列由于较高的高频波动性导致其预测结果明显较差。预测量与真实值存在明显的横轴偏移, 预测残差明显。两种污染物预测结果均随预测步数的提升而明显劣化。

(2) $PM_{2.5}$ 浓度时间序列各项聚类内部指标明显优于 NO_2 浓度时间序列, 选取聚类数较低时, $PM_{2.5}$ 三项指标相比 NO_2 优势明显, 说明聚类算法能够有效挖掘数据集中的潜在特征, 对 $PM_{2.5}$ 原始序列的周期性进行有效捕获。而当聚类数提升时, 各项评价指标均表现出显著劣化情况, $PM_{2.5}$ 浓度时间序列劣化较为缓慢, 而 NO_2 浓度时间序列劣化较为严重, 主要是过于细分导致的类间距离过小, 各类簇间缺乏区分度。

(3) 三种聚类算法均针对 $PM_{2.5}$ 浓度时间序列对单一 BFGS 预测模型具有相当程度的优化。三类聚类算法均能够较好地挖掘高频平稳序列的内在特征, 聚类结果体现出类内样本距离紧密、相关性强、类间样本区分度高等特点。随着超前预测步数的提升, 可以明显看出聚类算法的相对优化幅度也随之提升。与之相对的, 高频波动性大, 序列随机性高的 NO_2 浓度时间序列采用三种聚类算法进行优化时毫无优化效果, 甚至最终预测精度出现小幅度下降。说明聚类算法对于高频不稳定大气污染物浓度时间序列不具有优化效果, 而对具有高频稳定性的大气污染物浓度时间序列预测模型优化效果明显。

(4) 通过对比分析不同聚类内部评价指标最终预测精度的提升, 可以得出BWP、XIE 和 PBM 三种指标中, BWP 指标选择的最优聚类数构建的混合模型优化效果最为明显, 而 XIE 指标优化效果相对最弱, 容易选取到异常聚类数。综合而言, 采用 BWP-K-均值-BFGS 混合模型进行 $PM_{2.5}$ 浓度时间序列预测可以获得最佳预测效果。

第 11 章　大气污染物浓度时空混合预测模型

11.1　引　　言

目前，大气污染物浓度预测方法按照建模角度的不同主要分为两类，即基于大气污染物排放量的序列预测模型和基于污染物浓度相关因素的关系预测模型[229]。本篇前面章节针对第一种预测方法研究了确定性点预测模型和非确定性区间预测模型的预测性能，证明了这一预测方法的有效性。针对基于污染物浓度相关因素的关系预测模型，一般包括其形成的物理过程和与之相关的环境因素。第 7 章对 $PM_{2.5}$ 浓度与 SO_2、NO_2、CO、O_3 四种大气污染物浓度之间的相关性进行了研究分析，证明了它们之间存在较高的相关性，这为基于污染物浓度相关因素的关系预测提供了理论依据。

与上面提到的两种常用预测方法不同，基于空间因素对大气污染物浓度影响关系的预测方法则是将空间关系融入预测模型中，利用兴趣点特征、路网特征或者位置特征等空间因素作为预测模型的输入，构建大气污染物浓度空间预测模型。刘银超[230] 结合大气污染物浓度的多个空间因素特征与时间因素特征，从两个维度分别构建空间域预测模型和时间域预测模型。针对大气污染物浓度与空间因素的关系，很多研究学者重点关注了大气污染物的空间分布规律[231-233]。Li 等[234]基于 LSTM 深度神经网络融合多种特征因素构建了大气污染物浓度的时空相关性预测模型，并取得了不错的预测效果。

大气污染物浓度的预测方法主要包括统计学方法[235]、人工神经网络等智能方法[2,175]、物理过程模拟方法[236,237] 等，其中人工神经网络应用最为广泛。但传统的神经网络预测方法具有收敛速度慢、易陷入局部最小化等缺陷，极限学习机作为一种广义上的单隐层前馈神经网络，学习速度快、泛化能力强，已逐渐在大气污染物浓度预测领域取得成熟应用。Zhang 等[238]、Li 等[239] 都基于极限学习机算法构建了单一或集成的大气污染物浓度预测模型。

本章基于 $PM_{2.5}$ 监测站点的空间分布位置关系，利用周围监测点的历史数据构建多类型极限学习机的目标监测点 $PM_{2.5}$ 浓度预测模型，并对不同类型的时空混合预测模型的性能进行对比分析。

11.2　大气污染物浓度数据

11.2.1　原始污染物浓度时间序列

本章数据来源于我国上海市多个大气污染物浓度监测站点的 $PM_{2.5}$ 浓度时间序列,原始浓度数据采样间隔为 1h。共包括 9 个监测站点,分别记为 A、B、C、D、E、F、G、H、P,其空间分布关系如图 11-1 所示。本章中按照监测站点空间分布的原则,将监测站点 A~H 的 $PM_{2.5}$ 浓度数据作为输入数据,将监测站点 P 的 $PM_{2.5}$ 浓度数据作为输出数据,即监测点 P 为目标站点。各监测点的原始 $PM_{2.5}$ 浓度序列如图 11-2~图 11-4 所示。

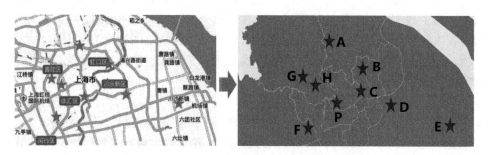

图 11-1　$PM_{2.5}$ 浓度检测站点空间分布示意图

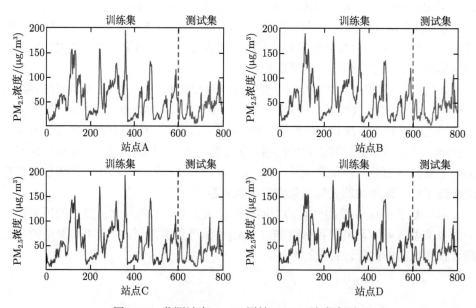

图 11-2　监测站点 A~D 原始 $PM_{2.5}$ 浓度序列

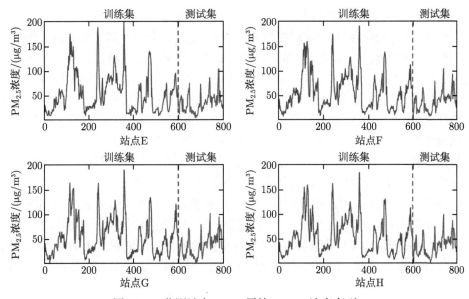

图 11-3   监测站点 E~H 原始 PM$_{2.5}$ 浓度序列

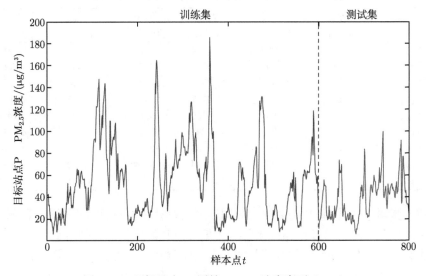

图 11-4   目标站点 P 原始 PM$_{2.5}$ 浓度序列 $\{X_{Pt}\}$

所有原始 PM$_{2.5}$ 浓度时间序列分别记为 $\{X_{At}\}$、$\{X_{Bt}\}$、$\{X_{Ct}\}$、$\{X_{Dt}\}$、$\{X_{Et}\}$、$\{X_{Ft}\}$、$\{X_{Gt}\}$、$\{X_{Ht}\}$ 和 $\{X_{Pt}\}$，8 组输入浓度时间序列和 1 组目标输出浓度时间序列均包含 800 个样本点。从原始序列的波形图中可以看出，输入监测站点 8 组 PM$_{2.5}$ 浓度原始序列中所有样本点的值都在 0 和 200μg/m^3 之间波动，目标监测点 P 的原始 PM$_{2.5}$ 浓度序列 $\{X_{Pt}\}$ 中所有样本点的值同样在 0 和 200μg/m^3 之间波动，所有浓度序列均体现出很强的随机性和非平稳性。

　　为全面分析各污染物浓度时间序列的特征，进一步计算各监测站点原始 $PM_{2.5}$ 浓度时间序列的极值、均值、标准差、偏度和峰度等常用统计特征，表 11-1 为本章采用的 9 组 $PM_{2.5}$ 浓度时间序列的统计特征。其中偏度是浓度时间序列的三阶中心矩与标准差的三次幂之比，反映了浓度时间序列数据分布相对于对称分布的偏离情况，当偏度值为负值时其分布呈现左偏，当偏度值为正值时其分布呈现右偏，当偏度值为 0 时表示其值呈对称分布。峰度是浓度时间序列的四阶中心矩与标准差的四次幂之比，它反映了数据的离群程度。采用的峰度值为相对于标准正态分布的峰度值，当峰度值为正时表明其分布的离散程度大于标准正态分布。

　　由表 11-1 可知，9 组浓度时间序列的偏度值均为正值，说明其分布相对于对称分布均呈右偏，且所有 $PM_{2.5}$ 浓度时间序列的偏度值均较小，说明浓度序列更加接近对称分布。9 组浓度时间序列的峰度值均为正值，说明其中的样本点相对于均值分布较为分散，样本点中出现极端值的概率高于正态分布时出现极端值的概率。

表 11-1　原始 $PM_{2.5}$ 浓度时间序列的统计特征

$PM_{2.5}$ 浓度时间序列	最小值 /(μg/m³)	最大值 /(μg/m³)	均值 /(μg/m³)	标准差 /(μg/m³)	偏度 /(μg/m³)	峰度 /(μg/m³)
$\{X_{At}\}$	1	196	44.5214	32.8976	1.3205	4.5284
$\{X_{Bt}\}$	1	199	46.0135	33.7143	1.3572	4.7563
$\{X_{Ct}\}$	2	192	42.7531	31.0028	1.3947	4.8409
$\{X_{Dt}\}$	1	196	45.3167	32.8143	1.4277	4.8694
$\{X_{Et}\}$	2	285	44.8199	35.0868	1.7043	6.7499
$\{X_{Ft}\}$	2	192	46.1391	32.3507	1.3725	4.8058
$\{X_{Gt}\}$	1	190	43.3133	32.7643	1.3158	4.5566
$\{X_{Ht}\}$	2	195	44.2224	31.4889	1.3602	4.7784
$\{X_{Pt}\}$	1	186	43.6833	30.2878	1.3315	4.7019

　　进一步对 9 组原始 $PM_{2.5}$ 浓度时间序列的统计特征进行分析可知，监测站点 E 的浓度序列 $\{X_{Et}\}$ 的最大值、标准差、偏度值和峰度值与其他 8 组 $PM_{2.5}$ 浓度时间序列均存在较大差异，结合图 11-1 中的监测站点空间分布关系可知，站点 E 所在区域属于工业区，其他监测站点则位于市区，因此 $PM_{2.5}$ 浓度值差别较大，站点 E 的 $PM_{2.5}$ 浓度值属于异常值。为保证本章 $PM_{2.5}$ 浓度预测结果的正确性和有效性，本章后续研究工作不再将监测站点 E 的原始 $PM_{2.5}$ 浓度时间序列 $\{X_{Et}\}$ 作为预测模型的输入序列。

11.2.2　样本划分

　　为实现模型的构建和模型性能的评价，需要对用于仿真的每组 $PM_{2.5}$ 浓度时间序列进行分组处理。本章中的原始 PM$_{2.5}$ 浓度时间序列均包含 800 个样本点,将数据划分为训练数据集和测试数据集。其中第 1~600 样本点作为训练样本,用于对预测模型进行训练,第 601~800 样本点作为测试样本,用于在模型训练完成后,测试所得模型,得到模型预测输出,计算预测误差,评价模型的预测性能。

11.3 不同站点 PM$_{2.5}$ 浓度相关性分析

本章研究的内容是污染物浓度空间分布对预测结果的影响及分析,采用的策略是选取一目标监测站点,将其周围监测站点实时采集的 PM$_{2.5}$ 浓度数据作为预测模型输入,预测输出与目标监测点实际浓度值进行对比,计算预测精度。因此,输入监测点与目标监测点的 PM$_{2.5}$ 浓度关系成为关键因素,直接影响 PM$_{2.5}$ 浓度预测模型的预测精度,本章采用相关系数法来判断各监测站点 PM$_{2.5}$ 浓度与目标监测点 P 的 PM$_{2.5}$ 浓度之间的相关性。相关系数的计算方法如下所示:

$$r_{x\mathrm{P}} = \frac{s_{x\mathrm{P}}}{s_x \cdot s_\mathrm{P}} \tag{11.1}$$

式中,$r_{x\mathrm{P}}$ 表示监测点 x 与目标监测点 P 之间的 PM$_{2.5}$ 浓度相关系数;$s_{x\mathrm{P}}$ 表示监测点 x 与目标监测点 P 之间的样本协方差;s_x 表示监测点 x 的样本标准差,s_P 表示监测点 P 的样本标准差。$s_{x\mathrm{P}}$、s_x 与 s_P 的计算公式如下所示:

$$s_{x\mathrm{P}} = \frac{\displaystyle\sum_{i=1}^{n}(x_i - \bar{x}) \cdot (p_i - \bar{p})}{n-1} \tag{11.2}$$

$$\begin{cases} s_x = \sqrt{\dfrac{\displaystyle\sum_{i=1}^{n}(x_i - \bar{x})^2}{n-1}} \\[4mm] s_\mathrm{P} = \sqrt{\dfrac{\displaystyle\sum_{i=1}^{n}(p_i - \bar{p})^2}{n-1}} \end{cases} \tag{11.3}$$

利用相关系数法计算得到的 7 个监测站点 PM$_{2.5}$ 浓度与监测点 P 的 PM$_{2.5}$ 浓度相关系数如表 11-2 所示。

通过对表 11-2 分析可知,监测站点和目标监测点 P 的 PM$_{2.5}$ 浓度相关系数与它们之间的空间欧氏距离总体上呈负相关关系 (监测点 A 与监测点 B 不符合此规律),即与目标站点 P 的空间欧氏距离越大,其和监测点 P 的 PM$_{2.5}$ 浓度的相关系数越小,相关性越弱。按照与目标监测点 P 的 PM$_{2.5}$ 浓度相关性进行从强到弱的排序为 $r_{\mathrm{CP}} > r_{\mathrm{HP}} > r_{\mathrm{FP}} > r_{\mathrm{GP}} > r_{\mathrm{DP}} > r_{\mathrm{AP}} > r_{\mathrm{BP}}$。

表 11-2　各监测站点 PM$_{2.5}$ 浓度与目标站点 PM$_{2.5}$ 浓度相关系数

原始序列	$\{X_{At}\}$	$\{X_{Bt}\}$	$\{X_{Ct}\}$	$\{X_{Dt}\}$	$\{X_{Ft}\}$	$\{X_{Gt}\}$	$\{X_{Ht}\}$
相关系数	0.9698	0.9665	0.9808	0.9707	0.9751	0.9726	0.9801

11.4　大气污染物浓度 ELM 时空混合预测模型

11.4.1　模型框架

图 11-5 为本章提出的以目标监测点 P 的 PM$_{2.5}$ 浓度时间序列作为预测目标的 ELM 时空混合预测模型的框架。

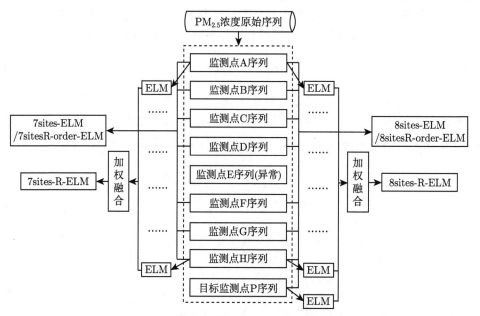

图 11-5　基于 ELM 的 PM$_{2.5}$ 浓度时空混合预测模型建模流程图

11.4.2　ELM 理论基础

极限学习机 (Extreme Learning Machine, ELM) 是一种广义的单隐含层前馈神经网络 [240,241]，它具有较快的学习速度、良好的泛化能力，并且搜索全局最优解的能力较强 [242]。ELM 能够随机产生输入层与隐含层的连接权值和隐含层的偏置，且在学习过程中无须调整 [243]。给定 N 个样本 $X_k = \{x_k, y_k\}$，$k = 1, 2, \cdots, N$，其中 x_k 为输入数据，y_k 为真实值，激活函数为 $f(\cdot)$，隐含层节点为 n 个，ELM 求解过程如下所示 [242]：

$$o_j = \sum_{i=1}^{n} \lambda_i f(W_i \cdot X_k + b_i), \quad k = 1, 2, \cdots, N \tag{11.4}$$

式中，o_j 为 ELM 输出值；$W_i = \{\omega_{i1}, \omega_{i2}, \cdots, \omega_{in}\}'$ 为输入节点与第 i 个隐含层节点的连接权值；b_i 为第 i 个输入节点和隐含层节点的偏置；λ_i 为第 i 个隐含层节点与输出节点的连接权值。

因此，只需要设置 ELM 的隐含层节点数量和激活函数，便可对其进行训练[244]。

11.4.3 建模步骤

本章利用 ELM 作为预测器对目标监测站点 P 的 $PM_{2.5}$ 浓度进行预测的模型包括 7 种：

(1) 采用目标监测点 P 的历史数据对其进行超前一步至超前多步的 $PM_{2.5}$ 浓度的预测，该模型记为 siteP-ELM。

(2) 只采用站点 A、B、C、D、F、G、H 的历史数据预测站点 P 的超前一步至超前多步的 $PM_{2.5}$ 浓度，该模型记为 7sites-ELM。

(3) 利用 11.3 小节中监测点位置相关性分析得到的各监测点与目标监测点 P 之间的相关系数，对步骤 (2) 中的模型进行修正，该模型记为 7sites-R-ELM。

(4) 采用监测点 A、B、C、D、F、G、H 的历史数据与目标监测点 P 的历史数据预测监测点 P 的超前一步至超前多步的 $PM_{2.5}$ 浓度，该模型记为 8sites-ELM。

(5) 利用 11.3 小节中监测点位置相关性分析得到的各监测点与目标监测点 P 之间的相关系数，对步骤 (4) 中的模型进行修正，该模型记为 8sites-R-ELM。

(6) 将相关系数作为依据设定预测模型的数据输入顺序，对模型进行修正时，得到的两种模型分别记为 7sites-R-order-ELM 和 8sites-R-order-ELM。

其中，利用相关系数对模型进行修正的过程是直接将相关系数作为权值，对每一站点单独预测的目标监测点 P 的 $PM_{2.5}$ 浓度超前一步至超前多步预测值进行加权融合，权值具体处理过程如下：

$$R_{iP} = \frac{r_{iP}}{\sum r_{iP}}, \quad i \in \{A, B, C, D, F, G, H, P\} \tag{11.5}$$

式中，R_{iP} 为输入监测点 i 的预测值权值；r_{iP} 为输入监测点 i 与目标监测点 P 的 $PM_{2.5}$ 浓度相关系数；目标监测点 P 的 $PM_{2.5}$ 浓度自相关系数取为 1，即 $r_{PP} = 1$。

11.4.4 相关系数修正的 $PM_{2.5}$ 浓度时空混合预测模型

只采用监测点 A、B、C、D、F、G、H 的历史数据预测目标监测点 P 的超前一步至超前多步的 $PM_{2.5}$ 浓度时，预测策略并不是单一序列的递归预测，而是利用 ELM 的学习能力拟合输入监测点历史数据与目标监测点 P 数据的关系, 因此超前一步至超前多步的预测精度相差无几, 没有预测误差的积累过程。利用相关系数对 7sites-ELM 预测模型进行加权修正时, 是将 ELM 作为预测器训练 7 个单一的 ELM 模型, 再根据相关系数归一化的权值进行加权融合, 而 7sites-ELM 预测模型则只训练一个 ELM 模型, 输入节点是按照监测点顺序逐点输入。

　　各输入监测点对目标监测点 P 的 $PM_{2.5}$ 浓度预测结果如图 11-6 所示, 相关系数修正的不同 $PM_{2.5}$ 浓度预测模型超前一步至超前三步预测结果如图 11-7~图 11-9 所示, 预测精度指标值如表 11-3 所示。

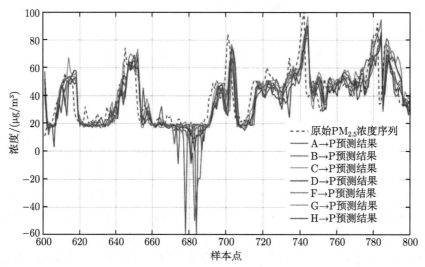

图 11-6　监测点 A-H (E 除外) 对目标站点 $PM_{2.5}$ 浓度预测结果 (彩图见封底二维码)

　　对图 11-6 进行分析可知, 监测点 A 至 H(监测点 E 除外) 对目标监测点 P 的 $PM_{2.5}$ 浓度预测精度与其相关系数基本保持一致, 即当输入监测点与目标监测点 P 的相关系数越大时, 相应的预测精度也越高。例如, 相关系数较大的 C、H、F 监测点的预测效果明显好于其他输入监测点, 并未出现其他监测点在样本点 675~690 产生的严重偏离现象。除此之外, 从波形图中可以明显看出输入监测点的 $PM_{2.5}$ 浓度序列与目标监测点 P 的 $PM_{2.5}$ 浓度序列具有很强的相关性, 并且单一预测时的拟合效果在可控范围内, 这为本章后续工作的开展乃至大气污染物浓度时空混合预测提供了重要依据。

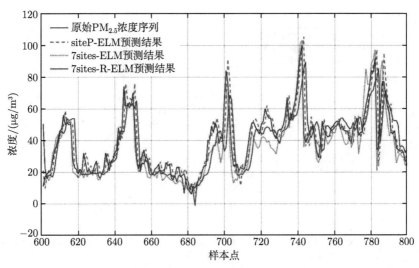

图 11-7　相关系数修正的不同 PM$_{2.5}$ 浓度预测模型超前一步预测结果 (彩图见封底二维码)

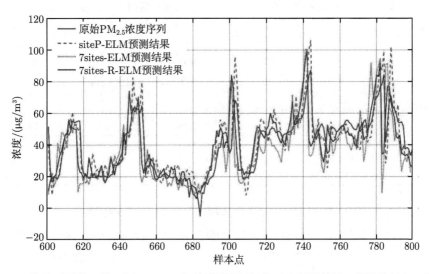

图 11-8　相关系数修正的不同 PM$_{2.5}$ 浓度预测模型超前两步预测结果 (彩图见封底二维码)

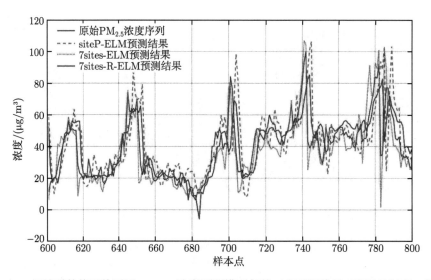

图 11-9　相关系数修正的不同 PM$_{2.5}$ 浓度预测模型超前三步预测结果 (彩图见封底二维码)

表 11-3　相关系数修正的不同 PM$_{2.5}$ 浓度预测模型预测精度指标

预测步数	模型	MAE/($\mu g/m^3$)	MAPE/%	RMSE/($\mu g/m^3$)	SDE/($\mu g/m^3$)
超前一步	siteP-ELM	15.9773	6.1501	9.8631	9.8372
	7sites-ELM	15.5708	5.6142	7.2247	6.3292
	7sites-R-ELM	25.3794	8.7500	12.9689	12.9286
超前两步	siteP-ELM	25.0293	9.7604	15.0044	14.9312
	7sites-ELM	16.7409	6.1161	8.2604	7.7755
	7sites-R-ELM	25.5829	8.6159	12.8252	12.8247
超前三步	siteP-ELM	32.1745	12.8560	18.4035	18.2786
	7sites-ELM	17.2484	6.2256	8.8934	8.5737
	7sites-R-ELM	25.6417	8.5900	12.7272	12.6813

对图 11-7~图 11-9 和表 11-3 进行分析, 可以得出以下结论:

(1) 在进行超前一步预测时, 目标监测点 P 利用自身历史数据进行 PM$_{2.5}$ 浓度预测的精度与采用 7 个输入监测点历史数据进行 PM$_{2.5}$ 浓度预测的精度基本一致, 但 7sites-ELM 预测模型在对目标监测点 P 的 PM$_{2.5}$ 浓度进行超前两步和超前三步预测时, 预测精度要明显优于 siteP-ELM 预测模型。例如, 7sites-ELM 预测模型对目标监测点 P 的 PM$_{2.5}$ 浓度进行超前一步至超前三步预测的 MAE 分别为 15.5708$\mu g/m^3$、16.7409$\mu g/m^3$、17.2484$\mu g/m^3$, siteP-ELM 预测模型对自身 PM$_{2.5}$ 浓度进行超前一步至超前三步预测的 MAE 分别为 15.9773$\mu g/m^3$、25.0293$\mu g/m^3$、32.1745$\mu g/m^3$。产生这种现象的原因是 siteP-ELM 预测模型在进行超前多步预测时采用的是递归预测策略, 即存在预测误差的累计过程, 因此随着预测步数的增加，预测精度不断下降。而 7sites-ELM 预测模型是利用 7 个输入监测点的历史数据对目标监测点 P 的 PM$_{2.5}$ 浓度值进行拟合，没有预测误差的叠加过程，因此在超前一步至超前三步预测时的预测精度变化不大。

(2) 利用相关系数对 7sites-ELM 预测模型进行修正时，得到的 7sites-R-ELM 预测模型的预测精度反而下降。例如，对目标监测点 P 的 PM$_{2.5}$ 浓度进行超前一步预测时，7sites-ELM 预测模型预测的 MAE、MAPE、RMSE 和 SDE 分别为 15.5708μg/m^3、5.6142%、7.2247μg/m^3、6.3292μg/m^3，7sites-R-ELM 预测模型预测的 MAE、MAPE、RMSE 和 SDE 分别为 25.3794μg/m^3、8.7500%、12.9689μg/m^3、12.9286μg/m^3。产生这种现象的原因主要是 7sites-R-ELM 预测模型是将分别对监测点 A~H(监测点 E 除外) 的 PM$_{2.5}$ 浓度序列与目标监测点 P 的 PM$_{2.5}$ 浓度序列关系进行建模，训练 7 个单一的 ELM 预测器，再利用相关系数归一化后的权值进行加权融合，因此得到的最终模型包含了 7 个预测器训练产生的训练误差；而 7sites-ELM 预测模型则只训练一个 ELM 模型，输入节点是按照监测点顺序逐点输入，不存在多个预测器训练误差的积累过程，因此 7sites-ELM 预测模型的预测性能要优于 7sites-R-ELM 预测模型。除此之外，7sites-R-ELM 预测模型的预测精度也没有随超前预测步数的增加而逐渐下降，是因为 7sites-R-ELM 预测模型采用了与 7sites-ELM 预测模型相同的预测策略，而不是单一序列的递归预测策略。

(3) 尽管 7sites-ELM 预测模型与 siteP-ELM 预测模型、7sites-R-ELM 预测模型相比，具有更高的预测精度，但是从预测结果波形图中可以看出，7sites-R-ELM 预测模型对目标监测点 P 的 PM$_{2.5}$ 浓度序列的趋势捕捉能力更强，而 7sites-ELM 预测模型在多个波峰和波谷区段失去了良好的拟合能力，对原始序列的趋势拟合性能要差于 7sites-R-ELM 预测模型，后者预测精度更差的原因主要在于时延现象的产生。

11.4.5 融合目标监测点数据修正的 PM$_{2.5}$ 浓度时空混合预测模型

11.4.4 小节是利用输入监测点 A、B、C、D、F、G、H 的历史数据预测目标监测点 P 的 PM$_{2.5}$ 浓度值，本小节中将目标监测点 P 的 PM$_{2.5}$ 浓度历史数据加入到输入节点中，即采用 8 个监测点的历史数据对目标监测点 P 的 PM$_{2.5}$ 浓度进行预测，即构建了 8sites-ELM 预测模型。同样地，该模型的预测策略并不是单一序列的递归预测，而是利用 ELM 的学习能力拟合输入节点历史数据与目标监测点 P 数据的关系，因此超前一步至超前多步的预测精度相差无几，没有预测误差的积累过程。再利用相关系数对 8sites-ELM 预测模型进行加权修正时，是将 ELM 作为预测器训练 8 个单一的 ELM 模型，再根据相关系数归一化的权值进行加权融合，其中目标监测点 P 的自相关系数为 1。而 8sites-ELM 预测模型则只训练一个 ELM 模型，输入节点是按照输入监测点与目标监测点 P 的顺序逐点输入。

　　融合目标监测点数据修正的不同 $PM_{2.5}$ 浓度预测模型超前一步至超前三步预测结果如图 11-10~图 11-12 所示，预测精度指标值如表 11-4 所示。

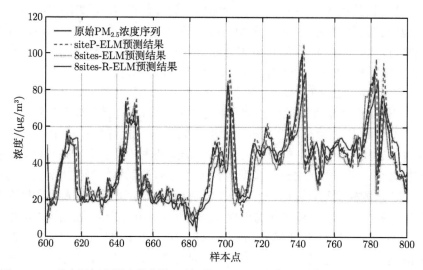

图 11-10　融合目标监测点数据修正的不同 $PM_{2.5}$ 浓度预测模型超前一步预测结果
(彩图见封底二维码)

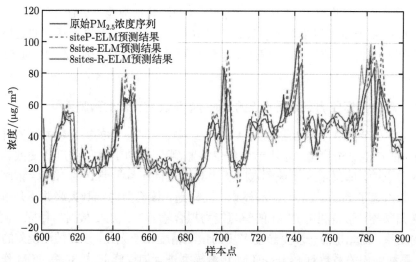

图 11-11　融合目标监测点数据修正的不同 $PM_{2.5}$ 浓度预测模型超前两步预测结果
(彩图见封底二维码)

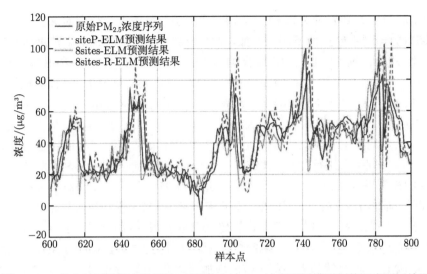

图 11-12 融合目标监测点数据修正的不同 PM$_{2.5}$ 浓度预测模型超前三步预测结果
(彩图见封底二维码)

表 11-4 融合目标监测点数据修正的不同 PM$_{2.5}$ 浓度预测模型预测精度指标

预测步数	模型	MAE/(μg/m³)	MAPE/%	RMSE/(μg/m³)	SDE/(μg/m³)
1	siteP-ELM	15.9773	6.1501	9.8631	9.8372
	8sites-ELM	10.4958	3.4721	4.4624	4.3207
	8sites-R-ELM	25.1346	8.6567	12.9025	12.8933
2	siteP-ELM	25.0293	9.7604	15.0044	14.9312
	8sites-ELM	15.1095	5.1317	7.1041	6.9433
	8sites-R-ELM	25.7982	8.6392	12.8333	12.8240
3	siteP-ELM	32.1745	12.8560	18.4035	18.2786
	8sites-ELM	16.4568	5.4839	8.3614	8.2159
	8sites-R-ELM	26.0157	8.6067	12.7443	12.6565

对图 11-10~图 11-12 和表 11-4 进行分析，可以得出以下结论：

(1) 在对目标监测点 P 的 PM$_{2.5}$ 浓度进行超前一步和超前多步预测时，融合目标监测点数据修正的 8sites-ELM 预测模型的预测精度都要优于采用目标监测点 P 自身历史数据进行超前预测的预测精度。例如，8sites-ELM 预测模型对目标监测点 P 的 PM$_{2.5}$ 浓度进行超前一步至超前三步预测的 MAE 分别为 10.4958μg/m³、15.1095μg/m³、16.4568μg/m³，siteP-ELM 预测模型对自身 PM$_{2.5}$ 浓度进行超前一步至超前三步预测的 MAE 分别为 15.9773μg/m³、25.0293μg/m³、32.1745μg/m³。产生这种现象的原因在 11.4.4 小节已经分析过，是两种预测模型的预测策略不同所致，在此不再赘述。

(2) 利用相关系数对 8sites-ELM 预测模型进行修正时, 得到的 8sites-R-ELM 预测模型的预测精度反而下降。例如, 对目标监测点 P 的 $PM_{2.5}$ 浓度进行超前一步预测时, 8sites-ELM 预测模型预测的 MAE、MAPE、RMSE 和 SDE 分别为 $10.4958\mu g/m^3$、3.4721%、$4.4624\mu g/m^3$、$4.3207\mu g/m^3$, 8sites-R-ELM 预测模型预测的 MAE、MAPE、RMSE 和 SDE 分别为 $25.1346\mu g/m^3$、8.6567%、$12.9025\mu g/m^3$、$12.8933\mu g/m^3$。产生这种现象的原因主要是 8sites-R-ELM 预测模型是将分别对监测点 A~H(监测点 E 除外) 和目标监测点 P 的 $PM_{2.5}$ 浓度序列与目标监测点 P 的 $PM_{2.5}$ 浓度序列关系进行建模, 训练 8 个单一的 ELM 预测器, 再利用相关系数归一化后的权值进行加权融合, 因此得到的最终模型包含了 8 个预测器训练产生的训练误差; 而 8sites-ELM 预测模型则只训练一个 ELM 模型, 输入节点是按照监测点顺序逐点输入, 不存在多个预测器训练误差的积累过程, 因此 8sites-ELM 预测模型的预测性能要优于 8sites-R-ELM 预测模型。除此之外, 8sites-R-ELM 预测模型的预测精度也没有随超前预测步数的增加而逐渐下降, 是因为 8sites-R-ELM 预测模型采用了与 8sites-ELM 预测模型相同的预测策略, 而不是单一序列的递归预测策略。

(3) 尽管 8sites-ELM 预测模型与 siteP-ELM 预测模型、8sites-R-ELM 预测模型相比, 具有更高的预测精度, 但是从预测结果波形图中可以看出, 8sites-R-ELM 预测模型对目标监测点 P 的 $PM_{2.5}$ 浓度序列的趋势捕捉能力更强, 而 8sites-ELM 预测模型在多个波峰和波谷区段失去了良好的拟合能力, 对原始序列的趋势拟合性能要差于 8sites-R-ELM 预测模型, 后者预测精度更差的原因主要在于时延现象的产生。

11.4.6　不同输入顺序的 $PM_{2.5}$ 浓度时空混合预测模型

利用相关系数对两种时空混合预测模型 7sites-ELM 和 8sites-ELM 进行修正时, 前面采用的方法是对每一输入监测点的 $PM_{2.5}$ 浓度历史数据与目标监测点 P 的浓度历史数据关系分别进行建模, 再利用相关系数归一化后的权值对所有预测结果进行加权融合, 但这种预测策略会产生多个预测器的训练误差的积累。为了避免这种情况的产生, 本小节利用相关系数构建基于规定输入顺序的 $PM_{2.5}$ 浓度时空混合预测模型, 即相关系数大的数据序列先输入, 相关系数小的数据序列后输入。该模型对目标监测点 P 的 $PM_{2.5}$ 浓度超前一步至超前三步的预测结果如图 11-13~图 11-15 所示, 预测精度指标值如表 11-5 所示。

对图 11-13~图 11-15 和表 11-5 进行分析, 可以得出以下结论:

(1) 对目标监测点 P 的 $PM_{2.5}$ 浓度进行超前一步至超前多步预测时, 采用规定输入顺序的预测模型预测精度与无相关系数修正的预测模型预测精度基本一致, 7sites-R-order-ELM 模型的精度略有下降, 8sites-R-order-ELM 模型的精度略有上升。例如，进行 PM$_{2.5}$ 浓度的超前一步至超前三步预测时，7sites-R-order-ELM 模型预测的 MAE 分别为 14.4845μg/m^3、17.7411μg/m^3、18.3764μg/m^3，7sites-ELM 模型预测的 MAE 分别为 15.5708μg/m^3、16.7409μg/m^3、17.2484μg/m^3；8sites-R-order-ELM 模型预测的 MAE 分别为 10.3533μg/m^3、12.9598μg/m^3、15.3977μg/m^3，8sites-ELM 模型预测的 MAE 分别为 10.4958μg/m^3、15.1095μg/m^3、16.4568μg/m^3。

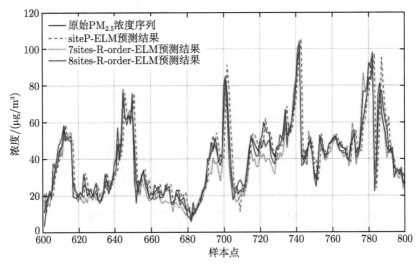

图 11-13　基于规定输入顺序的不同 PM$_{2.5}$ 浓度预测模型超前一步预测结果

(彩图见封底二维码)

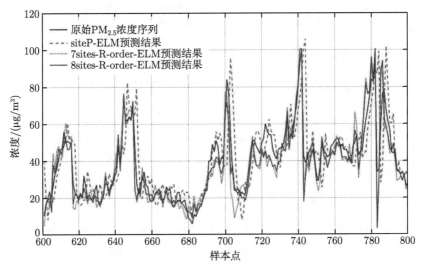

图 11-14　基于规定输入顺序的不同 PM$_{2.5}$ 浓度预测模型超前两步预测结果

(彩图见封底二维码)

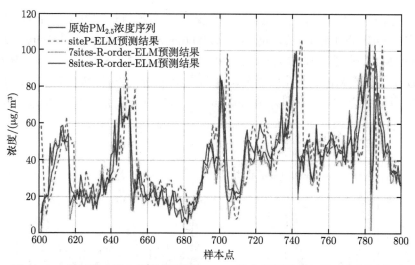

图 11-15　基于规定输入顺序的不同 PM$_{2.5}$ 浓度预测模型超前三步预测结果

(彩图见封底二维码)

表 11-5　基于规定输入顺序的不同 PM$_{2.5}$ 浓度预测模型预测精度指标

预测步数	模型	MAE/($\mu g/m^3$)	MAPE/%	RMSE/($\mu g/m^3$)	SDE/($\mu g/m^3$)
1	7sites-ELM	15.5708	5.6142	7.2247	6.3292
	7sites-R-ELM	25.3794	8.7500	12.9689	12.9286
	7sites-R-order-ELM	14.4845	5.2572	6.8996	6.4573
	8sites-ELM	10.4958	3.4721	4.4624	4.3207
	8sites-R-ELM	25.1346	8.6567	12.9025	12.8933
	8sites-R- order-ELM	10.3533	3.5759	4.8286	4.8185
2	7sites-ELM	16.7409	6.1161	8.2604	7.7755
	7sites-R-ELM	25.5829	8.6159	12.8252	12.8247
	7sites-R-order-ELM	17.7411	6.0107	8.1335	7.8960
	8sites-ELM	15.1095	5.1317	7.1041	6.9433
	8sites-R-ELM	25.7982	8.6392	12.8333	12.8240
	8sites-R- order-ELM	12.9598	4.8618	6.9924	6.6663
3	7sites-ELM	17.2484	6.2256	8.8934	8.5737
	7sites-R-ELM	25.6417	8.5900	12.7272	12.6813
	7sites-R-order-ELM	18.3764	6.3878	9.1113	8.9057
	8sites-ELM	16.4568	5.4839	8.3614	8.2159
	8sites-R-ELM	26.0157	8.6067	12.7443	12.6565
	8sites-R- order-ELM	15.3977	5.5289	7.8021	7.7786

(2) 利用相关系数对 7sites-ELM 模型和 8sites-ELM 模型进行修正时, 基于规定输入顺序的预测方法比加权融合的预测方法更有效, 预测性能明显更优, 该结果说明采用多组序列分别建模再加权融合的预测过程产生的训练误差累计对模型的

预测性能造成了很大影响，在后续工作中可以对加权融合过程进行再优化。

(3) 8sites-R-order-ELM 预测模型对目标监测点 P 的 PM$_{2.5}$ 浓度序列的拟合效果明显优于其他几种预测模型，7sites-R-order-ELM 预测模型在多个波峰和波谷区段存在较大偏差，siteP-ELM 预测模型则存在比较严重的时延现象，而且随超前预测步数的增加逐渐加重。

11.5 模型性能综合对比分析

从上述实验及结果分析中可知，融合目标监测点 P 的历史数据对模型进行修正的策略与根据相关系数规定输入顺序对模型进行修正的策略都是有效的，而利用相关系数进行加权融合的修正策略则误差较大，实用性能较差。为比较前面有效模型的综合性能，对 7sites-R-order-ELM 模型、8sites-ELM 模型和 8sites-R-order-ELM 模型的超前预测精度和计算时间进行比较，具体结果如表 11-6 所示。

表 11-6 修正模型综合预测性能指标

预测模型	预测步数	MAE /(μg/m^3)	MAPE/%	RMSE /(μg/m^3)	SDE /(μg/m^3)	计算时间/s
7sites-R-order-ELM	1	14.4845	5.2572	6.8996	6.4573	
	2	17.7411	6.0107	8.1335	7.8960	0.2419
	3	18.3764	6.3878	9.1113	8.9057	
8sites-ELM	1	10.4958	3.4721	4.4624	4.3207	
	2	15.1095	5.1317	7.1041	6.9433	0.2386
	3	16.4568	5.4839	8.3614	8.2159	
8sites-R-order-ELM	1	10.3533	3.5759	4.8286	4.8185	
	2	12.9598	4.8618	6.9924	6.6663	0.2364
	3	15.3977	5.5289	7.8021	7.7786	

通过对表 11-6 分析可以得出以下结论：

(1) 融合目标监测点数据修正的 PM$_{2.5}$ 浓度预测方法对模型性能的改进作用要强于利用相关系数修正的 PM$_{2.5}$ 浓度预测方法。总体上看，原始 PM$_{2.5}$ 浓度序列进行自预测的精度理论上是最高的，因此融合原始数据对时空混合预测模型进行修正，可以显著改进模型的预测性能。本章中 7 个监测点与目标监测点 P 的相关性都较强，相关系数差别较小，使用相关系数对时空混合预测模型进行修正的效果微乎其微，甚至可能存在由于权值过大而导致预测器训练误差放大的情况，因此预测性能更差。

(2) 融合目标监测点原始数据对时空混合预测模型进行修正后，再根据相关系数大小设定预测模型数据输入顺序，得到的修正模型预测性能改进效果一般。从另一角度分析，利用周围监测点数据对目标监测点 P 的 PM$_{2.5}$ 浓度进行预测可以作为自身序列预测的修正过程,而相关系数无论是作为权值或者作为改变输入顺序的依据来对模型进行优化时,都只能在很小程度上改进模型的预测性能,不能作为一种有效的时空混合预测模型的改进方法或优化策略。

(3) 三种经过修正后的模型在计算时间上相差无几,并且都能满足实际应用中对预警系统的实时性要求。结合预测模型的预测性能与预测时间进行分析,8sites-R-order-ELM 预测模型具有最优的综合预测性能,预测精度最高且用于预测过程的计算时间最短,8sites-ELM 预测模型次之,7sites-R-order-ELM 预测模型最差。

11.6　本 章 小 结

本章考虑大气污染物监测站点测量浓度值与其周围监测点的大气污染物浓度之间的关系,将 $PM_{2.5}$ 浓度序列作为研究对象,对基于空间关系的多组 $PM_{2.5}$ 序列进行相关性分析,并研究了不同修正方法对时空混合预测模型的性能影响,主要得到以下结论:

(1) 在一定空间范围内,目标监测站点的 $PM_{2.5}$ 浓度与周围监测站点的 $PM_{2.5}$ 浓度存在比较强的相关性,利用周围监测点的原始数据对目标监测点的 $PM_{2.5}$ 浓度进行超前预测具有可行性,且预测效果尚可。

(2) 利用相关系数作为融合权值对基于周围监测站点原始浓度序列训练的多个预测器进行加权融合得到的修正预测模型,其性能反而下降,主要原因是多个预测器的训练误差会累加到修正预测模型中,且可能存在相关系数使训练误差放大的情况。

(3) 融合目标监测点原始数据修正的时空混合预测模型的预测性能得到很大程度的提升,主要原因是通过周围监测点原始 $PM_{2.5}$ 浓度数据拟合学习到的预测模型相当于对自身序列预测结果的误差补偿修正,这是一种有效的模型性能优化手段。

(4) 8sites-R-order-ELM 时空混合预测模型具有最优的综合预测性能,其对目标监测点 P 的 $PM_{2.5}$ 浓度值具有良好的预测精度,且用于预测的计算时间最短,符合实际应用中对预测实时性的要求。

(5) 本章只是对基于空间关系的多组大气污染物浓度序列的关系进行研究,采用的预测器为单一预测器,预测性能与集成多种算法的混合模型相差甚远。在后续研究工作中可以对单一预测器进行前处理后处理方法和优化方法的集成,实现大气污染物浓度时空混合高精度短时预测。

(6) 本章对大气污染物监测站点的空间布局及预测理论提供了一个思路:当目标监测站点的污染物浓度传感器出现故障时,可以利用目标监测点周围的若干监测点采集的同一种大气污染物浓度数据对目标监测点的未来浓度数值进行预测。

第四篇
金融股票时间序列混合智能辨识、建模与预测

随着社会经济的不断发展，金融业已成为现代经济的重要支柱，是一个国家经济发展的重要推动力和国家竞争力的重要组成部分。但是发展机遇往往伴随着挑战而来，在全球经济一体化的时代，金融市场的发展往往面临着更大的不确定性和风险性。如何在这种高风险与高收益并存的时代浪潮中把握金融市场的本质规律，是建立稳定安全的金融市场的关键。因此，分析挖掘金融市场的变化规律，提高金融投资的安全与效益，是投资者们孜孜以求的目标。

金融市场复杂而庞大，每天都有海量数据从中产生。对这些海量数据进行具体分析，深入挖掘其内在价值规律，可以为社会金融行为提供科学参考依据。在大量金融历史数据中，其数据通常以时间序列数据为主体，故而金融市场分析也被称为金融时间序列分析。因此，对大量金融历史数据进行时间序列分析，深入挖掘金融市场潜在工作，是金融行业进行股票投资分析研究的重要方法。现在随着信息技术的进步，金融时间序列分析方法已从当初简单的技术指标分析变为一种新兴的交叉学科技术，融合了数据库技术、人工智能技术等多种技术。

本篇将应用各种时间序列分析方法对我国股票市场历史数据进行分析。第 12 章简单介绍我国常见股票指数和相关技术分析指标；第 13 章介绍四种特征辨识方法：单变量特征排序、主成分分析、核主成分分析和因子分析；第 14 章利用马尔可夫链模型和贝叶斯模型进行金融股票时间序列的预测实验仿真；第 15 章介绍三种神经网络模型：BP 神经网络模型、Elman 神经网络模型和 RBF 神经网络模型，并在基于第 13 章的基础上进行多特征输入的多神经网络预测性能比较分析；第 16 章介绍三种深度网络模型：CNN 深度网络模型、LSTM 深度网络模型和 BiLSTM 深度网络模型，并在基于第 13 章特征提取的基础上进行实验仿真建模。

本篇的研究工作为后续金融股票时间序列预测提供了重要理论依据和实验数据验证。

第 12 章　金融股票时间序列

12.1　金融股票时间序列分析的重要性

金融股票市场在社会经济发展中发挥着重要作用。从国家层面来说，股票市场可以聚集社会流动资金，有效发挥市场机制，深化社会经济改革；从企业层面来说，股市可以提高资金筹建的灵活性，促进企业扩展改革，帮助建立健全监督机制和企业约束；从个人层面来说，股市可以满足个人投资需求，促进个人资金流动，从而提高市场活力。但是股票市场瞬息万变，波动剧烈，是高风险与高收益并存的市场。从我国股票市场建立至今，历经几次股市衰弱，对国民经济造成巨大损失。因此对股票市场进行潜在规律发掘有助于更有效的股市监管，保证股市安稳。金融股票时间序列作为股市数据的重要载体，对其进行分析研究一直是掌握股市行情的重要手段。

金融股票时间序列分析还是 "智慧金融" 中的重要组成部分。我国金融行业处于从数据集成向数据管理跨进的阶段 [245]。在金融数据管理阶段，将进一步利用信息技术对数据进行分析，挖掘数据中深层次的隐藏信息，以便做出高效决策，预警股市危机。但是在这个信息化的时代，金融数据也呈现出爆炸式增长 [246]，要想在大量历史数据中进行数据挖掘，传统技术分析手段已无法满足需求。在这样的背景下，金融时间序列分析方法体现出无与伦比的优势。基于以上考虑，本篇的研究内容具备较高的学术应用价值。

12.2　我国股票指数

我国股票指数按类别可以划分为单个股票指数和整体股票指数两种。单个股票指数查询方便，而且对于某一具体单个股票指数的价格变化情况也容易掌握和了解。但是若想同时了解多只单个股票指数在一段时间内的价格波动情况，通过逐一查询分析的方法往往会非常麻烦，而且不易分析。因此为了整体股票市场的研究需求，金融服务机构利用其专业知识和对股市熟悉的优势，编制发行了整体股票价格指数来作为股市整体波动趋势的风向标，为投资者们研究股票市场的动向提供了分析对象 [247]。同时为了进一步分析股市波动规律，各种量化投资指标被研究提出。基于这种考虑，本章将对我国整体股票价格指数和部分技术分析指标进行介绍。

12.2.1　中证指数有限公司股票价格指数

中证指数有限公司为上海证券交易所与深圳证券交易所共同创办，是我国最具影响力的金融市场指数提供商。中证指数按照类别又可分为中证规模指数、中证综合指数、中证行业指数和中证策略指数等，其中中证规模指数是如今金融市场分析中使用较多的指数类别之一。中证规模指数反映股票价格市场整体波动水平，属于整体股票指数。常见的中证规模指数包括沪深 300 指数、中证 100 指数、中证 200 指数、中证 500 指数、中证 700 指数和中证 800 指数。这些指数的具体含义如下：

(1) 沪深 300 指数 [248]：是沪深两所证券所第一次共同发布的体现 A 股市场整体价格波动趋势的指数。该指数覆盖了银行、钢铁、石油、电力、家电、交通运输等数十个主要行业的牵头企业公司，自发布起便受到金融分析者们的广泛关注。

(2) 中证 100 指数：脱胎于沪深 300 指数，由沪深 300 指数中前 100 只规模最大的股票样本组成。中证 100 指数覆盖银行业、信息业、交通运输业等大型公司，可以体现沪深证券市场中市场影响力较大的一批上市公司的整体情况。由于中证 100 指数流动性好，其可以较好代表大市值股票价格的波动趋势。

(3) 中证 200 指数：该指数同样基于沪深 300 指数，是由除了中证 100 指数中的 100 只股外剩下的 200 只股票样本组成的，主要反映中市值股票的价格波动趋势。

(4) 中证 500 指数：该指数又称为中证小盘 500 指数，由剔除沪深 300 指数中的 300 只股票后，剩余股票中总市值排名前 500 的样本股构成。中证 500 指数反映小市值股票市场的价格波动情况。

(5) 中证 700 指数和中证 800 指数：中证 700 指数由中证 200 指数和中证 500 指数合并构成，中证 800 指数由沪深 300 指数和中证 500 指数合并构成。由于这两种指数包含了大盘、中盘、中大盘、小盘和中小盘等各个规模的样本股，因此其可以综合反映不同规模的股票市场价格波动情况。

12.2.2　上海证券交易所股票价格指数

上海证券交易所创建于 1990 年，是中国两大证券交易所之一。为适应上海证券市场的发展格局，上海证券交易所建立了以上证综合指数、上证 50、上证 180、上证 380 指数，以及上证国债、企业债和上证基金指数为核心的上证指数体系，科学表征了上海证券市场层次丰富、行业广泛的市场结构，提高了市场流动性和有效性。上证指数体系增强了样本企业知名度，也为市场参与者提供了更多维度、更专业的交易品种和投资方式。下面我们将对常见上证指数进行介绍：

(1) 上证综合指数：是指上海证券交易所从 1991 年 7 月 15 日起编制并公布的，以全部上市股票为样本，以股票发行量为权数，按加权平均法计算的股价指数。

它以 1990 年 12 月 19 日为基期，基期指数定为 100 点。

(2) 上证 50 指数：是根据科学客观的方法，挑选上海证券市场规模大、流动性好的最具代表性的 50 只股票组成样本股，以综合反映上海证券市场最具市场影响力的一批优质大盘企业的整体状况。

(3) 上证 180 指数：指的是上海证券交易所对原上证 30 指数进行了调整并更名而成的，其样本股是在所有 A 股股票中抽取最具市场代表性的 180 种样本股票。上证 180 指数与通常计算的上证综指之间的最大区别在于，它是成分指数，而不是综合指数。成分指数是根据科学客观的选样方法挑选出的样本股形成的指数，所以能更准确地认识和评价市场。

(4) 上证 380 指数：上海证券交易所和中证指数公司于 2010 年 11 月 29 日正式发布新兴蓝筹指数上证 380 指数。该指数与上证 180、上证 50 等蓝筹指数一起构成上海市场主要的蓝筹股指数。它的出现反映了上海证券交易所上市公司及股票结构的变化与发展。

12.2.3 深圳证券交易所股票价格指数

深圳股票市场具有丰富的上市资源，新兴行业板块占比大，具有较好的成长性和发展潜力，创业板更是汇集了大部分极具成长性的企业。在这样优秀的股市土壤中，深圳股票市场发展迅速，现在已经形成了以深证成指、中小板指数、创业板指数、深证 100 指数和深证 300 指数五条指数为核心的指数体系。下面我们将对这五种指数进行简要阐述：

(1) 深证成指：该指数为深圳全市场标尺性指数，其组成股票样本均为大盘蓝筹股，还留待未来进一步改进研究，以适应未来股票市场发展需要的基准指数。

(2) 中小板指数：该指数为中小板市场的标尺性指数，自发布以来运行表现突出，充分展示了中小板的高成长性，已成为多层次资本市场的代表性指数之一。中小板市场整体定位为"服务中小企业"，但个体规模差异日益显著，要研究建立严格意义上的规模指数体系的必要性和可行性。中小板市场规模及相关指数化产品发展较快，要适时开发更大样本数量的规模类指数。

(3) 创业板指数：该指数为创业板市场的标尺性指数，新兴产业所占比重高达 60%，高新技术企业超过 90%，充分体现了创业板市场特色。创业板市场组合投资需求旺盛，要尽快推出创业板系列指数，与中小板 300 和深证 300 形成系列。

(4) 深证 100 指数：该指数是中国证券市场第一只定位投资功能和代表多层次市场体系的指数。由深圳证券交易所委托深圳证券信息公司编制维护，指数包含了深圳市场 A 股流通市值最大、成交最活跃的 100 只成分股。深证 100 指数的成分股代表了深圳 A 股市场的核心优质资产，成长性强，估值水平低，具有很高的投资价值。

(5) 深证 300 指数：该指数是选样时先计算入围个股平均流通市值占市场比重和平均成交金额占市场比重，再将上述指标按 2:1 的权重加权平均，然后将计算结果从高到低排序，选取排名在前 300 名的股票，构成深证 300 指数初始成分股。

12.3　基础交易数据

无论是个股指数还是整股指数，都包含各种基础交易数据。基础交易数据是本篇建模所涉及的原始建模数据。基础交易数据一般包括每日收盘价、开盘价、最高价、最低价和成交量。基于这些原始交易数据，金融分析师们研制出了各种技术分析指标。这些技术指标又可分为趋向型指标和反趋向型指标，将在下面进行详细介绍。

12.4　趋向型指标

趋向型指标 (DMI) 是股票投资中常用的指标类别，用来辅助判别股票价格走势。本小节将选取部分常用趋向型指标进行介绍，这也是后面特征选择算法使用的样本空间。

12.4.1　升降线指标

升降线指标 (ACD) 是用来分析股票市场中每日最高价、最低价与涨跌关系的指标。从整体上看，升降线指标逼近于股票市场的总体走势，但是略有滞后[249]。升降线指标是根据历史收盘价、今日最高价与今日最低价计算得到的，具体计算公式如下：

$$\mathrm{LC}_{t-1} = \mathrm{closeprice}_{t-1} \tag{12.1}$$

$$\mathrm{DIF}_t = \mathrm{closeprice}_t - \mathrm{if}\Big(\mathrm{closeprice}_t > \mathrm{LC}_{t-1},$$
$$\min\left(\mathrm{lowprice}_t, \mathrm{LC}_{t-1}\right), \max\left(\mathrm{highprice}_t, \mathrm{LC}_{t-1}\right)\Big) \tag{12.2}$$

$$\mathrm{ACD}_t = \sum_{t-1}^{t} \left(\mathrm{if}\left(\mathrm{closeprice}_t = \mathrm{LC}_{t-1}, 0, \mathrm{DIF}_t\right)\right) \tag{12.3}$$

其中，LC_{t-1} 表示昨日收盘价；$\mathrm{closeprice}_t$ 表示今日收盘价；$\mathrm{lowprice}_t$ 表示今日最低价；$\mathrm{highprice}_t$ 表示今日最高价；ACD_t 为今日升降线指标值。式 (12.2) 表示如果今日收盘价大于昨日收盘价，则 DIF_t 为今日收盘价减去今日最低价与昨日收盘价中最小值。如果今日收盘价小于昨日收盘价，则 DIF_t 为今日收盘价减去今日最高价与昨日收盘价中最小值。式 (12.3) 表示如果今日收盘价与昨日收盘价相同，则 ACD_t 为 ACD_{t-1} 加 0。如果今日收盘价不同于昨日收盘价，则 ACD_t 为 ACD_{t-1} 加 DIF_t。

一般来说, 若仅考虑升降线指标, 则当升降线指标下降而股价上升时, 为卖出信号; 当升降线指标上升而股价下降时, 为买入信号; 当升降线指标下穿 20 日均线时, 为卖出信号; 当升降线指标下穿 20 日均线时, 为买入信号。

12.4.2 动力指标

动力指标 (MTM) 是常见的趋向指标之一, 用来研究股票市场波动速率, 可以更加直观地体现股市波动的加速、减速与惯性情况, 反映股票价格静与动之间的相互转换情况 [250]。动力指标基于价格与供求关系之间的需求产生, 该指标认为股票价格持续上涨或者持续下跌一段时间后, 其上涨或下跌的幅度和能量会不断减小, 最终实现行情反转。因此动力指标就是观察股市价格波动速率情况, 衡量股市价格波动能量, 揭示行情反转关系的指标。

动力指标由今日收盘价和一定间隔日之前的收盘价计算得到, 反映该时间间隔内股市价格的波动速率。按照时间间隔的不同, 动力指标又可分为日动力指标、周动力指标和月动力指标, 其计算公式如下:

$$\text{MTM} = \text{closeprice}_t - \text{closeprice}_{t-n} \tag{12.4}$$

其中, n 表示时间间隔, 当 $n=1$ 时, MTM 为日 MTM; 当 $N=7$ 时, MTM 为周 MTM; 当 $n=30$, MTM 为月 MTM。一般分析动力指标时 n 取 10。

动力指标的应用原则为: 动力指标一直围绕 0 轴线 (以下简称 "0 线") 上下波动; 动力指标曲线位于 0 线下方时, 股票价格处于下跌或者低位状态; 动力指标曲线位于 0 线上方时, 股票价格处于上涨或者高位状态; 当动力指标曲线上穿 0 线时, 表示股市下跌能量衰减, 上涨能量逐渐增强, 股票价格将开始向上运动, 为买入信号; 当动力指标曲线下穿 0 线时, 表示股市上涨能力衰减, 下跌能量逐渐增强, 为卖出信号; 当动力指标曲线上穿 0 线并保持一段时间后, 如果股票价格上涨趋势变缓, 表示股票后继乏力, 此时一旦动力指标开始向下掉头, 预示股价即将由上涨反转, 为卖出信号。

12.4.3 移动平均指标

移动平均指标 (MA) 基于统计学中移动平均原理, 计算一段时间间隔内股票价格的算数平均。移动平均指标可以消除股票价格波动时的偶然因素, 减弱季节效应和循环因素影响, 可以更好地凸显股市价格波动的趋势 [251]。移动平均指标是目前最为简单、使用最多的股市波动分析指标之一。移动平均指标的计算公式如下:

$$\text{MA} = \frac{1}{n}\sum_{t=1}^{n}\text{closeprice}_t \tag{12.5}$$

其中，n 表示选取间隔日数，常用日数有 5、10、20、60、120 和 240。本书研究选择 10 日移动平均指标作为分析对象。

　　移动平均指标可以追随股市价格趋势，不轻易改变。运用移动平均线理论，在买卖交易时，可以界定风险程度，将亏损的可能性降至最低；当行情趋势发动时，买卖交易的利润相当可观；多种移动平均线的组合可以判断行情的真正趋势。但是当买卖信号过于频繁时，移动平均线的最佳日数与组合确定较困难。仅仅依靠移动平均线得出的买卖信号并不充分，往往与其他技术指标结合考虑。

12.4.4　平均线差指标

　　平均线差 (DMA) 指标是根据两条速度不同的移动平均线的差值，来分析股票价格市场走势的一种技术指标 [252]。平均线差通过计算两期不同的移动平均线差值，可以判断当前股票价格市场买入或者卖出能力大小，进而预测股价走势。DMA 指标是一种中短期指标。其具体计算公式如下：

$$\mathrm{DMA}_t = \mathrm{MA}_1(\mathrm{closeprice}_{1t}, n_1) - \mathrm{MA}_2(\mathrm{closeprice}_{2t}, n_2) \tag{12.6}$$

其中，MA1 为短期移动平均线；MA2 为长期移动平均线。平均线差的运用原则为：平均线差曲线围绕 0 线上下波动；当平均线差曲线上穿 0 线时，预示股票价格上涨，为买入信号；当平均线差曲线下穿 0 线时，预示股票价格下跌，为卖出信号。

12.4.5　平滑异同平均指标

　　平滑异同平均指标 (MACD) 属于均线指标中的一种，通过计算两条快慢不同的指数平滑移动平均线的差离状态来判断股票价格未来走势 [253]。与平均线差指标不同，平滑异同平均指标在保留移动平均线效果的同时，弥补了移动平均线极端波动中判断不准确的缺点，因而其可以最大化移动平均线效果。平滑异同平均指标具有均线趋势性、稳重性、安定性等特点，是适用于判断买卖股票的时机、预测股票价格涨跌的技术分析指标。其具体计算公式如下：

$$\mathrm{EMA}_1 = \mathrm{EMA}(\mathrm{closeprice}_t, n_1) \tag{12.7}$$

$$\mathrm{EMA}_2 = \mathrm{EMA}(\mathrm{closeprice}_t, n_2) \tag{12.8}$$

$$\mathrm{DIF}_t = \mathrm{EMA}_1 - \mathrm{EMA}_2 \tag{12.9}$$

$$\mathrm{DEA}_t = \mathrm{EMA}(\mathrm{DIF}_t, n_3) \tag{12.10}$$

$$\mathrm{MACD}_t = 2 \times (\mathrm{DIF}_t - \mathrm{DEA}_t) \tag{12.11}$$

其中，EMA_1 和 EMA_2 分别表示短期和长期指数平滑移动平均值；EMA 为计算指数平滑移动平均值的函数；closeprice 为股票收盘价；n_1、n_2 和 n_3 分别表示 3 个不同的研究周期，一般取 9、26 和 12。

平滑异同平均指标的应用原则如下：当差离值 (DIF) 曲线和平滑异同平均指标曲线均位于 0 线上方，且 DIF 曲线上穿平滑异同平均指标曲线时，预示股价将会再次上涨，为买入信号，这种交叉情况也称为平滑异同平均指标曲线的 "黄金交叉"；当 DIF 曲线和平滑异同平均指标曲线均位于 0 线下方，且 DIF 曲线上穿平滑异同平均指标曲线时，预示股价将会止跌上涨，为买入信号，这同样属于 "黄金交叉"；当 DIF 曲线和平滑异同平均指标曲线均位于 0 线上方，而 DIF 曲线下穿平滑异同平均指标曲线时，预示股价上涨能量衰减，即将下跌，为卖出信号，这种交叉情况为平滑异同平均指标曲线的 "死亡交叉"；当 DIF 曲线和平滑异同平均指标曲线均位于 0 线下方，而 DIF 曲线下穿平滑异同平均指标曲线时，表明股市极度衰弱，为卖出或观望信号，这是 "死亡交叉" 的另一种形式。

12.4.6 快速异同平均指标

快速异同平均指标 (QACD) 基于平滑异同平均指标改进设计产生，它不但具备平滑异同平均指标原有优点，而且更加灵敏，适用于短期股市分析[250]。快速异同平均指标和平滑异同平均指标均由 DIF 指标和 DEA 指标计算得来。然而平滑异同平均指标曲线采用 2 倍的 DIF 与 DEA 的差值来表示平滑异同平均指标值，快速异同平均指标则直接由 DIF 与 DEA 的差值来表示。因此快速异同平均指标曲线可以弥补平滑异同平均指标曲线的滞后效应。其具体计算公式如下：

$$\mathrm{EMA}_1 = \mathrm{EMA}(\mathrm{closeprice}_t, n_1) \tag{12.12}$$

$$\mathrm{EMA}_2 = \mathrm{EMA}(\mathrm{closeprice}_t, n_2) \tag{12.13}$$

$$\mathrm{DIF}_t = \mathrm{EMA}_1 - \mathrm{EMA}_2 \tag{12.14}$$

$$\mathrm{DEA}_t = \mathrm{EMA}(\mathrm{DIF}_t, n_3) \tag{12.15}$$

$$\mathrm{QACD}_t = \mathrm{DIF}_t - \mathrm{DEA}_t \tag{12.16}$$

其中，EMA_1 和 EMA_2 分别表示短期和长期指数平滑移动平均值，EMA 为计算指数平滑移动平均值的函数，closeprice 为股票收盘价，n_1、n_2 和 n_3 分别表示 3 个不同的研究周期，一般取 9、26 和 12。快速异同平均指标的应用原则与平滑异同平均指标类似，便不再累述。

12.5 反趋向型指标

12.5.1 随机指标

随机指标 (KDJ) 是金融股票市场上最常用的技术分析工具[254]。随机指标一般用于股票分析的统计体系中，根据统计学原理，通过一个特定的周期 (常为 9

日、9 周等) 内出现过的最高价、最低价及最后一个计算周期的收盘价及这三者之间的比例关系, 来计算最后一个计算周期的未成熟随机值 RSV, 然后根据平滑移动平均线的方法来计算 K 值、D 值与 J 值, 以此来预测股票价格市场的波动趋势, 其具体计算公式如下:

$$\text{RSV}_t = \frac{\text{closeprice}_t - \text{LLV}(\text{lowprice}_t, n_1)}{\text{HHV}(\text{highprice}_t, n_1) - \text{LLV}(\text{lowprice}_t, n_1)} \tag{12.17}$$

$$K_t = \text{EDMA}(\text{RSV}_t, n_2, 1) \tag{12.18}$$

$$D_t = \text{EDMA}(K_t, n_3, 1) \tag{12.19}$$

$$J_t = 3K_t - 2D_t \tag{12.20}$$

其中, RSV 表示周期未成熟随机值; HHV 表示序列最大值计算函数; LLV 表示序列最小值计算函数; n_1、n_2 和 n_3 表示计算周期。随机指标本质上是一个随机性的波动指标, 故计算式中的 n 值通常取值较小, 以 $5 \sim 14$ 为宜, 可以根据股票市场或者分析周期进行选择。

随机指数的应用原则如下: K 值与 D 值都在 0~100 的区间范围内波动; D 值曲线抬头时, 为买入信号; D 值曲线下降时, 为卖出信号; K 值曲线从低位上穿 D 值曲线为买入信号; K 值曲线从高位下穿 D 值曲线为卖出信号; K 线在 90 以上范围内为超买区, 在 10 以下范围内为超卖区; D 线在 80 以上范围内为超买区, 在 20 以下范围内为超卖区; J 值可以大于 100 或小于 0, J 指标为依据 K、D 买卖信号是否可以采取行动提供可信判断。

12.5.2 摆动指标

摆动指标 (SI) 是股市上一种常见技术指标, 该指标由当前股票价格的收盘价、开盘价、最高价和最低价构成, 通过当前交易数据分析与历史收盘价数据之间的相对关系, 从而抽离出股票价格的波动趋势。摆动指标的计算公式如下所示:

$$A_{1t} = \left| \text{highprice}_t - \text{closeprice}_{t-1} \right| \tag{12.21}$$

$$A_{2t} = \left| \text{lowprice}_t - \text{closeprice}_{t-1} \right| \tag{12.22}$$

$$A_{3t} = \left| \text{highprice}_t - \text{lowprice}_{t-1} \right| \tag{12.23}$$

$$A_{4t} = \left| \text{closeprice}_{t-1} - \text{openprice}_{t-1} \right| \tag{12.24}$$

$$A_{5t} = \frac{3 \times \text{closeprice}_t - \text{openprice}_t}{2} - \text{openprice}_{t-1} \tag{12.25}$$

$$\text{SI}_t = 16 \times \frac{A_{5t}}{A_{6t}} \times \max(A_{1t}, A_{2t}) \tag{12.26}$$

其中，如果 $A_{1t} > A_{2t}, A_{1t} > A_{3t}$，那么 $A_{6t} = A_{1t} + \dfrac{A_{2t}}{2} + \dfrac{A_{3t}}{7}$；如果 $A_{2t} > A_{3t}, A_{2t} > A_{1t}$，那么 $A_{6t} = \dfrac{A_{1t}}{2} + A_{2t} + \dfrac{A_{4t}}{4}$；其余情况下 $A_{6t} = A_{3t} + \dfrac{A_{4t}}{4}$。摆动指标曲线一般围绕中心线上下均匀波动，且摆幅较小，呈现非平稳信号的模样。当摆动指标曲线出现异常波动时，说明股票市场将会出现异常情况，此时为预警信号。

12.5.3 相对强弱指标

相对强弱指标 (RSI) 属于摆动指标类，其基本思路在于通过数学公式抽象表达股市中空头和多头能量的对比，反映股票市场买卖双方的供求情况。这种空头和多头力量的强弱关系通过某段时间内的股价涨跌幅进行比较分析，进而反映股票价格曲线的未来走势 [255]。与平滑异同指标不同，虽然它们都属于反映趋势的指标，但相对强弱指标是先求出目标股票收盘价格的强弱值，而不是直接对收盘价格进行平滑处理。相对强弱指标的计算公式如下：

$$\text{RSI\_1}t = \text{EDMA}(\max(\text{closeprice}_t - \text{closeprice}_{t-1}, 0), n, 1) \tag{12.27}$$

$$\text{RSI\_2}t = \text{EDMA}(\text{abs}(\text{closeprice}_t - \text{closeprice}_{t-1}, 0), n, 1) \tag{12.28}$$

$$\text{RSI}_t = 100 \times \frac{\text{RSI\_1}t}{\text{RSI\_2}t} \tag{12.29}$$

其中，RSI_1t 表示目标股票处于上升状态时的移动平均值；RSI_2t 表示目标股票处于下跌状态时的移动平均值。

相对强弱指标的应用原则如下：相对强弱指标的值在 0～100 的范围内波动；当其处于 50 以上时，股市状态强势，当相对强弱指标值上升到 80 以上时，为买入信号；当其处于 50 以下时，股市状态衰弱，当相对强弱指标值下降到 20 以下时，为卖出信号。

12.5.4 威廉指标

威廉指标 (WR) 是一个振荡指标，是依股价的摆动点来度量股票指数是否处于超买或超卖的现象 [256]。它衡量多空双方创出的峰值 (最高价) 距每天收市价的距离与一定时间内 (如 7 天) 的股价波动范围的比例，以提供出股市趋势反转的信号。

和股市其他技术分析指标一样，威廉指标可以运用于行情的各个周期的研究判断中，大体而言，威廉指标可分为 5min、15min、30min、60min、日、周、月、年等各种周期。虽然各周期的威廉指标的分析方式有所区别，但基本原理相差不多。例如，日威廉指标是表示当天的收盘价在过去的一段日子里的全部价格范围内所处的相对位置，把这些日子里的最高价减去当日收市价，再将其差价除以这段日子的全部价格范围就得出当日的威廉指标。其计算公式如下：

$$\max \mathrm{WR}_t = \mathrm{HHV}(\mathrm{highprice}_t, n) \tag{12.30}$$

$$\min \mathrm{WR}_t = \mathrm{LLV}(\mathrm{lowprice}_t, n) \tag{12.31}$$

$$\mathrm{WR}_t = 100 \times \frac{\max \mathrm{WR}_t - \mathrm{closeprcie}_t}{\max \mathrm{WR}_t - \min \mathrm{WR}_t} \tag{12.32}$$

威廉指标的应用原则与相对强弱指标类似，如下：威廉指标以 50 为中线，在 0~100 区间内波动；当威廉指标处于 50 以上时，预示股市行情良好，为买入信号；当威廉指标处于 50 以下时，预测股市衰弱，为卖出信号；当威廉指标由上至下跌破 20 值线时，为卖出信号；当威廉指标由下至上突破 80 值线时，为买入信号。

12.5.5　乖离率指标

乖离率指标 (BIAS) 属于均线型指标的一种，可同时用来分析短期、中期和长期时间范围内的股市行为变化。该指标通过数学公式对当前股票价格和移动平均线的偏离关系进行量化表达，从而分析出买入卖出股票的时机 [257]。通过这种量化表达方式，乖离率指标可以直观体现股票价格与移动均线的偏离程度，从而对股价波动剧烈时因偏离程度过大可能造成的行情反转情况进行预测分析。乖离率指标的一般应用标准主要体现在对正负关系转系和取值大小方面，其计算公式如下：

$$\mathrm{MA}_t = \mathrm{SMA}(\mathrm{closeprice}_t, n) \tag{12.33}$$

$$\mathrm{CMA}_t = \mathrm{closeprice}_t - \mathrm{MA}_t \tag{12.34}$$

$$\mathrm{BIAS}_t = \frac{\mathrm{closeprice} - \mathrm{MA}_t}{\mathrm{MA}_t} \times 100\% \tag{12.35}$$

其中，n 表示计算周期，按照不同周期计算出的乖离率指标又可分为短期乖离率指标、中期乖离率指标和长期乖离率指标。取值一般为 5、10、15 或者 30。

乖离率指标的应用原则如下：当股票价格曲线位于移动均线之上，此时称为正乖离率；当股票价格曲线位于移动均线之下时，称为负乖离率；正乖离率值越大，股市短期内上涨空间越大，但是因短期获利导致下跌的可能性也越高，为卖出信号；负乖离率值越大，股票下跌空间越小，因此股价反弹上升的可能性较大，为买入信号。

12.5.6　变动速率指标

变动速率指标 (ROC) 是一种研究中短期的股票价格变动速率的技术分析指标。该指标由当前天数的收盘价数据和某段时间前的收盘价数据构成，用变动速率来体现股票市场涨跌能量的变化程度 [258]。该指标可以用来分析股票市场的买入卖出信号。变动速率指标的计算公式如下：

$$\text{ROC}_t = 100 \times \frac{\text{closeprice}_t - \text{closprice}_{t-n}}{\text{closeprcie}_{t-n}} \tag{12.36}$$

变动速率指标的应用性质如下：该指标值随研究目标股票的不同而呈现不同数值范围，其数值一般在 $-6.5 \sim 6.5$ 波动；当变动速率指标处于 0 值以上时，股票上涨能量较强，股市行情较好；当变动速率指标处于 0 值以下时，股票衰减能量较强，股市行情较差；当变动速率指标由负值靠近 0 值时，为买入信号；当变动速率指标由正值靠近 0 值时，为卖出信号。

12.5.7　引力线指标

引力线 (UDL) 指标在原有指标的基础上，针对股票市场在不同分析时间步长下的复杂性和周期性进行改进得到。该指标由不同分析时间步长下的股票收盘价的移动平均值构成，以研究短期时间内的股市整体变化趋势。引力线指标值随着研究周期的不同而体现不同的曲线平滑程度，现在常用的分析计算周期为 3 天、7 天、15 天和 30 天。这样通过将不同时间步长下的移动平均值综合，可以较好体现股市的混合波动趋势。引力线指标的具体计算公式如下：

$$\text{UDL}_t = \frac{\sum_{i=1}^{4}\text{SMA}(\text{closeprice}_t, n_i)}{4} \tag{12.37}$$

其中，n_i 表示不同的计算周期，这里分别取值为 3、7、15 和 30。引力线指标的应用原则如下：引力线指标的值随着目标股票的改变而改变，买入卖出信号的阈值应针对具体股票具体分析；使用前可根据其一年以上的历史股价波动曲线来分析其波动趋势范围，然后用参考线设定引力线指标的买入卖出信号阈值。通常引力线指标值高于某个阈值时，短期内股价将会下跌，为卖出信号；引力线指标值低于某个阈值时，短期内股价将会上涨，为买入信号。

第13章 金融股票时间序列特征混合辨识

13.1 引　言

金融股票时间序列预测与风速预测和污染物浓度预测不同，其除了波动性较大外，还具备各种类的海量原始数据。我国股票市场自 1990 年发展至今，已经逐渐走向成熟。现在我国最大的证券交易市场为上海证券交易所和深圳证券交易所，如今仅这两个交易所就包含近三千只股票，每天都会有大量数据从中产生，比如每日交易数据、公司内部数据以及宏观数据等。其中，每日交易数据又包括开盘价、收盘价、最高价和最低价等各种原始交易数据。

我国股票市场各种交易指数繁多。单就个股来说，每只股票都有其相应的个股指数。但是个股指数随机性强，具有较强的特异性，因此单独分析个股指数不能很好地体现大盘整体走势情况。基于这种考虑，各种整体指数被用来进行股市整体情况分析，比如沪深 300 股、沪深 500 股、上证指数等。但是由于股票收盘价还受到公司分红和盈利状况等多种因素影响，单一指数特征不能很好体现股票市场的波动趋势。随着股市不断发展完善和投资分析理论的提升，大量基于原始交易数据衍生而出的量化指标被用来进行更具体的股票市场研究，比如升降线指标、动力指标、瀑布线指标、佳庆指标、多空指数指标、平滑异同平均指标、快速异同平均指标、随机指标、乖离率指标等。由此可见，我们进行金融股票时间序列分析时往往面临海量数据特征。但并不是所有指数指标都对本篇所研究的机器学习时间序列模型起促进作用。对于我们研究的目标，不同特征可能具备不同的重要性。而且当时间序列模型输入特征维度过高时，会导致模型训练过程复杂，加剧过拟合情况，从而降低模型预测精度。因此如何从海量样本空间中提取训练所需特征，是本书进行金融股票时间序列预测模型研究前的首要工作。

特征工程在量化投资领域有非常适宜的土壤，首先金融市场拥有海量数据，数据比较规整；其次，金融市场量化研究员开发优异策略离不开专业背景知识、行业经验和数据处理技巧；最后，金融市场的投资收益、风险可以直接检验机器学习算法性能。在实际股票分析过程中，因为存在原始数据空间庞大、指标种类繁多等问题，研究者们往往很难选出对研究目标相对重要的特征数据。如果将大量原始特征不加处理就全部直接用作时间序列模型训练，不但耗时，还会影响训练精度，产生"特征维数灾难"问题。

在金融股票时间序列研究领域，对于特征的优化方法大致可分为两类：特征选择和特征提取, 它们对于金融领域的机器学习算法研究起着至关重要的作用。特征选择是基于特征维度的有效性评价进行排序, 进而筛选出最有效的特征子集, 这样不但有助于提高模型性能, 更可以大幅度减少模型训练时间, 提高算法效率。郭海山等[259]利用 Boruta 特征选择算法进行训练集降维, 然后利用 SVM 进行股票效益分类; 李辉和赵玉涵利用双层特征选取进行降维。第一层利用 DFS 评价准则进行初步选取, 第二层则利用模型验证的方法, 结合 BPSO 进行全局空间搜索, 从而准确选择效果更好的特征子集, 最后利用 SVM 进行趋势预测[260]; 张贵生和张信东利用基于近邻互信息的特征选择方法进行股指数据选择, 然后进行 SVM 模型训练预测[261]。特征提取则是从原始特征空间中提取出新的特征。陈荣达等[262]利用主成分分析算法对上证 A 股所有上市公司年报的财务分析指标进行特征提取, 在最大程度上缩减特征空间维度。孙海涛等[271]利用因子分析法, 对上市公司构建 27 个评价指标, 从不同方面对上市公司的盈利能力进行评价。顾荣宝等[264]研究了深圳股票市场的奇异值分解熵与其成分指数和波动之间的关联, 通过结构突变协整检验和 T-Y Granger 因果检验发现: 深圳股票市场的奇异值分解熵与其成分指数之间存在结构突变协整关系, 股权分置改革是导致市场结构突变的原因。

本章将利用互信息系数进行单变量特征排序, 然后分别采用主成分分析、线性判别分析和因子分析进行特征提取, 最后用基于模型验证的方法进行特征的有效性分析比较。

13.2 金融股票特征样本空间

本章以美的集团股份有限公司的相关股票数据为研究对象, 选取美的集团股份有限公司从 2015 年 1 月 1 日至 2018 年 12 月 31 日内的所有开盘价、收盘价、最高价、最低价和成交量数据, 并根据选取的基础交易数据构建第 1 章中所介绍的技术分析指标, 所有这些数据构成本章研究的金融股票特征样本空间。图 13-1～图 13-4 展示了以上所有数据。在图 13-4 中, 由于 KDJ 指标由 K 值、D 值和 J 值三种子指标构成, 为了方便算法模型训练, 这里将其拆分为 K、D、J 三种指标数据。从图中可以看出, 所选股票数据具备很强的非平稳性, 包含了上升、下降、骤升、陡降以及平稳等多种情况, 这给预测模型的训练带来了较大挑战。

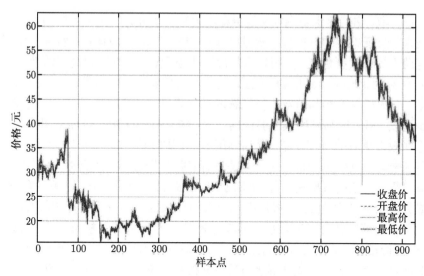

图 13-1　所选股票每日基础交易数据 (彩图见封底二维码)

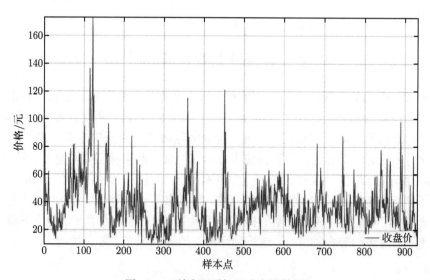

图 13-2　所选股票每日成交量数据

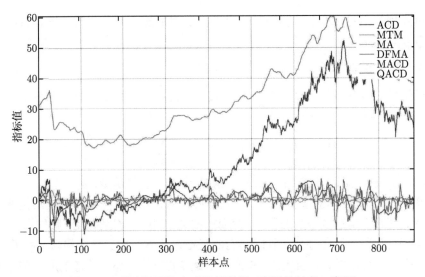

图 13-3 所选股票趋向型指标数据 (彩图见封底二维码)

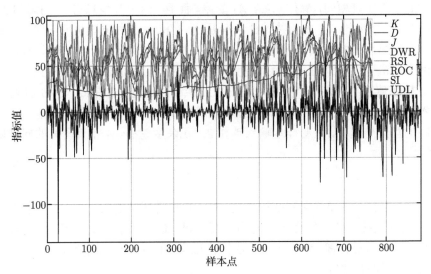

图 13-4 所选股票反趋向型指标数据 (彩图见封底二维码)

13.3 金融股票单变量特征辨识

单变量特征选择属于特征选择中最基础的一种方法。该方法可以对每一个特征进行测试，通过计算指定评价指标，从而度量每个特征与目标变量之间的相关性。单变量特征选择中常见的评价指标有皮尔逊相关系数、互信息、最大互信息系

数和距离相关系数。本小节利用互信息的方法对所选金融股票特征数据进行评价
和排序。

13.3.1　算法原理

互信息的概念最初出现在信息熵领域中，它是一种用于判断两个变量之间相
关性的方法。假设两个变量 A 和 B，则它们之间的互信息可以表示为 [265]

$$I(A:B) = H(A) - H(A|B) = -\sum_{a \in A, b \in B} \log_2 \frac{p(a,b)}{p(a)p(b)} \tag{13.1}$$

其中，$H(A)$ 表示变量 A 的熵；$p(a,b)$ 表示联合概率质量函数；$p(a)$ 和 $p(b)$ 表示边
缘概率。直观上，互信息度量 A 和 B 共享的信息：它度量的是一个确定性变量和
另一个变量的不确定度减少的程度。例如，如果 A 和 B 相互独立，则知道 A 不对
B 提供任何信息，反之亦然，所以它们的互信息为零。在另一个极端，如果 A 是
B 的一个确定性函数，且 A 也是 B 的一个确定性函数，那么传递的所有信息被 A
和 B 共享：知道 A 决定 B 的值，反之亦然。因此，在此情形互信息与 A(或 B) 单
独包含的不确定度相同，称作 B(或 A) 的熵。而且，这个互信息与 A 的熵和 B 的
熵相同 (这种情形的一个非常特殊的情况是当 A 和 B 为相同随机变量时)。

当互信息用于特征选择问题上时，如果 A 表示样本输入，B 表示样本标签，
则当两个变量 A 和 B 的互信息值越大时，两个变量之间的相关性越强；当 A 和
B 的互信息值越小时，两个变量之间的独立性越强。但是如果 A 与 B 都属于样
本输入，则 A 与 B 之间的互信息值越大，表明 A 与 B 之间的冗余性越强；A 与
B 之间的互信息越小，表明样本输入越独立、冗余度越小。本小节研究的问题属于
前者。

13.3.2　辨识过程

在基于互信息的单变量特征选择过程中，以所选股票的收盘价为目标变量，第
14 章中所选取构建的特征样本空间为特征变量，进行互信息值计算。由于互信息
只能对离散数据进行评价，这里将每次评价过程中的连续特征序列划分为 N 组离
散数组，从而进行评价。

13.3.3　辨识结果分析

本小节以收盘价为预测目标，计算所有特征数据对应的互信息系数，如表 13-1
所示。从表中可以看出，WR 值与收盘价相关性最强，其 MI 值达到 0.8915；SI 值
与收盘价相关性相对较弱，其 MI 值为 0.8041。但是从总体上看，基于 MI 的单变
量特征排序不能很好地区分特征之间的重要程度，特征与特征之间的差别不是很
明显。综上所述，基于 MI 的单变量特征排序不能很好地区分本篇所涉及的金融股
票特征数据。

表 13-1 特征数据互信息系数值

指标名称	O	H	L	V	ACD	MTM	MA
MI 值	0.8840	0.8880	0.8865	0.8305	0.8839	0.8367	0.8784
指标名称	DMA	MACD	QACD	KDJ-K	KDJ-D	KDJ-J	WR
MI 值	0.8712	0.8346	0.8353	0.8863	0.8868	0.8889	0.8915
指标名称	RSI	BIAS	ROC	SI	UDL	—	—
MI 值	0.8753	0.8077	0.8193	0.8041	0.8738	—	—

13.4 金融股票主成分分析特征辨识

主成分分析法 (Principal Component Analysis，PCA) 又称为主分量分析法和主成分回归分析法。其主要思想是将可能相关的多变量数据通过正交变换转换为少变量不相关数据，从而达到降低数据集维数，并尽可能保留数据的特征信息[266]。主成分分析法是一种常用的数据降维方法，金融股票数据具有特征种类多，数据维数大的特征，本小节将利用主成分分析法对第 12 章介绍的金融股票数据特征提取主要特征。

13.4.1 算法原理

假设存在有 n 个变量的数据 $\boldsymbol{X}_{n \times d} = \{x_1, x_2, \cdots, x_n\}^{\mathrm{T}}$，任意一个变量 $x_i, i = 1, 2, \cdots, n$ 表示一个维数为 $1 \times d$ 的行向量，d 表示变量的样本数，则主成分分析方法函数可以表达为

$$\begin{cases} x_1 = a_{11}S_1 + a_{12}S_2 + \cdots + a_{1m}S_m + \varepsilon_1 \\ x_2 = a_{21}S_1 + a_{22}S_2 + \cdots + a_{2m}S_m + \varepsilon_2 \\ \qquad\qquad\qquad \vdots \\ x_n = a_{n1}S_1 + a_{n2}S_2 + \cdots + a_{nm}S_m + \varepsilon_n \end{cases} \tag{13.2}$$

式中，$x_1, x_2, \cdots, x_n$ 为 n 个维数为 $1 \times d$ 的变量向量；$S_1, S_2, \cdots, S_m$ 为需通过主成分分析法提取的 m 个 $1 \times d$ 维度的主成分分量，即表示样本协方差矩阵的 m 个特征向量；a_{ij} 表示变量 x_i 在主成分分量 F_j 中的载荷值，载荷值越大表示该变量与该主成分分量的相关性越高；$\varepsilon_1, \varepsilon_2, \cdots, \varepsilon_n$ 为 n 个 $1 \times d$ 维度的误差向量，表示各主成分分量与实际变量向量之间的误差。

上述公式可用矩阵形式表示如下：

$$\begin{bmatrix} x_1 \\ x_2 \\ \vdots \\ x_n \end{bmatrix} = \begin{bmatrix} a_{11} & a_{12} & \cdots & a_{1m} \\ a_{21} & a_{22} & \cdots & a_{2m} \\ \vdots & \vdots & & \vdots \\ a_{n1} & a_{n2} & \cdots & a_{nm} \end{bmatrix} \begin{bmatrix} S_1 \\ S_2 \\ \vdots \\ S_m \end{bmatrix} + \begin{bmatrix} \varepsilon_1 \\ \varepsilon_2 \\ \vdots \\ \varepsilon_n \end{bmatrix} \tag{13.3}$$

即

$$\boldsymbol{X}_{n \times d} = \boldsymbol{A}_{n \times m} \boldsymbol{S}_{m \times d} + \boldsymbol{\varepsilon}_{n \times d} \tag{13.4}$$

其中，$\boldsymbol{X}_{n \times d}$ 表示原始数据矩阵；$\boldsymbol{A}_{n \times m}$ 表示主成分分量中的成分系数矩阵；$\boldsymbol{S}_{m \times d}$ 表示主成分分量组成的矩阵；$\boldsymbol{\varepsilon}_{n \times d}$ 表示误差矩阵。同时，主成分分析方法函数应满足以下 6 个条件：

(1) 选取的主成分数量应小于或等于原特征数量，即 $m \leqslant n$；

(2) 主成分与误差项不相关，即协方差为零：$\mathrm{Cov}(F_i, \varepsilon_i) = 0$，其中 $i = 1, 2, \cdots, n$；

(3) 各主成分两两不相关，即各主成分之间的协方差为零：$\mathrm{Cov}(F_i, F_j) = 0$，其中 $i = 1, 2, \cdots, n$，$j = 1, 2, \cdots, m$ 且 $i \neq j$；

(4) 各主成分的方差均为 1，即 $\mathrm{Var}(F_i) = 0$，其中 $i = 1, 2, \cdots, n$；

(5) 各误差项两两不相关，即各误差项之间的协方差为零：$\mathrm{Cov}(\varepsilon_i, \varepsilon_j) = 0$，其中 $i = 1, 2, \cdots, n$，$j = 1, 2, \cdots, m$ 且 $i \neq j$；

(6) 各误差项的方差均不相同，即 $\mathrm{Var}(\varepsilon_i) \neq \mathrm{Var}(\varepsilon_j)$，其中 $i = 1, 2, \cdots, n$，$j = 1, 2, \cdots, m$ 且 $i \neq j$。

13.4.2　辨识过程

1) 数据标准化

在第 12 章介绍了金融股票的各个技术分析指标，本节选取美的集团股份有限公司 2015 年 1 月 1 日至 2018 年 12 月 31 日之间的股票数据，通过第 12 章公式计算出 19 个技术分析指标，分别是：开盘价 (O)、最高价 (H)、最低价 (L)、成交量 (V)、升降线指标 (ACD)、动力指标 (MTM)、移动平均指标 (MA)、平均线差 (DMA)、平滑异同平均指标 (MACD)、快速异同平均指标 (QACD)、随机指标的三个参数 (KDJ-K、KDJ-D、KDJ-J)、威廉指标 (WR)、相对强弱指标 (RSI)、乖离率指标 (BIAS)、变动速率指标 (ROC)、摆动指标 (OSC)、引力线指标 (UDL)。

为了分析这 19 个特征变量的数据分散情况，画如图 13-5 所示的箱型图进行分析。从下图我们可以直观地看出：首先，V 的数值远大于其他特征的数值，V 特征的分散度最大，具有较大的差异性，其次是随机指标 KDJ 的三个参数 (KDJ-K、KDJ-D、KDJ-J)，然后是 WR 和 RSI，其他特征分散度相对较小。这是单位差异以及表示的含义不同而导致各特征数据值差异较大，在各特征变量具有相同单位时是可以很好地用原始特征数据进行主成分分析的，但此处各特征数据单位不同，且存在不同特征方差相差较大，直接进行主成分分析会导致凸显数据较大的特征数据的作用，降低数据较小的特征数据的作用，因此在计算之前将数据进行标准化来消除量纲的影响很有必要。

$$x = x / \mathrm{Std}(x) \tag{13.5}$$

其中，x 为金融股票技术分析指标数据，$\text{Std}(x)$ 为金融股票技术分析指标数据 x 的标准差。

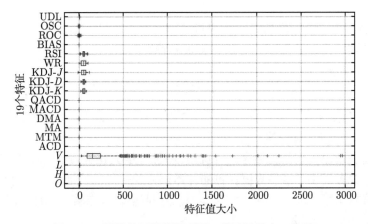

图 13-5　原始特征数据箱型图 (彩图见封底二维码)

通过标准化后，再次做如图 13-5 所示的箱型图进行分析，很明显各特征数据的量纲被消除，数值均处于 $[-7,11]$。图 13-6 为标准化特征数据箱型图。

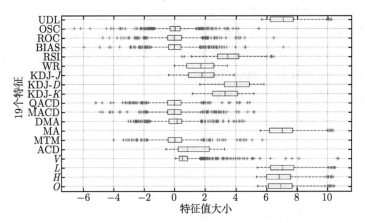

图 13-6　标准化特征数据箱型图 (彩图见封底二维码)

2) 主成分分量

提取主成分分量的主要步骤可分为 5 步：① 计算样本协方差矩阵；② 计算样本协方差矩阵的特征值和特征向量；③ 按照特征值由大到小的顺序排序；④ 选取需提取的主成分分量个数 m；⑤ 计算对应的 m 个主成分分量。

对于样本数据 $\boldsymbol{X}_{n \times d}$ 的协方差矩阵可表示为

$$\boldsymbol{C}_{n \times n} = \mathrm{Cov}(\boldsymbol{X}_{n \times d}^{\mathrm{T}}) = (c_{ij})_{n \times n} \tag{13.6}$$

其中，c_{ij} 表示第 i 个变量和第 j 个变量之间的协方差 $\mathrm{Cov}(x_i, x_j)$。

计算样本协方差矩阵 $\boldsymbol{C}_{n \times n}$ 的特征值和特征向量：

$$\boldsymbol{C}_{n \times n} s_i = \lambda_i s_i \tag{13.7}$$

其中，$s_i \in \{s_1, s_2, \cdots, s_n\}$ 表示样本协方差矩阵 $\boldsymbol{C}_{n \times n}$ 的 n 个特征向量，$\lambda_i \in \{\lambda_1, \lambda_2, \cdots, \lambda_n\}$ 表示对应的 n 个特征值。

按照特征值由大到小的顺序进行排序，特征值越大表示该特征向量反映的原样本数据的信息就越多，本书假设计算的样本协方差矩阵的特征值 $\lambda_i \in \{\lambda_1, \lambda_2, \cdots, \lambda_n\}$ 中已排好顺序，即 $\lambda_1 \geqslant \lambda_2 \geqslant \cdots \geqslant \lambda_n$。按照需求选取较大的前 m 个特征值，计算需要的主成分分量：

$$S_i = (x_i - \bar{x}_i e(x_i)) s_i \tag{13.8}$$

其中，$S_i(i = 1, 2, \cdots, m)$ 为需要的第 i 个主成分分量，x_i 为第 i 个变量的行向量，$\bar{x}_i$ 为变量向量 x_i 的均值，$e(x_i)$ 为维度与 x_i 相同且元素全为 1 的向量。

3) 信息贡献率与累计信息贡献率

为了使得选取的主成分分量包含更多的原始样本信息又能够剔除不需要的数据噪声，我们需要注重主成分分量个数 m 的选取。前面说明了特征值越大表示该特征向量反映的原样本数据的信息就越多，因此可通过特征值来计算每个主成分分量的信息贡献率和累计信息贡献率。

第 i 个主成分分量的信息贡献率可表示为

$$r_i = \frac{\lambda_i}{\sum\limits_{k=1}^{n} \lambda_k} \times 100\% \tag{13.9}$$

第 i 个主成分分量的累计信息贡献率可表示为

$$R_i = \sum_{p=1}^{i} r_p = \sum_{p=1}^{i} \frac{\lambda_p}{\sum\limits_{k=1}^{n} \lambda_k} \times 100\% \tag{13.10}$$

13.4.3　辨识结果分析

通过标准化后，对 19 个技术分析指标进行主成分分析，表 13-2 展示了通过主成分分析后提取的 19 个主成分分量的样本协方差特征值、信息贡献率、累计信息贡献率。通过图 13-7 可知排序靠后的主成分分量几乎不包含原始样本数据的信息，属于数据噪声，因此可以将其剔除。本书选取累计信息贡献率 95% 为阈值，提取信息贡献率超过 95% 的主成分分量，即前 7 个主成分分量作为后续研究对象，图 13-8 展示了该 7 个主成分分量的数据分布。

表 13-2　主成分分析法辨识结果

主成分分量	样本协方差特征值	信息贡献率	累计信息贡献率
1	6.9395	36.52%	36.52%
2	5.8721	30.91%	67.43%
3	2.2734	11.97%	79.39%
4	1.3182	6.94%	86.33%
5	1.0491	5.52%	91.85%
6	0.5487	2.89%	94.74%
7	0.3419	1.80%	96.54%
8	0.2302	1.21%	97.75%
9	0.1232	0.65%	98.40%
10	0.1068	0.56%	98.96%
11	0.0909	0.48%	99.44%
12	0.0629	0.33%	99.77%
13	0.0364	0.19%	99.96%
14	0.0032	0.02%	99.98%
15	0.0023	0.01%	99.99%
16	0.0008	0.00%	100.00%
17	0.0004	0.00%	100.00%
18	0.0000	0.00%	100.00%
19	0.0000	0.00%	100.00%

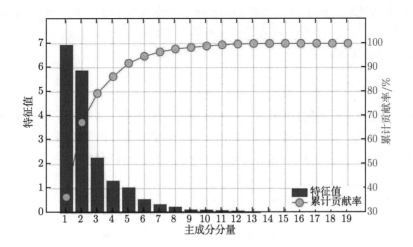

图 13-7　主成分分析辨识结果

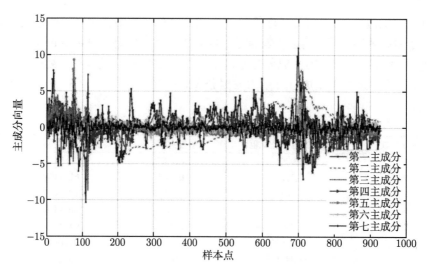

图 13-8　选取的主成分分量的样本序列 (彩图见封底二维码)

13.5　金融股票核主成分分析特征辨识

核主成分分析法 (Kernel Principal Components Analysis，KPCA) 是对主成分分析法的非线性扩展。不同于主成分分析法对线性数据的处理能力，核主成分分析法拥有着较好的非线性数据处理能力，能从非线性数据中提取更为显著的特征，并广泛应用于故障检测 [267−269]、图像识别 [270,271]、信号除噪 [272] 等领域。其主要思想是引入了非线性映射函数，将原始样本数据映射到一个高维的样本空间，然后利用主成分分析法将高维的样本数据映射到另一个低维的样本空间，从而实现数据的降维 [273]。本节将 19 种金融股票技术性指标作为原始样本数据，通过核主成分分析法实现数据降维。

13.5.1　算法原理

假设存在原始样本数据 $\boldsymbol{X}_{d\times n}$，$d$ 表示变量的样本数，n 表示变量的个数，其中 $d \gg n$。引入非线性映射函数 Φ，则将 $d \times n$ 维度的原始样本数据 $\boldsymbol{X}_{d\times n}$ 映射到 $d \times d$ 高维度空间，表示为 $\Phi(\boldsymbol{X}_{d\times n})\Phi(\boldsymbol{X}_{d\times n})^{\mathrm{T}}$，在高维度空间使用主成分分析法，可表示为

$$\Phi(\boldsymbol{X}_{d\times n})\Phi(\boldsymbol{X}_{d\times n})^{\mathrm{T}}s_i = \lambda s_i \tag{13.11}$$

其中，$s_i \in \{s_1, s_2, \cdots, s_n\}$ 表示高维度空间样本 $\Phi(\boldsymbol{X}_{d\times n})\Phi(\boldsymbol{X}_{d\times n})^{\mathrm{T}}$ 的 n 个特征向量，$\lambda_i \in \{\lambda_1, \lambda_2, \cdots, \lambda_n\}$ 表示对应的 n 个特征值。

定义向量 v_i 满足 $s_i = \Phi(\boldsymbol{X}_{d \times n})v_i$，代入公式 (13.11)，

$$\Phi(\boldsymbol{X}_{d \times n})\Phi(\boldsymbol{X}_{d \times n})^{\mathrm{T}}\Phi(\boldsymbol{X}_{d \times n})v_i = \lambda\Phi(\boldsymbol{X}_{d \times n})v_i \tag{13.12}$$

两边同乘以 $\Phi(\boldsymbol{X}_{d \times n})^{\mathrm{T}}$，得到

$$\Phi(\boldsymbol{X}_{d \times n})^{\mathrm{T}}\Phi(\boldsymbol{X}_{d \times n})\Phi(\boldsymbol{X}_{d \times n})^{\mathrm{T}}\Phi(\boldsymbol{X}_{d \times n})v_i = \lambda\Phi(\boldsymbol{X}_{d \times n})^{\mathrm{T}}\Phi(\boldsymbol{X}_{d \times n})v_i \tag{13.13}$$

由于非线性映射函数 Φ 是隐性函数，定义高维核矩阵 $\boldsymbol{K}_{d \times d}$ 为

$$\boldsymbol{K}_{d \times d} = \Phi(\boldsymbol{X}_{d \times n})^{\mathrm{T}}\Phi(\boldsymbol{X}_{d \times n}) = (k_{ij})_{d \times d} \tag{13.14}$$

其中，$\boldsymbol{K}_{d \times d}$ 表示高维核矩阵；k_{ij} 表示高维核矩阵的第 i 行第 j 列的元素。高维核矩阵内的元素通过核函数计算得到，常用的核函数有高斯核函数、多项式核函数、双曲正切核函数等。

本节使用高斯核函数进行计算，高斯核函数表示为

$$k_{ij} = \exp\left(-\frac{\left\|x^{(i)} - x^{(j)}\right\|^2}{2\sigma^2}\right) \tag{13.15}$$

其中，$x^{(i)}$ 和 $x^{(j)}$ 分别为原始样本数据 $\boldsymbol{X}_{d \times n}$ 第 i 组样本数据和第 j 组样本数据；σ 为高斯核的宽度参数；$\left\|x^{(i)} - x^{(j)}\right\|$ 表示向量 $x^{(i)} - x^{(j)}$ 的 2 范数。

因此，公式 (13.14) 可简化为

$$\boldsymbol{K}_{d \times d}v_i = \lambda_i v_i \tag{13.16}$$

其中，$\lambda_i \in \{\lambda_1, \lambda_2, \cdots, \lambda_d\}$ 表示高维核矩阵的 d 个特征值；$v_i \in \{v_1, v_2, \cdots, v_d\}$ 表示对应的 d 个特征向量。

求解公式的含义就是求 K 最大的几个特征值所对应的特征向量，由于 K 为对称矩阵，所得的解向量彼此之间肯定是正交的。

13.5.2 辨识过程

1) 基于高斯核的非线性映射

在使用核主成分分析法对 19 个金融股票技术分析指标进行主成分提取之前，需对数据进行标准化处理，标准化公式如下：

$$x = x/\mathrm{Std}(x) \tag{13.17}$$

其中，x 为金融股票技术分析指标数据；$\mathrm{Std}(x)$ 为金融股票技术分析指标数据 x 的标准差。

利用核主成分分析法提取主成分分量的主要步骤可分为 6 步：① 计算核矩阵；② 核矩阵进行中心化处理；③ 计算特征值和特征向量；④ 按照特征值由大到小的顺序排序；⑤ 选取需提取的主成分分量个数 m；⑥ 计算对应的 m 个主成分分量。

对于原始样本数据 $\boldsymbol{X}_{d\times n}$ 的核矩阵可表示为

$$\boldsymbol{K}_{d\times d} = \Phi(\boldsymbol{X}_{d\times n})^{\mathrm{T}}\Phi(\boldsymbol{X}_{d\times n}) = (k_{ij})_{d\times d} \tag{13.18}$$

其中，$\boldsymbol{X}_{d\times n}$ 表示核矩阵；k_{ij} 表示高维核矩阵的第 i 行第 j 列的元素。高维核矩阵内的元素通过核函数计算得到，常用的核函数有高斯核函数、多项式核函数、双曲正切核函数等。

本节使用高斯核函数进行计算，高斯核函数可表示为

$$k_{ij} = \exp\left(-\frac{\left\|x^{(i)} - x^{(j)}\right\|^2}{2\sigma^2}\right) \tag{13.19}$$

其中，$x^{(i)}$ 和 $x^{(j)}$ 分别为原始样本数据 $\boldsymbol{X}_{d\times n}$ 第 i 组样本数据和第 j 组样本数据；σ 为高斯核的宽度参数；$\left\|x^{(i)} - x^{(j)}\right\|$ 表示向量 $x^{(i)} - x^{(j)}$ 的 2 范数。

对核矩阵 $\boldsymbol{K}_{d\times d}$ 进行中心化处理：

$$\boldsymbol{K}_{d\times d} = \boldsymbol{K}_{d\times d} - \boldsymbol{L}_{d\times d}\boldsymbol{K}_{d\times d} - \boldsymbol{K}_{d\times d}\boldsymbol{L}_{d\times d} + \boldsymbol{L}_{d\times d}\boldsymbol{K}_{d\times d}\boldsymbol{L}_{d\times d} \tag{13.20}$$

其中，$\boldsymbol{L}_{d\times d}$ 是 $d\times d$ 维度元素值全为 $1/d$ 的矩阵。

将核矩阵中心化后，需计算高维核矩阵的特征值与特征向量：

$$\boldsymbol{K}_{d\times d}v_i = \lambda_i v_i \tag{13.21}$$

其中，$\lambda_i \in \{\lambda_1, \lambda_2, \cdots, \lambda_d\}$ 表示高维核矩阵的 d 个特征值；$v_i \in \{v_1, v_2, \cdots, v_d\}$ 表示高维核矩阵对应的 d 个特征向量。

按照特征值由大到小的顺序进行排序，特征值越大表示该特征向量反映的原样本数据的信息就越多，本节假设计算的高维核矩阵的特征值 $\lambda_i \in \{\lambda_1, \lambda_2, \cdots, \lambda_d\}$ 中已排好顺序，即 $\lambda_1 \geqslant \lambda_2 \geqslant \cdots \geqslant \lambda_d$。按照需求选取较大的前 m 个特征值，计算需要的主成分分量：

$$S_i = \boldsymbol{K}_{i,:}\frac{v_i}{\sqrt{\lambda_i}} \tag{13.22}$$

其中，$S_i(i=1,2,\cdots,m)$ 为需要的第 i 个主成分分量；$\boldsymbol{K}_{i,:}$ 为高维核矩阵 $\boldsymbol{K}_{d\times d}$ 第 i 行数据组成的行向量。

2) 信息贡献率与累计信息贡献率

使用核主成分分析法，可以利用前文得到的核矩阵特征值的平方根表示对应主成分分量反映信息量。

第 i 个主成分分量的信息贡献率可表示为

$$r_i = \frac{\sqrt{\lambda_i}}{\sum\limits_{k=1}^{n} \sqrt{\lambda_k}} \times 100\% \tag{13.23}$$

第 i 个主成分分量的累计信息贡献率可表示为

$$R_i = \sum_{p=1}^{i} r_p = \sum_{p=1}^{i} \frac{\sqrt{\lambda_p}}{\sum\limits_{k=1}^{n} \sqrt{\lambda_k}} \times 100\% \tag{13.24}$$

13.5.3　辨识结果分析

基于高斯核函数利用核主成分分析对金融股票的 19 个技术分析指标进行降维。

表 13-3 展示了通过高斯核主成分分析提取的 19 个主成分分量的样本协方差特征值、信息贡献率、累计信息贡献率。选取累计信息贡献率 95% 为阈值的主成分分量，因此本节选取 18 个主成分分量作为后续研究对象。图 13-9 为高斯核主成分分析法辨识结果。

表 13-3　高斯核主成分分析法辨识结果

主成分分量	样本协方差特征值	信息贡献率	累计信息贡献率
1	5.7628	9.21%	9.21%
2	5.5146	8.82%	18.03%
3	4.1897	6.70%	24.73%
4	4.0382	6.46%	31.19%
5	3.6679	5.86%	37.05%
6	3.4448	5.51%	42.56%
7	3.2446	5.19%	47.75%
8	3.1333	5.01%	52.76%
9	3.0396	4.86%	57.62%
10	2.9512	4.72%	62.34%
11	2.8572	4.57%	66.91%
12	2.7626	4.42%	71.32%
13	2.7256	4.36%	75.68%
14	2.6727	4.27%	79.96%
15	2.6175	4.19%	84.14%
16	2.5089	4.01%	88.15%
17	2.5026	4.00%	92.15%
18	2.4638	3.94%	96.09%
19	2.4427	3.91%	100.00%

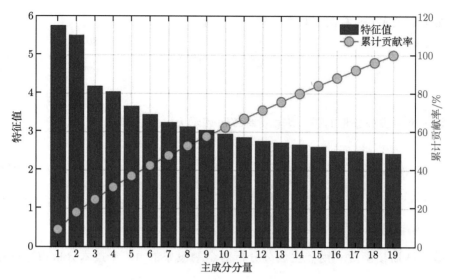

图 13-9　高斯核主成分分析法辨识结果

13.6　金融股票因子分析特征辨识

因子分析法 (Factor Analysis，FA) 是常见的几种数据降维方法之一，通过使用少数几个因子去描述众多因素指标之间的关系来实现数据降维。其降维的主要思想是将原始样本数据的每个因素或指标数据都分为两部分，一部分可以通过少数的公共因子线性组合来表示，另一部分用对应因素或指标数据的特有因子来表示，从而用少量因子替代因素或指标来实现降维的目的 [274]。以工商银行为例，本小节将利用因子分析法对 19 个金融股票技术分析指标进行降维。

13.6.1　算法原理

1) 因子分析模型

假设存在 n 个变量的数据 $\boldsymbol{X}_{n\times d} = \{x_1, x_2, \cdots, x_n\}^{\mathrm{T}}$，任意一个变量 $x_i(i = 1, 2, \cdots, n)$ 表示一个维数为 $1 \times d$ 的行向量，d 表示变量的样本数，则因子分析模型可以表达为

$$\begin{cases} x_1 = \bar{x}_1 + a_{11}S_1 + a_{12}S_2 + \cdots + a_{1m}S_m + \varepsilon_1 \\ x_2 = \bar{x}_2 + a_{21}S_1 + a_{22}S_2 + \cdots + a_{2m}S_m + \varepsilon_2 \\ \qquad\qquad\qquad\vdots \\ x_n = \bar{x}_n + a_{n1}S_1 + a_{n2}S_2 + \cdots + a_{nm}S_m + \varepsilon_n \end{cases} \tag{13.25}$$

式中，$x_1, x_2, \cdots, x_n$ 为 n 个维数为 $1 \times d$ 的变量向量；$\bar{x}_1, \bar{x}_2, \cdots, \bar{x}_n$ 为变量向量的均值；$S_1, S_2, \cdots, S_m$ 为 m 个 $1 \times d$ 维度的公共因子向量，简称公共因子；$\varepsilon_1, \varepsilon_2, \cdots, \varepsilon_n$ 为 n 个 $1 \times d$ 维度的特征因子向量，简称特征因子；a_{ij} 表示因子载荷值。

2) 贡献度

因子载荷值是变量与公共因子的相关系数，表示公共因子对该变量的信息贡献度，因子载荷值越大，对对应变量的贡献度就越大，因子载荷值对整体样本数据的贡献度可以表示为

$$q_j = \sum_{i=1}^{n} a_{ij}^2 \tag{13.26}$$

其中，q_j 表示第 j 个因子对整体样本数据的贡献度。

3) 海沃德现象

各变量的方差可以通过因子载荷值表示：

$$\mathrm{Var}(x_i) = \sigma^2 + \xi_i^2 = a_{i1}^2 + a_{i2}^2 + \cdots + a_{im}^2 + \xi_i^2 \tag{13.27}$$

其中，$\mathrm{Var}(x_i)$ 为变量 x_i 的方差；σ^2 为共性方差，表达了所有公共因子对第 i 个变量的贡献；ξ_i^2 表示特殊方差。

如果原始样本数据经过标准化后使得各个变量的方差均为 1，即 $\mathrm{Var}(x_i) = 1, \forall i \in [1, n]$，会使得共性方差与特殊方差之和等于 1，也就是共性方差和特征方差的值均属于 0~1。但是在实际计算中，共性方差会超过或者等于 1。如果共性方差等于 1 就称之为海沃德现象 (Heywood Case)，如果共性方差大于 1 就称之为超海沃德现象 (Ultra-Heywood Case)[275]。海沃德现象和超海沃德现象意味着存在特殊方差为零甚至为负数的非正常现象，如果出现这种现象则需要重新调整参数对数据重新处理。

13.6.2 辨识过程

1) 数据标准化

在使用因子分析法对 19 个金融股票技术分析指标进行主成分提取之前，需对数据进行去量纲化处理和中心化处理，消除样本数据不同技术分析指标间的单位量纲差异并使得每个技术分析指标数据的均值为零。

去量纲化公式如下：

$$x = x/\mathrm{Std}(x) \tag{13.28}$$

其中，x 为金融股票技术分析指标数据；$\mathrm{Std}(x)$ 为金融股票技术分析指标数据 x 的标准差。

中心化公式如下：

$$x = x/\bar{x} \tag{13.29}$$

其中，$\bar{x}$ 为金融股票技术分析指标数据 x 的均值。

2) 因子分析适用性分析

对各特征数据进行标准化和中心化处理之后，有必要对因子指标是否满足因子分析的要求进行检验。检验方法主要有 KMO 检验和 Bartlett 球形检验[276]。

本节使用 KMO 检验进行适用性分析。KMO 检验统计量是用来比较变量相关系数与偏相关系数的常用指标，取值范围为 0~1，KMO 统计量可通过下式进行计算：

$$\text{KMO} = \frac{\sum\sum r_{ij}^2}{\sum\sum r_{ij}^2 + \sum\sum p_{ij}^2} \tag{13.30}$$

其中，r_{ij}^2 表示变量 i 和变量 j 之间的相关系数；p_{ij}^2 表示变量 i 和变量 j 之间的偏相关系数。

当 KMO 的值大于等于 0.5 时，认为因子分析法适合该样本数据[277]，本节计算 KMO=0.75821845，因此因子分析法可以用于该样本数据。

3) 信息贡献率与累计信息贡献率

使用因子分析法，贡献度 q_j 可以反映第 j 个因子对整体样本数据的贡献度。

第 j 个公共因子的信息贡献率表示为

$$f_j = \frac{q_j}{\sum_{k=1}^m q_k} \times 100\% \tag{13.31}$$

第 j 个公共因子的累计信息贡献率可表示为

$$F_j = \sum_{p=1}^j f_p = \sum_{p=1}^j \frac{q_p}{\sum_{k=1}^m q_k} \times 100\% \tag{13.32}$$

13.6.3　辨识结果分析

通过计算可知当公共因子数超过 12 时，后面的因子载荷值便为零，因此设置因子数为 12 进行因子分析。

图 13-10 展示因子分析过程中的金融股票各个技术分析指标的特殊方差值，可以看出特殊方差值均属 0~1，因此未发生海沃德现象和超海沃德现象，说明 12 个因子的因子分析模型拟合得很好。

表 13-4 展示了 12 个因子的贡献度、信息贡献率、累计信息贡献率。通过图 13-11 可知排序靠后的因子对样本数据的贡献率较低，几乎对样本数据无影响，甚至可能是数据噪声，因此可以将其剔除。

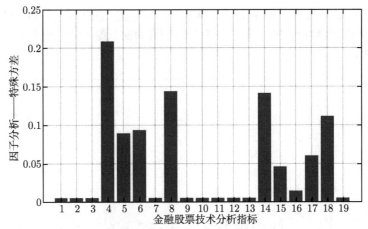

图 13-10 因子分析 —— 特殊方差柱状图

表 13-4 因子分析法辨识结果

公共因子	贡献度	信息贡献率	累计信息贡献率
1	5.7975	31.99%	31.99%
2	3.7708	20.81%	52.80%
3	3.0483	16.82%	69.63%
4	2.8726	15.85%	85.48%
5	1.1045	6.10%	91.57%
6	0.9423	5.20%	96.77%
7	0.2889	1.59%	98.37%
8	0.1564	0.86%	99.23%
9	0.0796	0.44%	99.67%
10	0.0377	0.21%	99.88%
11	0.0188	0.10%	99.98%
12	0.0032	0.02%	100.00%

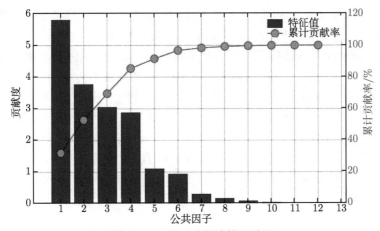

图 13-11 因子分析法辨识结果

本书选取累计信息贡献率 95% 为阈值,提取信息贡献率超过 95% 的主成分分量,即贡献率排名靠前的 6 个因子作为后续研究对象。图 13-12 展示了该 6 个因子的数据分布。

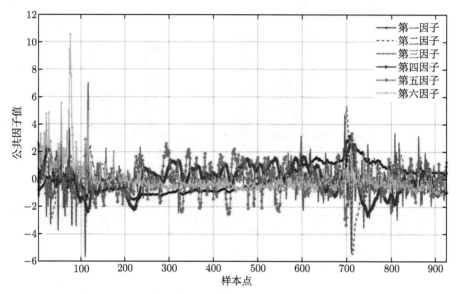

图 13-12　选取的公共因子的样本序列 (彩图见封底二维码)

13.7　本章小结

本章建立金融股票时间序列样本空间,为每个金融股票数据集建立了 19 维度的样本空间,并使用了单变量特征辨识法和三种常见的特征辨识方法 (主成分分析法、高斯核主成分分析法和因子分析法) 对金融股票时间序列样本空间的样本数据进行特征辨识。根据特征辨识结果,我们可以得出以下结论:

(1) 单变量特征辨识法计算 19 组样本时间序列之间的相关性系数,但 MI 值始终处于 0.8 至 0.9 之间,MI 值最大为 0.8915,MI 值最小为 0.8041,各个样本时间序列集之间相关性差别不大,因此不如其他三种特征辨识方法。

(2) 以累计信息贡献率 95% 为阈值,使用主成分分析法和因子分析作为特征辨识方法时,所能提取的特征变量个数分别为 7 和 6,既能满足降低数据维数和复杂度,又能保持信息完整度的要求。使用高斯核主成分分析法时由于将样本空间映射到了更高维度的样本空间,再进行降维时为了保证满足累计信息贡献率的要求,数据维度由 19 降为了 18,仅降低了一个维度。

第14章　金融股票时间序列传统预测模型

14.1　引　言

金融股票时间序列作为一种典型时间序列,其预测问题一直受到人们的广泛关注。统计模型和机器学习方法是提出最早、应用最广泛的用于研究股票序列的方法。虽然目前各种神经网络模型和深度网络模型在金融时间序列预测领域取得了更高的预测精度,但是统计模型和机器学习方法因为训练简单、原理充分等优点,一直活跃在研究者们的视野中。金融领域常见的统计模型包括异方差自回归模型 [278]、马尔可夫链模型等,常见机器学习方法包括决策树和贝叶斯网络等,这些模型已存在十几年,并在风能、电能和水能等方面也取得了一定研究进展。

马尔可夫链的主要思想是将具有马尔可夫性质的离散数据从状态空间的一种状态转移到另一个状态的随机过程。马尔可夫链模型常被应用于统计预测领域。比如,Liu 等针对北京降水序列的复杂性和随机性,建立了马尔可夫链预测模型。可以看出,利用加权马尔可夫链模型预测北京降水是合理的。Pang Jingyue 等利用遥测数据的异常值建立马尔可夫链模型对传感器故障状态进行预测,通过数据仿真和实际遥测实验表明使用马尔可夫链模型预测是合适的。Xiong 等提出了一种改进的马尔可夫链模型来模拟重力诱导的大气颗粒物沉积过程,结果表明改进的马尔可夫链模型具有较好的预测精度。Ying 等利用马尔可夫决策过程的预测特性和实时分析能力对股票交易策略进行决策,并结合遗传算法建立了一个股票交易策略设计决策模型,研究结果表明提出的模型能够获得比其他基准更高的股票收益回报。

朴素贝叶斯模型 (Naive Bayesian Model,NBM)[279] 是以贝叶斯统计理论为基础的时间序列模型。它基于各属性相互独立的假设建立,设定参数少,具有简单有效、理论基础坚实等优点。朴素贝叶斯模型与一般模型不同,一般模型预测只会用到数据信息和模型训练信息,但是朴素贝叶斯模型在这些信息的基础上加入了模型先验信息,即训练者的主观意识。因此朴素贝叶斯模型用于预测具有很大的研究价值。比如,张国富等 [280] 建立了非高斯框架下的贝叶斯网络模型,用来分析中美股票以及债券市场之间的相关性关系;Malagrino 等 [289] 利用贝叶斯网络模型研究全球股票指数对巴西圣保罗证券交易所股票指数的影响;Udomsak 和 Napas 利用朴素贝叶斯分类器和支持向量机对泰国证券交易所的股票数据进行比较研究,研究结果表明朴素贝叶斯分类器在预测性能上优于支持向量机 [281]。值得注意的是,朴素贝叶斯作为使用最广泛的分类器之一, 是贝叶斯模型中研究热门的存在, 本章我们将研究其在我国股票市场中的预测性能。

本章我们将用朴素贝叶斯网络和马尔可夫链模型对金融股票时间序列进行趋势预测, 并对两种方法之间的预测精度进行比较分析。

14.2　金融股票数据

14.2.1　基础金融股票时间序列数据

本章分别选取一只单股样本数据和一只整股样本数据进行建模研究, 单股样本数据为某企业的金融股票时间序列数据, 整股样本数据为能体现金融股票整体走向趋势的时间序列数据。单股样本数据集和整股样本数据集都包含相关股票的收盘价时间序列数据。

1) 单股样本数据

本章选用厦门乾照光电股份有限公司在 2015 年 1 月 1 日至 2018 年 12 月 31 日内的收盘价时间序列数据作为原始数据集 S1 进行建模仿真。该时间序列数据的采样间隔均为 1 天, 总共包含 945 个样本点。图 14-1 展示收盘价时间序列, 从图中可以看出所选数据集在 0~16 元波动, 具有很强的随机性和非平稳性。该数据集的前 500 个样本点波动比较剧烈, 后 445 个样本点则呈现出缓慢上升和缓慢下降的趋势, 这种前后差异将会给本章模型的建模训练带来巨大挑战。

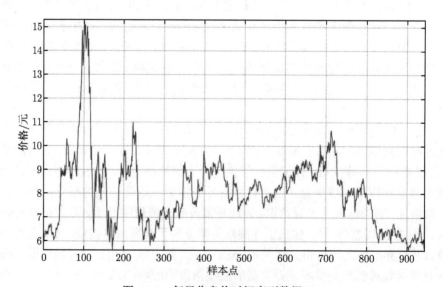

图 14-1　每日收盘价时间序列数据 S1

2) 整股样本数据

本章选用中证指数有限公司发行的沪深 300 指数作为原始数据集 S2 进行建模仿真。数据采集时间为 2015 年 1 月 1 日至 2018 年 12 月 31 日, 该时间序列数据的采样间隔均为 1 天, 总共包含 945 个样本点。图 14-2 展示收盘价时间序列数据曲线, 从图中可以看出所选数据集在 0~5500 元波动, 具有很强的随机性和非平稳性。与图 14-1 展示的数据集 S1 相比, 图 14-2 中的数据集 S2 的收盘价时间序列是对数据集 S1 的波动趋势进行了明朗化展示。可见整股数据集剥离了单股数据集中的各种随机性成分和特异性成分, 比如单股公司的企业运营状况、收益分红等。因此整股数据集可以更好地反映股市整体的变化趋势, 理论上来讲数据集 S2 将会具有更好的训练预测效果。

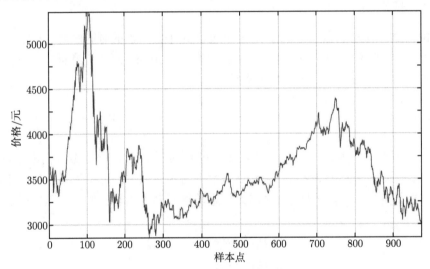

图 14-2　每日收盘价时间序列数据 S2

14.2.2　样本划分

本章利用所选股指的历史股票收盘价数据来预测未来某一天的股票涨跌状态, 具体数据集划分形式为利用 $t-9 \sim t$ 时刻共 10 个样本点作为模型输入, $t+1$ 时刻的样本点作为输出, 即样本标签, 模型的输入输出共同构成一个训练样本。然后将时刻点后移一个时间点构建第二个训练样本, 从而迭代完成所有训练样本的构建。

为实现模型的构建和模型性能的评价, 需要对用于建立收盘价预测模型的样本数据进行分组处理。各个时间序列均包含 945 个样本点, 将数据划分为训练数据集和测试数据集。其中, 第 1~645 样本点 (共 645 个样本点) 作为训练数据, 用于按照以上方法构建训练样本, 第 646~945 样本点 (共 300 个样本点) 作为测试数据, 用于按照以上方法构建测试样本, 在模型训练完成后, 测试所得模型的性能。

14.3　金融股票马尔可夫链预测模型

马尔可夫链 (Markov Chain, MC) 由俄国数学家安德雷·马尔可夫提出，是一种应用于随机过程的统计预测方法 [282]。马尔可夫链的主要思想是将具有马尔可夫性质的离散数据从状态空间的一种状态转移到另一个状态的随机过程。马尔可夫性质定义为在转移过程中的状态转移概率只由当前状态决定，与历史状态无关。以金融股票的收盘价时间序列为例，某天的收盘价是上涨还是下降的状态只由前一天的收盘价状态决定，而与前一天之前的收盘价状态无关。

14.3.1　理论基础

假设 $X = [x_1, x_2, x_3, \cdots, x_n]$ 是一个包含 n 个样本点的时间序列，定义每个样本点存在 m 种状态 $V = \{v_1, v_2, \cdots, v_m\}$ 中的一种状态。对于任意样本点 x_t 均满足公式 (14.1) 的过程被称为马尔可夫链。

$$P\{x_t = V(x_t)|x_0 = V(x_0), \cdots, x_{t-1} = V(x_{t-1})\} = P\{x_t = V(x_t)|x_{t-1} = V(x_{t-1})\}$$
(14.1)

其中，x_t 为第 t 个样本点，$V(x_t)$ 为样本点的状态且 $V(x_t) \in V$，条件概率 $P\{x_t = V(x_t)|x_{t-1} = V(x_{t-1})\}$ 表示第 $t-1$ 个样本点的状态为 $V(x_{t-1})$ 的条件下，第 t 个样本点的状态为 $V(x_t)$ 的概率，命名为状态转移概率。因此可建立状态转移概率矩阵

$$P = \begin{bmatrix} P_{11} & P_{12} & \cdots & P_{1m} \\ P_{21} & P_{22} & \cdots & P_{2m} \\ \vdots & \vdots & & \vdots \\ P_{m1} & P_{m2} & \cdots & P_{mm} \end{bmatrix}$$
(14.2)

其中，P_{ij} 表示前一个样本点的状态为 v_i 的条件下，下一个样本点状态为 v_j 的概率，$1 \leqslant i, j \leqslant m$。

14.3.2　建模过程

获取金融股票收盘价时间序列 $X = [x_1, x_2, x_3, \cdots, x_n]$，共有 n 个样本点。设置状态集合，本节以前一样本点收盘价和后一样本点的收盘价之差设置三种状态，分别为收盘价上升，收盘价不变，收盘价下降，用 $V = \{v_1 = 1, v_2 = 0, v_3 = -1\}$ 表示。其中，$v_1 = 1$ 表示收盘价上升，$v_2 = 0$ 表示收盘价不变，$v_3 = -1$ 表示收盘价下降。后文简称为上升、不变和下降。

对金融股票收盘价时间序列 $\boldsymbol{X}$ 进行一阶差分,状态序列 $\boldsymbol{K}=[k_1,k_2,\cdots,k_{n-1}]$。

$$\left\{\begin{array}{l} k_t=\left\{\begin{array}{ll} 1, & \text{若 } (x_{t+1}-x_t)>0 \\ 0, & \text{若 } (x_{t+1}-x_t)=0 \\ -1, & \text{若 } (x_{t+1}-x_t)<0 \end{array}\right. \\ t=1,2,\cdots,n-1 \end{array}\right. \qquad (14.3)$$

为了计算出状态转移概率矩阵并测试马尔可夫链模型的预测性能,设置状态序列 $\boldsymbol{K}=[k_1,k_2,\cdots,k_{n-1}]$ 的后 300 个样本点作为测试集来验证模型预测性能,其余样本点用于计算状态转移概率矩阵。设测试集为 $\boldsymbol{K}_{\text{test}}=[k_{n-300},k_{n-299},\cdots,k_{n-1}]$,用于计算的状态转移概率矩阵的样本数据命名为训练集 $\boldsymbol{K}_{\text{train}}=[k_1,k_2,\cdots,k_{n-301}]$。

由于共设置了上升、不变、下降三种状态,因此共存在九种状态转移关系,分别为上升转变为上升、上升转变为不变、上升转变为下降、不变转变为上升、不变转变为不变、不变转变为下降、下降转变为上升、下降转变为不变、下降转变为下降。计算训练集中状态转移关系的频数矩阵 $\boldsymbol{A}$:

$$\boldsymbol{A}=\left[\begin{array}{ccc} a_{11} & a_{12} & a_{13} \\ a_{21} & a_{22} & a_{23} \\ a_{31} & a_{32} & a_{33} \end{array}\right] \qquad (14.4)$$

得到状态转移关系的频数矩阵 A,便可计算出状态转移概率矩阵 $\boldsymbol{P}=(P_{ij})$

$$P_{ij}=\frac{a_{ij}}{\displaystyle\sum_{l=1}^{3} a_{il}}\times 100\% \qquad (14.5)$$

根据状态转移概率矩阵,按照最大状态转移概率的规则,选择具有最大状态转移概率的状态作为预测状态,使用样本点 $[k_{n-301},k_{n-300},\cdots,k_{n-2}]$(共 300 个样本点) 的状态依次预测后一个样本点的状态,得到 $\boldsymbol{K}_{\text{test}}=[k_{n-300},k_{n-299},\cdots,k_{n-1}]$ 的预测状态。最后,计算预测准确度。

14.3.3 预测结果

表 14-1 和表 14-2 分别展示了数据集 S1 和数据集 S2 的训练集中的状态转移关系频数。表 14-3 和表 14-4 分别展示了数据集 S1 和数据集 S2 的状态转移概率。从表中可以看出:

(1) 由上升状态转移到上升状态的频数最多,数据集 S1 和 S2 分别达到 152 和 181。上升状态和下降状态的相互转移频数次之,且状态相互转移的频数较为接近,对于数据集 S1 分别为 144 和 140,对于数据集 S2,均为 157。对于数据集 S1

和 S2，连续两次维持下降状态的频数分别为 130 和 127。处在不变状态的样本点较少，且不存在连续维持不变状态的样本点。

(2) 无论前一个样本点的状态如何，下一个样本点转移为上升的概率最高。对于数据集 S1，由上升状态转移为上升状态的概率为 50.50%，由不变状态转移为上升状态的概率为 64.29%，由下降状态转移为上升状态的概率为 50.18%。对于数据集 S2，由上升状态转移为上升状态的概率为 53.39%，由不变状态转移为上升状态的概率为 100%，由下降状态转移为上升状态的概率为 55.28%。

(3) 无论前一个样本点的状态如何，下一个样本点转移为不变的概率最高。对于数据集 S1，由上升状态转移为不变状态的概率为 1.99%，由不变状态转移为不变状态的概率为 0.00%，由下降状态转移为不变状态的概率为 2.87%。对于数据集 S2，由上升状态转移为不变状态的概率为 0.29%，由不变状态转移为不变状态的概率为 0.00%，由下降状态转移为不变状态的概率为 0.00%。

表 14-1　状态转移关系频数 S1

状态转移关系频数 a_{ij}	上升 $v_j = v_1$	不变 $v_j = v_2$	下降 $v_j = v_3$	$\sum_j a_{ij}$
上升 $v_i = v_1$	152	6	144	301
不变 $v_i = v_2$	9	0	5	14
下降 $v_i = v_3$	140	8	130	279

表 14-2　状态转移关系频数 S2

状态转移关系频数 a_{ij}	上升 $v_j = v_1$	不变 $v_j = v_2$	下降 $v_j = v_3$	$\sum_j a_{ij}$
上升 $v_i = v_1$	181	1	157	339
不变 $v_i = v_2$	1	0	0	1
下降 $v_i = v_3$	157	0	127	284

表 14-3　状态转移概率 S1

状态转移概率 P_{ij}	上升 $v_j = v_1$	不变 $v_j = v_2$	下降 $v_j = v_3$
上升 $v_i = v_1$	50.50%	1.99%	47.84%
不变 $v_i = v_2$	64.29%	0.00%	35.71%
下降 $v_i = v_3$	50.18%	2.87%	46.59%

表 14-4　状态转移概率 S2

状态转移概率 P_{ij}	上升 $v_j = v_1$	不变 $v_j = v_2$	下降 $v_j = v_3$
上升 $v_i = v_1$	53.39%	0.29%	46.31%
不变 $v_i = v_2$	100.00%	0.00%	0.00%
下降 $v_i = v_3$	55.28%	0.00%	44.72%

图 14-3 和图 14-4 分别展示了数据集 S1 和数据集 S2 中测试集的实际状态值和马尔可夫链模型的预测状态值。由图分析可知,无论前一样本的状态如何,下一个样本点转移为上升的概率最高,导致数据集 S1 和数据集 S2 的状态预测均显示为上升状态。但这是不合理的,以数据集 S1 为例,上升状态转移到上升的概率为 50.50%,转移到下降状态的概率为 47.84%,二者相差不大,因此也有较大的概率转移到下降状态。最终计算数据集 S1 的预测准确度为 48.67%,数据集 S2 的预测准确度也为 48.67%。

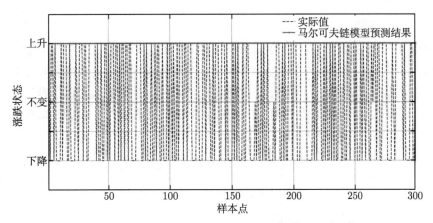

图 14-3　整股原始收盘价时间序列趋势预测结果 S1

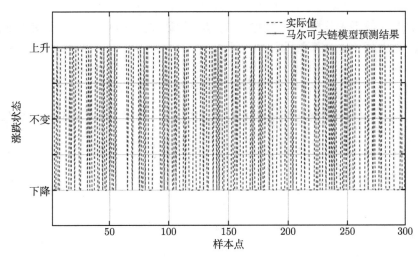

图 14-4　整股原始收盘价时间序列趋势预测结果 S2

14.4　金融股票贝叶斯预测模型

本节我们将利用贝叶斯预测模型对所选股票的价格波动趋势进行预测，将拟预测的股票涨跌状态标定为上涨和下跌两种，分别用数字 1 和 0 表示。这其实属于机器学习中的监督分类问题，利用人工标定的样本集来对未来数据标签进行预测，即对目标问题状态进行分类。基于这种考虑，我们选用贝叶斯理论中研究最广、使用简单高效的朴素贝叶斯分类进行实验仿真。

14.4.1　理论基础

假设训练样本集为 (A, B)，其中 A 属于待分类样本的属性，一般 A 有多个维度，即 $A = \{a_1, a_2, \cdots, a_n\}$，$B$ 属于人工标定的样本标签，B 的维度就是标签总类数目，即 $B = \{b_1, b_2, \cdots, b_m\}$。朴素贝叶斯分类器进行分类的基本思想是计算某一个样本点归属于每一类标签的概率，然后选择归属概率最大的标签类别作为分类结果[283]。

假设待定分类结果为 y，可将上述过程进行如下公式化表达：

$$b = \arg\max\{P(b_1|A), P(b_2|A), \cdots, P(b_m|A)\} \tag{14.6}$$

式中，$P(b_m|A)$ 的计算公式如下：

$$P(b_m|A) = \frac{P(A|b_m)P(b_m)}{P(A)} \tag{14.7}$$

其中，$P(b_m)$ 属于先验概率，可根据训练集进行计算。由于 $P(A)$ 对所有类来说都是常数，因此式 (14.7) 可转化为如下形式：

$$P(b_m|A) = P(b_m)P(a_1, a_2, \cdots, a_n|b_m) \tag{14.8}$$

式中，如果 A 中的各个维度特征互不独立，假设第 i 维特征 a_i 具有 p_j 个取值，每个取值对应 m 个标签种类，那么式 (14.8) 中的参数个数为 $m\prod\limits_{j=1}^{n} p_j$。如果进行属性独立性假设，那么 $P(a_1, a_2, \cdots, a_n|b_m)$ 可转换为 $\prod\limits_{i=1}^{n} P(a_n|b_m)$，参数个数将减少为 $\prod\limits_{j=1}^{n} mp_j$。

14.4.2　建模过程

本节进行的金融股票时间序列的朴素贝叶斯分类模型建模过程如下：

1) 数据集准备

将实验数据集按照 14.2.2 小节中的方法进行训练样本集构建，样本集的输入特征维度为历史 10 个时刻点的收盘价数据，输出标签为未来一天股票价格上涨或者下跌的状态，分别由数字 1 和 0 表示。然后划分训练样本集和测试样本集。由于本章有单股数据集和整股数据集两个数据集，最终划分出两个训练样本集和测试样本集。

2) 分类器训练

此时输入维度为 10，标签种类为 2，根据式 (14.6)~ 式 (14.8) 计算每个类别在训练样本中出现的频率以及状态分类特征对类别的条件概率估计。这里假设次日股票价格上涨和下跌的概率是相等的，那么 $P(b_m|A)$ 的最大化求解问题就变成了 $P(a_1, a_2, \cdots, a_n|b_m)$ 的最大化求解问题。然后根据独立性假设对其进行简化，最终训练过程的求解问题就是 $\prod_{i=1}^{n} P(a_n|b_m)$ 的最大值求解问题，求解该概率问题时可以带有训练样本集数据的估值。

3) 股票趋势自预测

对测试样本集进行分类时，分别对每一个样本点依次计算 $P(a_1, a_2, \cdots, a_n|b_m)$，当且仅当 $P(a_1, a_2, \cdots, a_n|b_m)$ 满足下式时，我们认为该样本点归属于 m 类。

$$P(a_1, a_2, \cdots, a_n|b_m) > P(a_1, a_2, \cdots, a_n|b_q), \quad 1 \leqslant q \leqslant m, q \neq m \qquad (14.9)$$

整个训练过程和预测过程如图 14-5 所示。

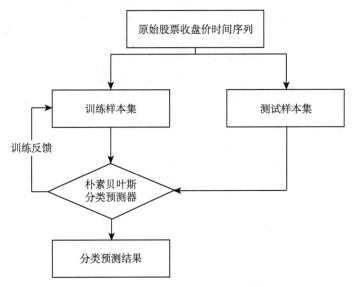

图 14-5　朴素贝叶斯金融时间序列预测模型流程图

14.4.3　预测结果

本节利用所选股指的股票收盘价格数据后 300 个样本点进行模型测试,对于数据集 S1 和 S2,模型预测精度分别为 46.169% 和 46.179%,预测精度都低于 50%,可见朴素贝叶斯分类器预测模型不能很好地捕捉股票时间序列数据的波动趋势。相比之下,整股样本数据集的预测精度略低于单股样本数据集精度,这可能是整股样本集的数据组成更加复杂导致的。

14.5　模型性能综合比较分析

本章选用马尔可夫链模型和朴素贝叶斯分类预测模型对两只股票数据集进行收盘价趋势预测,由预测结果我们可以分析得出:

(1) 基于马尔可夫链预测模型对两只股票数据集的趋势预测精度分别为 48.67%,基于朴素贝叶斯分类预测模型对两只股票数据集的趋势预测精度分别为 46.169%。可见朴素贝叶斯分类预测模型与马尔可夫链模型都具有较大的预测误差,其精度普遍低于 50%,并不能投入实际投资应用中。

(2) 基于朴素贝叶斯分类预测模型的趋势预测精度略高于基于马尔可夫链模型的预测精度,从图 14-6 和图 14-7 可以看出基于朴素贝叶斯分类预测模型的预测结果也更符合实际情况,基于马尔可夫链模型的预测结果全为股价上升,这明显不符合实际情况。导致这种情况的可能原因是状态变量的设置不合理。

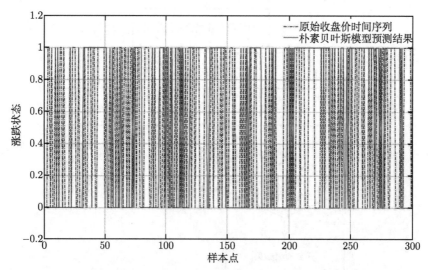

图 14-6　原始收盘价时间序列趋势预测结果 S1 (彩图见封底二维码)

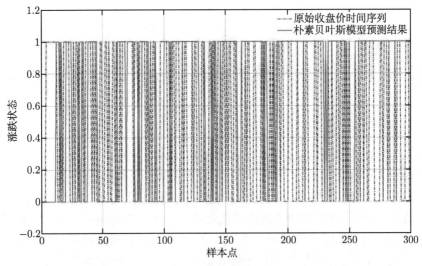

图 14-7 原始收盘价时间序列趋势预测结果 S2 (彩图见封底二维码)

14.6 本 章 小 结

本章研究了马尔可夫链预测模型和贝叶斯预测模型在金融股票时间序列领域的应用。为了对这两种模型的预测性能进行更充分的探讨,所用数据集选取单独股票数据集和整体股票数据集两种,采用收盘价时间序列作为预测对象构建训练样本。根据实验仿真结果,我们可以得出以下结论:

(1) 基于马尔可夫链模型的金融股票预测精度不高,且预测结果不符合实际情况,单独马尔可夫链模型无法直接用于实际投资应用分析。其原因可能是状态序列设置不合理,或者训练样本非平稳性不强。

(2) 基于朴素贝叶斯分类器的金融股票预测模型的精度不高,虽然预测结果比马尔可夫链模型稍好,但对于波动剧烈的样本点预测误差较大,也不能用于实际投资应用分析。其可能原因在于朴素贝叶斯分类器的计算基于属性独立性假设,此处样本的输入维度独立性不高从而导致预测精度偏低。

第15章 金融股票时间序列神经网络预测模型

15.1 引 言

随着人工智能领域的发展，人工神经网络 (Artificial Neural Network，ANN) 已成为近年来人们研究的热点 [284]。它利用信息技术对人脑神经元的网络结构进行抽象，从而建立相应模型。一个神经网络通常由大量节点构成，每个节点代表一种激励函数，并通过节点与节点之间的连接权值来实现人工神经网络的记忆功能。网络中的节点按照功能可分为三类：输入单元、隐含单元和输出单元。输入单元用来接收外部输入信号；隐含层单元位于输入输出单元之间，系统外不可见；输出单元用来输出网络处理结果。神经网络的信息处理过程本质上是一种并行分布式信息处理过程。正是因为其采用了与传统信息技术截然不同的算法机理，神经网络克服了传统信息处理方法在非线性系统方面的局限性，具备强大的非线性处理能力、自适应能力和自学习能力。金融股票时间序列作为一种典型的非线性系统，其预测问题一直是人们研究的重点和难点。随着神经网络的发展，它在金融股票时间序列预测方面的应用也越来越广泛。基于这种考虑，本章我们将对神经网络技术在金融股票时间序列预测方面的应用进行探讨。

常见神经网络包含多层感知器 (Multi-Layer Perceptron，MLP)[285]、反向传播 (back propagation，BP) 神经网络 [294]、Elman 神经网络 (Elman neural network，ENN)[287] 和径向基函数 (Radial Basis Function，RBF)[296] 神经网络等。MLP 基于单感知机演变而来，弥补了单感知机算法无法处理线性不可分数据的缺点，因其能较好地处理非线性系统的回归问题而被广泛研究使用。MLP 的训练过程中常采用误差反向传播进行监督学习，即 BP 神经网络。后者通过误差反向传播实现连接权值的迭代更新，从而极大地提高了传统前馈神经网络的性能。唐秋生等 [289] 利用 BP 神经网络进行轨道交通客流量预测，并利用萤火虫算法初始化网络权值和阈值。孙晨等 [290] 利用布谷鸟优化算法对 BP 神经网络进行改进，并利用该模型对股票市场的收盘价数据进行预测实验，结果表明该方法能实现有效预测，对未来 30 日的预测精度约为 98.633%。

Elman 神经网络属于动态递归神经网络。它与 BP 网络结构相比，在隐含层与输出层之间增加了承接层结构。承接层作为延时算子，可以起到短期记忆的作用，从而使网络系统具备动态数据的适应能力 [291]，使其可以更好地理解历史时间序列的数据相关性，避免神经网络陷入局部极小值问题中。金融股票时间序列的历史数据间往往存在较强的依赖关系,因此 Elman 神经网络可能对金融股票时间序列具有较好的预测效果。Wang 等将 Elman 神经网络与随机时间有效函数相结合,并建立相应模型对上证指数等股票指标进行预测实验,结果表明该方法具有较好的预测价值。

RBF 神经是一种特殊的三层前向网络。其主要特点在于隐含层神经元节点中激活函数为径向函数,且激活函数的自变量为输入向量与中心向量的距离。这样特殊的结构导致远离中心点的神经元激活程度较低,从而实现输入输出层之间的局部映射关系。作为一种局部逼近网络,RBF 神经网络具有更快的学习速度[292],可满足特殊金融股票应用场景的实时性要求。Rajashree Dash 等利用 RBF 神经网络进行股票指数的未来趋势预测,并比较了不同基函数对其预测精度的影响。实验结果表明所有基函数都能使 RBF 神经网络具备有效的预测结果。

本章利用以上几种常见神经网络进行金融股票时间序列预测实验,研究神经网络在金融股票时间序列行为趋势预测方面的应用,并探究不同输入特征对各神经网络预测精度的影响程度。

15.2 金融股票数据

15.2.1 基础金融股票时间序列数据

本章分别选取一只单股样本数据和一只整股样本数据进行建模研究,单股样本数据为某企业的金融股票时间序列数据,整股样本数据为能体现金融股票整体走向趋势的时间序列数据。

单股样本数据集和整股样本数据集都包含 5 组基础时间序列数据:收盘价时间序列、开盘价时间序列、最高价时间序列、最低价时间序列、交易量时间序列。其中,收盘价时间序列为本章的预测对象。为了能全面分析该股票的特征,每个数据集中还包含 15 种基于以上基础交易数据计算的技术分析指标,分别是:升降线指标 (ACD)、动力指标 (MTM)、移动平均指标 (MA)、平均线差 (DMA)、平滑异同平均指标 (MACD)、快速异同平均指标 (QACD)、随机指标的三个参数 (KDJ-K、KDJ-D、KDJ-J)、威廉指标 (WR)、相对强弱指标 (RSI)、乖离率指标 (BIAS)、变动速率指标 (ROC)、摆动指标 (OSC)、引力线指标 (UDL)。

1) 单股样本数据

本章选用中联重科股份有限公司在 2015 年 1 月 1 日至 2018 年 12 月 31 日内的交易数据作为原始数据集 S1 进行建模仿真。所选取的数据集包括每日收盘价、每日开盘价、每日最高价、每日最低价和成交量数据。每个时间序列数据的采样间隔均为 1 天,每类数据序列包含 975 个样本点。图 15-1 展示收盘价时间序列、开盘价时间序列、最高价时间序列和最低价时间序列,从图中可以看出所选数据集在 0~11 元波动,具有很强的随机性和非平稳性,特别是所选样本前 300 个数据波动异常强烈,给神经网络的训练过程带来极大挑战。图 15-2 展示了成交量时间序列数据,从图中可以看出成交量序列前后差异极大,数据波动无规律。

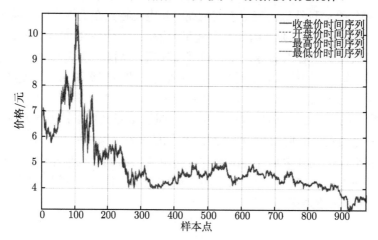

图 15-1　每日基础交易时间序列数据 S1 (彩图见封底二维码)

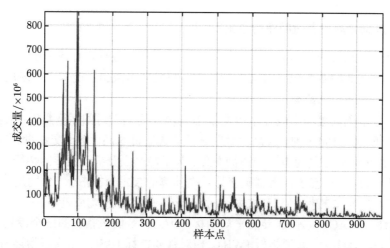

图 15-2　每日成交量数据 S1

2) 整股样本数据

本章选用上海证券有限公司的上证 A 股指数在 2015 年 1 月 1 日至 2018 年 12 月 31 日内的基础交易数据作为原始数据集 S2 进行建模仿真。上证 A 股指数是以全部上市 A 股为样本、以股票发行量为权数,按加权平均法计算的股价指数。所选取数据集包括每日收盘价、每日开盘价、每日最高价、每日最低价和成交量数据。每个时间序列数据的采样间隔均为 1 天,每类数据序列包含 975 个样本点。图 15-3 展示收盘价时间序列、开盘价时间序列、最高价时间序列和最低价时间序列,从图中可以看出所选数据集在 0~5500 元波动,具有很强的随机性和非平稳性,而且与图 15-1 进行比较可以看出,整股指数的价格波动趋势与单股指数的价格波动趋势相仿,但是在细节上更加平稳,这说明整股指数可以反映单股指数市场的整体趋势。图 15-4 展示了成交量时间序列数据,从图中可以看出成交量序列前后差异极大,数据波动无规律。

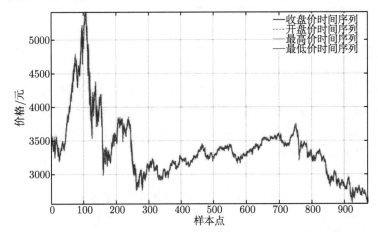

图 15-3　每日基础交易时间序列数据 S2 (彩图见封底二维码)

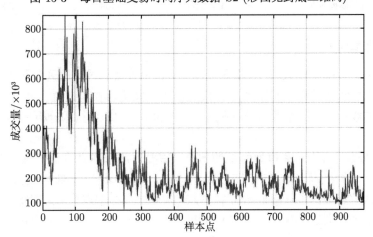

图 15-4　每日成交量数据 S2

15.2.2　特征辨识

设置累计信息贡献率阈值为 95%,使用主成分分析法 (PCA)、高斯核主成分分析法、因子分析法 (FA) 对 19 个金融股票技术分析指标进行特征辨识。表 15-1 展示了中联重科股份有限公司的技术分析指标数据的特征辨识结果。通过主成分分析法提取了 7 个主成分分量,累计信息贡献率为 95.23%,核主成分分析法 (KPCA) 提取了 18 个主成分分量,累计信息贡献率为 96.15%,因子分析法提取了 6 个因子,累计信息贡献率为 97.63%。

表 15-1　数据集 S1 不同提取方法主成分分量信息贡献率

特征辨识方法	PCA	KPCA	FA
主成分分量 (因子) 数量	7	18	6
累计信息贡献率	95.23%	96.15%	97.63%

表 15-2 展示了上证 A 股指数的技术分析指标数据的特征辨识结果。通过主成分分析法提取了 7 个主成分分量,累计信息贡献率为 96.27%,核主成分分析法提取了 18 个主成分分量,累计信息贡献率为 96.09%,因子分析法提取了 6 个因子,累计信息贡献率为 95.72%。

表 15-2　数据集 S2 不同提取方法主成分分量信息贡献率

特征辨识方法	PCA	KPCA	FA
主成分分量 (因子) 数量	7	18	6
累计信息贡献率	96.27%	96.09%	95.72%

15.2.3　样本划分

本章中的金融股票共有 20 组时间序列,其中收盘价时间序列为预测目标,剩余 19 组技术分析指标时间序列作为模型输入的特征。模型的输入输出结构为处于 t 位置的收盘价作为模型输出,处于 $t-1$ 位置的 19 个技术分析指标作为模型输入。

为实现模型的构建和模型性能的评价,需要对用于建立收盘价预测模型的样本数据进行分组处理。各个时间序列均包含 925 个样本点,将数据划分为训练数据集和测试数据集。其中第 1~625 样本点 (共 625 个样本点) 作为训练样本,用于对预测模型进行训练,第 626~925 样本点 (共 300 个样本点) 作为测试样本,用于在模型训练完成后,测试所得模型的性能。

15.3　算法总体框架

基于不同输入特征的神经网络预测模型训练过程如下。

1) 计算技术分析指标

依据开盘价时间序列、最高价时间序列、最低价时间序列和交易量时间序列 4 个基础交易数据计算 15 个其他技术分析指标，得到共 19 组技术分析指标时间序列。

2) 特征辨识

依据第 13 章介绍的方法，分别使用主成分分析法、核主成分分析法和因子分析法对 19 组技术分析指标时间序列进行数据降维，提取主要特征。设置累计信息贡献率阈值，提取累计信息贡献率刚好大于阈值的主成分分量或因子作为后续建立模型的数据集。

3) 模型训练

将数据集分为训练集和测试集，设置各神经网络模型参数，然后利用训练集对不同神经网络预测模型进行训练。模型输入为四种不同输入特征提取，分别为收盘价时间序列数据、主成分分析提取特征序列数据、核主成分分析特征提取序列数据和因子分析提取特征序列数据，模型输出为下一个样本点的收盘价。

4) 模型测试与分析

将测试集的输入数据进行同步测试，得到预测的收盘价。并将预测的收盘价与实际收盘价进行比较分析，计算平均绝对误差、平均绝对百分比误差、均方根误差和误差标准差四种误差评价指标值对预测模型的性能进行评估。整个模型训练预测流程图如图 15-5 所示。

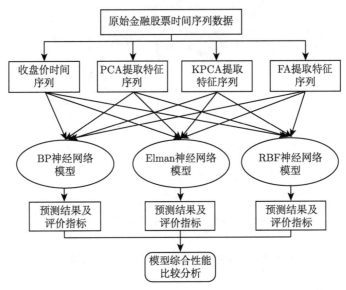

图 15-5 基于不同输入特征的神经网络股票预测模型流程图

15.4　金融股票 BP 神经网络预测模型

15.4.1　理论基础

　　BP 神经网络本质上还是多层前馈神经网络模型,不同之处在于相比传统多层前馈神经网络结构,BP 神经网络增加了误差反向传播的过程,通过不断更新网络节点的权值,使网络输出与期望值之间的误差函数尽可能小,以达到训练效果。BP 神经网络具有很强的非线性映射能力和灵活的网络结构,已广泛应用于金融股票时间序列预测等非线性系统回归问题的求解。

　　BP 神经网络主要结构是由一个输入层、若干个隐含层和一个输出层组成的,每层神经网络结构都包含若干个神经网络节点,每个神经网络节点的输出由其输入、激励函数和阈值计算得出 [6]。BP 神经网络的学习训练过程可分为信号前向传播和误差反向传播两部分。前向传播过程从输入层至隐含层再传至输出层,得到输出值与期望值进行比较,计算误差;反向传播从输出层至隐含层再传至输入层,逐层更新连接权值以减小误差。三层 BP 神经网络为最常见的 BP 神经网络结构 [7],图 15-6 为典型的 3 层 BP 神经网络结构。

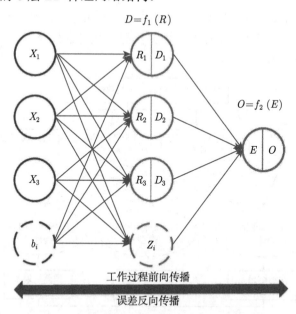

图 15-6　典型的 3 层 BP 神经网络结构图

15.4.2　建模过程

　　本节所述 BP 神经网络采用单隐含层的 3 层神经网络结构。BP 神经网络进行金融股票时间序列预测的具体训练步骤如下 [293]：

1) 网络参数初始化

设置输入层神经元个数为 m，隐含层神经元个数为 l，输出层神经元个数为 n。输入层到隐含层的权重为 ω_{ij}，隐含层到输出层的权重为 ω_{jk}，输入层的阈值为 b，输出层的阈值为 z。

2) 信号前向传播

信号的前向传播过程包括计算输入层输出和计算输出层输出两步，为误差的反向传播做准备。由图 15-6 可知，隐含层的输入量 R_j 与输出量 D_j 分别为

$$R_j = \sum_{i=1}^{n} \omega_{ij} x_i + b_j \tag{15.1}$$

$$D_j = \phi \left(\sum_{i=1}^{n} \omega_{ij} x_i + b_j \right) \tag{15.2}$$

输出层的输入量 E_k 与输出量 O_k 分别为

$$E_k = \sum_{j=1}^{q} \omega_{jk} \phi \left(\sum_{i=1}^{n} \omega_{ij} x_i + b_j \right) + z_k \tag{15.3}$$

$$O_k = \psi(E_k) \tag{15.4}$$

3) 误差反向传播

当完成信号的前向逐层传播后，由输出层逐层向前计算神经元的输出误差，并在这个基础上更新调整各连接权值和阈值，使误差函数最小。梯度下降公式为

$$\text{error} = \frac{1}{2} \sum_{k=1}^{m} (Y_k - O_k)^2 \tag{15.5}$$

式中，Y_k 为期望输出量。通过链式求导法则可得各层的权值更新公式 [10]：

$$\begin{cases} \Delta\omega_{jk} = \eta \sum_{k=1}^{m} \phi \left(\sum_{i=1}^{n} \omega_{ij} x_i + a_j \right)(Y_k - O_k)\psi'(Z_k) \\ \Delta\omega_{ij} = \eta \sum_{k=1}^{m} (Y_k - O_k)\psi'(Z_k)\phi'(R_j)\omega_{ij} x_i \end{cases} \tag{15.6}$$

及阈值更新公式：

$$\begin{cases} \Delta z_k = \eta \sum_{k=1}^{m} (Y_k - O_k)\psi'(E_k) \\ \Delta b_j = \eta \sum_{k=1}^{m} (Y_k - O_k)\psi'(E_k)\phi'(R_j)\omega_{ij} \end{cases} \tag{15.7}$$

4) 判断算法迭代是否结束

判断训练次数和误差值是否达到预先设定的阈值。若两者其一达到设定阈值则完成 BP 神经网络的训练，否则转到步骤 2) 继续进行下一次训练。

15.4.3　预测结果

图 15-7 和图 15-8 分别展示不同输入特征使用 BP 神经网络建模得到的单股和整股的收盘价预测结果。从图中可以看出：

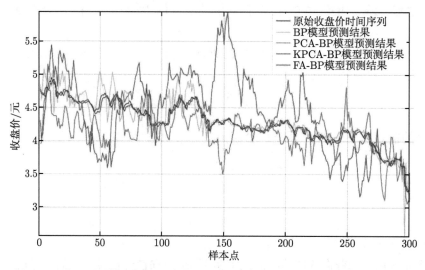

图 15-7　基于不同特征提取方法的 BP 网络预测结果 S1 (彩图见封底二维码)

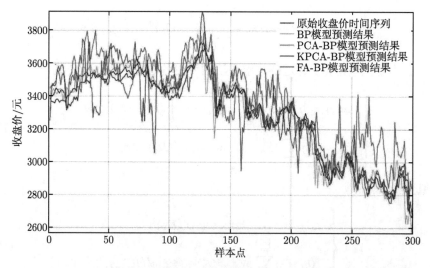

图 15-8　基于不同特征提取方法的 BP 网络预测结果 S2 (彩图见封底二维码)

(1) 相比于只使用收盘价序列进行预测的 BP 神经网络，加入特征提取后的神经网络精度提升效果有好有坏。可见合适的特征提取方法的确有助于提升模型预测精度，但是不合适的特征提取方法反而会破坏原有特征样本，从而降低模型预测精度。

(2) 基于核主成分分析特征提取算法的 BP 神经网络预测结果明显优于基于主成分分析特征提取算法的 BP 神经网络预测结果和基于因子分析特征提取算法的 BP 神经网络预测结果。尤其是在收盘价发生剧烈波动时，基于主成分分析和因子分析方法的 BP 神经网络预测结果会发生较大偏差，预测结果出现严重过拟合现象。这说明核主成分分析比其他两种方法更适用于该样本数据。基于核主成分分析的 BP 模型预测结果减少了在数据强烈波动处的过拟合情况，其预测结果更加贴近测试集中的收盘价波动趋势。可见加入高斯核函数后，核主成分分析方法对非线性系统的处理能力更好。

(3) 不同预测模型对于数据集 S2 的预测效果整体优于数据集 S1，这可能是因为整股样本数据集的随机性和波动性小于单股样本数据集，导致数据集 S2 的趋势特征更加明显，利用特征提取方法提取出的特征性能更好，从而提高了数据集 S2 的整体预测精度。

表 15-3 给出了基于不同输入特征的 BP 神经网络预测结果评价指标，从表中可以更直观地分析 BP 神经网络对不同提取特征的敏感程度。由于两个数据集实验结果类似，这里以数据集 S1 为例进行分析，其中基于收盘价时间序列 S1 的 BP 神经网络预测结果的 MAE、MAPE、RMSE 和 SDE 分别为 0.0599 元、1.3910%、0.0796 元和 0.0790 元；基于主成分分析的 BP 神经网络预测结果的 MAE、MAPE、RMSE 和 SDE 分别为 0.2455 元、5.6704%、0.3154 元和 0.2790 元；基于核主成分分析的 BP 神经网络预测结果的 MAE、MAPE、RMSE 和 SDE 分别为 0.0391 元、0.9096%、0.0550 元和 0.0526 元；基于因子分析算法的 BP 神经网络预测结果的 MAE、MAPE、RMSE 和 SDE 分别为 0.1750 元、4.0793%、0.2159 元和 0.2006 元。以上统计指标更直观地体现了核主成分分析在特征提取上的优越性。

表 15-3 不同输入特征的 BP 神经网络预测结果评价指标

数据集	模型	MAE/元	MAPE/%	RMSE/元	SDE/元
S1	BP	0.0599	1.3910	0.0796	0.0790
	PCA-BP	0.2455	5.6704	0.3154	0.2790
	KPCA-BP	0.0391	0.9096	0.0550	0.0526
	FA-BP	0.1750	4.0793	0.2159	0.2006
S2	BP	38.0201	1.1770	53.5246	53.0318
	PCA-BP	123.4843	3.8718	152.9613	125.7308
	KPCA-BP	36.2100	1.1153	45.1024	44.6217
	FA-BP	91.9513	2.7536	122.6186	121.0260

15.5　金融股票 Elman 预测模型

15.5.1　建模过程

Elman 神经网络的特殊之处在于承接层结构。承接层位于隐含层和输出层之间，它可以接收隐含层传递的反馈信号，用于保存隐含层神经元在前一时刻的输出值。因此 Elman 神经网络结构对历史数据具有一定的理解能力，从而极大增强了其处理动态信息的能力。由于 Elman 神经网络在前面章节已经进行过详细介绍，这里便不再赘述。整个模型训练过程如图 15-9 所示。

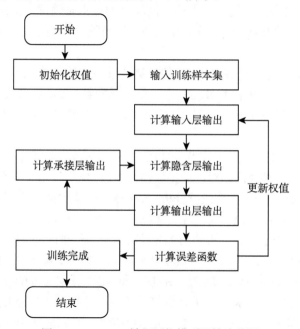

图 15-9　Elman 神经网络模型训练流程图

15.5.2　预测结果

图 15-10 和图 15-11 分别展示不同输入特征使用 Elman 神经网络建模得到的单股和整股的收盘价预测结果。从图中可以看出：

(1) 基于核主成分分析特征提取算法的 Elman 神经网络预测结果误差较大，其他三种不同输入特征的 Elman 神经网络的预测结果能较好地体现原始测试数据集的波动趋势。可见 Elman 神经网络对金融股票时间序列数据具备较好的预测性能。

(2) 基于核主成分分析特征提取算法的 Elman 神经网络预测结果，误差来源在原始收盘价时间序列测试数据的波峰波谷处，其对于平稳处的测试数据具备较好的预测精度。

(3) 从图中来看，基于主成分分析特征提取算法的 Elman 神经网络预测模型预测结果优于基于收盘价时间序列的 Elman 神经网络预测模型和基于因子分析特征提取算法的 Elman 神经网络预测模型。基于因子分析特征提取算法的 Elman 神经网络预测模型预测结果反而低于基于收盘价时间序列的 Elman 神经网络预测模型。

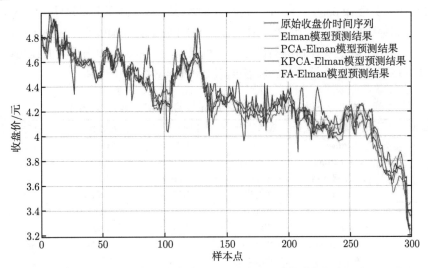

图 15-10　基于不同特征提取方法的 Elman 网络预测结果 S1 (彩图见封底二维码)

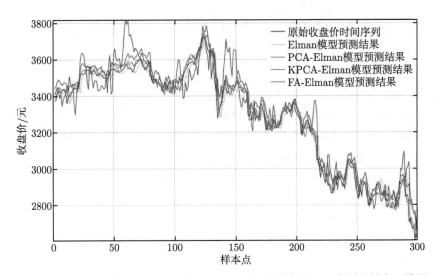

图 15-11　基于不同特征提取方法的 Elman 网络预测结果 S2 (彩图见封底二维码)

表 15-4 给出了基于不同输入特征的 Elman 神经网络预测结果评价指标，从表中可以更直观地分析 Elman 神经网络对不同提取特征的敏感程度。其中，基于收盘价时间序列的 Elman 神经网络预测结果的 MAE、MAPE、RMSE 和 SDE 分别为 0.0625 元、1.5246%、0.0870 元和 0.0812 元；基于主成分分析的 Elman 神经网络预测结果的 MAE、MAPE、RMSE 和 SDE 分别为 0.0509 元、1.1999%、0.0647 元和 0.0549 元；基于核主成分分析的 Elman 神经网络预测结果的 MAE、MAPE、RMSE 和 SDE 分别为 0.0886 元、2.0859%、0.1147 元和 0.1077 元；基于因子分析算法的 Elman 神经网络预测结果的 MAE、MAPE、RMSE 和 SDE 分别为 0.0493 元、1.1723%、0.0637 元和 0.0575 元。以上统计指标与图 15-10 和图 15-11 展示的预测结果曲线相符，更直观地体现了主成分分析算法在特征提取上的优越性。

表 15-4　不同输入特征的 Elman 神经网络预测结果评价指标

数据集	模型	MAE/元	MAPE/%	RMSE/元	SDE/元
	Elman	0.0625	1.5246	0.0870	0.0812
S1	PCA-Elman	0.0509	1.1999	0.0647	0.0549
	KPCA-Elman	0.0886	2.0859	0.1147	0.1077
	FA-Elman	0.0493	1.1723	0.0637	0.0575
	Elman	37.5465	1.1846	50.4250	49.6822
S2	PCA-Elman	28.0049	0.8712	36.2741	35.5427
	KPCA-Elman	64.0850	1.9522	86.0407	83.0515
	FA-Elman	42.6475	1.3287	53.1810	37.8499

15.6　金融股票 RBF 神经网络预测模型

15.6.1　理论基础

RBF 神经网络属于前馈神经网络，一般为单隐含层的三层网络结构。其与传统神经网络的不同之处在于它的隐含层节点采用输入向量和权值向量之间的距离作为自变量，激活函数为径向基函数。RBF 神经网络对于输入变量的某个局部区域只有少数几个连接权值影响输出 [294]，是一种局部逼近网络。理论上讲，RBF 神经网络可以通过各种精度拟合任意连续函数，学习速率快，适用于复杂的非线性系统建模问题。

RBF 神经网络结构包括输入层、单层隐含层和输出层。其中，隐含层的神经元节点个数由实际建模过程的需求而定。隐含层神经元节点中的函数为径向函数，即一种沿中心点径向对称且不断衰减的非负线性函数。由于这种特殊函数映射关系，RBF 神经网络的输入层到隐含层的信号变换为非线性的，而隐含层到输出层的映射为线性映射，从而通过隐含层实现了低维线性不可分到高维线性可分的转变。这样网络权值可以直接由线性方程组求解，从而使 RBF 神经网络具有较快的学习效率，并能避免局部极小值问题。

15.6.2 建模过程

在 RBF 神经网络的训练过程中，关键步骤在于确定隐含层神经元节点的中心和宽度。隐含层神经元节点的中心直接影响整个神经网络的学习收敛速度，选取不当甚至会导致网络发散，而隐含层神经元节点的基函数宽度将会影响 RBF 神经网络的输出响应范围。根据基函数中心确认方法的不同，RBF 神经网络的学习算法可以分为四种：随机选取固定中心法、自组织选取中心法、梯度训练法和正交最小二乘法 [295]。本节将采用自组织选取中心法对 RBF 神经网络进行训练。

自组织选取中心法又可分为两个步骤：一是求解基函数的中心和方差，二是求解连接权重。整个 RBF 神经网络的具体训练步骤如下：

1) 确认隐含层基函数中心

采用 K-均值聚类算法对所选取的股票样本数据进行划分。为保证聚类效果，手肘法将被用来确定聚类中心数据。当 RBF 神经网络为多特征输入时，利用重构后的输入样本进行聚类。K-均值聚类算法确认基函数中心的步骤如下：

(1) 网络初始化：在样本 A 中随机选取 m 个作为初始中心 c_i, $i = 1, 2, \cdots, m$，且 $c_i \neq c_j, 1 \leqslant i \leqslant m, 1 \leqslant j \leqslant m, i \neq j$。

(2) 聚类样本划分：在样本空间中选取某一样本 a_p，计算该样本 a_p 与所有聚类中心 c_i 的欧氏距离，将 a_p 分配到距离最近的类别中。

(3) 聚类中心迭代：分别计算每类集合中所有样本的平均值，并将其作为该类集合的新的聚类中心 C_i^k，其中 k 表示迭代次数。

(4) 判断迭代是否结束：若聚类中心的偏移值小于某一阈值，则认为聚类完成，否则返回步骤 (2)。

当中心确认后则进行方差计算。这里 RBF 神经网络的基函数选取为高斯函数，则方差为

$$\sigma_i = \frac{H_{\max}}{\sqrt{2m}} \tag{15.8}$$

式中，$i = 1, 2, \cdots, m$；$H_{\max}$ 为所选基函数中心之间的最大距离值。

2) 确定隐含层和输出层神经元之间的连接权值

在 15.6.1 小节中可知，RBF 神经网络的隐含层到输出层之间为线性映射关系，因此此处可用最小二乘法计算连接权值：

$$\omega = \exp\left(\frac{m}{H_{\max}^2} \|a_p - c_i\|^2\right) \tag{15.9}$$

15.6.3　预测结果

图 15-12 和图 15-13 给出了基于不同输入特征的 RBF 神经网络的股票收盘价预测结果。从图中可以看出：

(1) 基于核主成分分析特征提取算法的 RBF 神经网络预测结果误差较大，其他三种不同输入特征的 RBF 神经网络的预测结果能较好地体现原始测试数据集的波动趋势。可见 RBF 神经网络对金融股票时间序列数据具备较好的预测性能，但是 RBF 神经网络对核主成分分析方法提取出的特征辨识效果较差。

(2) 从图中来看，基于主成分分析特征提取算法的 RBF 神经网络预测模型预测结果优于基于收盘价时间序列的 RBF 神经网络预测模型和基于因子分析特征提取算法的 RBF 神经网络预测模型。基于因子分析特征提取算法的 RBF 神经网络预测模型预测结果反而低于基于收盘价时间序列的 RBF 神经网络预测模型。

(3) 不同预测模型对于数据集 S2 的预测效果整体优于数据集 S1，这可能是因为整股样本数据集的随机性和波动性小于单股样本数据集，导致数据集 S2 的趋势特征更加明显，利用特征提取方法提取出的特征性能更好，从而提高了数据集 S2 的整体预测精度。

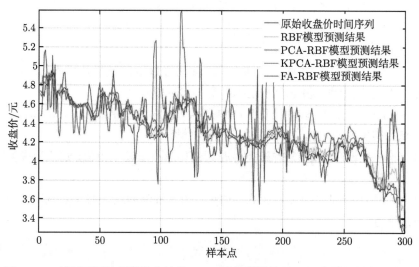

图 15-12　基于不同特征提取方法的 RBF 网络预测结果 S1 (彩图见封底二维码)

表 15-5 给出了基于不同输入特征的 RBF 神经网络预测结果评价指标，从表中可以更直观地分析 RBF 神经网络对不同提取特征的敏感程度。其中，数据集 S1 中基于收盘价时间序列的 RBF 神经网络预测结果的 MAE、MAPE、RMSE 和 SDE 分别为 0.0747 元、1.8410%、0.1058 元和 0.0977 元；基于主成分分析的 RBF 神经网络预测结果的 MAE、MAPE、RMSE 和 SDE 分别为 0.0467 元、1.1188%、0.0622 元和

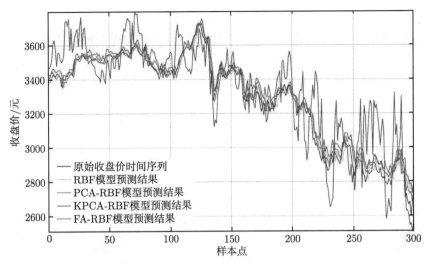

图 15-13 基于不同特征提取方法的 RBF 网络预测结果 S2 (彩图见封底二维码)

0.0556 元；基于核主成分分析的 RBF 神经网络预测结果的 MAE、MAPE、RMSE 和 SDE 分别为 0.2564 元、6.1368%、0.3556 元和 0.3448 元；基于因子分析算法的 RBF 神经网络预测结果的 MAE、MAPE、RMSE 和 SDE 分别为 0.0905 元、2.1688%、0.1200 元和 0.0930 元。以上统计指标更直观地体现了核主成分分析在特征提取上的优越性。

表 15-5 不同输入特征的 RBF 神经网络预测结果评价指标

数据集	模型	MAE/元	MAPE/%	RMSE/元	SDE/元
S1	RBF	0.0747	1.8410	0.1058	0.0977
	PCA- RBF	0.0467	1.1188	0.0622	0.0556
	KPCA- RBF	0.2564	6.1368	0.3556	0.3448
	FA- RBF	0.0905	2.1688	0.1200	0.0930
S2	RBF	36.1794	1.1443	49.7198	48.2894
	PCA- RBF	30.2498	0.9611	40.5579	38.2514
	KPCA- RBF	119.7512	3.7691	154.7556	148.4122
	FA- RBF	43.2714	1.3843	57.7802	41.7750

15.7 模型性能综合比较分析

本章利用三种不同类型的神经网络模型进行金融股票时间序列预测，来比较它们在进行金融股票时间序列预测时的模型性能差异。并采用四种输入特征分别建立不同预测模型，以比较不同特征提取方法提取的特征对模型预测精度的影响。本章选用中联重科股份有限公司在 2015 年 1 月 1 日至 2018 年 12 月 31 日内的交易数据作为单股样本数据集 S1,上海证券有限公司的上证 A 股指数在 2015 年 1 月 1 日至 2018 年 12 月 31 日内的基础交易数据作为整股样本数据集,以研究预测模型在不同类型股票指数上的预测精度差异。由于两种样本集的预测结果差异性小,本小节选取数据集 S1 进行预测结果比较分析,图 15-14 ∼ 图 15-17 展示了所涉及模型的纵向对比结果。

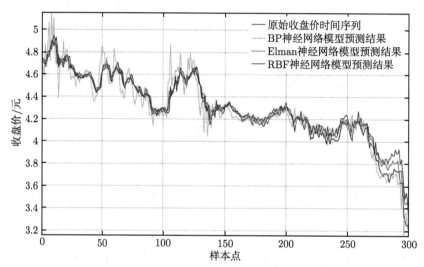

图 15-14　基于收盘价时间序列的三种神经网络预测结果 (彩图见封底二维码)

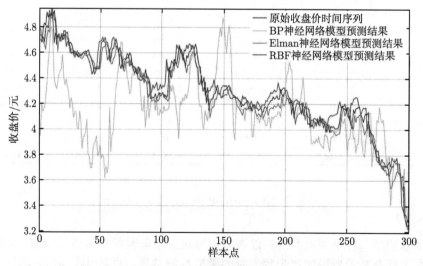

图 15-15　基于主成分分析的三种神经网络预测结果 (彩图见封底二维码)

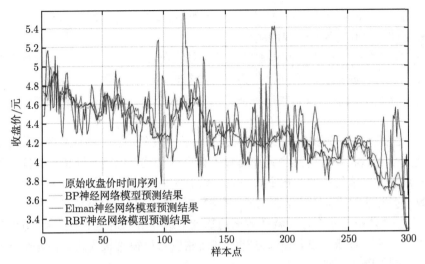

图 15-16 基于核主成分分析的三种神经网络预测结果 (彩图见封底二维码)

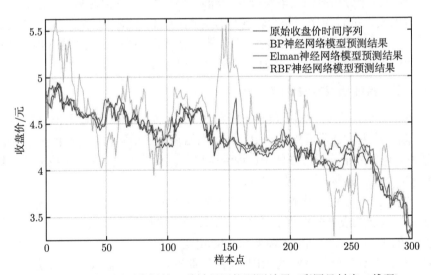

图 15-17 基于因子分析的三种神经网络预测结果 (彩图见封底二维码)

15.7.1 不同预测模型精度比较分析

从图 15-14 ~ 图 15-17 以及结合表 15-3 ~ 表 15-5, 我们可以得出以下结论:

(1) 当以原始收盘价时间序列为输入特征时, 体现的是单独神经网络模型自身的时间序列回归拟合能力。三种神经网络预测模型精度依次为 Elman 神经网络、RBF 神经网络和 BP 神经网络。可见承接层的存在使 Elman 神经网络具备一定的历史数据分析能力, 在处理金融时间序列预测问题时具备更好的效果。RBF

神经网络与 Elman 神经网络的预测效果差别不大。BP 神经网络的预测结果与真实值差别较大，不具备实际应用能力。

(2) 当以主成分分析算法提取特征作为输入特征时，三种神经网络模型的预测精度大小与以收盘价时间序列作为输入特征时相同。这说明主成分分析方法提取后的特征基本保留了原始数据特征的信息量大小，对模型可以起到稳定的优化效果。

(3) 当以核主成分分析算法提取特征作为输入特征时，三种神经网络模型的预测精度大小与以收盘价时间序列作为输入特征时相同，但是不同模型之间的预测精度差别较大，预测精度不稳定。例如，基于核主成分分析方法的 BP 神经网络预测效果提升明显，但是基于核主成分分析方法的 RBF 神经网络模型预测精度骤降。可见核主成分分析在原始特征数据的基础上进行了一定程度的抽象，导致特征具有了一定特异性辨识度，使部分神经网络精度可以得到极大改善但是会导致部分网络精度下降。

(4) 当以因子分析算法提取特征作为输入特征时，三种神经网络模型的预测精度大小与以收盘价时间序列作为输入特征时相同，但是整体预测精度都出现了小幅度下降。可见因子分析算法虽然没有改变原始特征数据的信息量含有度，但是提取后的特征辨识度反而变差，从而降低了模型训练效果。

15.7.2　不同特征提取方法比较分析

从图 15-14 ～ 图 15-17 以及结合表 15-3 ～ 表 15-5，我们可以得出以下结论：

(1) 基于核主成分分析算法的 BP 神经网络在四种不同输入特征的模型中预测精度最高，基于因子分析算法的 BP 神经网络预测效果次之，基于主成分分析算法的 BP 神经网络预测效果相对较差。

(2) 基于因子分析算法的 Elman 神经网络在四种不同输入特征的模型中预测精度最高，基于主成分分析算法的 Elman 神经网络预测效果次之，基于核主成分分析算法的 Elman 神经网络预测效果相对较差。

(3) 基于主成分分析算法的 RBF 神经网络在四种不同输入特征的模型中预测精度最高，基于因子分析算法的 RBF 神经网络预测效果次之，基于核主成分分析算法的 RBF 神经网络预测效果相对较差。

(4) 同一特征提取方法对不同类型的神经网络预测精度影响程度不一。主成分分析方法相对来说更为稳定，对三种类型的神经网络预测精度都起到提升作用。因子分析方法虽然也比较稳定，但是提取后的特征辨识度不够，反而降低了三种类型的神经网络预测精度。核主成分分析方法提取后的特征具有一定的特异性，对 BP 神经网络起到大幅度提升作用，却也导致 RBF 神经网络精度骤降。

15.8 本章小结

本章研究了 BP 神经网络、Elman 神经网络和 RBF 神经网络这三种常见神经网络在金融股票时间序列领域的应用。为了对神经网络的预测性能进行更充分的探讨,所用数据集选取单独股票数据集和整体股票数据集两种,并采用收盘价时间序列、主成分分析提取特征、核主成分分析提取特征和因子分析提取特征这四种输入特征作为每种神经网络的输入,以研究不同神经网络对特征提取算法的敏感性。根据实验仿真结果,我们可以得出以下结论:

(1) 从 15.7 节中可以看出,在保证输入特征相同的情况下,BP 神经网络在三种神经网络模型中具有最高的预测精度,RBF 神经网络次之,Elman 神经网络的预测精度相对较差。可见误差的反向传播过程可以有效提高神经网络模型的精度和稳定性。

(2) 主成分分析和因子分析提取的特征都具备较好的稳定性,对三种神经网络预测精度的影响稳定。不同之处在于主成分分析算法提取的特征对神经网络模型起到稳定的提升作用,因子分析算法提取的特征反而对神经网络模型精度起到负面效果。

(3) 核主成分分析基于高斯核函数对主成分分析算法进行改进,所提取特征数量更多。核主成分分析算法提取特征对不同神经网络模型起到的作用千差万别,虽然其极大地提高了 BP 神经网络模型的原始预测精度,但是也大幅度降低了 RBF 神经网络的原始预测精度。产生这种情况的原因可能是核主成分分子提取后的特征中信息量分布更分散,信息之间的辨识度特异性更强,从而导致某些神经网络预测精度极高,但是某些神经网络预测精度极低。

第 16 章　金融股票时间序列深度网络预测模型

16.1　引　　言

近几年来，深度神经网络 (Deep Neural Network，DNN) 作为一种新型机器学习框架被广泛应用于各个领域，成为工业界和学术界的热门话题。不同于人工神经网络 (ANN)，深度神经网络通过堆叠多个层，使得每一层的输出作为下一层的输入来实现对输入信息进行分级表达 [296]。常用的深度神经网络有卷积神经网络 (Convolutional Neural Network, CNN)[297] 和循环神经网络 (Recurrent Neural Network, RNN)[298]。CNN 擅长处理网格型数据，在图像识别、自然语言处理领域被广泛应用。RNN 是一种递归式神经网络，擅长处理序列型数据，在时间序列预测、语音识别等领域有着广泛应用。RNN 根据结构的不同可分为许多网络，如长短期记忆 (Long Short Term Memory，LSTM) 网络 [299]、双向长短期期记忆网络 (Bi-directional LSTM，BiLSTM) 网络 [300] 和门控循环单元 (Gated Recurrent Unit, GRU) 网络 [301] 等。

深度神经网络在时间序列预测方面得到了广泛应用。Ding 等使用 CNN 提出了一种基于事件驱动的股票市场预测模型 [301]。Vargas Manuel 等建立了 CNN 模型和 RNN 模型对标准普尔 500 指数 (Standard & Poor's 500 index) 进行预测，结果表明 CNN 能够更好地从文本中捕捉语义，RNN 则能够更好地捕捉上下文信息 [302]。Şahin 等建立了基于 CNN 的空气污染预测模型预测 PM_{10} 和 SO_2，结果表明 CNN 可以准确预测空气污染物浓度 [303]。Malhotra 等 [304] 采用堆叠 LSTM 网络 (Stocked LSTM) 对异常/故障时间序列进行预测并进行了验证。Zhu 等提出了一种基于 LSTM 的多维飞机机翼振动时间序列聚类预测方法，结果表明聚类方法和 LSTM 相结合能显著降低预测误差 [305]。Liu 等结合经验小波变换、LSTM 和 Elman 建立了混合深度学习风速预测模型，结果表明该模型在高精度风速预测中具有较好的性能 [41]。

本章利用 CNN 深度网络、LSTM 深度网络和 BiLSTM 深度网络对金融股票时间序列数据进行预测，研究深度神经网络在金融股票时间序列预测的性能。

16.2 金融股票数据

16.2.1 基础金融股票时间序列数据

本章分别选取一只单股样本数据和一只整股样本数据进行建模研究,单股样本数据为某企业的金融股票时间序列数据,整股样本数据为能体现金融股票整体走向趋势的时间序列数据。

无论是单股样本数据还是整股样本数据都包含 5 组基础时间序列数据: 收盘价时间序列、开盘价时间序列、最高价时间序列、最低价时间序列、交易量时间序列。其中,收盘价时间序列为本章的预测对象。为了能全面分析该股票的特征,基于开盘价时间序列、最高价时间序列、最低价时间序列和交易量时间序列 4 组金融股票基础交易数据计算出其他 15 个技术分析指标,分别是: 升降线指标 (ACD)、动力指标 (MTM)、移动平均指标 (MA)、平均线差 (DMA)、平滑异同平均指标 (MACD)、快速异同平均指标 (QACD)、随机指标的三个参数 (KDJ-K、KDJ-D、KDJ-J)、威廉指标 (WR)、相对强弱指标 (RSI)、乖离率指标 (BIAS)、变动速率指标 (ROC)、摆动指标 (OSC)、引力线指标 (UDL)。共组成 19 组技术分析指标的时间序列数据。

1) 单股样本数据

本章选取的单股样本数据来源于我国上海证券交易恒瑞医药公司的金融股票基础时间序列数据集 (恒瑞医药, 代码 600276),基础时间序列数据包括收盘价时间序列、开盘价时间序列、最高价时间序列、最低价时间序列和交易量时间序列共 5 个时间序列数据。每个时间序列数据的采样间隔均为 1 天,采样时间为 2015 年 1 月 1 日至 2018 年 12 月 31 日,每个时间序列数据均有 925 个样本点。

图 16-1 展示了收盘价时间序列、开盘价时间序列、最高价时间序列和最低价时间序列走势。这 4 个基础交易数据在样本中的值都处于 20 元与 70 元之间,且具有较强的非平稳性。

图 16-2 展示了交易量时间序列的走势,该样本数据的交易量的走势无规律,波动性强。

2) 整股样本数据

本章选取的整股样本数据来源于我国深圳证券交易所的深证成分指数时间序列数据集 (SZI)。深证成分指数是从深圳证券交易所中抽取具有市场代表性的 500 家上市公司的金融股票数据作为计算对象,能综合反映深圳证券交易所上市 A、B 股的股价走势。深证成分指数时间序列数据集包括收盘价时间序列、开盘价时间序列、最高价时间序列、最低价时间序列和交易量时间序列共 5 个时间序列数据。每个时间序列数据的采样间隔均为 1 天,采样时间为 2015 年 1 月 1 日至 2018 年 12 月 31 日,每个时间序列数据均有 926 个样本点。

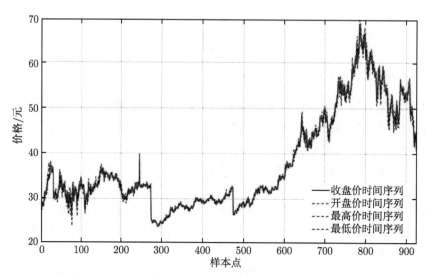

图 16-1　每日基础交易时间序列数据 S1 (彩图见封底二维码)

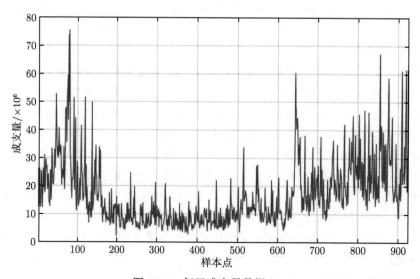

图 16-2　每日成交量数据 S1

　　图 16-3 展示了收盘价时间序列、开盘价时间序列、最高价时间序列和最低价时间序列走势。这 4 个基础交易数据在样本中的值都处于 6000 元与 20000 元之间，且具有较强的非平稳性。

　　图 16-4 展示了交易量时间序列的走势，该样本数据的交易量的走势无规律，波动性强。

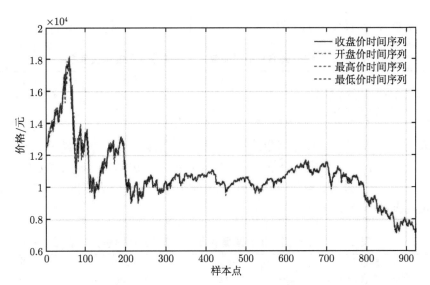

图 16-3 每日基础交易时间序列数据 S2 (彩图见封底二维码)

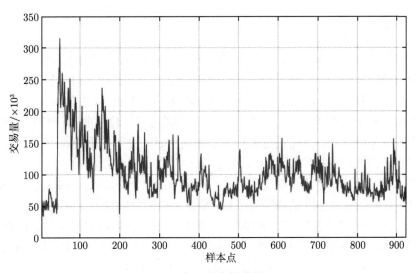

图 16-4 每日成交量数据 S2

16.2.2 特征辨识

设置累计信息贡献率阈值为 95%,使用主成分分析法、高斯核主成分分析法、因子分析法对 19 个金融股票技术分析指标进行特征辨识。表 16-1 展示了恒瑞医药公司的技术分析指标数据的特征辨识结果。通过主成分分析法提取了 7 个主成分分量,累计信息贡献率为 96.58%,核主成分分析法提取了 18 个主成分分量,累计信息贡献率为 96.26%，因子分析法提取了 6 个因子，累计信息贡献率为 96.12%。

表 16-1　数据集 S1 不同提取方法主成分分量信息贡献率

特征辨识方法	PCA	KPCA	FA
主成分分量 (因子) 数量	7	18	6
累计信息贡献率	96.58%	96.26%	96.12%

表 16-2 展示了深证成分指数的技术分析指标数据的特征辨识结果。通过主成分分析法提取了 7 个主成分分量，累计信息贡献率为 95.75%，核主成分分析法提取了 18 个主成分分量，累计信息贡献率为 96.10%，因子分析法提取了 7 个因子，累计信息贡献率为 96.26%。

表 16-2　数据集 S2 不同提取方法主成分分量信息贡献率

特征辨识方法	PCA	KPCA	FA
主成分分量 (因子) 数量	7	18	7
累计信息贡献率	95.75%	96.10%	96.26%

16.2.3　样本划分

本章选取两只金融股票时间序列数据集的主成分分量 (因子) 和收盘价时间序列作为模型样本数据。模型的输入输出结构为处于 t 位置的收盘价作为模型输出，处于 $t-1$ 位置的主成分分量 (因子) 序列的值和收盘价作为模型输入。

为实现模型的构建和模型性能的评价，需要对用于建立收盘价预测模型的样本数据进行分组处理。恒瑞医药公司的金融股票时间序列数据包含 925 个样本点，将数据划分为训练数据集和测试数据集，其中第 1~625 样本点 (共 625 个样本点) 作为训练样本，用于对预测模型进行训练，第 626~925 样本点 (共 300 个样本点) 作为测试样本，用于在模型训练完成后，测试所得模型的性能。深证成分指数的金融股票时间序列数据包含 926 个样本点，将数据划分为训练数据集和测试数据集，其中第 1~626 样本点 (共 626 个样本点) 作为训练样本，用于对预测模型进行训练，第 627~926 样本点 (共 300 个样本点) 作为测试样本，用于在模型训练完成后，测试所得模型的性能。

16.3　金融股票 CNN 深度网络预测模型

16.3.1　模型框架

图 16-5 为金融股票 CNN 深度网络预测流程图。

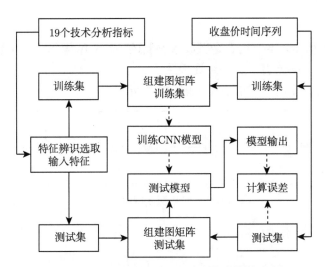

图 16-5 金融股票 CNN 深度网络预测流程图

16.3.2 CNN 深度网络理论基础

CNN 是一种新型神经网络,与其他神经网络相比最大的不同是加入了卷积层,而卷积层所带来的稀疏交互、参数共享和等变表示等性能极大地提高了网络的表示能力 [306]。CNN 擅长处理网格型数据,比如图片、视频等数据,广泛应用于图像识别领域 [307-309],本节将金融股票时间序列组合成网格数据对收盘价进行预测研究。

一个完整的 CNN 结构包括卷积层、池化层、整流线性单元、批标准化层 [310]。

16.3.3 建模步骤

使用 CNN 深度网络建立收盘价预测模型包括四个步骤:计算技术分析指标、特征辨识、模型训练和模型测试与分析。

1) 计算技术分析指标

依据开盘价时间序列、最高价时间序列、最低价时间序列和交易量时间序列 4 个基础交易数据计算其他 15 个技术分析指标,共得到 19 组技术分析指标时间序列。

2) 特征辨识

依据第 13 章介绍的方法,分别使用主成分分析法、核主成分分析法和因子分析法对 19 组技术分析指标时间序列进行数据降维,提取主要特征。设置累计信息贡献率阈值,提取累计信息贡献率刚好大于阈值的主成分分量或因子作为后续建立模型的数据集。

3) 模型训练

如图 16-6 所示,本节用于金融股票预测的 CNN 结构包含一个卷积层、一个池化层、一个 Dropout 层、一个全连接层。

创建模型输入输出结构的过程如图 16-7 所示。

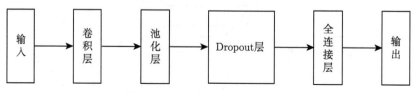

图 16-6   CNN 深度网络结构图

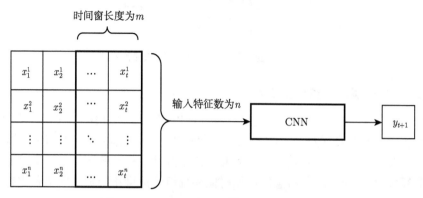

图 16-7   CNN 深度网络模型输入输出结构

首先,确定输入特征数。本节用于预测金融股票的输入特征为经过特征辨识提取的主成分分量或因子与每日收盘价。由 16.2.2 节可知,利用主成分分析法、核主成分分析法、因子分析法提取的主成分分量或因子数对于单股股票数据分别为 7、18、6,对于整股股票数据分别为 7、18、7。设提取的主成分分量或因子数为 $n-1$,加上对应时间 t 的每日收盘价数据,组成输入特征数为 n 的输入数据集。

然后,建立用于输入 CNN 的图矩阵。设置时间窗长度为 m,如图 16-7 所示建立 $m \times n \times 1$ 维度的图矩阵。本节设置时间窗长度 m 为 1。

最后,将建立的训练集的图矩阵作为模型输入,下一样本点的收盘价作为模型输出,训练 CNN。

4) 模型测试与分析

按照步骤 3) 建立测试集的输入图矩阵,并输入到训练完成得到的 CNN 深度网络预测模型进行测试,得到预测的收盘价。并将预测的收盘价与实际收盘价进行比较分析,计算 MAE、MAPE、RMSE 和 SDE 四种误差评价指标值,对预测模型的性能进行评估。

16.3.4 模型结果

本节分析不同特征辨识方法提取输入特征对 CNN 深度网络预测模型的影响，比较模型对数据集 S1 和数据集 S2 的预测性能。图 16-8 和图 16-9 分别展示了使用不用特征提取方法的 CNN 深度网络预测模型对单只股票和整体股票的预测结果。分析图可知：

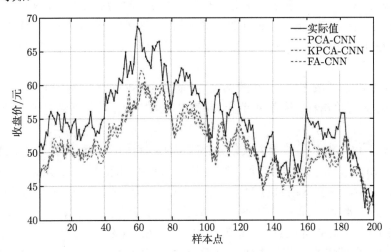

图 16-8　基于不同特征提取方法的 CNN 深度网络预测结果 S1 (彩图见封底二维码)

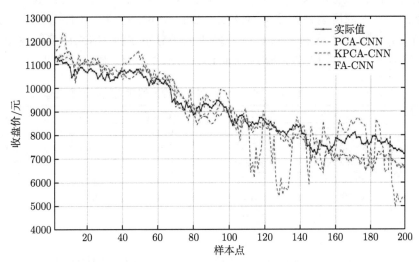

图 16-9　基于不同特征提取方法的 CNN 深度网络预测结果 S2 (彩图见封底二维码)

(1) 对于数据集 S1，基于三种特征辨识方法的 CNN 深度网络预测模型的预测存在较大的误差，整体预测结果比实际序列更低，CNN 深度网络不能很好地用于数据集 S1 的预测。

(2) 对于数据集 S2, 基于三种特征辨识方法的 CNN 深度网络预测模型的预测效果均是前 100 个样本点好于后 100 个样本点。而后 100 个样本点离训练模型的样本数据时间间隔久, 说明测试样本数据与训练样本数据的时间间隔对模型预测性能有一定影响。

(3) 对于数据集 S2, 基于主成分分析法和基于因子分析法的 CNN 深度网络预测模型较基于核主成分分析法的 CNN 深度网络预测模型更为稳定。后者波动性较强, 可见在此例中, 核主成分分析法用于特征辨识不太适合金融股票 CNN 深度网络模型。

表 16-3 展示了数据集 S1 和数据集 S2 的基于不同输入特征的 CNN 深度神经网络预测结果评价指标, 从表中可以详细看出 CNN 深度神经网络对于不同特征输入的预测性能:

(1) 对于数据集 S1, 基于主成分分析的 CNN 深度网络预测的 MAE、MAPE、RMSE 和 SDE 分别为 4.3744 元、7.6968%、4.9962 元和 2.6594 元; 基于核主成分分析的 CNN 深度网络预测的 MAE, MAPE, RMSE 和 SDE 分别为 4.0075元, 7.1035%, 4.5405 元和 2.3193 元; 基于因子分析法的 CNN 深度网络预测的 MAE、MAPE、RMSE 和 SDE 分别为 3.9779 元、6.9985%、4.6271 元和 2.6327 元。

(2) 对于数据集 S2, 基于主成分分析的 CNN 深度网络预测的 MAE、MAPE、RMSE 和 SDE 分别为 355.07 元、4.1597%、457.87 元和 435.8 元; 基于核主成分分析的 CNN 深度网络预测的 MAE、MAPE、RMSE 和 SDE 分别为 657.65元, 7.7383%, 899.57 元和 899.09 元; 基于因子分析法的 CNN 深度网络预测的 MAE、MAPE、RMSE 和 SDE 分别为 404.76 元、4.7264%、492.65 元和 436.15 元。

表 16-3　不同输入特征的 CNN 深度神经网络预测结果评价指标

数据集	模型	MAE /元	MAPE/%	RMSE/元	SDE/元
S1	PCA-CNN	4.3744	7.6968	4.9962	2.6594
	KPCA-CNN	4.0075	7.1035	4.5405	2.3193
	FA-CNN	3.9779	6.9985	4.6271	2.6327
S2	PCA-CNN	355.07	4.1597	457.87	435.8
	KPCA-CNN	657.65	7.7383	899.57	899.09
	FA-CNN	404.76	4.7264	492.65	436.15

16.4　金融股票 LSTM 深度网络预测模型

16.4.1　模型框架

图 16-10 为金融股票 LSTM 深度网络预测流程图。

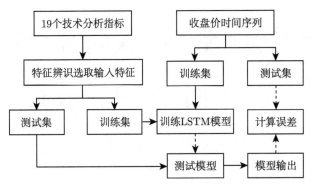

图 16-10 金融股票 LSTM 深度网络预测流程图

16.4.2 LSTM 深度网络理论基础

LSTM 是由 Hochreiter 和 Schmidhuber 于 1997 年提出的 [311]。LSTM 是 RNN 的一种特殊结构，具有良好的时间序列预测性能，其结构包括三个部分，分别为输入门、遗忘门和输出门。

本节对金融股票的收盘价预测建立的 LSTM 深度网络预测模型的结构如图 16-11 所示。首先，我们按照前文所述设置输入/输出数据结构，模型计算如下：

$$f_t = \sigma\left(W_{fx}X_t + w_{fy}Y_{t-1} + b_f\right) \tag{16.1}$$

$$i_t = \sigma\left(W_{ix}X_t + w_{iy}Y_{t-1} + b_i\right) \tag{16.2}$$

$$\tilde{C}_t = \tanh\left(W_{Cx}X_t + w_{Cy}Y_{t-1} + b_C\right) \tag{16.3}$$

$$o_t = \sigma\left(W_{ox}X_t + w_{oy}Y_{t-1} + b_o\right) \tag{16.4}$$

$$C_t = f_t \cdot C_{t-1} + i_t \cdot \tilde{C}_t \tag{16.5}$$

$$Y_t = o_t \cdot \tanh\left(C_t\right) \tag{16.6}$$

其中，f_t, i_t, o_t 分别表示遗忘门、输入门和输出门的输出；C_t 表示 t 时刻的细胞状态；X_t 和 Y_t 分别表示输入向量和输出向量；W 和 b 分别是权重矩阵和阈值向量；$\sigma\left(x\right)$ 和 $\tanh\left(x\right)$ 均为激活函数，可以表示为

$$\sigma\left(x\right) = \frac{1}{1 + \mathrm{e}^{-x}} \tag{16.7}$$

$$\tanh\left(x\right) = \frac{\mathrm{e}^x - \mathrm{e}^{-x}}{\mathrm{e}^x + \mathrm{e}^{-x}} \tag{16.8}$$

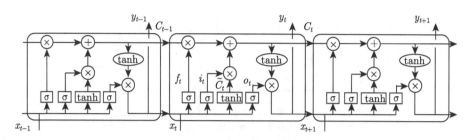

图 16-11　LSTM 深度网络结构图

16.4.3　建模步骤

使用 LSTM 深度网络建立收盘价预测模型包括四个步骤: 计算技术分析指标、特征辨识、模型训练和模型测试与分析。

1) 计算技术分析指标

依据开盘价时间序列、最高价时间序列、最低价时间序列和交易量时间序列 4 个基础交易数据计算其他 15 个技术分析指标,共得到 19 组技术分析指标时间序列。

2) 特征辨识

依据第 13 章介绍的方法,分别使用主成分分析法、核主成分分析法和因子分析法对 19 组技术分析指标时间序列进行数据降维,提取主要特征。设置累计信息贡献率阈值,提取累计信息贡献率刚好大于阈值的主成分分量或因子作为后续建立模型的数据集。

3) 模型训练

将数据集分为训练集和测试集,设置最大迭代次数、网络学习率等模型训练参数,利用训练集对 LSTM 深度网络预测模型进行训练,模型输入为提取的主成分分量或因子,模型输出为下一个样本点的收盘价。

4) 模型测试与分析

将测试集的输入数据输入到 LSTM 模型中进行测试,得到预测的收盘价。并将预测的收盘价与实际收盘价进行比较分析,计算 MAE、MAPE、RMSE 和 SDE 四种误差评价指标值,对预测模型的性能进行评估。

16.4.4　模型结果

本节分析不同特征辨识方法提取输入特征对 LSTM 深度网络预测模型的影响,比较模型对数据集 S1 和数据集 S2 的预测性能。图 16-12 和图 16-13 展示了使用不用特征提取方法的 LSTM 深度网络预测模型对数据集 S1 和数据集 S2 的预测结果。分析图可知:

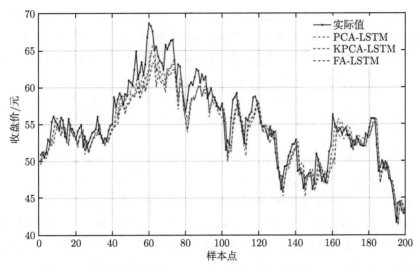

图 16-12 基于不同特征提取方法的 LSTM 深度网络预测结果 S1 (彩图见封底二维码)

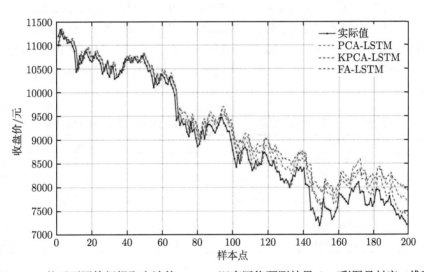

图 16-13 基于不同特征提取方法的 LSTM 深度网络预测结果 S2 (彩图见封底二维码)

(1) 对于数据集 S1，基于三种特征辨识方法的 LSTM 深度网络预测模型均对数据集 S1 的预测结果较好，但在峰值区域如第 60 个样本点附近的预测效果不如其他样本区域。基于主成分分析法的 LSTM 深度网络预测模型对峰值区域的预测效果最好，其次是基于核主成分分析法的 LSTM 深度网络预测模型。

(2) 对于数据集 S2，基于三种特征辨识方法的 LSTM 深度网络预测模型的预测误差均随着样本点时间的推移而增大。其中，基于主成分分析法的 LSTM 深度网络预测模型从第 80 个样本点开始误差越来越大, 基于核主成分分析法的 LSTM 深度网络预测模型从第 140 个样本点开始误差越来越大, 基于因子分析法的 LSTM 深度网络预测模型从第 70 个样本点开始误差越来越大。基于核主成分分析法的 LSTM 深度网络预测模型的预测性能优于其他两种模型。

表 16-4 分别展示了数据集 S1 和数据集 S2 的基于不同输入特征的 LSTM 深度神经网络预测结果评价指标, 从表中可以详细看出 LSTM 深度神经网络对于不同输入特征的预测性能:

(1) 对于数据集 S1, 基于主成分分析的 LSTM 深度网络预测的 MAE、MAPE、RMSE 和 SDE 分别为 1.5352 元、2.7531%、1.9971 元和 1.8459 元; 基于核主成分分析的 LSTM 深度网络预测的 MAE、MAPE、RMSE 和 SDE 分别为 1.5225 元、2.7034%、1.9575 元和 1.6828 元; 基于因子分析法的 LSTM 深度网络预测的 MAE、MAPE、RMSE 和 SDE 分别为 1.7646 元、3.1182%、2.3122 元和 2.0419 元。

(2) 对于数据集 S2, 基于主成分分析的 LSTM 深度网络预测的 MAE、MAPE、RMSE 和 SDE 分别为 265.14 元、3.1892%、319.82 元和 209.42 元; 基于核主成分分析的 LSTM 深度网络预测的 MAE、MAPE、RMSE 和 SDE 分别为 173.17 元、2.0314%、214.7 元和 167.44 元; 基于因子分析法的 LSTM 深度网络预测的 MAE、MAPE、RMSE 和 SDE 分别为 311.91 元、3.774%、374.82 元和 226.99 元。

表 16-4　不同输入特征的 LSTM 深度神经网络预测结果评价指标

数据集	模型	MAE/元	MAPE/%	RMSE/元	SDE/元
S1	PCA-LSTM	1.5352	2.7531	1.9971	1.8459
	KPCA-LSTM	1.5225	2.7034	1.9575	1.6828
	FA-LSTM	1.7646	3.1182	2.3122	2.0419
S2	PCA-LSTM	265.14	3.1892	319.82	209.42
	KPCA-LSTM	173.17	2.0314	214.7	167.44
	FA-LSTM	311.91	3.774	374.82	226.99

16.5　金融股票 BiLSTM 深度网络预测模型

16.5.1　模型框架

图 16-14 为金融股票 BiLSTM 深度网络预测流程图。

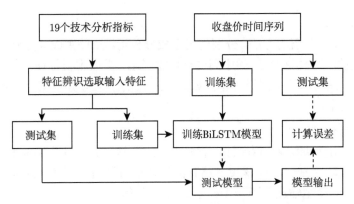

图 16-14   金融股票 BiLSTM 深度网络预测流程图

16.5.2   BiLSTM 深度网络理论基础

BiLSTM 由一个正向 LSTM 深度网络和一个反向 LSTM 深度网络组合而成 [312]。BiLSTM 深度网络能很好地克服 LSTM 深度网络只能获取正向数据信息而不能获取反向数据信息的缺点 [313]。图 16-15 为 BiLSTM 深度网络结构示意图。

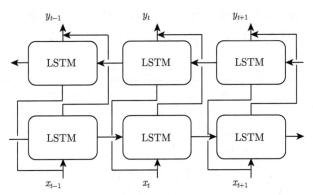

图 16-15   BiLSTM 深度网络结构示意图

16.5.3   建模步骤

使用 BiLSTM 深度网络建立收盘价预测模型包括四个步骤：计算技术分析指标、特征辨识、模型训练和模型测试与分析。

1) 计算技术分析指标

依据开盘价时间序列、最高价时间序列、最低价时间序列和交易量时间序列 4 个基础交易数据计算其他 15 个技术分析指标，共得到 19 组技术分析指标时间序列。

2) 特征辨识

依据第 13 章介绍的方法，分别使用主成分分析法、核主成分分析法和因子分析法对 19 组技术分析指标时间序列进行数据降维，提取主要特征。设置累计信息贡献率阈值，提取累计信息贡献率刚好大于阈值的主成分分量或因子作为后续建立模型的数据集。

3) 模型训练

将数据集分为训练集和测试集，设置最大迭代次数、网络学习率等模型训练参数，利用训练集对 BiLSTM 深度网络预测模型进行训练，模型输入为提取的主成分分量或因子，模型输出为下一个样本点的收盘价。

4) 模型测试与分析

将测试集的输入数据输入到 BiLSTM 模型中进行测试，得到预测的收盘价。并将预测的收盘价与实际收盘价进行比较分析，计算 MAE、MAPE、RMSE 和 SDE四种误差评价指标值对预测模型的性能进行评估。

16.5.4　模型结果

本节分析不同特征辨识方法提取输入特征对 BiLSTM 深度网络预测模型的影响，比较模型对数据集 S1 和数据集 S2 的预测性能。图 16-16 和图 16-17 展示了使用不用特征提取方法的 BiLSTM 深度网络预测模型对数据集 S1 和数据集 S2 的预测结果。分析图可知：

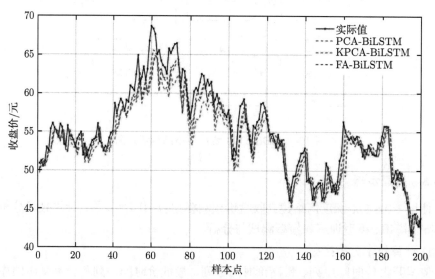

图 16-16　基于不同特征提取方法的 BiLSTM 深度网络预测结果 S1 (彩图见封底二维码)

(1) 对于数据集 S1, BiLSTM 深度网络的整体性能较好，但在峰值区域如第 60 个样本点与第 80 个样本点之间的预测性能不如其他样本区域。

(2) 对于数据集 S2, BiLSTM 深度网络的预测误差随着样本点所处时间的增加而增大，在第 80 个样本点之前的预测结果均较好，在第 80 个样本点之后误差逐步增大。

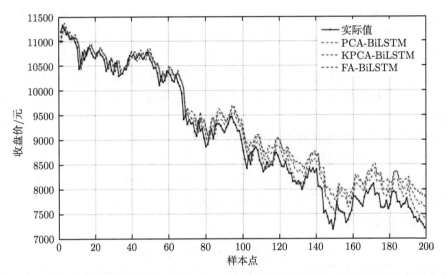

图 16-17　基于不同特征提取方法的 BiLSTM 深度网络预测结果 S2 (彩图见封底二维码)

各 BiLSTM 深度预测模型的预测精度指标如表 16-5 所示。对比表中数据得出以下结论：

(1) 选用核主成分分析法对 BiLSTM 深度预测模型的输入数据进行特征提取能增加预测性能。使用该模型，对于单股股票数据预测的精度指标 MAPE、MAE、RMSE、SDE 分别为 2.4682%、1.3762 元、1.7677 元、1.6098 元；对于整股股票数据预测的精度指标 MAPE、MAE、RMSE、SDE 分别为 2.0082%、171.08 元、211.71 元、163.24 元。

表 16-5　不同输入特征的 BiLSTM 深度神经网络预测结果评价指标

数据集	模型	MAE/元	MAPE/%	RMSE/元	SDE/元
	PCA- BiLSTM	1.837	3.241	2.3411	1.8848
S1	KPCA- BiLSTM	1.3762	2.4682	1.7677	1.6098
	FA- BiLSTM	1.5061	2.6994	2.0101	1.8817
	PCA- BiLSTM	247.14	2.9453	293.69	189.63
S2	KPCA- BiLSTM	171.08	2.0082	211.71	163.24
	FA- BiLSTM	293.26	3.5319	348.14	210.62

(2) 无论使用何种特征辨识方法提取特征,使用 BiLSTM 深度网络预测模型对单股的预测性能普遍好于对整股的预测性能。对于单股预测的 MAE 和 RMSE 指标均处于 1~3 的范围,而对于整股预测的 MAE 和 RMSE 指标均大于 150。

16.6　模型性能综合比较分析

表 16-6 展示基于不同特征辨识方法提取模型输入特征,不同深度网络模型对单股数据和整股数据的预测精度指标。从表中分析比较可得出以下结论:

(1) 对于单股数据的预测均优于对整股数据的预测,基于 CNN 深度网络、LSTM 深度网络和 BiLSTM 深度网络的预测模型对单股数据的预测精度指标的 MAE 指标和 RMSE 指标均处于 1~5,而对整股数据的预测精度指标的 MAE 指标和 RMSE 指标均处于 170~900。

(2) 对于单股数据的预测,CNN 深度网络的预测性能始终逊色于 LSTM 深度网络和 BiLSTM 深度网络。后两者的预测性能较为相近。

(3) 对于单股数据的预测,LSTM 深度网络更适合用核主成分分析法和主成分分析法提取模型输入特征; BiLSTM 深度网络更适合用核主成分分析法和因子分析法提取模型输入特征。

表 16-6　深度网络模型预测结果评价指标

数据集	模型	MAE/元	MAPE/%	RMSE/元	SDE/元
S1	PCA-CNN	4.3744	7.6968	4.9962	2.6594
	KPCA-CNN	4.0075	7.1035	4.5405	2.3193
	FA-CNN	3.9779	6.9985	4.6271	2.6327
S2	PCA-CNN	355.07	4.1597	457.87	435.8
	KPCA-CNN	657.65	7.7383	899.57	899.09
	FA-CNN	404.76	4.7264	492.65	436.15
S1	PCA-LSTM	1.5352	2.7531	1.9971	1.8459
	KPCA-LSTM	1.5225	2.7034	1.9575	1.6828
	FA-LSTM	1.7646	3.1182	2.3122	2.0419
S2	PCA-LSTM	265.14	3.1892	319.82	209.42
	KPCA-LSTM	173.17	2.0314	214.7	167.44
	FA-LSTM	311.91	3.774	374.82	226.99
S1	PCA-BiLSTM	1.837	3.241	2.3411	1.8848
	KPCA- BiLSTM	1.3762	2.4682	1.7677	1.6098
	FA- BiLSTM	1.5061	2.6994	2.0101	1.8817
S2	PCA- BiLSTM	247.14	2.9453	293.69	189.63
	KPCA- BiLSTM	171.08	2.0082	211.71	163.24
	FA- BiLSTM	293.26	3.5319	348.14	210.62

16.7 本 章 小 结

本章研究了 CNN 深度网络、LSTM 深度网络和 BiLSTM 深度网络这三种常见的深度神经网络,对金融股票时间序列进行预测研究。为了对这三种深度神经网络的预测性能进行更充分的探讨,本章选用了来自我国上海证券交易所的恒瑞医药公司的股票时间序列数据集和来自我国深圳证券交易所的深证成分指数时间序列数据集两种数据集作为研究对象。使用主成分分析法、核主成分分析法和因子分析法三种特征辨识方法对金融股票时间序列集进行特征辨识,得到深度神经网络的输入数据,建立了三种特征辨识方法和三种深度神经网络相互组合的九种模型。根据实验仿真结果,我们可以得出以下结论:

(1) 在保证输入特征相同的情况下,BiLSTM 深度网络在三种神经网络模型中具有最高的预测精度,LSTM 深度神经网络次之,CNN 深度网络的预测精度相对较差。可见 BiLSTM 深度网络能更好地应用在金融股票时间序列预测的研究中。

(2) 对于单股数据的预测 LSTM 深度网络更适合用核主成分分析法和主成分分析法提取模型输入特征;BiLSTM 深度网络更适合用核主成分分析法和因子分析法提取模型输入特征;而 CNN 更适合用因子分析法提取模型输入特征。

参 考 文 献

[1] Liu H, Mi X, Li Y. Smart multi-step deep learning model for wind speed forecasting based on variational mode decomposition, singular spectrum analysis, LSTM network and ELM [J]. Energy Conversion and Management, 2018, 159: 54-64.

[2] Liu H, Wu H, Lv X, et al. An intelligent hybrid model for air pollutant concentrations forecasting: Case of Beijing in China [J]. Sustainable Cities and Society, 2019, 47: 101471.

[3] Basak S, Kar S, Saha S, et al. Predicting the direction of stock market prices using tree-based classifiers [J]. N. Am. Econ. Finance, 2019, 47(c): 552-567.

[4] Ercan H. Baltic stock market prediction by using NARX [C]. IEEE, 2017.

[5] Agustini W F, Affianti I R, Putri E R M, et al. Stock price prediction using geometric brownian motion [J]. Journal of Physics: Conference Series, 2018, 974.

[6] Zhang H, Zhang S, Wang P, et al. Forecasting of particulate matter time series using wavelet analysis and wavelet-ARMA/ARIMA model in Taiyuan, China [J]. J. Air Waste Manage. Assoc., 2017, 67(7): 776-788.

[7] Xu X Y, Qi Y Q, Hua Z S. Forecasting demand of commodities after natural disasters [J]. Expert Syst. Appl., 2010, 37(6): 4313-4317.

[8] Zhang X. CPI Prediction Based on ARIMA Model [M]//Jing W, Ning X, Huiyu Z. Proceedings of the 7th International Conference on Education, Management, Information and Computer Science. Paris: Atlantis Press. 2017: 135-138.

[9] Lai C H, Tseng M H. Comparison of regression models, grey models, and supervised learning models for forecasting flood stage caused by typhoon events [J]. J. Chin. Inst. Eng., 2010, 33(4): 629-634.

[10] Erdem E, Shi J. ARMA based approaches for forecasting the tuple of wind speed and direction [J]. Applied Energy, 2011, 88(4): 1405-1414.

[11] Krogh A, Larsson B, Heijne G V, et al. Predicting transmembrane protein topology with a hidden markov model: Application to complete genomes [J]. J. Mol. Biol., 2001, 305(3): 567-580.

[12] Ricketts T H, Regetz J, Steffan-Dewenter I, et al. Landscape effects on crop pollination services: Are there general patterns? [J]. Ecol. Lett., 2008, 11(5): 499-515.

[13] Huang B, Qin G, Zhao R, et al. Recursive Bayesian echo state network with an adaptive inflation factor for temperature prediction [J]. Neural. Comput. Appl., 2018, 29(12): 1535-1543.

[14] Cavarzere A, Venturini M. Application of forecasting methodologies to predict gas turbine behavior over time [J]. J Eng Gas Turbines Power, 2012, 134(1): 012401.

[15] Mccabe B P M, Martin G M. Coherent predictions of low count time series [J]. Int J Forecast, 2005, 21(2): 315-330.

[16] Hamid M H, Shabri A. Wavelet Regression Model in Forecasting Crude Oil Price [M]//Abubakar S A, Yunus R M, Mohamed I. 3rd Ism International Statistical Conference 2016. Melville: Amer Inst Physics, 2017.

[17] Liu H, Tian H Q, Li Y F. An EMD-recursive ARIMA method to predict wind speed for railway strong wind warning system [J]. Journal of Wind Engineering and Industrial Aerodynamics, 2015, 141: 27-38.

[18] Ahani I K, Salari M, Shadman A. Statistical models for multi-step-ahead forecasting of fine particulate matter in urban areas [J]. Atmos. Pollut. Res., 2019, 10(3): 689-700.

[19] Oztekin A, Kizilaslan R, Freund S, et al. A data analytic approach to forecasting daily stock returns in an emerging market [J]. Eur. J. Oper. Res., 2016, 253(3): 697-710.

[20] Chang J F, Wei L Y, Cheng C H. Anfis-based adaptive expectation model for forecasting stock index [J]. Int. J. Innov. Comp. Inf. Control., 2009, 5(7): 1949-1958.

[21] Tsai Y T, Zeng Y R, Chang Y S, et al. Air pollution forecasting using RNN with Lstm [C]. IEEE, 2018.

[22] Chniti G, Bakir H, Zaher H, et al. E-commerce Time Series Forecasting Using LSTM Neural Network and Support Vector Regression [M]. New York: Assoc Computing Machinery, 2017.

[23] Zheng H M, Shang X X. Study on prediction of atmospheric PM2.5 based on RBF neural network [M]. 2013 Fourth International Conference on Digital Manufacturing and Automation, IEEE, 2013: 1287-1289.

[24] Yan L M, Wu Y W, Yan L Q, et al. Encoder-decoder model for forecast of PM2.5 concentration per hour [C]. IEEE, 2018.

[25] Liu H, Tian H Q, Li Y F, et al. Comparison of four adaboost algorithm based artificial neural networks in wind speed predictions [J]. Energy Conversion and Management, 2015, 92(a2): 67-81.

[26] Banik S, Khan A F M K. Forecasting US NASDAQ stock index values using hybrid Forecasting Systems [C]. IEEE, 2015.

[27] Li H Q, Shi X H. Data Driven based PM2.5 Concentration Forecasting [M]//Chao Y, Zhang W F, Li X. Proceedings of the 2016 International Conference on Biological Engineering and Pharmacy. Paris, Atlantis Press: 2016: 301-304.

[28] Castelli M, Vanneschi L, Trujillo L, et al. Stock index return forecasting: semantics-based genetic programming with local search optimiser [J]. Int. J. Bio-Inspired Comput., 2017, 10(3): 159-171.

[29] Lv X R, Luo X, Wang S J, et al. Short-term Prediction on the Time Series of PCP Speed Based on Elman Neural Network [M]//Guo J. Advanced Materials Design and Mechanics. Stafa-Zurich: Trans Tech Publications Ltd., 2012: 749-753.

[30] Li P H, Li Y G, Xiong Q Y, et al. Application of a hybrid quantized Elman neural network in short-term load forecasting [J]. Int. J. Electr. Power Energy Syst., 2014, 55(2): 749-759.

[31] Tran Q K, 송사광. Water level forecasting based on deep learning: A use case of Trinity River-Texas-The United States [J]. Journal of Kiise, 2017, 44(6): 607-612.

[32] Zeng Z, Xiao H, Zhang X. Self CNN-based time series stream forecasting [J]. Electronics Letters, 2016, 52(22): 1857-1588.

[33] Ouahilal M, Mohajir M E, Chahhou M, et al. Optimizing stock market price prediction using a hybrid approach based on HP filter and support vector regression [C]//Elmohajir M, Chahhou M, Alachhab M, et al. 2016 4th IEEE International Colloquium on Information Science and Technology, IEEE, 2016: 290-294.

[34] Zang H X, Cheng L L, Ding T, et al. Hybrid method for short-term photovoltaic power forecasting based on deep convolutional neural network [J]. IET Gener Transm Distrib, 2018, 12(20): 4557-4567.

[35] Zhang Z, Qin H, Liu Y, et al. Long short-term memory network based on neighborhood gates for processing complex causality in wind speed prediction [J]. Energy Conversion and Management, 2019, 192: 37-51.

[36] Mi X, Liu H, Li Y. Wind speed prediction model using singular spectrum analysis, empirical mode decomposition and convolutional support vector machine [J]. Energy Conversion and Management, 2019, 180: 196-205.

[37] Liu H, Mi X, Li Y. An experimental investigation of three new hybrid wind speed forecasting models using multi-decomposing strategy and ELM algorithm [J]. Renewable Energy, 2018, 123(c): 694-705.

[38] Liu H, Mi X, Li Y. Smart deep learning based wind speed prediction model using wavelet packet decomposition, convolutional neural network and convolutional long short term memory network [J]. Energy Conversion and Management, 2018, 166: 120-131.

[39] Liu H, Tian H Q, Liang X F, et al. Wind speed forecasting approach using secondary decomposition algorithm and Elman neural networks [J]. Applied Energy, 2015, 157(c): 183-194.

[40] Liu H, Mi X, Li Y, et al. Smart wind speed deep learning based multi-step forecasting model using singular spectrum analysis, convolutional gated recurrent unit network and support vector regression [J]. Renewable Energy, 2019, 143: 842-854.

[41] Liu H, Mi X W, Li Y F, et al. Wind speed forecasting method based on deep learning strategy using empirical wavelet transform, long short term memory neural network

and Elman neural network [J]. Energy Conversion and Management, 2018, 156: 498-514.

[42] Liu H, Tian H Q, Li Y F. Four wind speed multi-step forecasting models using extreme learning machines and signal decomposing algorithms [J]. Energy Conversion and Management, 2015, 100(c): 16-22.

[43] Liu D, Wang J, Wang H. Short-term wind speed forecasting based on spectral clustering and optimised echo state networks [J]. Renewable Energy, 2015, 78(c): 599-608.

[44] Cheng Y, Zhang H, Liu Z H, et al. Hybrid algorithm for short-term forecasting of PM2.5 in China [J]. Atmos Environ, 2019, 200: 264-279.

[45] Wang J Z, Wang J J, Zhang Z G, et al. Forecasting stock indices with back propagation neural network [J]. Expert Syst. Appl., 2011, 38(11): 14346-14355.

[46] Luo S H, Huo J Y, Dai Z A. Frequency-division combination forecasting of stock market based on wavelet multiresolution analysis [J]. Discrete Dyn. Nat. Soc., 2018, 2018(23): 1-11.

[47] Niu M F, Gan K, Sun S L, et al. Application of decomposition-ensemble learning paradigm with phase space reconstruction for day-ahead PM2.5 concentration forecasting [J]. J. Environ. Manage., 2017, 196(c): 110-118.

[48] Liu D J, Li L. Application study of comprehensive forecasting model based on entropy weighting method on trend of PM2.5 concentration in Guangzhou, China [J]. Int J Environ Res Public Health, 2015, 12(6): 7085-7099.

[49] Hou L Q, Yang S L. Volatility forecast based on intelligent egarch error correction model [J]. Teh. Vjesn., 2013, 20(6): 961-968.

[50] Li Y, Shi H, Han F, et al. Smart wind speed forecasting approach using various boosting algorithms, big multi-step forecasting strategy [J]. Renewable Energy, 2019, 135: 540-553.

[51] Li Y, Wu H, Liu H. Multi-step wind speed forecasting using EWT decomposition, LSTM principal computing, RELM subordinate computing and IEWT reconstruction [J]. Energy Conversion and Management, 2018, 167: 203-219.

[52] Liu H, Wu H, Li Y. Smart wind speed forecasting using EWT decomposition, GWO evolutionary optimization, RELM learning and IEWT reconstruction [J]. Energy Conversion and Management, 2018, 161: 266-283.

[53] Mi X W, Liu H, Li Y F. Wind speed forecasting method using wavelet, extreme learning machine and outlier correction algorithm [J]. Energy Conversion and Management, 2017, 151: 709-722.

[54] Zong X P, Wu Z H, Destech Publicat I. SVR Smoggy Forecast Model Based on GA Method Optimization [M]. Lancaster: Destech Publications, Inc, 2015.

[55] Niu M F, Wang Y F, Sun S L, et al. A novel hybrid decomposition-and-ensemble model based on CEEMD and GWO for short-term PM2.5 concentration forecasting

[J]. Atmos. Environ., 2016, 134(c): 168-180.

[56]   Abraham A, Nath B, Mahanti P K. Hybrid Intelligent Systems for Stock Market Analysis [M]//Alexandrov V N, Dongarra J J, Juliano B A, et al. Computational Science – Iccs 2001, Proceedings PT 2. Berlin: Springer-Verlag, 2001: 337-345.

[57]   Guo Z Q, Wang H Q, Liu Q. Financial time series forecasting using LPP and SVM optimized by PSO [J]. Soft Comput, 2013, 17(5): 805-818.

[58]   Weigend A S. Time series prediction: Forecasting the future and understanding the past [J]. International Journal of Forecasting, 1994, 10(1): 161-163.

[59]   Giappino S, Rocchi D, Schito P, et al. Cross wind and rollover risk on lightweight railway vehicles [J]. Journal of Wind Engineering & Industrial Aerodynamics, 2016, 153: 106-112.

[60]   Fragner M M, Deiterding R. Investigating cross-wind stability of high-speed trains with large-scale parallel CFD [J]. International Journal of Computational Fluid Dynamics, 2016, 30(6): 402-407.

[61]   Rocchi D, Tomasini G, Schito P, et al. Wind effects induced by high speed train pass-by in open air [J]. Journal of Wind Engineering & Industrial Aerodynamics, 2018, 173: 279-288.

[62]   Hoppmann U, Koenig S, Tielkes T, et al. A short-term strong wind prediction model for railway application: Design and verification [J]. Journal of Wind Engineering & Industrial Aerodynamics, 2002, 90(10): 1127-1134.

[63]   Zeilstra M, Wincoop A V, Rypkema J. The WASCAL-Tool: Prediction of staffing for train dispatching as part of the design process of track yards [C]. Proceedings of the International Symposium on Human Mental Workload: Models & Applications, F, 2017.

[64]   李小飞. 基于自组织数据挖掘的 GDP 预测研究 [D]. 杭州: 浙江工商大学, 2012.

[65]   吴栋梁, 王扬, 郭创新, 等. 基于改进 GMDH 网络的风电场短期风速预测 [J]. 电力系统保护与控制, 2011, 39(2): 88-93, 111.

[66]   李牡丹, 王印松. 基于灰色 GMDH 网络组合模型的风速预测 [J]. 可再生能源, 2017, 35(04): 522-527.

[67]   Liu H, Tian H Q, Pan D F, et al. Forecasting models for wind speed using wavelet, wavelet packet, time series and artificial neural networks [J]. Applied Energy, 2013, 107(4): 191-208.

[68]   Wang J, Niu T, Lu H, et al. An analysis-forecast system for uncertainty modeling of wind speed: A case study of large-scale wind farms [J]. Applied Energy, 2018, 211(c): 492-512.

[69]   Niu T, Wang J, Zhang K, et al. Multi-step-ahead wind speed forecasting based on optimal feature selection and a modified bat algorithm with the cognition strategy [J]. Renewable Energy, 2018, 118(c): 213-229.

[70] Kusiak A, Zheng H, Song Z. Short-term prediction of wind farm power: A data mining approach [J]. IEEE Transactions on Energy Conversion, 2009, 24(1): 125-136.

[71] Liu H, Tian H Q, Li Y F. Comparison of two new ARIMA-ANN and ARIMA-Kalman hybrid methods for wind speed prediction [J]. Applied Energy, 2012, 98(1): 415-424.

[72] Yu C, Li Y, Zhang M. An improved wavelet transform using singular spectrum analysis for wind speed forecasting based on elman neural network [J]. Energy Conversion and Management, 2017, 148: 895-904.

[73] Mo L, Xie L, Jiang X, et al. GMDH-based hybrid model for container throughput forecasting: Selective combination forecasting in nonlinear subseries [J]. Applied Soft Computing, 2018, 62: 478-490.

[74] 李庆东, 牛晶. 基于主成分分析的我国各省创新能力评价 [J]. 辽宁石油化工大学学报, 2010, 30(4): 91-96.

[75] Holland J H. Adaptation in Natural and Artificial Systems: An Introductory Analysis with Applications to Biology, Control, and Artificial Intelligence [M]. Massachusetts: MIT Press, 1992.

[79] 丁亮, 张永平, 张雪英. 图像分割方法及性能评价综述 [J]. 软件, 2010, 31(12): 78-83.

[77] 龙英, 何怡刚, 张镇, 等. 基于小波变换和 ICA 特征提取的开关电流电路故障诊断 [J]. 仪器仪表学报, 2015, 36(10): 2389-2400.

[78] Meng L L, Sun C D, Han B R. Algorithm for inter-harmonic detection based on least square method and ICA [J]. Power System Protection & Control, 2012, 40(11): 76-81.

[79] Liao H, Niebur D. Exploring independent component analysis for electric load profiling [J]. IEEE, 2002, 3: 2144-2149.

[80] Hyv Rinen A. Survey on independent component analysis [J]. Neural Computing Surveys, 1999, 2(7): 1527-1558.

[81] 朱文龙, 周建中, 肖剑, 等. 独立分量分析 - 经验模态分解特征提取在水电机组振动信号中的应用 [J]. 中国电机工程学报, 2013, 33(29): 95-101.

[82] 樊刘娟. WPD-EEMD 方法在脑电信号处理中的应用研究 [D]. 太原: 太原理工大学, 2013.

[83] Greff K, Srivastava R K, Koutník J, et al. LSTM: A search space odyssey [J]. IEEE Transactions on Neural Networks & Learning Systems, 2016, 28(10): 2222-2232.

[84] Zaremba W, Sutskever I, Vinyals O. Recurrent neural network regularization [J]. arXiv preprint arXiv:1409.2329, 2014.

[85] aeger H. Tutorial on training recurrent neural networks, covering BPPT, RTRL, EKF and the" echo state network" approach [M]. Bonn: GMD-Forschungszentrum Informationstechnik, 2002.

[86] Naik J, Satapathy P, Dash P K. Short-term wind speed and wind power prediction using hybrid empirical mode decomposition and kernel ridge regression [J]. Applied Soft Computing, 2017, 70: 1167-1188.

[87]　Wang C, Zhang H, Fan W, et al. A new chaotic time series hybrid prediction method of wind power based on EEMD-SE and full-parameters continued fraction [J]. Energy, 2017, 138: 977-990.

[88]　Xiao L, Qian F, Shao W. Multi-step wind speed forecasting based on a hybrid forecasting architecture and an improved bat algorithm [J]. Energy Conversion & Management, 2017, 143: 410-430.

[89]　Zhang W, Qu Z, Zhang K, et al. A combined model based on CEEMDAN and modified flower pollination algorithm for wind speed forecasting [J]. Energy Conversion & Management, 2017, 136: 439-451.

[90]　Gilles J. Empirical wavelet transform [J]. IEEE Transactions on Signal Processing, 2013, 61(16): 3999-4010.

[91]　Hu J, Wang J, Ma K. A hybrid technique for short-term wind speed prediction [J]. Energy, 2015, 81(1): 563-574.

[92]　Liang Z, Liang J, Wang C, et al. Short-term wind power combined forecasting based on error forecast correction [J]. Energy Conversion & Management, 2016, 119: 215-226.

[93]　Hao Y, Peng H, Temulun T, et al. How harmful is air pollution to economic development? New evidence from PM2. 5 concentrations of Chinese cities [J]. Journal of Cleaner Production, 2018, 172: 743-757.

[94]　Hochreiter S, Schmidhuber J. Long short-term memory [J]. Neural Computation, 1997, 9(8): 1735-1780.

[95]　Graves A, Schmidhuber J. Framewise phoneme classification with bidirectional LSTM and other neural network architectures [J]. Neural Netw., 2005, 18(5-6): 602-610.

[96]　Gers F A, Schmidhuber J. Recurrent nets that time and count; proceedings of the IEEE-INNS-ENNS International Joint Conference on Neural Networks, 2000.

[97]　Lecun Y, Bengio Y, Hinton G. Deep learning [J]. Nature, 2015, 521(7553): 436-444.

[98]　Guo H, Wu X, Feng W. Multi-stream deep networks for human action classification with sequential tensor decomposition [J]. Signal Processing, 2017, 140: 198-206.

[99]　Tascikaraoglu A, Uzunoglu M. A review of combined approaches for prediction of short-term wind speed and power [J]. Renewable & Sustainable Energy Reviews, 2014, 34(6): 243-254.

[100]　Ding L, Fang W, Luo H, et al. A deep hybrid learning model to detect unsafe behavior: integrating convolution neural networks and long short-term memory [J]. Automation in Construction, 2018, 86: 118-124.

[101]　Dey R, Salemt F M. Gate-variants of gated recurrent unit (GRU) neural networks [C]. Proceedings of the IEEE International Midwest Symposium on Circuits and Systems, 2017.

[102]　Kim P S, Lee D G, Lee S W. Discriminative context learning with gated recurrent unit for group activity recognition [J]. Pattern Recognition, 2018, 76: 149-161.

[103] Lawrence S, Giles C L, Tsoi A C, et al. Face recognition: A convolutional neural-network approach [J]. IEEE Transactions on Neural Networks, 1997, 8(1): 98-113.

[104] Misra O, Singh A. An approach to face detection and alignment using hough trans-formation with convolution neural network [C]. Proceedings of the International Con-ference on Advances in Computing, Communication, & Automation, 2016.

[105] Kalchbrenner N, Grefenstette E, Blunsom P. A convolutional neural network for mod-elling sentences [J]. Eprint Arxiv, 2014.

[106] Lyu Y, Huang X. Road segmentation using CNN with GRU [J]. Eprint Arxiv, 2018.

[107] Golyandina N E, Zhigljavsky A. Singular Spectrum Analysis for Time Series [M]. New York: Plenum Press, 2011.

[108] 毛向东, 袁惠群, 孙华刚. 基于经验模式分解与奇异谱分析的微弱信号提取 [J]. 制造业自动化, 2014, (21): 61-64.

[109] Kalchbrenner N, Grefenstette E, Blunsom P. A convolutional neural network for mod-elling sentences[J]. arXiv preprint arXiv:1404.2188, 2014.

[110] 徐克红, 程鹏飞, 汉江. IGS 跟踪站的大地高时间序列特征分析 [J]. 测绘工程, 2015, (5): 19-23.

[111] 袁忠良. 基于奇异谱分析研究太阳黑子长期行为的周期性及其预报 [D]. 重庆: 重庆大学, 2015.

[112] Agarap A F M. A neural network architecture combining gated recurrent unit (GRU) and support vector machine (SVM) for intrusion detection in network traffic data [C]. Proceedings of the 2018 10th International Conference on Machine Learning and Computing. 2018: 26-30.

[113] Bakkouri I, Afdel K. Convolutional neural-adaptive networks for melanoma recognition [C]. Proceedings of the International Conference on Image and Signal Processing, 2018.

[114] Moise M, Yang X D, Dosselmann R. A Two-Part Approach to Face Recognition: Generalized Hough Transform and Image Descriptors [M]. Berlin: Springer, 2015.

[115] Kingma D P, Ba J. Adam: A method for stochastic optimization[J]. arXiv preprint arXiv:1412.6980, 2014.

[116] Chua L O, Roska T. The CNN paradigm [J]. IEEE Transactions on Circuits & Systems I Fundamental Theory & Applications, 1993, 40(3): 147-156.

[117] Wang J, Song Y, Liu F, et al. Analysis and application of forecasting models in wind power integration: A review of multi-step-ahead wind speed forecasting models [J]. Renewable and Sustainable Energy Reviews, 2016, 60(c): 960-981.

[118] Bontempi G, Ben Taieb S. Conditionally dependent strategies for multiple-step-ahead prediction in local learning [J]. International Journal of Forecasting, 2011, 27(3): 689-699.

[119] Chen T, Guestrin C. Xgboost: A scalable tree boosting system [C]. Proceedings of the the 22nd Acm Sigkdd International Conference on Knowledge Discovery and data

mining, 2016.

[120] Saberian M, Vasconcelos N. Boosting algorithms for detector cascade learning [J]. Journal of Machine Learning Research, 2014, 15(1): 2569-2605.

[121] Mayr A, Binder H, Gefeller O, et al. The evolution of boosting algorithms-from machine learning to statistical modelling [J]. arXiv:14031452, 2014,

[122] Freund Y, Shapire R E. A desicion-theoretic generalization of on-line learning and an application to boosting [C]. Proceedings of the European conference on computational learning theory, 1995.

[123] Fang Y, Fu Y, Sun C, et al. Improved boosting algorithm using combined weak classifiers [J]. Journal of Computational Information Systems, 2011, 7(5): 1455-1462.

[124] Li H, Shen C. Boosting the minimum margin: LPBoost vs. AdaBoost [C]. Proceedings of the Computing: Techniques and Applications, 2008 DICTA'08 Digital Image, 2008.

[125] Meng A, Ge J, Yin H, et al. Wind speed forecasting based on wavelet packet decomposition and artificial neural networks trained by crisscross optimization algorithm [J]. Energy Conversion and Management, 2016, 114(c): 75-88.

[126] Hussain S, Alalili A. A hybrid solar radiation modeling approach using wavelet multiresolution analysis and artificial neural networks [J]. Applied Energy, 2017, 208: 540-550.

[127] Sharma V, Yang D, Walsh W, et al. Short term solar irradiance forecasting using a mixed wavelet neural network [J]. Renewable Energy, 2016, 90(c): 481-492.

[128] Yang Z, Ce L, Lian L. Electricity price forecasting by a hybrid model, combining wavelet transform, ARMA and kernel-based extreme learning machine methods [J]. Applied Energy, 2017, 190(c): 291-305.

[129] Sun W, Liu M. Wind speed forecasting using FEEMD echo state networks with RELM in Hebei, China [J]. Energy Conversion and Management, 2016, 114: 197-208.

[130] Hui X T, Zhi Z M. An ensemble ELM based on modified adaBoost.RT algorithm for predicting the temperature of molten steel in ladle furnace [J]. IEEE Transactions on Automation Science and Engineering, 2010, 7(1): 73-80.

[131] Dubossarsky E, Friedman J H, Ormerod J T, et al. Wavelet-based gradient boosting[J]. Statistics and Computing, 2016, 26(1-2): 93-105.

[132] Breinman L. Technical Report 486, Statistics Department [J]. University of California, Berkeley, CA, 1997, 94720.

[133] Friedman J H. Greedy function approximation: a gradient boosting machine [J]. Annals of Statistics, 2001, 29(5): 1189-1232.

[134] Friedman J H. Stochastic gradient boosting [J]. Computational Statistics & Data Analy- sis, 2002, 38(4): 367-378.

[135] Mason L, Baxter J, Bartlett P, et al. Boosting algorithms as gradient descent in function space (Technical Report) [J]. RSISE, Australian National University, 1999,

[136] Mason L, Baxter J, Bartlett P L, et al. Boosting algorithms as gradient descent [C]. Proceedings of the Advances in Neural Information Processing Systems, 2000.

[137] Grove A J, Schuurmans D. Boosting in the limit: Maximizing the margin of learned ensembles [C]. Proceedings of the AAAI/IAAI, 1998.

[138] Rätsch G, Onoda T, Müller K R. Soft margins for AdaBoost [J]. Machine Learning, 2001, 42(3): 287-320.

[139] Demiriz A, Bennett K P, Shawe-Taylor J. Linear programming boosting via column generation [J]. Machine Learning, 2002, 46(1-3): 225-254.

[140] Wolpert D H. Stacked generalization [J]. Neural Networks, 1992, 5(2): 241-259.

[141] 李寿山, 黄居仁. 基于 Stacking 组合分类方法的中文情感分类研究 [J]. 中文信息学报, 2010, 24(5): 56-62.

[142] Džeroski S, Ženko B. Is combining classifiers with stacking better than selecting the best one? [J]. Machine Learning, 2004, 54(3): 255-273.

[143] Hansen J V, Nelson R D. Data mining of time series using stacked generalizers [J]. Neurocomputing, 2002, 43(1-4): 173-184.

[144] Hu M Y, Tsoukalas C. Explaining consumer choice through neural networks: The stacked generalization approach [J]. European Journal of Operational Research, 2003, 146(3): 650-660.

[145] 叶圣永, 王晓茹, 刘志刚, 等. 基于 Stacking 元学习策略的电力系统暂态稳定评估 [J]. 电力系统保护与控制, 2011, 39(6): 12-16.

[146] 张建霞. 集成多种附加信息的推荐算法研究 [D]. 杭州: 浙江大学, 2016.

[147] Qureshi A S, Khan A, Zameer A, et al. Wind power prediction using deep neural network based meta regression and transfer learning [J]. Applied Soft Computing, 2017, 58: 742-755.

[148] Chen J, Zeng G Q, Zhou W, et al. Wind speed forecasting using nonlinear-learning ensemble of deep learning time series prediction and extremal optimization [J]. Energy Conversion and Management, 2018, 165: 681-695.

[149] 张丽娜. 基于机器学习的蛋白质类别及蛋白质-配体相互作用预测研究 [D]. 济南: 山东大学, 2017.

[150] Divina F, Gilson A, Goméz-Vela F, et al. Stacking ensemble learning for short-term electricity consumption forecasting [J]. Energies, 2018, 11(4): 949.

[151] Coker E, Kizito S. A narrative review on the human health effects of ambient air pollution in Sub-Saharan Africa: An urgent need for health effects studies [J]. Int. J. Environ. Res. Public Health, 2018, 15(3): 427.

[152] Yu H, Stuart A L. Impacts of compact growth and electric vehicles on future air quality and urban exposures may be mixed [J]. Science of the Total Environment, 2017, 576: 148-158.

[153] Zhong P, Huang S, Zhang X, et al. Individual-level modifiers of the acute effects of air pollution on mortality in Wuhan, China [J]. Global Health Research and Policy, 2018, 3(1): 27.

[154] Silva L T, Mendes J F G. City Noise-Air: An environmental quality index for cities [J]. Sustainable Cities & Society, 2012, 4: 1-11.

[155] Pilla F, Broderick B. A GIS model for personal exposure to PM10 for Dublin commuters [J]. Sustainable Cities & Society, 2015, 15: 1-10.

[156] 宫攀. 基于新标准的青岛市智慧城市建设水平评价 [J]. 国土资源科技管理, 2017.

[157] 房城乡建设部公布 2013 年度国家智慧城市试点名单 [J]. 建设科技, 2013(15): 6.

[158] 云成. 加强顶层设计, 建设特色鲜明的智慧城市 ——《关于促进智慧城市健康发展的指导意见》发布 [J]. 卫星应用, 2014, (11): 45-48.

[159] 于小飞, 罗梓超, 范漪萍. 基于智慧城市框架下的智慧环保 —— 以北京智慧城市建设为例 [J]. 城市管理与科技, 2016, 18(3): 28-30.

[160] 徐敏, 孙海林. 从 "数字环保" 到 "智慧环保" [J]. 环境监测管理与技术, 2011, 23(4): 5-7.

[161] 詹志明. "数字环保" 到 "智慧环保" —— 我国 "智慧环保" 的发展战略 [J]. 环境保护与循环经济, 2012, (10): 4-8.

[162] 陈关升. 环保部: 将投入 1000 亿治理重点区域大气污染 [M]. 中国城市低碳经济网. 2012-11-20.

[163] 陈关升. 大气污染防治进入新阶段 呼吁绿色转型. 中国城市低碳经济网. 2012-11-09.

[164] 刘勇, 芦茜, 黄志军, 等. 大气污染物对人体健康影响的研究 [J]. 中国现代医学杂志, 2011, 21(1): 87-91.

[165] 石油. 环境空气质量标准 [J]. 中国环境管理干部学院学报, 2012, (1): 71.

[166] 肖正, 朱家明, 祁孟阳, 等. 居民用电量的 ARIMA 时间序列预测 [J]. 河南工程学院学报 (自然科学版), 2017, 29(1): 48-52.

[167] 郑浩然. 基于时间序列分析的供水管网协同控制方法研究 [D]. 镇江: 江苏大学, 2017.

[168] 付桐林. 基于季节调整和时间序列相混合的中国环县长期风速预测 [J]. 陇东学院学报, 2017, 28(5): 5-8.

[169] 王燕. 时间序列分析: 基于 R [M]. 北京: 中国人民大学出版社, 2015.

[170] Andrew A. Neath, Joseph E. Cavanaugh. The Bayesian information criterion: background, derivation, and applications [J]. Wiley Interdisciplinary Reviews Computational Statistics, 2012, 4(2): 199-203.

[171] 王燕. 应用时间序列分析 [M]. 2 版. 北京: 中国人民大学出版社, 2008.

[172] 李祥, 彭玲, 邵静, 等. 基于小波分解和 ARMA 模型的空气污染预报研究 [J]. 环境工程, 2016, 34(8): 110-113.

[173] 余辉, 袁晶, 于旭耀, 等. 基于 ARMAX 的 PM_(2.5) 小时浓度跟踪预测模型 [J]. 天津大学学报 (自然科学与工程技术版), 2017, 50(1): 105-111.

[174] Karaca F, Nikov A, Alagha O. NN-AirPol: A neural-networks-based method for air pollution evaluation and control [J]. International Journal of Environment and Pollution, 2006, 28(3-4): 310-325.

[175] Yang Z, Wang J. A new air quality monitoring and early warning system: Air quality assessment and air pollutant concentration prediction [J]. Environmental Research, 2017, 158: 105-117.

[176] Gan K, Sun S, Wang S, et al. A secondary-decomposition-ensemble learning paradigm for forecasting PM 2.5 concentration [J]. Atmospheric Pollution Research, 2018, 9(6): 989-999.

[177] Wang D, Liu Y, Luo H, et al. Day-ahead PM2.5 concentration forecasting using WT-VMD based decomposition method and back propagation neural network improved by differential evolution [J]. International Journal of Environmental Research & Public Health, 2017, 14(7): 764.

[178] Liu B, Fu A, Yao Z, et al. So_2 concentration retrieval algorithm using EMD and PCA with application in CEMS based on UV-DOAS [J]. Optik - International Journal for Light and Electron Optics, 2018, 158: 273-282.

[179] Wang S T, Yang X Y, Kong D M, et al. Ensemble empirical mode decomposition based fluorescence spectral noise reduction for low concentration PAHs [J]. Optoelectronics Letters, 2017, 13(6): 432-435.

[180] 杨国安, 钟秉林, 黄仁, 等. 机械故障信号小波包分解的时域特征提取方法研究 [J]. 振动与冲击, 2001, 20(2): 25-28.

[181] Köker R. Reliability-based approach to the inverse kinematics solution of robots using Elman's networks [J]. Engineering Applications of Artificial Intelligence, 2005, 18(6): 685-693.

[182] Dickey D A, Brillinger D R. Time series: data analysis and theory [J]. Journal of the American Statal Association, 1982, 77(377): 314.

[183] 李正峰, 邓乃扬. 两个修改 BFGS 算法的收敛性 [J]. 高等学校计算数学学报, 1996, (4): 318-325.

[184] El-Fouly T H M, El-Saadany E F, Salama M M A. One day ahead prediction of wind speed using annual trends [C]. Proceedings of the Power Engineering Society General Meeting, 2006.

[185] Khosravi A, Nahavandi S, Creighton D. Prediction intervals for short-term wind farm power generation Forecasts [J]. IEEE Transactions on Sustainable Energy, 2013, 4(3): 602-610.

[186] Bernardo D, Hagras H, Tsang E. An interval type-2 fuzzy logic system for the modeling and prediction of financial applications [C]. Proceedings of the International Conference on Autonomous & Intelligent Systems, 2012.

[187] Guan C, Luh P B, Michel L D, et al. Hybrid Kalman filters for very short-term

load forecasting and prediction interval estimation [J]. IEEE Transactions on Power Systems, 2013, 28(4): 3806-3817.

[188] Qin S, Feng L, Wang J, et al. Interval forecasts of a novelty hybrid model for wind speeds [J]. Energy Reports, 2015, 1: 8-16.

[189] Liu H, Erdem E, Jing S. Comprehensive evaluation of ARMA–GARCH(-M) approaches for modeling the mean and volatility of wind speed [J]. Applied Energy, 2011, 88(3): 724-732.

[190] Song Q, Chissom B S. Forecasting enrollments with fuzzy time series — part II [J]. Fuzzy Sets & Systems, 1994, 62(1): 1-8.

[191] Silva P C L, Sadaei H J, Guimarães F G. Interval forecasting with fuzzy time series [C]. Proceedings of the Computational Intelligence, 2017.

[192] Zhang Y Q, Wana X. Statistical fuzzy interval neural networks for currency exchange rate time series prediction [J]. Applied Soft Computing, 2007, 7(4): 1149-1156.

[193] Jiang Y, Song Z, Kusiak A. Very short-term wind speed forecasting with Bayesian structural break model [J]. Renewable Energy, 2013, 50(3): 637-647.

[194] Heskes T. Practical confidence and prediction intervals [C]. Proceedings of the Advances in neural information processing systems, 1997.

[195] Chen J, Zeng Z, Ping J. Bootstrap based on generalized regression neural network for landslide displacement for interval prediction [C]. Proceedings of the International Symposium on Neural Networks, 2017.

[196] Elgammal A, Duraiswami R, Harwood D, et al. Background and foreground modeling using nonparametric kernel density for visual surveillance [J]. Proc. IEEE, 2002, 90(7): 1151-1163.

[197] Wang D, Ming L. Robust stochastic configuration networks with kernel density estimation for uncertain data regression [J]. Information Sciences, 2017, 412-413: 210-222.

[198] 徐世鹏, 张宁, 邵星杰. 城市轨道交通站点客流不确定性研究 [J]. 都市快轨交通, 2015, 28(3): 12-15.

[199] Engle R F. Autoregressive conditional heteroscedasticity with estimates of the variance of united kingdom inflation [J]. Econometrica, 1982, 50(4): 987-1007.

[200] Hacker R S, Hatemi J A. A test for multivariate ARCH effects [J]. Applied Economics Letters, 2005, 12(7): 411-417.

[201] Katsiampa P. Volatility estimation for Bitcoin: A comparison of GARCH models [J]. Economics Letters, 2017, 158(c): 3-6.

[202] Bollerslev T. Generalized autoregressive conditional heteroskedasticity [J]. EERI Research Paper, 1986, 31(3): 307-327.

[203] 陈新泉, 周灵晶, 刘耀中. 聚类算法研究综述 [J]. 集成技术, 2017, 6(3): 41-49.

[204] Karypis G, Han E H, Kumar V. Chameleon: Hierarchical clustering using dynamic modeling [J]. Computer, 2002, 32(8): 68-75.

[205] Guha S, Rastogi R, Shim K. Rock: A robust clustering algorithm for categorical attributes [J]. Information Systems, 1999, 25(5): 345-366.

[206] Guha S, Rastogi R, Shim K. Cure:An efficient clustering algorithm for large databases [J]. Information Systems, 1998, 26(1): 35-58.

[207] Bezdek J C, Ehrlich R, Full W. Fcm: The fuzzy c -means clustering algorithm [J]. Computers & Geosciences, 1984, 10(2): 191-203.

[208] 马帅, 王腾蛟, 唐世渭, 等. 一种基于参考点和密度的快速聚类算法 [J]. 软件学报, 2003, 14(6): 1089-1095.

[209] Xu X, Yuruk N, Feng Z, et al. Scan: A structural clustering algorithm for networks [C]. Proceedings of the Acm Sigkdd International Conference on Knowledge Discovery & Data Mining, 2007.

[210] 张惟皎, 刘春煌, 李芳玉. 聚类质量的评价方法 [J]. 计算机工程, 2005, 31(20): 10-12.

[211] Botía J A, Vandrovcova J, Forabosco P, et al. An additional k-means clustering step improves the biological features of WGCNA gene co-expression networks [J]. Bmc Systems Biology, 2017, 11(1): 47.

[212] Yi W, Chen Q, Kang C, et al. Clustering of electricity consumption behavior dynamics toward big data applications [J]. IEEE Transactions on Smart Grid, 2017, 7(5): 2437-2447.

[213] Cannata A, Montalto P, Aliotta M, et al. Clustering and classification of infrasonic events at Mount Etna using pattern recognition techniques [J]. Geophysical Journal International, 2011, 185(1): 253-264.

[214] Huang L, Lu J, Tan Y P. Co-learned multi-view spectral clustering for face recognition based on image sets [J]. IEEE Signal Processing Letters, 2014, 21(7): 875-879.

[215] 刘思. 配电网空间负荷聚类及预测方法研究 [D]. 杭州: 浙江大学, 2017.

[216] Wu W, Peng M, Wu W, et al. A data mining approach combining k-means clustering with bagging neural network for short-term wind power forecasting [J]. IEEE Internet of Things Journal, 2017, 4(4): 979-986.

[217] Li Y, Han D, Yan Z. Long-term system load forecasting based on data-driven linear clustering method [J]. Journal of Modern Power Systems & Clean Energy, 2017, (17): 1-11.

[218] Yang J, Chao N, Deb C, et al. K-Shape clustering algorithm for building energy usage patterns analysis and forecasting model accuracy improvement [J]. Energy & Buildings, 2017, 146: 27-37.

[219] Jiang Z, Mao B, Meng X, et al. An air quality forecast model based on the BP neural network of the samples self-organization clustering. Sixth International Conference on Natural Computation. IEEE, 2010, 3: 1523-1527.

[220] Shanno D F. Conditioning of quasi-Newton methods for function minimization [J]. Mathematics of Computation, 1970, 24(111): 647-656.

[221] 郭靖, 侯苏. K-means 算法最佳聚类数评价指标研究 [J]. 软件导刊, 2017, 16(11): 5-8.

[222] 周世兵, 徐振源, 唐旭清. 一种基于近邻传播算法的最佳聚类数确定方法 [J]. 控制与决策, 2011, 26(8): 1147-1152.

[223] Xie X L, Beni G. A validity measure for fuzzy clustering [J]. IEEE Trans Pami, 1991, 13(8): 841-847.

[224] Pakhira M K, Bandyopadhyay S, Maulik U, et al. Validity index for crisp and fuzzy clusters [J]. Pattern Recognition, 2004, 37(3): 487-501.

[225] Jain A K. Data Clustering: 50 Years Beyond K-means [M]. Berlin: Springer, 2008.

[226] Ceylan R, Özbay Y. Comparison of FCM, PCA and WT techniques for classification ECG arrhythmias using artificial neural network [J]. Expert Systems with Applications, 2007, 33(2): 286-295.

[227] Han J. Data Mining: Concepts and Techniques [M]. San Mateo: Morgan Kauffman Publishers, 2005.

[228] Kaufman L , Rousseeuw P J . Partitioning Around Medoids (Program PAM) [M]. Finding Groups in Data: An Introduction to Cluster Analysis. Wiley-Blackwell, 1990.

[229] 刘永, 郭怀成. 城市大气污染物浓度预测方法研究 [J]. 安全与环境学报, 2004, 4(4): 60-62.

[230] 刘银超. 基于 BP 神经网络和随机森林的空气污染物浓度预测研究 [D]. 秦皇岛: 燕山大学, 2017.

[231] Araki S, Shimadera H, Yamamoto K, et al. Effect of spatial outliers on the regression modelling of air pollutant concentrations: A case study in Japan [J]. Atmospheric Environment, 2017, 153: 83-93.

[232] Xiang X M, Zhang L, Song H, et al. Spatial distribution characteristics of birth defects and air pollution in Xi'an between 2010 and 2015 [J]. Journal of Xi'an Jiaotong University, 2017, 38(3): 359-365.

[233] Saha P K, Khlystov A, Snyder M G, et al. Characterization of air pollutant concentrations, fleet emission factors, and dispersion near a North Carolina interstate freeway across two seasons [J]. Atmospheric Environment, 2018, 177: 143-153.

[234] Li X, Peng L, Yao X, et al. Long short-term memory neural network for air pollutant concentration predictions: Method development and evaluation [J]. Environmental Pollution, 2017, 231(Pt 1): 997-1004.

[235] Li J, Shao X, Zhao H. An online method based on random forest for air pollutant concentration forecasting [C]. 第 37 届中国控制会议, 2018.

[236] 石佳超, 罗坤, 樊建人, 等. 基于 CMAQ 与前馈神经网络的区域大气污染物浓度快速响应模型 [J]. 环境科学学报, 2018, 38(11): 260-269.

[237] 祝婕, 都伟新, 马俊英, 等. 基于 MM5/CALPUFF 的乌鲁木齐市 "煤改气" 工程大气污染物浓度空间变化数值模拟 [J]. 干旱区地理, 2017, 40(1): 165-171.

[238]   Zhang J, Ding W. Prediction of air pollutants concentration based on an extreme learning machine: The case of Hong Kong [J]. International Journal of Environmental Research & Public Health, 2017, 14(2): 114.

[239]   Li Y, Jiang P, Shc Q, et al. Research on air pollutant concentration prediction method based on self-adaptive neuro-fuzzy weighted extreme learning machine [J]. Environmental Pollution, 2018, 241: 1115-1127.

[240]   Huang G B, Zhu Q Y, Siew C K. Extreme learning machine: A new learning scheme of feedforward neural networks [C]. proceedings of the IEEE International Joint Conference on Neural Networks, 2005.

[241]   Huang G B, Zhu Q Y, Siew C K. Extreme learning machine: Theory and applications [J]. Neurocomputing, 2006, 70(1): 489-501.

[242]   董浩, 李明星, 张淑清, 等. 基于核主成分分析和极限学习机的短期电力负荷预测 [J]. 电子测量与仪器学报, 2018, (1): 188-193.

[243]   Huang G B, Chen L. Convex incremental extreme learning machine [J]. Neurocomputing, 2007, 70(16-18): 3056-3062.

[244]   陈恒志, 杨建平, 卢新春, 等. 基于极限学习机 (ELM) 的连铸坯质量预测 [J]. 工程科学学报, 2018, 40(7): 815-821.

[245]   元如林. 智慧金融与金融云计算 [J]. 上海立信会计金融学院学报, 2012, (1): 9-15.

[246]   朱扬勇, 胡乃静. 数据科技: 智慧金融的技术基础 [J]. 上海金融学院学报, 2012, (1): 16-22.

[247]   谢喻江, 陈启强, 刘杨. 基于中国股市指数周期性走势的投资策略 [J]. 环球市场, 2016, (26): 8.

[248]   颜亦然. 沪深 300 指数与沪深 300 股指期货的价格关系研究 [D]. 北京: 对外经济贸易大学, 2016.

[249]   吴明. 升降线: 概念、原理与初证 [M]. 北京: 经济管理出版社, 2007.

[250]   李昊. 股市技术分析指标大全 [M]. 北京: 中国民主法制出版社, 2011.

[251]   沈浩. 基于移动平均线的股票交易新规则及其在中国股市的有效性研究 [D]. 上海: 复旦大学, 2013.

[252]   李子睿. 量化投资交易策略研究 [D]. 天津: 天津大学, 2013.

[253]   张永翼, 汪昌云, 华晨. 历史价量信息在价格发现中更有效吗?——基于中国证券市场的数据分析 [J]. 中国管理科学, 2013, (S1): 346-354.

[254]   李娜, 毛国君, 邓康立. 基于 k-means 聚类的股票 KDJ 类指标综合分析方法 [J]. 计算机与现代化, 2018, 278(10): 16-21.

[255]   王坚宁. 股市常用技术指标分析与实战图解 [M]. 北京: 机械工业出版社, 2015.

[256]   半月指. 威廉指标使用技巧 [J]. 股市动态分析, 2017, (20): 60.

[257]   宋天琪. 基于高频交易策略的 BIAS 技术指标统计分析 [D]. 哈尔滨: 哈尔滨工业大学, 2015.

[258] 刘伟, 王静. 随机波动率模型下技术分析指标的一些性质 [J]. 应用数学, 2010, 23(2): 461-466.

[259] 郭海山, 高波涌, 陆慧娟. 基于 Boruta-PSO-SVM 的股票收益率研究 [J]. 传感器与微系统, 2018, 37(3): 51-53.

[260] 李辉, 赵玉涵. 基于 DFS-BPSO-SVM 的股票趋势预测方法 [J]. 软件导刊, 2017, 16(12): 147-151.

[261] 张贵生, 张信东. 基于近邻互信息的 SVM-GARCH 股票价格预测模型研究 [J]. 中国管理科学, 2016, 24(9): 11-20.

[262] 陈荣达, 虞欢欢. 基于启发式算法的支持向量机选股模型 [J]. 系统工程, 2014, (2): 40-48.

[263] 孙海涛, 马研. 因子分析法在上市公司业绩综合评价中的应用 [J]. 企业经济, 2010, (5): 165-168.

[264] 顾荣宝, 李新洁. 深圳股票市场的奇异值分解熵及其对股指的预测力 [J]. 南京财经大学学报, 2015, (2): 64-73.

[265] 余如, 黄名选, 黄丽霞. 基于互信息的教育数据矩阵加权正负关联模式发现 [J]. 数据采集与处理, 2015, 30(1): 219-230.

[266] Jolliffe I T, Cadima J, Physical, et al. Principal component analysis: A review and recent developments [J]. Philosophical Transations of the Royal Society A: Mathematical, Physical and Engineering Science, 2016, 374(2065): 20150202.

[267] Huang J, Yan X. Related and independent variable fault detection based on KPCA and SVDD [J]. Journal of Process Control, 2016, 39: 88-99.

[268] Liu Z, Guo W, Hu J, et al. A hybrid intelligent multi-fault detection method for rotating machinery based on RSGWPT, KPCA and Twin SVM [J]. ISA Transactions, 2017, 66: 249-261.

[269] Navi M, Meskin N, Davoodi M. Sensor fault detection and isolation of an industrial gas turbine using partial adaptive KPCA [J]. Journal of Process Control, 2018, 64: 37-48.

[270] Vinay A, Shekhar V S, Murthy K B, et al. Face recognition using gabor wavelet features with PCA and KPCA-A comparative study [J]. Prcedia Computer Science, 2015, 57: 650-659.

[271] Li J, Li X L, Tao D C. KPCA for semantic object extraction in images [J]. Pattern Recognition, 2008, 41(10): 3244-3250.

[272] Teixeira A R, Tomé A M, Stadlthanner K, et al. KPCA denoising and the pre-image problem revisited [J]. Digital Signal Processing, 2008, 18(4): 568-580.

[273] Jaffel I, Taouali O, Harkat M F, et al. Kernel principal component analysis with reduced complexity for nonlinear dynamic process monitoring [J]. The International Journal of Advanced Manufacturing Technology, 2017, 88(9-12): 3265-3279.

[274] Bandalos D L, Finney S J. Factor Analysis: Exploratory and Confirmatory [M]. The reviewer's guide to quantitative methods in the social sciences. Routledge. 2018:

110-134.

[275] Victoria S, Stanislav K. Constrained versus unconstrained estimation in structural equation modeling [J]. Phychological Methods, 2008, 13(2): 150-170.

[276] 俞立平, 刘骏. 主成分分析与因子分析法适合科技评价吗?—— 以学术期刊评价为例 [J]. 现代情报, 2018, 38(6): 73-79+137.

[277] 齐岳, 刘晓晨, 刘欣, 等. 基于因子模型的券商流动性风险管理评价研究 [J]. 会计之友, 2019, (11): 9-15.

[278] 白鹤松, 曲振涛. 引入半参数的广义自回归条件异方差模型下的产业收益率预测 [J]. 统计与决策, 2018, 34(8): 83-86.

[279] Lindley D V, Smith A F M. Bayes Estimates for the Linear Model [J]. Journal of the Royal Statistical Society, 1972, 34(1): 1-41.

[280] 张国富, 杜子平. 基于藤 copula- 贝叶斯网络的中美股票、债券市场非线性相依关系分析 [J]. 系统工程, 2016, (7): 35-40.

[281] Malagrino L S, Roman N T, Monteiro A M. Forecasting stock market index daily direction: a bayesian network approach [J]. Expert Systems with Applications, 2018, 105: 11-22.

[282] Gagniuc P A. Markov Chains: From Theory to Implementation and Experimentation [M]. New Jersey: John Wiley & Sons, 2017.

[283] 陈江鹏, 彭斌, 文雯, 等. 基于最大相关最小冗余朴素贝叶斯分类器的应用 [J]. 中国卫生统计, 2015, 32(6): 932-934.

[284] Van Gerven M, Bohte S. Artificial neural networks as models of neural information processing[J]. Frontiers in Computational Neuroscience, 2017, 11: 114.

[285] Qureshi M K, Lynch D N, Mutlu O, et al. A case for MLP-Aware cache replacement [J]. Acm Sigarch Computer Architecture News, 2006, 34(2): 167-178.

[286] Cun Y L, Boser B, Denker J S, et al. Handwritten digit recognition with a back-propagation network [J]. Advances in Neural Information Processing Systems, 1990, 2: 396-404.

[287] Gao X Z, Gao X M, Ovaska S J. A modified Elman neural network model with application to dynamical systems identification [C]. proceedings of the IEEE International Conference on Systems, 1996.

[288] Chen S, Cowan C F N, Grant P M. Orthogonal least squares learning algorithm for radial basis function networks [J]. IEEE Transactions on Neural Networks, 1991, 2(2): 302-309.

[289] 唐秋生, 程鹏, 李娜. 基于 GSO-BP 神经网络的城市轨道交通客流量短时间预测 [J]. 交通科技与经济, 2017, 19(1): 1-4.

[290] 孙晨, 李阳, 李晓戈, 等. 基于布谷鸟算法优化 BP 神经网络模型的股价预测 [J]. 2016, (2): 276-279.

[291] Wang J, Zhang W, Li Y, et al. Forecasting wind speed using empirical mode decom-position and Elman neural network [J]. Applied Soft Computing, 2014, 23: 452-459.

[292] Gordillo M, Blanco M, Molero A, et al. Solubility of the antibiotic Penicillin G in supercritical carbon dioxide [J]. The Journal of supercritical fluids, 1999, 15(3): 183-190.

[293] 郝继升, 任浩然, 井文江. 基于自适应遗传算法优化的 BP 神经网络股票价格预测 [J]. 河南科学, 2017, 35(2): 190-195.

[294] 刘洪斌, 武伟, 魏朝富, 等. 土壤水分预测神经网络模型和时间序列模型比较研究 [J]. 农业工程学报, 2003, 19(4): 33-36.

[295] 李勤道. 基于炉内参数测量的燃烧系统优化运行理论与技术的研究 [D]. 北京: 华北电力大学, 2013.

[296] Schmidhuber J. Deep learning in neural networks: An overview [J]. Neural Networks, 2015, 61: 85-117.

[297] Vedaldi A, Lenc K. Matconvnet: Convolutional neural networks for matlab [C]. Pro-ceedings of the Proceedings of the 23rd ACM International Conference on Multimedia, 2015.

[298] Zheng S, Jayasumana S, Romera-Paredes B, et al. Conditional random fields as re-current neural networks [C]. Proceedings of the Proceedings of the IEEE International Conference on Computer Vision, 2015.

[299] Sainath T N, Vinyals O, Senior A, et al. Convolutional, long short-term memory, fully connected deep neural networks [C]. Proceedings of the 2015 IEEE International Conference on Acoustics, Speech and Signal Processing (ICASSP), 2015.

[300] Kiperwasser E, Goldberg Y. Simple and accurate dependency parsing using bidirec-tional LSTM feature representations [J]. Transactions of the Association for Compu-tational Linguistics, 2016, 4: 313-327.

[301] Ding X, Zhang Y, Liu T, et al. Deep learning for event-driven stock prediction [C]. pro-ceedings of the twenty-fourth International Joint Conference on Artificial Intelligence, 2015.

[302] Vargas M R, De Lima B S, Evsukoff A G. Deep learning for stock market prediction from financial news articles [C]. Proceedings of the 2017 IEEE International Conference on Computational Intelligence and Virtual Environments for Measurement Systems and Applications (CIVEMSA), 2017.

[303] Şahin Ü A, Bayat C, Uçan O N. Application of cellular neural network (CNN) to the prediction of missing air pollutant data [J]. Atmospheric Research, 2011, 101(1-2): 314-326.

[304] Malhotra P, Vig L, Shroff G, et al. Long short term memory networks for anomaly detection in time series [C]. Proceedings of the Proceedings, 2015.

[305] Zhu H, Zhu Y, Wu D, et al. Correlation coefficient based cluster data preprocessing

and LSTM prediction model for time series data in large aircraft test flights [C]. Proceedings of the International Conference on Smart Computing and Communication, 2018.

[306] Hao X, Zhang G, Ma S. Deep learning [J]. International Jornal of Semantic Computing, 2016, 10(3): 417-439.

[307] Radenović F, Tolias G, Chum O. CNN image retrieval learns from BoW: Unsupervised fine-tuning with hard examples [C]. Proceedings of the European conference on computer vision, 2016.

[308] Radenović F, Tolias G, Chum O, et al. Fine-tuning CNN image retrieval with no human annotation [J]. IEEE Transactions on Pattern Analysis and Machine Intelligence, 2018, 41(7): 1655-1668.

[309] Heslinga F G, Pluim J P, Dashtbozorg B, et al. Approximation of a pipeline of unsupervised retina image analysis methods with a CNN [C]. Proceedings of the Medical Imaging 2019: Image processing, 2019.

[310] Gu J, Wang Z, Kuen J, et al. Recent advances in convolutional neural networks [J]. Computer Science, 2018, 77: 354-377.

[311] Hochreiter S, Schmidhuber J. LSTM can solve hard long time lag problems [C]. Proceedings of the Advances in neural information processing systems, 1997.

[312] Chen T, Xu R, He Y, et al. Improving sentiment analysis via sentence type classification using BiLSTM-CRF and CNN [J]. Expert Systems with Applications, 2017, 72: 221-230.

[313] Nguyen H T, Le Nguyen M. Multilingual opinion mining on YouTube–A convolutional N-gram BiLSTM word embedding [J]. Information Processing & Management, 2018, 54(3): 451-462.

附　　录

RF: Random Forest，随机森林

GBDT: Gradient Boosted Decision Tree，梯度增强决策树

NARX : Nonlinear Autoregressive Network with Exogenous Inputs，具有外生输入的非线性自回归网络

GBM: Geometric Brownian Motion，几何布朗运动

ARMA: Autoregressive Moving Average，自回归移动平均

GARCH: Generalized Autoregressive Conditional Heteroskedasticity，广义自回归条件异方差

ARIMA: Autoregressive Integrated Moving Average，自回归整合移动平均

EMD: Empirical Mode Decomposition，经验模态分解

GPM: Grey Prediction Model，灰色预测模型

VAR: Vector Autoregressive Model，向量自回归

HMM: Hidden Markov Model，隐马尔可夫模型

HBM: Hierarchical Bayesian Model，分层贝叶斯模型

RBLR: Recursive Bayesian Linear Regression，递归贝叶斯线性回归

ESN: Echo State Network，回声状态网络

NBM : Naive Bayesian Model，朴素贝叶斯模型

BM: Bayesian Model，贝叶斯模型

AR: Autoregressive，自回归

MLR: Multiple Linear Regression，多层感知回归

WT : Wavelet Transform，小波变换

RARIMA: Recursive Autoregressive Integrated Moving Average Model，递归自回归整合移动平均模型

ARIMAX: Autoregressive Integrated Moving Average with Exogenous Variables，带有外生变量的 ARIMA 模型

MLP: Multi-Layer Perceptron，多层感知器

ANFIS: Adaptive Neuro-Fuzzy Inference System，自适应神经模糊推理系统

BP: Back Propagation，反向传播

SVM: Support Vector Machine，支持向量机

AEM: Adaptive Expectation Model，自适应预期模型

LSTM: Long Short Term Memory，长短期记忆网络

RBF: Radial Basis Function Neural Network，径向基函数神经网络

Stack GRU: Stack Gated Recurrent Unit，堆栈门控循环单元

EncDec: Encoder-Decoder，解码器

GA: Genetic Algorithm，遗传算法

SVR: Support Vector Regression，支持向量回归

PSO: Particle Swarm Optimization，粒子群优化

LSM: Local Search Method，局部搜索方法

RNN: Recurrent Neural Network，循环神经网络

RNN-BPTT: RNN trained with Back Propagation Through Time，时间反向传播循环神经网络

CNN: Convolutional Neural Network，卷积神经网络

HPF: Hodrick-Prescott Filter，Hodrick-Prescott 滤波器

VMD: Variational Mode Decomposition，变分模态分解

PCC: Pearson Correlation Coefficient，皮尔逊相关系数

MIC: Maximal Information Coefficient，最大信息系数

GCT: Granger Causality Test，格兰杰因果检验

SSA : Singular Spectrum Analysis，奇异谱分析

ELM: Extreme Learning Machine，极限学习机

WPD: Wavelet Packet Decomposition，小波包分解

CNNLSTM: Convolutional Long Short Term Memory Network，卷积长短期记忆网络

FEEMD: Fast Ensemble Empirical Mode Decomposition，快速集合经验模态分解

GRU: Gated Recurrent Unit，门控循环单元

EWT : Empirical Wavelet Transform，经验小波变换

WD: Wavelet Decomposition，小波分解

SC: Spectral Clustering，谱聚类

LSSVM : Least Square Support Vector Machine，最小二乘支持向量机

EEMD: Ensemble Empirical Mode Decomposition，集合经验模态分解

PSR: Phase Space Reconstruction，相空间重构

ESM: Exponential Smoothing Method，指数平滑法

EWM: Entropy Weighting Method，熵加权法

WLS-SVR: Weighted Least Squares Support Vector Regression，加权最小二乘支持向量回归

EGRACH: Generalized Autoregressive Conditional Heteroskedasticity Model，广义自回归条件异方差模型

WPF: Wavelet Packet Filter，小波包滤波器

MOGWO: Multi-Objective Grey Wolf Optimizer，多目标灰狼优化器

IEWT: Inverse Empirical Wavelet Transform，逆经验小波变换

RELM: Regularized Extreme Learning Machine，正则化极限学习机

GWO: Grey Wolf Optimizer，灰狼优化器

WDD: Wavelet Domain Denoising，小波域去噪

OCM: Outlier Correction Method，离群值校正方法

FA: Factor Analysis，因子分析

CEEMD: Complementary Ensemble Empirical Mode Decomposition，互补集合经验模态分解

PCA: Principal Component Analysis，主成分分析

NFS: Neuro-Fuzzy System，神经模糊系统

LPP: Locality Preserving Projection，保局投影

《交通与数据科学丛书》书目